数学建模从入门到 MATLAB 实践

王 清　韩元良　刘瑞芹　刘海生　编著

北京航空航天大学出版社

内 容 简 介

　　数学建模的过程是从实际中抽象出数学问题,使用已学的数学知识和方法建立数学模型,并利用计算机求解模型,对实际问题验证模型并写成建模论文。本书阐述数学建模的常用理论和方法,包括:数学建模和 MATLAB 入门、初等方法与微积分方法、线性代数与概率论方法、微分方程与差分方程方法、线性规划方法、整数规划与非线性规划方法、多元统计分析方法、图论方法、插值与拟合方法、对策论与排队论方法、存贮论方法、目标规划方法、动态规划方法、启发式算法的 MATLAB 实践、综合评价方法和数学建模论文写作。本书以应用为目的,由易到难,从初等模型到复杂模型,逐步扩展了数学建模的实践应用。

　　本书可作为理工科各专业大学本科高年级的数学建模授课和培训教材,也可供工程技术人员参考。

图书在版编目(CIP)数据

数学建模从入门到 MATLAB 实践 / 王清等编著. -- 北京 : 北京航空航天大学出版社,2021.7
ISBN 978 - 7 - 5124 - 3548 - 3

Ⅰ. ①数… Ⅱ. ①王… Ⅲ. ①Matlab 软件－应用－数学模型 Ⅳ. ①O141.4-39

中国版本图书馆 CIP 数据核字(2021)第 122595 号

数学建模从入门到 MATLAB 实践
王 清　韩元良　刘瑞芹　刘海生　编著
策划编辑　周世婷　　责任编辑　张冀青
*
北京航空航天大学出版社出版发行
北京市海淀区学院路 37 号(邮编 100191)　http://www.buaapress.com.cn
发行部电话:(010)82317024　传真:(010)82328026
读者信箱:goodtextbook@126.com　邮购电话:(010)82316936
涿州市新华印刷有限公司印装　各地书店经销
*
开本:787×1 092　1/16　印张:25　字数:640 千字
2021 年 7 月第 1 版　2021 年 7 月第 1 次印刷　印数:2 000 册
ISBN 978 - 7 - 5124 - 3548 - 3　定价:79.00 元

前　　言

随着电子计算机的出现及其技术的飞速发展,数学以空前的广度和深度向一切领域渗透。数学建模作为用数学方法解决实际问题的第一步,越来越受到人们的重视。在一般工程技术领域,数学建模更是大有用武之地;在高新技术领域,数学建模亦是必不可少的工具。数学也进入了一些新领域,为数学建模开辟了许多新的应用天地。

数学建模作为一门综合性、应用性很强的课程,主要培养学习者从实际问题中提炼出数学问题的能力,用数学方法解决问题的能力,用自己的研究结果解释、指导实际问题的能力,以及培养创新能力、写作能力。本教材在知识编排上,考虑以培养应用型人才为目标,更加强调数学模型的设计和实践应用,由易到难,从初级模型到复杂模型,逐步扩展内容,培养运用所学知识分析问题、解决问题的能力。

本书包含了数学建模的各种方法,每部分内容相互独立又相互补充,构成一个统一、完整的知识体系,也基本包含了数学建模常用的知识点;每一节内容都是一次系统的数学建模过程。因此,本书的系统性体现在知识的系统性、过程的系统性以及内容的系统性上。

在内容上,本书主要介绍数学建模和 MATLAB 入门、初等方法与微积分方法、线性代数与概率论方法、微分方程与差分方程方法、线性规划方法、整数规划与非线性规划方法、多元统计方法、图论方法、插值与拟合方法、对策论与排队论方法、存贮论方法、目标规划方法、动态规划方法、启发式算法的 MATLAB 实践、综合评价方法和数学建模论文写作。其中,对模型的原理与应用、模型的建立与求解、MATLAB 编程实现和论文撰写等进行了讨论。

学习本教材要求具有微积分和线性代数知识,初步掌握常微分方程、概率论等基础知识。对程序设计没有要求,不过如果读者已经掌握一门程序设计语言,在使用 MATLAB 实践时会更加得心应手。

本书共有 16 章内容,第 1～7 章(数学建模和 MATLAB 入门、初等方法与微积分方法、线性代数与概率方法、微分方程与差分方程方法、线性规划方法、整数规划与非线性规划方法、多元统计方法)由王清编写;第 8～13 章(图论方法、插值与拟合方法、对策论与排队论方法、存贮论方法、目标规划方法、动态规划方法)由韩元良编写;第 14 章(启发式算法的 MATLAB 实践)由刘海生编写;第 15～16 章(综合评价方法、数学建模论文写作)由刘瑞芹编写。

在本书编写过程中,编者广泛参阅了国内外的相关教材和资料,在此向相关教材和资料的作者致以诚挚的感谢。本教材得到华北科技学院中央高校基本科研业务费项目 3142016023 的资助,特别在此感谢。

本教材可作为理工科各专业大学本科高年级的数学建模授课和培训教材,也可供工程技术人员参考。

限于作者的学识水平,书中难免有疏漏与欠妥之处,恳请使用本书的师生和广大读者批评指正。

作　者

2020 年 11 月

目　　录

第 1 章
数学建模和 MATLAB 入门

近年来,数学模型(mathematical model)和数学建模(mathematical modeling)这两个术语的使用频率越来越高,为解决实际问题,利用数学模型是一个非常重要的方法。

比如考虑一个十字路口的交通问题,为使交通顺畅,需设计一个最佳交通流控制方案(例如是否设置单行道,是否限制载重车通行等)。一种方法是凭经验设计几种方案尝试运行,从中找出最优的方案。显然,这种实验方法费时费力,执行起来很困难,而且极有可能造成该十字路口和相邻区域的交通混乱。另一种方法是收集必要的数据,如车辆的速度、大小、机动性、交通流的密度、十字路口的结构等,用数学和统计学知识进行分析,提炼出这些变量之间的必要的关系式,通过对结果的检验与分析,确定出几种设计方案中最优的一种。后者建立一个十字路口交通流的数学模型是比较科学的、可行的。

本章介绍数学建模的基本概念、步骤和方法,通过几个建模实例展示其概貌,最后介绍建模运算中的常用软件 MATLAB。

1.1 数学建模的概念

数学建模,简单地说就是将实际问题转化为用数学语言来描述的过程。通过对该数学模型的求解,可以获得相应实际问题的解决方案或对相应实际问题有更深入的了解。由于数学建模的过程体现了解决实际问题的全过程,因此,数学建模的训练是提高大学生数学素养十分有效的途径。要学习数学建模,应该了解如下基本概念。

1.1.1 数学模型

1. 数学模型的概念

模型一般分为具体模型和抽象模型两大类。具体模型有直观模型、物理模型等;抽象模型有思维模型、符号模型、数学模型等。例如:汽车模型、展览会里的电站模型、火箭模型等为具体模型;地图、电路图、分子结构图、方程等为抽象模型。

简单地说,数学模型就是对实际问题的一种数学表述。具体地说,数学模型是关于部分现实世界为某种目的的一个抽象的简化的数学结构。更确切地说,数学模型就是对于现实世界的一个特定对象,为了一个特定目的,根据对象特有的内在规律,在做出问题分析和一些必要、合理的简化假设后,运用适当的数学工具,得到的一个数学结构。数学结构可以是数学公式、算法、表格、图示等。

数学模型是连接数学与实际问题的桥梁,是各种应用问题严密化、精确化、科学化的途径,是发现问题、解决问题的工具。在数学发展的进程中无时无刻不留下数学模型的印记。20 世纪,数学模型有了很大的发展,原因在于:一是数学理论的系统化,二是计算机的诞生,三是应用数学的大发展。随着社会的发展,生物、医学、社会、经济等各学科、各行业都涌现出大量的实际问题。这就要求人们运用数学知识及数学的思维方法,去研究、去解决。在这个过程中,不是为了应用数学去寻找实际问题,而是为了解决实际问题需要应用数学。我们要对复杂的实际问题进行分析,发现其中的可以用数学语言来描述的关系或规律,把这个实际问题转化成一个数学问题,这就是数学模型。

2. 数学模型的特征

① 实践性　有实际背景,有针对性,能接受实践的检验。

② 抽象性　数学模型是对客观事物有关属性进行抽象的模拟,它是用数学符号、数学公式、程序、图、表等刻画客观事物的本质属性与内在联系,是现实世界的简化而本质的描述。

③ 经济性　用数学模型研究不需要过多的专用设备和工具,可以节省大量的设备运行和维护费用,也可以大大加快研究工作的进度,缩短研究周期,特别是在电子计算机得到广泛应用的今天,这个优越性就更为突出。

④ 应用性　注意实际问题的要求,强调模型的实用价值。

⑤ 综合性　数学与其他学科知识的综合。

⑥ 局限性　在简化和抽象过程中必然造成某些失真,它是为了某个特定目的将原型的某一部分信息简缩、提炼而成的原型替代物,可以看成原型某一方面的理想化。所谓"模型就是模型"(而不是原型)。

3. 数学模型的作用

数学模型的根本作用在于它将客观原型化繁为简、化难为易,便于人们采用定量的方法去分析和解决实际问题。因此,数学模型在科学发展、科学预测、科学管理、科学决策、人口控制、驾控市场经济乃至个人高效工作和生活等众多方面发挥着特殊的重要作用。

另外,利用数学模型还可以对事物的发展进行预测。分析事物的发展趋势可以帮助我们对未来作出一些有益的猜想,甚至使我们对未来有所控制。数学就是重要工具之一,它常常能以足够的精确度对未来作出预见,告诉我们未来的发展趋势。

总之,数学模型具有解释、判断、预测等重要功能,它在各个领域的应用会越来越广泛。其主要原因是:

① 社会生活的各个方面正在日益数量化,人们对各种问题的要求越来越精确;

② 计算机技术的发展为精确化提供了条件;

③ 很多无法实验或费用比较高的实验问题,用数学模型进行研究是一个有效途径。

4. 数学模型的分类

数学模型可以按照不同的方式分类,下面介绍常用的几种。

① 按照模型的应用领域(或所属学科)分,如人口模型、交通模型、环境模型、生态模型、城镇规划模型、水资源模型、再生资源利用模型、污染模型等。

② 按照建立模型的数学方法(或所属数学分支)分,如初等数学模型、微积分模型、线性代数模型、微分方程模型、概率统计模型、整数规划模型、图论模型等。

③ 按照模型的表现特性分,如确定性模型和随机性模型、静态模型和动态模型、线性模型和非线性模型、离散模型和连续模型等。

④ 按照对模型结构的了解程度分,如白箱模型、灰箱模型、黑箱模型。

1.1.2　数学建模

数学建模(mathematical modeling)是利用数学方法解决实际问题的一种实践。也就是说,通过抽象、简化、假设、引进变量等处理过程后,将实际问题用数学语言、数学方式来表达,建立起数学模型,然后运用先进的数学方法及计算机技术进行求解。简而言之,建立数学模型的过程就称为数学建模。

数学建模不仅是一种定量解决实际问题的科学方法,而且还是一种从无到有的创新活动过程。应用数学知识去研究和解决实际问题,遇到的第一项工作就是建立恰当的数学模型。从这一意义上讲,数学建模是一切科学研究的基础。没有一个较好的数学模型就不可能得到较好的研究结果,所以,建立一个较好的数学模型是解决实际问题的关键。数学建模将各种知识综合应用于解决实际问题中,是培养和提高同学们应用所学知识分析问题、解决问题能力的必备手段之一。

需要说明的是,建立一个数学模型与求解一道数学应用题有极大的差别。其原因是,应用题通常有不多不少恰到好处的条件和数据,方法也基本限制在某章或某门课程,往往有唯一正确的答案。数学建模问题经常是由不同领域的工作者提出的,因此既不可能明确提出应该用什么方法,也不会给出恰到好处的条件(可能有多余的条件,也可能缺少必要的条件和数据)。更经常出现的情形是问题本身就含糊不清,没有唯一正确的答案。数学建模是利用数学工具解决实际问题的重要手段,对同一个实际问题可能建立起若干个不同的模型,模型无所谓"对"与"错",评价模型优劣的唯一标准是实践检验。一个理想的数学模型必须是既能反映系统的全部重要特性,同时在数学上又易于处理,即它满足:

① 模型的合理性:在允许的误差范围内,它能反映出该系统的有关特性的内在联系。

② 模型的易求解性:它易于数学处理和计算。

1.1.3　数学建模的应用

当前,在国民经济和社会活动的诸多方面,数学建模都有着非常具体的应用。

分析与设计:例如,描述药物浓度在人体内的变化规律以分析药物的疗效;建立跨声速空气流和激波的数学模型,用数值模拟设计新的飞机翼型。

预报与决策:例如,生产过程中产品质量指标的预报、气象预报、人口预报、经济增长预报等,都要有预报模型;使经济效益最大化的价格策略,使费用最小化的设备维修方案,这些都是决策模型的例子。

控制与优化:例如,电力、化工生产过程的最优控制,零件设计中的参数优化,都要以数学模型为前提。建立大系统控制与优化的数学模型,是迫切需要和十分棘手的课题。

规划与管理:生产计划、资源配置、运输网络规划、水库优化调度,以及排队策略、物资管理等,都可以用运筹学模型解决。

1.1.4　数学建模能力培养的意义

个人的建模能力包括以下几个方面:

① 理解实际问题的能力,包括有广博的知识面,搜集信息、资料和数据的能力等。

② 抽象分析问题的能力,包括抓住主要矛盾、选择变量,进行归纳、联想、类比等创造的

能力。

③ 运用工具知识的能力，包括运用自然科学、工程技术、计算机，尤其是数学知识等能力。

④ 试验调试能力，包括物理的、化学的、工程的、计算机的能力，以及反复修改等动手能力。

数学建模课程可以培养和提高同学们以下能力：

① 洞察能力。许多提出的问题往往不是数学化的，这就需要建模人员善于从实际工作提供的原型中抓住其数学本质。

② 数学语言翻译能力。也就是说，把经过一定抽象和简化的实际问题用数学的语言表达出来，形成数学模型，并对用数学的方法和理论推导或计算得到的结果，能用大众化的语言表达出来，在此基础上提出解决某一问题的方案或建议。

③ 综合应用分析能力。用已学到的数学思想和方法进行综合应用分析，并能学习一些新的知识。

④ 联想能力。对于很多实际问题，看起来完全不同，但在一定的简化层次下，它们的数学模型是相同的或相似的。这正是数学应用广泛性的体现，同时也是培养学生有广泛的兴趣，多思考，勤奋踏实地工作，通过熟能生巧达到触类旁通的境界。

⑤ 各种当代科技最新成果的使用能力。目前主要是计算机和相应的各种软件包，这不仅能够节省时间，得到直观形象的结果，有利于用户深入讨论，而且能够养成自觉应用最新科技成果的良好习惯。

1.1.5　怎样学好数学建模

唯一的建议是去做、去实践。学习建模就像学习游泳一样，必须亲身实践，只是欣赏别人的数学模型的人，永远不会拥有让别人欣赏的数学模型。只有你亲身参与了数学建模活动，你才会感到自己的数学知识或数学思想方法上的不足，更激起探讨数学的积极性。数学的本领提高了，参与数学建模就更加得心应手。

数学建模与其说是一门技术，不如说是一门艺术，技术大致有章可循，而艺术无法归纳成普遍适用的准则。一名出色的艺术家，既需要大量的观摩和前辈的指导，更需要亲自实践，最终"青出于蓝而胜于蓝"。数学建模也是一样，要想掌握建模这门艺术，培养自己解决实际问题的能力，一是要大量阅读、思考别人做过的模型，二是要亲自动手，认真地做几个实际题目。这也是本书的目的。本书给出了各个应用领域不同数学方法建模的大量实例，供读者研读，并提供了若干题目供读者自己练习。我们相信，只要认真听、读和训练，必能到达成功的彼岸。

在学习过程中，要认真弄懂书中每一个具体的实例：其内容步骤是什么，用了哪些建模方法。特别是要知晓，它是怎样从实际问题转化为数学模型的。开始时你可能感到无从入手，但不必担忧，随着学习过程逐渐展开，只要你认真琢磨，定会一步一步摆脱困惑。

1.2　数学建模的步骤和方法

数学建模的过程并非高深莫测，事实上，在初等数学中大家就都已经有所接触。例如，数学课程中在解应用题时列出的数学式子就是简单的数学模型，而列数学式子的过程就是在进行简单的数学建模。下面通过一道应用题的求解过程来说明数学建模的步骤。

例 1 - 2 - 1　可口可乐、雪碧、健力宝等销量极大的饮料,其饮料罐(易拉罐)顶盖的直径和从顶盖到底部的高之比为多少? 它们的形状为什么是这样的?

首先,把饮料罐假设为正圆柱体(实际上,由于制造工艺等要求,它不可能正好是数学上的正圆柱体,但这样简化确实是近似的、合理的)。通过这种简化,我们就可以明确变量和参数了,例如引入以下符号变量:

V——罐装饮料的体积;

r ——底面半径;

h ——圆柱高;

b ——制罐材料的厚度;

k ——制造中工艺上必须要求的折边长度。

上面的诸多因素中,我们先不考虑 k 这个因素,于是 $V = \pi r^2 h$。

由于易拉罐上底的强度必须要大,因而将其厚度制为其他部分厚度的 3 倍。制罐用材的总面积为

$$A = 3\pi r^2 b + \pi r^2 b + 2\pi rhb = (4\pi r^2 + 2\pi rh)b$$

每罐饮料的体积是一样的,因而 V 可以看成是一个常数(参数),解出 $h = \dfrac{V}{\pi r^2}$,代入 A 得

$$A = A(r) = 2\pi b\left(2r^2 + \frac{V}{\pi r}\right)$$

从而知道,用材最省的方法是求半径 r 使 $A(r)$ 达到最小值。$A(r)$ 的表达式就是一个数学模型,可以用多种精确或近似方法求 $A(r)$ 的极小值及相应的 r。例如,用微积分的方法易得

$$\frac{\mathrm{d}A}{\mathrm{d}r} = 2\pi b\left(4r - \frac{V}{\pi r^2}\right) = 0 \Rightarrow r = \sqrt[3]{\frac{V}{4\pi}}$$

从而求得

$$h = \frac{V}{\pi}\sqrt[3]{\left(\frac{4\pi}{V}\right)^2} = \sqrt[3]{\frac{(4\pi)^2 V^3}{\pi^3 V^2}} = 4\sqrt[3]{\frac{V}{4\pi}} = 4r$$

即罐高 h 应为半径 r 的 4 倍。如果你拿起可口可乐、百事可乐、健力宝等饮料罐测量一下,其高 h 和半径 r 的比几乎与上述计算结果完全一致! 其实这一点也不奇怪,这些大饮料公司每年生产的罐装饮料都高达几百万罐,甚至更多,因而从降低成本和获取利润的角度,这些大公司的设计部门一定会考虑在同样工艺条件、保证质量前提下用材料最省的问题。大家还可以把折边 k 这一因素考虑进去,然后得到相应的数学模型,并求解之,最后看看与实际符合的程度如何。

根据本例,可以得出简单的数学建模步骤:

① 根据问题的背景和建模的目的做出假设;

② 用符号表示要求的未知量;

③ 根据已知的常识列出数学式子或图形;

④ 求解数学式子;

⑤ 验证所得结果的正确性。

1.2.1　数学建模的一般步骤

一个实际问题往往是很复杂的,而影响它的因素总是很多的。如果想把它的全部影响因

素(或特性)都反映到模型中,这样的模型很难甚至无法建立,即使能建立也是不可取的,因为这样的模型太复杂,很难进行数学处理和计算。若只考虑易于数学处理,当然模型越简单越好,不过这样做又难以反映系统的有关主要特性。通常所建立的模型往往是这两种互相矛盾要求的折中处理。建模是一种十分复杂的创造性劳动,现实世界中的事物形形色色、五花八门,不可能用一些条条框框规定出各种模型如何建立。所以数学建模没有固定的模式。按照建模过程,一般采用以下基本步骤:

第一步 模型准备

模型准备也常称为问题分析或问题重述。由于数学模型是建立数学与实际现象之间的桥梁,因此,首要的工作是要设法用数学的语言表述实际现象。为此,要充分了解问题的实际背景,明确建模的目的,尽可能弄清对象的特征,并为此搜集必需的各种信息或数据。要善于捕捉对象特征中隐含的数学因素,并将其一一列出。至此,我们便有了一个很好的开端,而有了这个良好的开端,不仅可以决定建模方向,初步确定用哪一类模型,而且对下面的各个步骤都将产生影响。

第二步 模型假设

根据问题的要求和建模目的做出合理的简化假设。模型假设是根据对象的特征和建模目的,在问题分析基础上对问题进行必要的、合理的取舍简化,并使用精确的语言做出假设,这是建模至关重要的一步。进行假设的目的在于从第一步列出的各种因素中选出主要因素,忽略非本质因素,抓住问题的本质使问题简化以便进行数学处理。这是因为,一个实际问题往往是复杂多变的,如不经过合理的简化假设,将很难转化成数学模型,即使转化成功,也可能是一个复杂的难以求解的模型,从而使建模归于失败。另外,为建模需要,在选定的因素里,也常常要进行必要的、合理的简化,诸如线性化、均匀化、理想化等近似化处理。当然,假使做得不合理或过分简单,也同样会因为与实际相去甚远而使建模归于失败。

总之,一个高超的建模者应能充分发挥想象力、洞察力和判断力,善于辨别主次,合理进行简化。经验在这里也常起重要作用,有些假设在建模过程中才会发现,因此在建模时要注意调整假设。为了使建模顺利进行,写出假设时,语言要准确,就像做习题时写出已知条件一样,这些就是模型假设一步需做的工作。

第三步 模型建立

根据问题分析与假设,利用适当的数学工具及相应的物理或其他学科有关规律建立各个量之间的数量关系、列出表格、画出图形或确定其他数学结构。这里除需要一些相关学科的专门知识外,还常常需要较宽泛的应用数学方面的知识。建模时还应遵循的一个原则是,尽量采用简单的数学工具,以便让更多的人明了并能加以应用。

第四步 模型求解

对以上建立的数学模型进行数学上的求解,包括解方程、画图形、证明定理以及逻辑运算等,会用到传统的和近代的数学方法,特别是计算机技术。

第五步 模型分析(包括检验、修改、应用和评价等)

首先对模型解答进行数学上的分析,有时要根据问题的性质分析变量间的依赖关系或稳定状况,有时要根据所得结果给出数学上的预报,有时则可能要给出数学上的最优决策或控制,对于特殊情况还常常需要进行误差分析、数据稳定性分析;而后将模型的解给予检验和实际解释,即把模型求解的结果"翻译"回到实际对象中,用实际现象、数据等检验模型的合理性和适用性。如果检验结果与实际情况相符,则可进行最后的模型应用。

注意:

① 若所得的解不符合实际,则说明所建数学模型有错误,应推倒重建。这是数学建模完全可能出现的情况,其产生的原因往往是问题分析错误或假设不合理所致。

② 这五步构成了数学建模的一个流程:模型准备⇒模型假设⇒模型建立⇒模型求解⇒对模型解的分析、检验、修改与推广,如图 1 - 2 - 1 所示。对于一个建模问题,这个流程极具指导意义。应当注意的是,实际建模过程中,其应用是可以有弹性的,不是每个建模问题都要一个不差地经过这五个步骤;其顺序也不是一成不变的,而且有时各个过程之间没有明显的界线。因此,在建模中不必在形式上按部就班,只要反映出建模的特点即可。一个具体建模问题要经过哪些步骤并没有一定的模式,通常与实际问题的性质、建模的目的等有关。后面我们将结合实例对流程的各个步骤详加说明。

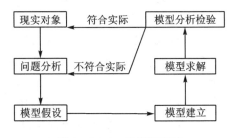

图 1 - 2 - 1　建模框架图

数学建模过程中最重要的三个要素,也是三个最大的难点,分别是:

① 怎样从实际情况出发做出合理的假设,从而得到可以执行的、合理的数学模型;

② 怎样求解模型中出现的数学问题,它可能是非常困难的问题;

③ 怎样验证模型的结论是合理、正确、可行的。

所以,当你看到一个数学模型时,就一定要问问或者想一想:①它的假设是什么? 是否合理? ②模型中的数学问题是否很难? 数学上是否已经解决? ③怎样验证该模型的正确性与可行性? 如果你在学习有关后续课程或参加具体的数学建模活动时能够牢记这三条,那么一定会受益匪浅。

另外,在建模过程中还有一条不成文的原则,即"从简单到精细"。也就是说,首先建立一个比较简单且尽可能合理的模型,对该模型中的数学问题如果能解决得很彻底,从而观察到信息,甚至发现重要的现象。如果求解该模型的结果不合理,甚至完全错误,那么它也有可能告诉我们如何改进及改进的方向。

要想比较成功地运用数学建模去解决真正的实际问题,还要学习"双向翻译"的能力。也就是说,既能够把实际问题用数学的语言表述出来,也能够把数学建模得到的(往往是用数学形式表述的)结果,用普通人(或者,要应用这些结果的非数学专业的人士)能够懂的普通语言表述出来。

在学习后续的建模实例时再次强调两点:

① 数学建模不一定有唯一正确的答案。数学建模的结果无所谓"对"与"错",但是有优与劣的区别,评价一个模型优劣的唯一标准是实践检验。

② 数学建模没有统一的方法。对于同一个问题,因其各人特长和偏好等方面的差别,所

采取的方法可以不同。使用近代数学方法建立的模型不一定就比采用初等数学方法建立的模型好,因为我们建模的目的是为了解决实际问题。

1.2.2　数学建模的一般方法

按大类来分,数学建模的方法大体上可分为三类。

1. 机理分析法

机理分析法是立足于事物内在规律的一种常见建模方法,主要是根据人们对现实对象的了解和已有的知识、经验等,分析研究对象中各变量(因素)之间的因果关系,找出其内部机理规律而建立其模型的一类方法。建立的模型常有明确的物理或现实意义。使用这种方法的前提是,我们对研究对象的机理应有一定的了解,模型也要求具有反映内在特征的物理意义。机理分析要针对具体问题,因而没有统一的方法。主要包括:

① 类比法　是建立数学模型的一个常见而有力的方法。做法是把问题归结或转化为我们熟知的模型,然后给予类似的解决方法。比如,这个问题与我们熟悉的什么问题类似?如果有类似的问题曾被解决过,那么我们的建模工作便可省去许多麻烦。实际上,许多来自不同领域的问题从数学模型角度看确实具有类似的甚至相同的结构。

② 平衡原理法　是指自然界的任何物质在其变化的过程中一定受到某种平衡关系的支配。注意发掘实际问题中的平衡原理是从物质运动机理的角度组建数学模型的一个关键问题。就像中学的数学应用题中等量关系的发现是建立方程的关键一样。

③ 微元法　是指在组建对象随着时间或空间连续变化的动态模型时,经常会考虑它在时间或空间的微小单元的变化情况。这是因为在这些微元上的平衡关系比较简单,而且容易使用微分学的手段进行处理。这类模型基本上是以微分方程的形式给出的。

2. 测试分析法

测试分析法是一种统计分析法。比如,我们将研究对象视为一个"黑箱"系统,对系统的输入、输出数据进行观测,并以这些实测数据为基础进行统计分析,按照一定准则找出与数据拟合最好的模型。当我们对对象的内部规律基本不清楚,模型也不需要反映内部特征时,就可以用测试分析法建立数学模型。测试分析法是一套完整的数学方法。

3. 综合分析法

对于某些实际问题,人们常将上述两种建模方法结合起来使用,例如用机理分析法确定模型结构,再用测试分析法确定其中的参数。

1.2.3　数学建模应用举例

下面给出几个数学建模的例子,重点说明:

- 如何做出合理的、简化的假设;
- 如何选择参数、变量,用数学语言确切地表述实际问题;
- 如何分析模型的结果,解决或解释实际问题,或根据实际情况改进模型。

例 1-2-2（包饺子问题）

通常 1 kg 面粉和 1 kg 馅可包 100 个饺子。若 1 kg 面粉不变,馅比面多了 1 kg,问题是应多包几个(小一些)饺子,还是少包几个(大一些)饺子?

步骤一:问题分析

问题是,同样数量的面粉,是多包几个饺子能多包馅,还是少包几个饺子能多包馅? 即考虑一个大饺子皮分成 $n(n>1)$ 个小饺子皮时,对所能包的馅的体积进行比较。

步骤二:合理地简化假设

① 饺子皮厚度相同;

② 饺子皮大小形状相同,近似以圆代替。

步骤三:建立模型

引入符号变量:

R——大饺子皮半径;

r——小饺子皮半径;

S——大饺子皮面积;

s——小饺子皮面积;

V——大饺子皮体积;

v——小饺子皮体积。

饺子皮的面积与饺子皮半径的平方成正比,比例常数为 k_1,即

$$S=k_1R^2,\quad s=k_1r^2$$

饺子皮所能包的馅的体积与饺子皮半径的立方成正比,比例常数为 k_2,即

$$V=k_2R^3,\quad v=k_2r^3$$

已知 $S=ns(n>1)$,比较 V 和 nv 的大小。

步骤四:求解数学模型

由 $S=ns(n>1)$,得 $R^2=nr^2$,即 $\dfrac{R}{r}=\sqrt{n}$。从而 $\dfrac{V}{nv}=\dfrac{1}{n}\dfrac{R^3}{r^3}=\sqrt{n}>1(n>1)$,故 $V>nv$。

结论: 饺子包大一些能多包馅或者少包几个饺子能多包馅。例如,若 100 个饺子包 1 kg 馅,则 50 个饺子可以包 1.41 kg 馅。

步骤五:模型分析、检验、修改、应用与推广

① 同样的面粉包 n_1 个饺子和 n_2 个饺子所能包的馅的体积之比约为 $\sqrt{n_2}:\sqrt{n_1}$。

② 对于经营饺子的店,饺子应做得小巧而精致,以降低成本;而对于家庭,饺子应略大一些,可以多吃到馅而增加营养。

③ 本模型同样可以用来解释为什么实际生活中人们买鸡蛋或买西瓜要挑大的买。

例 1-2-3(漂洗衣服问题)

洗衣服时,衣服用肥皂或洗衣粉搓洗过后,衣服上总带着污物需要用清水来漂洗,如果现在有一定量的清水,要建立数学模型分析如何安排清洗的程序(漂洗多少次,每次用多少水)使得用这些水漂洗的衣服最干净。

模型假设

该问题是实际生活中的优化问题。为使问题简化,给出下面的假设:

① 每次漂洗后,污物能均匀分布在水中;

② 衣服在第一次漂洗前有一定含水量,其含水量与以后每次漂洗后衣服的含水量相同;

③ 忽视水温、水质等对漂洗结果的影响;

④ 在漂洗过程中忽略时间耗费、衣服磨损。

模型建立

① 与问题有关的因素及符号变量。

a_0——初始的污物质量（单位:kg），是一个常数；

a_i——漂洗 i 次后衣服上残留的污物质量（单位:g），$i=1,2,\cdots,n$；

n——漂洗的次数，$n\in\mathbf{N}$；

M——总用水量，在本问题中是一个常数（单位:kg）；

m_i——第 i 次漂洗的用水量，$i=1,2,\cdots,n$，显然 $\sum\limits_{i=1}^{n}m_i=M$；

λ——每次漂洗后，衣服上仍留下水的质量，假设 λ 是一个常数（单位:kg）。

② 建立模型。

由假设可知，第一次放水后，a_0 千克污物均匀分布于 $\lambda+m_1$ 千克水中，衣服上残留的污物量 a_1 与残留的水量成正比：

$$\frac{a_1}{\lambda}=\frac{a_0}{\lambda+m_1}$$

故

$$a_1=\frac{a_0\lambda}{\lambda+m_1}=\frac{a_0}{1+\dfrac{m_1}{\lambda}}$$

同理

$$a_2=\frac{a_1\lambda}{\lambda+m_2}=\frac{a_0}{\left(1+\dfrac{m_1}{\lambda}\right)\left(1+\dfrac{m_2}{\lambda}\right)}$$

以此类推，利用数学归纳法可以证明 $a_n=\dfrac{a_{n-1}\lambda}{\lambda+m_n}=\dfrac{a_0}{\left(1+\dfrac{m_1}{\lambda}\right)\left(1+\dfrac{m_2}{\lambda}\right)\cdots\left(1+\dfrac{m_n}{\lambda}\right)}$,

这即为漂洗问题的数学模型（a_0,λ 为常数）。

模型求解

当漂洗的次数 n 为一定时，如何选取每次的用水量 $m_i(i=1,2,\cdots,n)$，才能漂洗得最干净（即残留的污物量 a_n 最小）？由于 $1+\dfrac{m_i}{\lambda}>0(i=1,2,\cdots,n)$，且 $\sum\limits_{i=1}^{n}\left(1+\dfrac{m_i}{\lambda}\right)=n+\dfrac{M}{\lambda}$ 是一常数，于是由均值不等式得

$$\left(1+\frac{m_1}{\lambda}\right)\left(1+\frac{m_2}{\lambda}\right)\cdots\left(1+\frac{m_n}{\lambda}\right)\leqslant\left[\frac{1}{n}\sum_{i=1}^{n}\left(1+\frac{m_i}{\lambda}\right)\right]^n=\left(1+\frac{M}{n\lambda}\right)^n$$

所以

$$a_n=\frac{a_0}{\left(1+\dfrac{m_1}{\lambda}\right)\left(1+\dfrac{m_2}{\lambda}\right)\cdots\left(1+\dfrac{m_n}{\lambda}\right)}\geqslant\frac{a_0}{\left(1+\dfrac{M}{n\lambda}\right)^n}$$

其中，"="当且仅当 $1+\dfrac{m_1}{\lambda}=1+\dfrac{m_2}{\lambda}=\cdots=1+\dfrac{m_n}{\lambda}$，即 $m_1=m_2=\cdots=m_n$ 时成立，从而有如下结论:当漂洗次数一定，每次用水量相等时洗得最干净。此时残存的污物量为

$$a_n = \frac{a_0}{\left(1 + \dfrac{M}{n\lambda}\right)^n}$$

模型分析与应用

① 若漂洗次数不定,也可以证明(留给读者),进行 n 次漂洗和 $n+1$ 次漂洗后,相应的 $a_{n+1} < a_n$,即漂洗次数越多,衣服越干净。又因为

$$\lim_{n \to \infty} a_n = \lim_{n \to \infty} \frac{a_0}{\left(1 + \dfrac{M}{n\lambda}\right)^n} = \frac{a_0}{\mathrm{e}^{M/\lambda}}$$

即无论怎样漂洗,衣服上污物总有一个限度,不会要多干净有多干净。

② 漂洗的优化程序:

a. 根据需洗衣服的质量确定漂洗一次衣服的最小用水量(以能浸透衣服为标准)M_0;

b. 确定漂洗的次数 $n = \left[\dfrac{M}{M_0}\right]\left([\ ]\ 表示 \dfrac{M}{M_0}\ 的整数部分\right)$;

c. 将清水均分为 n 份,然后分 n 次漂洗。

1.3　MATLAB 的入门实践

在实际数学建模中,经常涉及一些复杂运算,需要借助数学软件来完成计算,其中使用频繁的是 MATLAB。MATLAB 是 Matrix Laboratory 的缩写,目前它已经成为国际上最流行的科学与工程计算的软件工具之一。现在 MATLAB 语言的功能越来越强大,集数值计算、符号计算和图形可视化于一体,尤其体现在运用简单而直接的符号代数方法来表示关系式,并执行运算,从而使用户可以将大部分精力集中在运算逻辑的推理上,而不必在繁杂的运算上耗费太多的精力。同时,MATLAB 提供了大量的函数以解决数学问题。

1.3.1　MATLAB 的进入与界面

1. 安装与启动

双击 MATLAB 的安装包,同其他应用软件类似,按照安装向导或提示进行安装即可。成功安装后,在 Windows 桌面上就会出现 MATLAB 图标,双击图标,就进入 MATLAB 界面,如图 1-3-1 所示。

① 命令窗口(Command Window):在该窗口中可以直接输入命令行,以实现计算或绘图功能。

② 工作空间(Workspace)窗口:该窗口显示当前 MATLAB 的内存中使用的变量的信息,包括变量名、变量数组大小、变量字节大小和变量类型。

③ 命令历史(Command History)窗口:该窗口显示所有执行过的命令。利用该窗口,一方面可以查看曾执行过的命令;另一方面,可以重复利用原来输入的命令行,这只需在命令历史窗口中直接双击某个命令行,就可执行该命令行。

④ 当前目录(Current Folder)窗口:该窗口显示当前工作目录下所有文件的文件名和文件类型,可以在窗口上方的小窗口中修改工作目录。

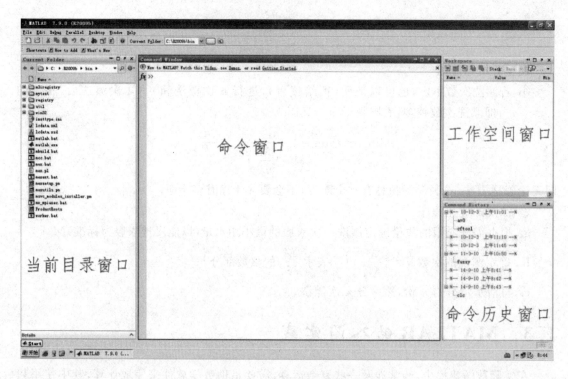

图 1 - 3 - 1　MATLAB 界面

2. 运行方式

① 命令行方式:直接在命令窗口输入命令行可以实现计算或作图功能。不足之处是,在处理比较复杂的问题和大量数据时相当困难。

② M 文件方式:先在一个以 m 为扩展名的 M 文件中输入一系列数据和命令,然后让MATLAB 执行这些命令。它有两种格式:一种是脚本 M 文件,用于命令的简单叠加;另一种是函数 M 文件,编辑函数程序,再以 m 为扩展名存储。

1.3.2　变量的 MATLAB 表示

变量由 MATLAB 语句直接输入,不需要提前声明,输入格式如下:

变量＝表达式

例如,需要得到一个新变量 t,其值为 1.34,命令及结果如下:

```
>> t = 1.34
t =
    1.34
```

注意:MATLAB 的命令行用“＞＞”表示开始输入,输入后回车即得结果。如果在命令行以英文的分号“;”结束,MATLAB 同样会进行相应的运算,但不显示运算结果。例如:

```
>> t = 1.34;
```

事实上,大部分数值计算问题可归结为矩阵的计算。通常,矩阵与数组的意义相同,都是指含有 m 行 n 列数字的矩形结构。在 MATLAB 语言中表示一个矩阵式很容易,例如,对于

矩阵 $A = \begin{bmatrix} 1 & 2 & 3 \\ 4 & 5 & 6 \\ 7 & 8 & 9 \end{bmatrix}$,可以采用下面的命令:

```
>> A = [1,2,3;4 5 6;7 8 9]
A =
     1     2     3
     4     5     6
     7     8     9
```

注意:矩阵的内容由方括号括起来表示,而方括号内的分号表示矩阵的换行,逗号或空格表示同一行矩阵元素间的分隔。给出了上面的命令,就可以在 MATLAB 的工作空间窗口中建立一个矩阵变量 A。

再比如,行向量和列向量可以类似下面的方法直接输入:

```
>> A1 = [1 2 3];
>> A2 = [4;5;6;7];
```

我们可以用下标来访问某个或某些矩阵元素。例如,A 矩阵的第 2 行第 3 列元素可以利用下面的命令得到

```
>> A(2,3)
ans =
     6
```

注意:ans 是缺省的变量名,用来显示运行的结果。我们还可以通过下面的命令提取矩阵 A 的子矩阵:

```
>> A([1,3],[2,3])
ans =
     2     3
     8     9
```

可以看出,由上面的语句可以提取出矩阵 A 的第 1、3 行和第 2、3 列,然后构成一个子矩阵:

```
>> A(:,[2,3])
ans =
     2     3
     5     6
     8     9
```

在上面的语句中,冒号":"表示提取所有行,而 [2,3] 表示提取第 2、3 列,最终构成了一个子矩阵。

MATLAB 语言定义了独特的冒号表达式来给行向量赋值,其基本格式为:

```
a = s1:s2:s3;
```

其中,s1 为起始值,s2 为间距,s3 为终止值。如果 s2 的值为负值,则要求 s1 的值大于 s3 的值,

否则结果为一个空向量。如果省略了 s2 的值,则步长为默认值 1。例如:

```
>> a = 1:0.1:2;
>> b = 1:8;
```

上面的语句分别将向量[1.0 1.1 1.2 1.3 1.4 1.5 1.6 1.7 1.8 1.9 2.0]赋值给变量 a,将向量[1 2 3 4 5 6 7 8]赋值给变量 b。

另外还有一个命令 linspace(a,b,n),可生成从 a 到 b 共 n 个数值的等差数组,公差不必给出。例如:

```
>> linspace(0,1,9)                          % 从 0 到 1 共 9 个数值的等差数组
ans = 0   0.1250   0.2500   0.3750   0.5000   0.6250   0.7500   0.87500   1.0000
```

注意:百分号"%"是注释命令,它后面的文字为注释,不参与运算。

有一些函数命令可以得到矩阵,例如 MATLAB 用函数 eye(m,n)表示 m 行 n 列的单位矩阵,用函数 eye(n,n)表示 n 阶单位方阵,还有可以用函数 zeros(m,n)表示 m 行 n 列的零矩阵,用 ones(m,n)表示 m 行 n 列的 1 矩阵。

```
>> I = eye(4,4);          % 得到四阶单位矩阵
>> J = eye(4,3)
J =
    1    0    0
    0    1    0
    0    0    1
    0    0    0
>> P = zeros(3,4);        % 得到 3 行 4 列的零矩阵
```

1.3.3　变量的相关运算

1. 向量运算

MATLAB 提供了许多数学函数,例如,abs 为绝对值函数,sin 为正弦函数,sqrt 为开平方,exp 为以 e 为底的指数函数,log 为自然对数函数,等等。MATLAB 所支持的常用基本函数如表 1-3-1 所列。

表 1-3-1　常用基本函数表

函　数	名　　称	函　数	名　　称
sin(x)	正弦函数	asin(x)	反正弦函数
cos(x)	余弦函数	acos(x)	反余弦函数
tan(x)	正切函数	atan(x)	反正切函数
abs(x)	绝对值	max(x)	最大值
min(x)	最小值	sum(x)	元素的总和
sqrt(x)	开平方	exp(x)	以 e 为底的指数
log(x)	自然对数	log10 (x)	以 10 为底的对数
sign(x)	符号函数	fix(x)	取整

例如,计算 $y = \dfrac{2\sin(0.3\pi)}{1+\sqrt{5}}$,可以采用如下命令:

```
>> y = 2 * sin(0.3 * pi)/(1 + sqrt(5))
y =
    0.5000
```

注意:①无理数 π 在 MATLAB 中默认用变量 pi 表示;②命令中乘法命令的"＊"不可或缺,函数命令用到的小括号不可或缺。

在 MATLAB 中这些函数作用在矩阵或向量上,函数作用在矩阵或向量的每个元素上,得到一个同型矩阵。例如:

```
>> A = [pi pi/2 0];B = cos(A)
B =
    -1.000      0.0000      1.0000
```

对于矩阵变量,还有矩阵间的运算,例如,矩阵的加法与减法是指针对两个大小相等的矩阵,其相应的位置上的数做加法或减法运算,命令如下:

```
>> B = [1,2,1;3,3,3];A = [1,2,3;4,5,6];
>> C = A + B
ans =
    2    4    4
    7    8    9
```

矩阵乘积 $C = AB$,只有当 A 的列数等于 B 的行数或者 A、B 两者中有一个是常数时,$C = AB$ 才有意义,运算与线性代数中的定义相同。

```
>> B = [1,3,4;5,7,8;9,11,12];A = [1,2,3;4,5,6];
>> A * B;
```

对于求方阵 A 的逆矩阵,可以用命令 inv(A)实现,但如果涉及逆矩阵和其他矩阵相乘,还有更简洁的表示。例如求 $C = A^{-1}B$ 可以用命令 C = A\B 实现,求 $D = BA^{-1}$ 可以用命令 D = B/A 实现。

```
>> B = [1,3,4;5,7,8;9,11,12];A = [1,2,3;4,5,6;1 - 1 1];
>> C = A\B;              % 求 inv(A) * B
>> D = B/A;              % 求 B * inv(A)
```

在数学公式中,一般把一个矩阵的转置记作 A^{T},MATLAB 所用命令为 A'。

```
>> A = [1,2,3;4,5,6];
>> A'
ans =
    1    4
    2    5
    3    6
```

当矩阵 A 为方阵时,矩阵的乘方运算在数学上表示成 A^{x},若 x 为正整数,则乘方表达式 A^{x} 的结果可以将矩阵 A 自乘 x 次得出。例如:

```
>> A=[1,2,3;4,2,5;6,2,3];
>> A^3;
```

MATLAB 中还定义了一种特殊的运算,即所谓的点运算。两个矩阵之间的点运算是它们对应元素的直接运算。例如命令 C＝A.＊B 表示矩阵 **A** 和 **B** 的相应元素之间直接进行乘法运算,然后将结果赋给矩阵 **C**,即 $c_{ij}＝a_{ij}b_{ij}$。点乘积运算要求矩阵 **A** 和 **B** 的维数相同。

```
>> A=[3,-2,3];B=[1,2,3];
>> D=A.*B
D =
    3   -4    9
>> E=A.^2
E =
    9    4    9
```

还有一些是针对向量的函数,可以用它们找出其元素个数、最大值、最小值、范数等。例如:length(x)表示求向量 x 的元素个数,max(x)表示求向量 x 的元素的最大值,min(x)表示求向量 x 的元素的最小值,norm(x)表示求向量 x 的范数。

2. 关系运算

MATLAB 的关系运算符有:

<	小于;	>	大于
<=	小于或等于;	>=	大于或等于
==	等于;	~=	不等于

关系运算比较两个数值:当指出的关系成立时结果为 1(表示真),否则为 0(表示假)。关系运算可以作用于两个同样大小的矩阵或数组,结果是一个 0、1 矩阵或数组,每个分量代表相应的矩阵或数组分量的关系运算结果。例如,在 MATLAB 工作窗口中输入程序:

```
>> A=1:5;B=5:-1:1;
>> C=A>=4
```

运行后输出结果如下:

```
C =  0   0   0   1   1
```

在 MATLAB 工作窗口中输入程序:

```
>> D=A==B
```

运行后输出结果如下:

```
D =  0   0   1   0   0
```

3. 逻辑运算

MATLAB 的逻辑运算符有:

　　　　　　　　　& 与运算; ｜ 或运算; ～ 非运算

它们满足熟知的运算规则,见表 1-3-2。

表 1 – 3 – 2　逻辑运算表

a	b	$a\&b$	$a\mid b$	$\sim a$
0	0	0	0	1
1	0	0	1	0
1	1	1	1	0

逻辑运算将任何非零元素视为 1(真)。逻辑运算也可以作用于矩阵或数组。在 MAT-LAB 工作窗口中输入程序:

```
>> a = 1:9,b = 9 - a,c = ~(a>4),d = (a> = 3)&(b<6)
```

运行后输出结果如下:

```
a = 1    2    3    4    5    6    7    8    9
b = 8    7    6    5    4    3    2    1    0
c = 1    1    1    1    0    0    0    0    0
d = 0    0    0    1    1    1    1    1    1
```

1.3.4　MATLAB 程序设计

用 MATLAB 语言编写一些可以调用的程序,称为 M 文件。M 文件有两类,分别是函数 M 文件和脚本 M 文件。函数 M 文件可以输入参数,也可以返回输出参数。而脚本 M 文件没有输入参数与输出参数,可以看作将一些命令集成到一起。下面重点介绍函数 M 文件。

1. 函数 M 文件的建立

在 MATLAB 命令窗口中,从菜单栏选择 File→New 菜单项,再选择 M - file 命令,将需要运行的函数语句编辑到一个文件中,保存函数文件名;然后在 MATLAB 命令窗口中输入参数和函数名,就可以执行此函数了。函数文件由 function 语句引导,其格式如下:

function 输出参数＝函数名(输入参数)

函数体

注:一般,保存的文件名与函数名相同。

例如,建立函数 $y = \dfrac{2\sin x}{1 + x}$,并求 $x = 3$ 时的值。

M 文件内容如下:

```
function y = f1(x)
y = 2 * sin(x)/(1 + x);
```

保存文件名为 f1. m,在命令窗口中调用命令:

```
>> y = f1(3)
```

可以得到输出结果如下:

```
y =
    0.0706
```

另外还有一种方法,可以调用 inline 函数实现:

```
≫ y = inline('2 * sin(x)/(1 + x)');
≫ y(3)          % 也可以使用 feval(y,3)
```

2. 逻辑语句

在 M 文件中,很多时候结构稍复杂,需要用到逻辑语句,常见结构如下。

(1) 选择结构

1) 形式一

if　条件

　　语句组

end

如果条件成立,则执行语句组。

例如,设 $f(x) = \begin{cases} x^2 + 1, & x > 1 \\ 2x, & x \leqslant 1 \end{cases}$,求 $f(2)$, $f(-1)$。

首先需要建立 M 文件 f2.m 定义函数 $f(x)$,然后再在 MATLAB 命令窗口中输入 f2(2)、f2(-1)即可。

M 文件内容如下:

```
function f = f2(x)
if x > 1
    f = x^2 + 1
end
if x <= 1
    f = 2 * x
end
```

2) 形式二

if　条件 1

　语句组 1

else

　语句组 2

end

如果条件 1 成立,则执行语句组 1;否则,执行语句组 2。

3) 形式三

if　条件 1

　　语句组 1 n

　　elseif　条件 2 n

　　　　语句组 2

　　……

　　elseif　条件 m

　　　　语句组 m

else

　　语句组 m+1

end
(2) 循环结构

实现循环结构的语句有 for 语句和 while 语句。

1) for 语句

格式：

for 循环变量＝表达式 1:表达式 2:表达式 3

　　循环体语句

end

注：其中表达式 1 的值为循环变量的初值，表达式 2 的值为步长，表达式 3 的值为循环变量的终值。步长为 1 时，表达式 2 可以省略。

例如，针对 $n=1,2,\cdots,10$，分别求 $x_n=\sin(n\cdot\pi/10)$ 的值。

编写 M 文件 f3.m 如下：

```
for n = 1:10
    x(n) = sin(n * pi/10);
end
x
```

在命令窗口中调用命令如下：

```
>> f3
```

可得到结果如下：

$$x = \begin{bmatrix} 0.3090 & 0.5878 & 0.8090 & 0.9511 & 1.0000 & 0.9511 & 0.8090 & 0.5878 & 0.3090 & 0.0000 \end{bmatrix}$$

2) while 语句

格式：

while（条件）

　　循环体语句

end

例如，设银行年利率为 11.25%，将 10 000 元钱存入银行，问多长时间会连本带利翻一番？

编写 M 文件 f4.m 如下：

```
money = 10000;
years = 0;
while money < 20000
    years = years + 1;
    money = money * (1 + 11.25/100);
end
years
money
```

在命令窗口中调用命令如下：

```
>> f4
```

可得到结果如下：

```
years = 7,money = 2.1091e + 004
```

注意:对所有循环结构的循环体,内部都可以包括一个循环结构,称为循环的嵌套。

1.3.5　MATLAB 的图形绘制功能

1. 二维图形

原理:MATLAB 作图是通过描点、连线来实现的,故在画一个曲线图形之前,必须先取得该图形上的一系列的点的坐标(即横坐标和纵坐标),然后将该点集的坐标传给 MATLAB 函数画图。

命令:

plot(X,Y,S)

其中,X、Y 是向量,分别表示点集的横坐标和纵坐标;S 表示线型,可以省略,默认为简单连线。常用 r,b,y 分别表示红色、蓝色和黄色,"－"表示连线,":"表示短虚线。特殊的,plot(X,Y1,S1, X,Y2, S2,…,X ,Yn,Sn)表示将多条线画在一起。

例如,可以画出一条正弦曲线。

```
>> x = 0:0.001:10;          % 0 到 10 的 1 000 个点的 x 坐标
>> y = sin(x);              % 对应的 1 000 个点的 y 坐标
>> plot(x,y);              % 绘图,见图 1-3-2
>> x = 0:0.001:10; y = sin(x);Y = sin(10 * x);
>> plot(x,y,':r',x,Y,'b')   % 同时画出了两个函数,分别是红色点线和蓝色实线,见图 1-3-3
```

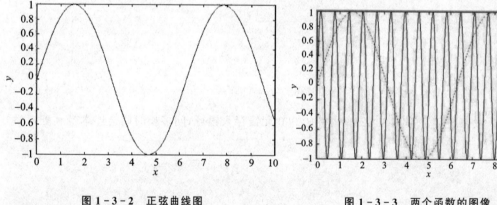

图 1-3-2　正弦曲线图　　　　　　　　图 1-3-3　两个函数的图像

利用 hold on 函数在原有的图形上增加曲线,可以实现上述相同的图像。

```
>> x = 0:0.001:10; y = sin(x);Y = sin(10 * x);
>> plot(x,y,':r');
>> hold on;plot(x,Y,'b'); % 在上一个图像的基础上,再画一条曲线
```

绘制一些离散点,比如用"＊"来表示,用 plot(x,y,'＊')实现。

平面曲线的颜色和线型如表 1-3-3 所列。

表 1 - 3 - 3　平面曲线的颜色和线型

		— (实线)	: (点线)	— · (点画线)	— — (虚线)	空 (小黑点)
	线方式					
线　型	点方式	. (圆点)	+ (加号)	* (星号)	× (斜叉线)	○ (小圆)
		∧ (上尖线)	∨ (字母 V)	< (左尖线)	> (右尖线)	
		d (菱形)	p (五角形)	h (六角形)	S (正方形)	
颜　色		r(红)	g(绿)	b(蓝)	w(白)	k(黑)
		c(青)	y(黄)	m(洋红)		

　　为了使图像看起来更直观，可以加入网格线，用 grid on 命令。除了 plot 命令外，还有 ezplot 命令可以用来画一个已定义的函数分布图。

　　首先用 F＝inline('…') 定义函数 F，在区间 $[a,b]$ 内的函数图像可以用 ezplot(F,[a,b]) 命令画出。

　　例如，画出 $y＝e^x \sin x$ 在区间 $[-3,3]$ 内的图像，可以输入以下命令：

```
>> y = inline('exp(x) * sin(x)');
>> ezplot(y,[ - 3,3])
```

2. 三维图形

(1) 空间曲线

命令：

plot3(X,Y,Z,S)

其中，X，Y，Z 是 n 维向量，分别表示曲线上点集的横坐标、纵坐标、函数值；S 仍表示线型。

　　例如，在区间 $[0,10\pi]$ 上画出参数曲线 $x＝\sin t,y＝\cos t,z＝t$，可以输入以下命令：

```
>> t = 0:pi/50:10 * pi;
>> plot3(sin(t),cos(t),t)
>> rotate3d        % 旋转
```

结果如图 1 - 3 - 4 所示。

(2) 空间曲面

命令：

surf(x,y,z)

其中，x，y，z 为数据矩阵，分别表示数据点的横坐标、纵坐标、函数值。

　　曲面图一般需要先得到在 xy 平面的矩形网格点上的 z 轴坐标值。

```
>> x = - 2:0.05:2;              % 在 x 轴上取点
>> y = - 2:0.05:2;              % 在 y 轴上取点
>> [xx,yy] = meshgrid(x, y);    % 形成 xx 和 yy 矩阵
>> zz = xx. * exp( - xx.^2 - yy.^2);  % 计算函数值
>> surf(xx, yy, zz);            % 画出空间曲面图,见图 1 - 3 - 5
```

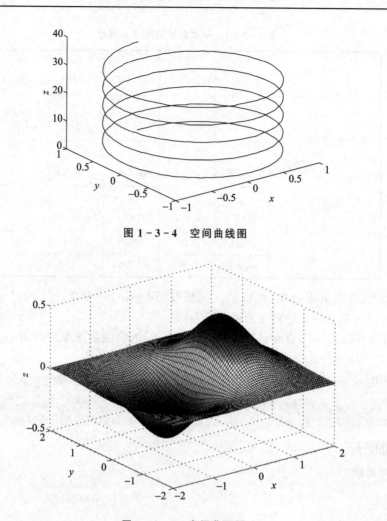

图 1 - 3 - 4　空间曲线图

图 1 - 3 - 5　空间曲面图

1.3.6　应用举例——分形曲线

Koch 曲线是一类复杂的平面曲线,可用算法描述。例如,从一条线段开始,将中间三分之一段用等边三角形的两条边代替,形成具有 5 个点的图形(见图 1 - 3 - 6);在新的图形中,又将每一线段中间的三分之一段用等边三角形的两条边代替,可再次形成新的图形(见图 1 - 3 - 7),这时,图形中共有 17 个点。这种迭代继续进行下去,可以形成 Koch 分形曲线。

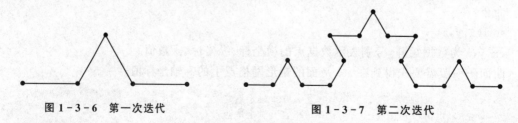

图 1 - 3 - 6　第一次迭代　　　　　　　　　　图 1 - 3 - 7　第二次迭代

在迭代过程中,图形中的点将越来越多,而曲线最终显示细节的多少将取决于迭代次数和显示系统的分辨率。

　　算法分析:考虑由一条线段(2 个点)产生第一个图形(5 个点)的过程。设 P_1 和 P_5 分别为原始线段的两个端点。现在需要在该线段的中间依次插入三个点 P_2,P_3,P_4 产生第一次迭代的图形(见图 $1-3-6$)。显然,P_2 点位于 P_1 点右端的三分之一处,P_4 点位于 P_1 点右端的三分之二处;而 P_3 点的位置可以看成是由 P_4 点绕 P_2 点旋转 $60°$(逆时针方向)而得到的,故可以处理为向量 $\overrightarrow{P_2P_4}$ 经正交变换而得到向量 $\overrightarrow{P_2P_3}$。

　　算法如下:

① $P_2=P_1+(P_5-P_1)/3$;

② $P_4=P_1+2(P_5-P_1)/3$;

③ $P_3=P_2+(P_4-P_2)\boldsymbol{A}^{\mathrm{T}}$。

　　在③中,$\boldsymbol{A}$ 为正交矩阵:

$$\boldsymbol{A}=\begin{bmatrix} \cos\dfrac{\pi}{3} & -\sin\dfrac{\pi}{3} \\ \sin\dfrac{\pi}{3} & \cos\dfrac{\pi}{3} \end{bmatrix}$$

　　算法根据初始数据(P_1 和 P_5 点的坐标),产生图 $1-3-6$ 中 5 个点的坐标。各点的坐标数组形成一个 5×2 矩阵,矩阵的第一行为 P_1 的坐标,第二行为 P_2 的坐标,……,第五行为 P_5 的坐标。矩阵的第一列元素分别为 5 个点的 X 坐标,第二列元素分别为 5 个点的 Y 坐标。

　　进一步考虑 Koch 曲线形成过程中各点数目的变化规律。设第 k 次迭代产生的点数为 n_k,第 $k+1$ 次迭代产生的点数为 n_{k+1},则 n_k 和 n_{k+1} 之间的递推关系式为 $n_{k+1}=4n_k-3$。

　　用 MATLAB 实现,程序如下:

```
p=[0  0;10  0];   % 直线段时的两个端点坐标
n=2;
A=[cos(pi/3)  -sin(pi/3);sin(pi/3)  cos(pi/3)];
for  k=1:5
    d=diff(p)/3;   % 得到分割点的坐标。可以用 help diff 查看 diff 功能
    m=4*n-3;
    q=p(1:n-1,:);p(5:4:m,:)=p(2:n,:);
    p(2:4:m,:)=q+d;
    p(3:4:m,:)=q+d+d*A';
    p(4:4:m,:)=q+2*d;
    n=m;
end
plot(p(:,1),p(:,2),'k')
axis equal   % 将横轴、纵轴的定标系数设成相同值
axis off
```

　　程序运行后,可得图 $1-3-8$ 所示分形曲线图形。

　　MATLAB 的功能不局限于本节,内容也非常丰富,在数学建模实践中可以通过 MAT-LAB 的帮助功能查找相应函数的文档。例如查询 fminbnd 命令,在命令窗口中输入 help fminbnd 即可。

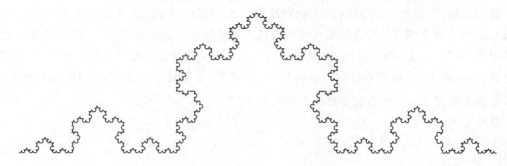

图 1 – 3 – 8　第五次迭代图形

习　题

1. 列举两三个实例以说明建立数学模型的必要性,包括实际问题的背景、建模的目的,大概需要什么样的模型以及怎样应用这种模型。

2. 用框图说明所谓数学建模的五步建模法的五个基本步骤。

3. 有一大堆油腻的盘子和一盆热的洗涤剂水。为尽量多地洗干净盘子,有哪些因素应予以考虑? 试至少列举出 4 种。

4. 一条公路交通不太拥挤,以致人们养成"冲过"马路的习惯,不愿意走邻近的"斑马线"。交规不允许任意横穿马路,交管部门为方便行人,准备在一些特殊地点增设"斑马线",以便让行人可以穿越马路。那么"选择设置斑马线的地点"这一问题应该考虑哪些因素? 试至少列举出 3 种。

5. 为了培养想象力、洞察力,考察对象时除了从正面分析外,还常常需要从侧面或反面思考,试尽可能迅速地回答下列的问题:

(1) 某甲早 8:00 从山下旅馆出发,沿一条路径上山,下午 5:00 到达山顶并留宿;次日早 8:00 沿同一条路径下山,下午 5:00 回到旅馆。某乙说,甲必在 2 天中的同一时刻经过路径中的同一地点。试问为什么?

(2) 甲、乙两站之间有电车相通,每隔 10 分钟甲、乙两站相互发一趟车,但发车时刻不一定相同,甲、乙之间有一中间站丙,某人每天在随机的时刻到达丙站,并搭乘最先经过丙站的那趟车,结果发现,100 天中约有 90 天到达甲站,约有 10 天到达乙站。问开往甲、乙两站的电车经过丙站的时刻表是如何安排的?

(3) 某人住 T 市而在他乡工作,每天下班后乘火车于 6:00 抵达 T 市车站,他的妻子驾车准时到车站接他回家。一日他提前下班搭乘早一班火车于 5:30 抵 T 市车站,随即步行回家,他的妻子像往常一样驾车前往,在半路上遇到他,即接他回家,此时发现比往常提前 10 分钟。问他步行了多长时间?

第 2 章
初等方法与微积分方法

现实世界中有很多问题,它的机理较简单,如果能用静态、线性、确定性模型描述就能达到建模的目的,基本上就用基础数学的方法来构造和求解模型。

本章主要介绍一些基础的建模例子,这些问题的巧妙的分析处理方法,可使读者举一反三,开拓思路,提高分析、解决实际问题的能力。首先介绍初等数学解决一些饶有趣味的实际问题,再介绍微分法建模实例,最后介绍一下存储问题。

2.1 初等方法建模

需要强调的是,衡量一个模型的优劣全在于它的应用效果,而不是采取了多高深的数学方法。进一步讲,如果对某个实际问题我们分别用初等的方法和所谓的高等的方法建立两个模型,其应用效果相差无几,那么受到人们欢迎并采用的,一定是前者而非后者。

类比法是依据两个对象的已知的相似性,把其中一个对象的已知的特殊性质迁移到另一个对象上去,从而获得另一个对象的性质的一种方法。做法是把问题归结或转化为我们熟知的模型上去,然后用类似的方法解决。思考这个问题与我们熟悉的哪些问题类似,如果有类似的问题曾被解决过,我们的建模工作便可省去许多麻烦。实际上,许多来自不同领域的问题在数学模型上看确实具有相类似的甚至相同的结构。因此类比法是一种寻求解题思路、猜测问题答案或结论的发现的方法,而不是一种论证的方法,作用是启迪思维,帮助我们寻求解题的思路,是建立数学模型的一种常见的、重要的方法。用类比法建立数学模型要求建模者具有广博的知识,只有这样才能将所研究的问题与某些已知的问题、某些已知的模型建立起联系。

例 2-1-1 类比法(月球上跳过的高度问题)

某人身高 1.70 m,以适当的初速度在地球表面上可跳过与其身高相同的高度。若该人以相同的初速度在月球上跳,试问他能跳多高?(地球与月球的重力加速度之比为 6:1)

问题分析

由于对月球上的情况并不了解,因此可先建立我们所熟悉的在地球上的有关结论,然后通过类比来加以解决。

模型假设

① 人在地球上跳高与空气阻力关系微弱,故可忽略空气阻力不计;

② 在地面上跳高,实际上就是克服地球引力把身体"抛"到高处。其实质是把人体的重心提高到了 1.70 m,故可视人体为一质点。一般地,人体的重心约在身高的一半处。

模型建立与求解

依假设,可视跳高为以初速度 v_0 把位于身高一半处的一质点铅直上抛。为了求出所跳高度 x 与时间 t 的函数关系,可建立以起跳处为原点,水平方向为 x 轴,铅直向上为 y 轴正向的平面直角坐标系。由

$$\frac{\mathrm{d}v}{\mathrm{d}t} = -g, \quad v(0) = v_0$$

知

$$v(t) = -gt + v_0$$

又由

$$\frac{\mathrm{d}x}{\mathrm{d}t} = v(t), \quad x(0) = \frac{1.70}{2} = 0.85$$

得

$$x(t) = \frac{gt^2}{2} + v_0 t + 0.85$$

类比建模

在月球上跳高与在地球上跳高是完全类似的,其差别仅是重力加速度。设月球上的重力加速度为 g_m,若记月球上的速度及位置函数分别为 v_0、x_m(因题设初始速度相同,故仍记月球上的初速度为 v_0),则应有

$$v_m(t) = -g_m t + v_0$$

$$x_m(t) = \frac{g_m t^2}{2} + v_0 t + 0.85$$

为求出此人在月球上能跳多高,只需求出初速 v_0 及跳到最高处所需的时间。注意到,初速与在地球上相同,跳到最高处时 $v_m = 0$,故 $v_0 = gt$,于是 $t = v_0/g$ 。又此人在地球上跳了 1.70 m 高,故有

$$1.70 = -\frac{1}{2} g \left(\frac{v_0}{g} \right)^2 + v_0 \left(\frac{v_0}{g} \right) + 0.85$$

由此得

$$v_0 = \sqrt{1.7g} = 4.082 \text{ m/s}$$

于是该人在地球上跳到 1.70 m 高处时所用的时间为 $t = v_0/g = 0.42$ s。

以下再求在月球上以相同的初速度跳到最高处所用的时间 t_m。

由 $v_m(t) = -g_m t + v_0$ 及 $v_m(t) = 0$,得 $v_0 = g_m t_m$,即 $\sqrt{1.7g} = g_m t_m$,由此可得

$$t_m = \sqrt{1.7g} / g_m$$

从而

$$x_m \approx -\frac{1}{2} g_m \left(\frac{\sqrt{1.7g}}{g_m} \right)^2 + \sqrt{1.7g} \times \frac{\sqrt{1.7g}}{g_m} + 0.85$$

$$= \frac{1.7}{2} \frac{g}{g_m} + 0.85 = 5.9 \text{ (m)}$$

即在月球上能跳过的高度约为 5.9 m($g = 6g_m$)。

模型分析

为得出人在月球上活动的结论,与在地球上同类活动的相应结论通过类比方法加以解决,这是类比法的一个成功范例。同样,利用地球上的初速及相应公式求得月球上所需数据也是很关键的一步,亦是巧妙之举。

2.1.1　比例关系与函数建模

在一些实际问题中有一些量具有明显的比例关系,利用这些比例关系可以建立各个变量之间的函数关系,从而可建立数学模型。本节介绍的几个模型,都是利用各个量之间基本的比例关系建立起的数学模型。

例 2-1-2(四足动物的身长和体重关系问题)

四足动物躯干(不包括头尾)的长度和它的体重有什么关系? 这个问题有一定的实际意义。比如,生猪收购站的人员或养猪专业户,如果能从生猪的身长估计它的重量,则可以给他们带来很大方便。

问题分析

众所周知,不同种类的动物,其生理构造不尽相同,如果对此问题陷入对生物学复杂生理结构的研究,就很难得到我们所要求的具有应用价值的数学模型,并且使问题复杂化。因此,

我们不必讨论具体动物的生理结构,仅借助力学的某些已知结果,建立四足动物的身长和体重关系的数学模型。为此我们可以在较粗浅的假设的基础上,建立动物的身长和体重的比例关系。本问题与体积和力学有关,搜集与此有关的资料得到弹性力学中两端固定的弹性梁的一个结果:长度为 l 的圆柱形弹性梁(见图 2-1-1)在自身重力 F 作用下,弹性梁的最大弯曲 δ 与重力 F 和梁

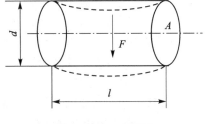

图 2-1-1　躯干图

的长度 l 的立方成正比,与梁的截面面积 A 和梁的直径 d 的平方成反比,即

$$\delta \propto \frac{Fl^3}{Ad^2} \quad (\propto \text{表示正比于})$$

利用这个结果,我们采用类比的方法给出假设。

模型假设

① 设四足动物的躯干(不包括头、尾)是长度为 l、断面直径为 d 的圆柱体,体积为 m。

② 四足动物的躯干(不包括头、尾)重量与其体重相同,记为 F。

③ 四足动物可看作一根支撑在四肢上的弹性梁,其腰部的最大下垂对应弹性梁的最大弯曲,记为 δ。

模型建立

根据重量与体积成正比关系,得 $F \propto m$,$m \propto Al$。

由正比关系的传递性,得 $\delta \propto \dfrac{Fl^3}{Ad^2} \propto \dfrac{Al^4}{Ad^2} = \dfrac{l^4}{d^2}$,由此得 $\dfrac{\delta}{l} \propto \dfrac{l^3}{d^2}$。

注意到,$\dfrac{\delta}{l}$ 是动物躯干的相对下垂度,从生物进化观点,$\dfrac{\delta}{l}$ 值太大,四肢将无法支撑,此种动物必被淘汰;$\dfrac{\delta}{l}$ 值太小,四肢的材料和尺寸超过了支撑躯体的需要,无疑是一种浪费,也不符合进化理论。因此从生物学的角度可以确定,对于每一种生存下来的动物,经过长期进化后,可认为动物的相对下垂度 $\dfrac{\delta}{l}$ 已达到一个最合适的数值,也就是说,$\dfrac{\delta}{l}$ 为常数(当然,不同种

类的动物,常数值不同)。因此

$$l^3 \propto d^2$$

即较大的动物有较大的身躯。又从 $F \propto m \propto Al, A \propto d^2$,可得 $F \propto l^4$,即

$$F = kl^4 \quad (k \text{ 为常数})$$

这就是本问题的数学模型。

模型应用

① 生猪的体重与体长的四次方成正比,在实际工作中,工作人员可由实际经验及统计数据找出常数 k,则可近似地由生猪的体长估计它的体重。

② 对于某一种四足动物,比如生猪,可以根据统计数据确定公式中的比例常数 k 进而用该类动物的躯体长度估计它体重的公式。

模型评注

发挥想象力,利用类比方法,对问题进行大胆的假设和简化是数学建模的一个重要方法。不过,使用此方法时要注意对所得数学模型进行检验。在上述模型中,将动物的躯干类比作弹性梁是一个大胆的假设,其假设的合理性、模型的可信度应该用实际数据进行仔细检验,但这种思考问题、建立数学模型的方法是值得借鉴的。在上述问题中,如果不熟悉弹性梁、弹性力学的有关知识,就不可能把动物躯干类比作弹性梁,就不可能想到将动物躯干长度和体重的关系这样一个看来无从下手的问题,转化为已经有明确研究成果的弹性梁在自重作用下的挠曲问题。此外,从一系列的比例关系着手推导模型可以使推导问题大为简化。

例 2 – 1 – 3(货物的包装成本)

我们知道,许多商品(面粉、洗涤剂、白糖、奶粉等)都是以包装的形式出售的,同一种商品的包装也经常有大小不同的规格。我们肯定也都注意到了,大包装的商品每单位重量的价格比小包装的同类商品的价格要低,如表 2 – 1 – 1 所列。显然这是由于节省包装成本的缘故。构造一个简单的模型来看看货物的包装成本的规律,分析为什么小包装的商品比大包装的要贵一些?看看能进一步引伸出什么样的认识。

表 2 – 1 – 1　某种罐装咖啡不同规格的质量和价格

每罐质量/克	50	100	200
每罐价格/元	17	32	62

面对错综复杂商品的生产过程和它们的包装形式,为简化问题的讨论,我们给出模型假设。

模型假设

① 不同规格商品的生产和包装的工作效率是固定不变的;

② 商品包装的成本只由装包、封包的劳动力投入和包装材料的成本构成;

③ 商品包装的形状大小是相似的,不同大小包装所用的包装材料是相似的或者至少在价格上没有太大的差异。

在这些假设之下来组建商品包装的数学模型。

模型建立与求解

用 a 表示生产一件(单位包装:一包、一罐或一桶等)该产品的成本;b 表示包装一件该产品的成本;w 表示每一件产品所包装的货物量。

由假设①，我们可以认为产品的成本 a 正比于产品的货物量 w，即 $a=k_1w$。

由假设②，b_1,b_2 分别为包装时劳动力投入和包装材料的成本。显然装包的劳动力投入将正比于产品的货物量，而封包的投入对于不同包装规格的货物大抵相同。因此有 $b_1=k_2w+k_3$。

由假设③，可知包装材料的消耗 b_2 将正比于货物的表面积 S，而货物的表面积 S 与它的体积 V 将有比例关系 $S=k_4V^{\frac{2}{3}}$，货物的体积又正比于所包装的货物量，于是有

$$b_2=k_5w^{\frac{2}{3}}, \quad b=b_1+b_2=k_2w+k_5w^{\frac{2}{3}}+k_3$$

每一件产品单位货物量的成本 $c(w)$ 为

$$c(w)=\frac{a+b}{w}=n+pw^{-\frac{1}{3}}+\frac{q}{w}$$

式中，n,p,q 为正数。这就是包装量为 w 时单位货物量总成本的数学模型。不难看出，它是包装量 w 的减函数，表明当包装增大时每件产品的单位货物量的成本将下降，这与我们平时所观察到的情况是一致的。

模型分析

如果这个模型只是告诉我们上面的事实，它就显得十分平庸，因为它并没有超出我们经验上的认识。仅就这一点来说，这个模型的价值就很有限了。我们看能否通过模型得出其他更深入的结论。

是否能用这个模型去预测其他规格包装的商品的价格？模型中包含三个参数，要将它应用于预报工作，就需要给出这三个参数的数值估计。这时我们需要至少三组不同的成本和质量的数据才能得到这个估计值。另外，从建模的过程中我们看到，这个模型组建得比较粗糙。模型的合理性是需要检验的。这就需要更多的数据来参与分析。但这是难以做到的，因为可用于某种产品的包装规格一般只有有限的几种，因此不能过于认真地看待这个模型的预测能力。

另外还有一个问题：由模型可以看出，包装增大则单位货物量的成本变小，那么是不是包装越大越好呢？我们从定性分析的角度讨论模型的性质。看单位货物量的成本 $c(w)$ 随货物增加的下降率

$$r(w)=-c'(w)=\frac{1}{3}pw^{-\frac{4}{3}}+qw^{-2}$$

这也是货物量 w 的减函数，因此当包装比较大时单位质量货物的成本的降低将越来越慢。我们也可以计算总节省率

$$r(w)w=\frac{1}{3}pw^{-\frac{1}{3}}+qw^{-1}$$

这也是 w 的减函数。这说明，总的节省的速度也是随着所包装的货物总量的增加而减小。因此，当我们购买货物时，并不一定是越大的包装越合算，购买小包装的商品不合算，购买特大包装的商品也不合算！一般人不一定了解这一点。尽管这个结论也来源于模型的精确形式，但这个结论是定性的。模型的形式稍有变化一般也不会影响到结论。因此这种定性的预测往往是可靠的。

例 2-1-4（双重玻璃的功效）

北方城镇的窗户是双层的，即在窗户上装两层玻璃，中间留有一定的空隙，这样做主要是为室内保温，试用数学建模的方法计算双层玻璃窗与单层玻璃窗的热量流失。

模型准备

本问题与热量的传播形式、温度有关。检索有关的资料得到与热量传播有关的一个结果，它就是热传导物理定律：

对于厚度为 d 的均匀介质，两侧温度差为 ΔT，则单位时间由温度高的一侧向温度低的一侧通过单位面积的热量 Q 满足

$$Q = k \cdot \frac{\Delta T}{d}$$

式中，k 为热传导系数。设玻璃的热传导系数为 k_1，空气的热传导系数为 k_2。

模型假设

① 设双层玻璃窗两玻璃的厚度都为 d，两玻璃的间距为 L；单层玻璃窗的玻璃厚度为 $2d$，所用玻璃材料相同，如图 2-1-2 所示。

② 假设窗户的封闭性能很好，两层玻璃之间的空气不流动，即忽略热量的对流，只考虑热量的传导。

③ 室内温度 T_1 和室外温度 T_2 保持不变，热传导过程处于稳定状态，即单位时间通过单位面积的热量为常数。

④ 玻璃材料均匀，热传导系数为常数。

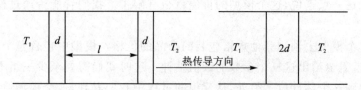

图 2-1-2　热传导图

模型建立与求解

① 先考虑单层玻璃的单位时间、单位面积的热量传导 $Q_1 = k_1 \cdot \dfrac{T_1 - T_2}{2d}$。

② 考虑双层玻璃的情形。

此时热量先通过厚度为 d 的玻璃传导到两层玻璃的夹层空气中，再通过空气传导，再通过厚度为 d 的玻璃传导；设内层玻璃的外侧温度为 T_a，外层玻璃的内侧温度为 T_b，则有

$$Q_2 = k_1 \frac{T_1 - T_a}{d} = k_2 \frac{T_a - T_b}{l} = k_1 \frac{T_b - T_2}{d}$$

由上式可得

$$\begin{cases} T_a + T_b = T_1 + T_2 \\ T_a - T_b = \dfrac{k_1}{k_2} \dfrac{l}{d}(T_b - T_2) \end{cases}$$

记

$$s = \frac{k_1 l}{k_2 d}$$

则

$$2T_b = T_1 + T_2 - s(T_b - T_2)$$
$$2(T_b - T_2) = T_1 - T_2 - s(T_b - T_2)$$

$$T_b - T_2 = \frac{1}{2+s}(T_1 - T_2)$$

$$Q_2 = \frac{1}{2+s} \frac{k_1}{d}(T_1 - T_2)$$

考虑两者之比

$$\frac{Q_2}{Q_1} = \frac{2}{2+s}$$

显然 $Q_2 < Q_1$，即双层玻璃的热量损失较小。

模型分析与应用

常用玻璃的热传导系数为

$$k_1 = 4 \times 10^{-3} \text{ J}/(\text{cm} \cdot \text{s} \cdot \text{c})$$

而不流通、干燥空气的热传导系数为

$$k_2 = 2.5 \times 10^{-4} \text{ J}/(\text{cm} \cdot \text{s} \cdot \text{c})$$

若取 $\frac{l}{d} = h$，　则 $16h \leqslant S \leqslant 32h$，故

$$\frac{Q_2}{Q_1} \leqslant \frac{1}{1+8h}$$

若取 $h = 4$，则 $\frac{Q_2}{Q_1} \leqslant \frac{1}{33}$ 。由此可见，双层玻璃的保暖效果是相当可观的。

我国北方寒冷地区的建筑物，通常采用双层玻璃。当 $h = 4$ 时，$Q_2 \approx \frac{1}{33}Q_1$；从节约材料方面考虑，$h$ 不宜选择过大，以免浪费材料，且热量传递的减少就不明显了，再考虑墙体的厚度，所以建筑规范通常要求 $h \approx 4$。

评注

本题给出的启示是，对于不太熟悉的问题，可以从实际问题涉及的概念着手去搜索有利于进行数学建模的结论来建模，此时建模中的假设要以相应有用结论成立的条件给出。此外，本题对减少热量损失功效的处理给出了处理没有极值的求极值问题的一个解决方法。

读者思考

① 若单层玻璃窗的玻璃厚度也是 d，结果将如何？

② 怎样讨论三层玻璃的功效？

③ 怎样讨论双层玻璃的隔音效果？

2.1.2　状态转移问题

本节介绍状态转移问题，解决这种问题的方法，有状态转移法、图解法及图论中图的邻接矩阵等。

例 2-1-5（商人过河问题）

三名商人各带一名随从乘船渡河，现有一只小船只能容纳两人，由他们自己划行，若在河的任一岸的随从人数多于商人，他们就可能抢劫财物。但如何乘船渡河由商人决定，试给出一个商人安全渡河的方案。

问题分析

① 用逻辑思索可得到解决。

② 给出建模示例,由此解决更广泛的问题。

③ 此虚拟问题已理想化了,不必再作假设。

④ 采取多步决策,确定状态变量,建立状态转移方程。

模型构成

记第 k 次渡河前此岸的商人数为 x_k,随从数为 y_k,$k=1,2,\cdots$;$x_k,y_k=0,1,2,3$,将二维向量 $s_k=(x_k,y_k)$ 定义为状态,安全渡河的状态集合(允许状态集合)为

$$S=\{(x,y)\mid x=0,y=0,1,2,3;x=3,y=0,1,2,3;x=y=1,2\}$$

即全部的允许状态共有 10 种:

$$v_1=(3,3),\quad v_2=(3,2),\quad v_3=(3,1),\quad v_4=(3,0),\quad v_5=(2,2)$$
$$v_6=(1,1),\quad v_7=(0,3),\quad v_8=(0,2),\quad v_9=(0,1),\quad v_{10}=(0,0)$$

记第 k 次渡船上的商人数为 u_k,随从数为 v_k。

将二维向量 $d_k=(u_k,v_k)$ 定义为决策,易得允许决策集合为

$$D=\{(u,v)\mid u+v=1,2\}=\{(0,1),(1,0),(1,1),(2,0),(0,2)\}$$

由于 k 为奇数时船从此岸向彼岸,k 为偶数时船由彼岸回此岸,所以状态 s_k 随决策 d_k 变化的规律是

$$s_{k+1}=s_k+(-1)^k d_k$$

称之为状态转移方程(律)。

于是安全渡河方案归结为如下多步决策问题:求决策 $d_k\in D(k=1,2,\cdots,n)$,使状态 $s_k\in S$ 按状态转移方程,由初始状态 $s_1=(3,3)$ 经有限步 n 到达状态 $s_{n+1}=(0,0)$。

模型求解

方法一:用计算机编程实现状态转移方程求解。

方法二:用图解法。

允许决策向量集合 $D=\{(u,v)\mid u+v=1,2\}$,状态转移方程为 $s_{k+1}=s_k+(-1)^k d_k$,如图 2-1-3 所示,标出 10 种允许状态,找出从 s_1 经由允许状态到原点的路径,该路径还要满足奇数次向左、向下;偶数次向右、向上。

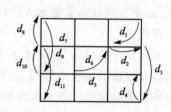

图 2-1-3 状态图

由图 2-1-3 可得这样的过河策略(共分 11 次决策):

$$(3,3)\xrightarrow{\text{去一商一随}}(2,2)\xrightarrow{\text{回一商}}(3,2)\xrightarrow{\text{去二随}}(3,0)\xrightarrow{\text{回一随}}(3,1)\xrightarrow{\text{去二商}}(1,1)$$

$$\xrightarrow{\text{回一商一随}}(2,2)\xrightarrow{\text{去二商}}(0,2)\xrightarrow{\text{回一随}}(0,3)\xrightarrow{\text{去二随}}(0,1)\xrightarrow{\text{回一随}}(0,2)\xrightarrow{\text{去二随}}(0,0)$$

2.1.3 日常生活中的建模问题

本节再举两个生活中的实例,使读者进一步体会一下数学建模的广泛应用。

例 2-1-6(雨中行走问题)

人们外出行走,途中遇雨,未带雨伞势必淋雨,自然就会想到,走多快才会少淋雨呢?一种简单的情形,只考虑人在雨中沿直线从一处走向另一处时,雨的速度(大小和方向)已知,问人的行走速度是多少时才能使淋雨量最少?

问题分析

参与问题的因素:①降雨的大小;②风(降雨)的方向;③路程的远近和人行走速度的快慢。

模型假设

① 雨滴下落的速度为 $r(\text{m/s})$,降水强度(单位时间平面上的降水厚度)为 $I(\text{cm/h})$,且 r、I 为常量。

② 设雨中行走的速度为 $v(\text{m/s})$,雨中行走的距离为 $D(\text{m})$。

③ 设降雨的角度(雨滴下落的反方向与人前进的方向之间的夹角)为 θ(固定不变)。

④ 视人体为一个长方体,如图 2-1-4 所示,其身高为 $h(\text{m})$,身宽为 $w(\text{m})$,厚度为 $d(\text{m})$。

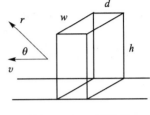

图 2-1-4　示意图

模型建立

降雨强度系数 $p=\dfrac{I}{r}$,$p\leqslant1$,$p=1$ 时意味着大雨倾盆。

当雨水是迎面而来落下时,被淋湿的部分将仅仅是人体的顶部和前部。令 C_1,C_2 分别是人体的顶部和前部的雨水量。

首先考虑顶部的雨水量 C_1。顶部面积 $S_1=wd$,雨滴垂直速度的分量为 $r\sin\theta$,则在时间 $t=\dfrac{D}{v}$ 内淋在顶部的雨水量为

$$C_1=(D/v)wd(pr\sin\theta)$$

再考虑人体前部的雨水量 C_2。前部面积 $S_2=wh$,雨速分量为 $r\cos\theta+v$,则在时间 $t=\dfrac{D}{v}$ 内淋在人体前部的雨水量为

$$C_2=\frac{D}{v}\left[wph(r\cos\theta+v)\right]$$

于是在整个行程中被淋到的雨水总量为

$$C=C_1+C_2=\frac{pwD}{v}\left[dr\sin\theta+h(r\cos\theta+v)\right]$$

数据假设及模型求解

设 $r=4\text{ m/s}$,$I=2\text{ cm/h}$,可得 $p=1.39\times10^{-6}$。又由 $D=1\,000\text{ m}$,$h=1.50\text{ m}$,$w=0.50\text{ m}$,$d=0.20\text{ m}$ 得

$$C=\frac{6.95\times10^{-4}}{v}(0.8\sin\theta+6\cos\theta+1.5v)$$

① 当 $0°<\theta<90°$时,$\sin\theta>0$,$\cos\theta>0$,C 是 v 的减函数。若行人以最快的速度跑,淋雨量最小。取 $v=6\text{ m/s}$,当 $\theta=60°$时,$C=14.7\times10^{-4}\text{m}^3=1.47\text{ L}$。

② 当 $\theta=90°$时,$C=\dfrac{6.95\times10^{-4}}{v}(0.8\sin90°+1.5v)=6.95\times10^{-4}(1.5+0.8/v)$,取 $v=6\text{ m/s}$,$C=11.3\times10^{-4}\text{m}^3=1.13\text{ L}$。

③ 当 $90°<\theta<180°$时,令 $\theta=90°+\alpha$,则 $0°<\alpha<90°$,此时

$$C=pwD\left[h+(dr\cos\alpha-hr\sin\alpha)/v\right]$$

或

$$C = 6.95 \times 10^{-4} [1.5 + (0.8\cos\alpha - 6\sin\alpha)/v]$$

这种情形,雨滴将落到人体的后部,但当 α 充分大时,C 可能为负值,这显然不合理,这主要是我们开始讨论时,假定了人体是一面淋雨,当 $0° < \theta < 90°$ 时,这是对的;但当 $90° < \theta < 180°$,而 $v > r\sin\alpha$ 时,人体将赶上前面的雨。

① 当 $v < r\sin\alpha$ 时,淋在身后的雨量为 $pwD[rh\sin\alpha - vh]/v$,雨水总量为

$$C = pwD[dr\cos\alpha + h(r\sin\alpha - v)]/v$$

② 当 $v = r\sin\alpha$ 时,此时 $C_2 = 0$,雨水总量 $C = \dfrac{pwD\,dr}{v}\cos\alpha$,如 $\alpha = 30°$,$C = 0.24$ L。表明人体仅仅头顶部位被雨水淋湿,实际上,这意味着人体刚好跟着雨滴向前走,身体前后将不被淋雨。

③ 当 $v > r\sin\alpha$ 时,即人体行走速度大于雨滴的水平运动速度 $r\sin\alpha$,此时将不断地赶上雨滴,雨水将淋身前(身后没有),身前淋雨量 $C_2 = pwDh(v - r\sin\alpha)/v$,于是

$$C = pwD[rd\cos\alpha + h(v - r\sin\alpha)]/v$$

例如当 $v = 6$ m/s 且 $\alpha = 30°$ 时,$C = 0.77$ L。

结论

① 如果雨是迎着你前进的方向落下($\theta \leqslant 90°$),此时策略很简单,你应以最大速度向前跑。

② 如果雨是从你的后背落下,这时你应该控制你在雨中的行走速度,让它刚好等于落雨速度的水平分量。

评注

真正使用实际的数值结果来验证这个模型是困难的。当然,如果不怕全身淋湿的话,也可以尝试在雨中行走的几种情况来验证我们的模型。即使如此,如何在雨中控制行走速度也并非易事。

这是描述整个建模及其分析过程的一个典型例子,希望它能帮助大家更快地掌握数学建模的思路。尽管在本书中或其他能接触到的实例中,具体的建模过程会有千差万别,但从总的思路上看并没有太大的区别。

例 2-1-7（席位分配问题）

分配问题是日常生活中经常遇到的问题,它涉及如何将有限的人力或其他资源以"完整的部分"分配到下属部门或各项不同任务中。分配问题涉及的内容十分广泛,例如:大到召开全国人民代表大会,小到某学校召开学生代表大会,均涉及代表名额分配的问题。那么如何分配代表名额才公平呢?下面先看一个实例。

设某校有 3 个系($s = 3$)共有 200 名学生,其中甲系 100 名($p_1 = 100$),乙系 60 名($p_2 = 60$),丙系 40 名($p_3 = 40$),该校召开学生代表大会共有 20 个代表名额($N = 20$),公平而又简单的名额分配方案是按学生人数的比例分配。显然,甲、乙、丙三个系分别应占有 $q_1 = 10$,$q_2 = 6$,$q_3 = 4$ 个名额,这是一个绝对公平的分配方案。现在,丙系有 6 名同学转入其他两系学习,这时 $p_1 = 103$,$p_2 = 63$,$p_3 = 34$。按学生人数的比例分配,此时 q_i 不再是整数,而名额数必须是整数,因此,我们必须寻求新的分配方案。

方案 1（惯例分配方法或 Hamilton 方法）

具体操作过程如下:

① 先让各个单位取得份额 q_i 的整数部分 $[q_i]$。

② 计算 $r_i = q_i - [q_i]$，按照从大到小的顺序排列，将余下的席位依次分给各相应的单位，即小数部分最大的单位优先获得余下席位的第一个，次之取得余下名额的第二个，以此类推，直至席位分配完毕。

上述三个系的 20 个名额的分配结果见表 2 - 1 - 2。

表 2 - 1 - 2　按哈密顿方法确定的 20 个代表名额的分配方案

系　别	学生人数	所占比例/%	按比例分配的名额数	最终分配的名额数
甲	103	51.5	10.3	10
乙	63	31.5	6.3	6
丙	34	17.0	3.4	4
总和	200	100.0	20.0	20

哈密顿方法看起来是非常合理的，但这种方法也存在缺陷。例如，因为有 20 个代表参加的学生代表大会在表决某些提案时可能出现 10:10 的局面而达不成一致意见。为改变这一情况，学院决定再增加一个代表席位，总代表席位变为 21 个。按照惯例分配方法分配，结果见表 2 - 1 - 3。

表 2 - 1 - 3　比例分配表

系　别	学生人数	所占比例/%	按比例分配的名额数	最终分配的名额数
甲	103	51.5	10.815	11
乙	63	31.5	6.615	7
丙	34	17.0	3.570	3
总和	200	100.0	21.000	21

显然这个结果对丙系是极其不公平的，因为总名额增加一个，而丙系的代表名额却由 4 个减少为 3 个。

由此可见，惯例分配方法存在很大缺陷，因而被放弃。20 世纪 20 年代初期，由哈佛大学数学家 Huntington(惠丁顿)提出了一个新方法，简述如下。

方案 2(Q 值法或 Huntington(惠丁顿)方法)

众所周知，p_i/n_i 表示第 i 个单位每个代表名额所代表的人数。很显然，当且仅当 p_i/n_i 全相等时，名额的分配才是公平的。但是，一般来说，它们不会全相等，这就说明名额的分配是不公平的，并且 p_i/q_i 中数值较大的一方吃亏，或者说对这一方不公平。同时我们看到，在名额分配问题中要达到绝对公平是非常困难的。既然很难做到绝对公平，那么就应该使不公平程度尽可能地小，因此我们必须建立衡量不公平程度的数量指标。

模型构成

1) 讨论不公平程度的数量化

设 A、B 两方人数分别为 p_1、p_2，分别占有 n_1 和 n_2 个席位，则两方每个席位所代表的人数分别为 $\dfrac{p_1}{n_1}$ 和 $\dfrac{p_2}{n_2}$。

我们称 $\left| \dfrac{p_1}{n_1} - \dfrac{p_2}{n_2} \right|$ 为绝对不公平值。例如：$p_1 = 120, p_2 = 100, n_1 = n_2 = 10$，则

$$\left|\frac{p_1}{n_1}-\frac{p_2}{n_2}\right|=2$$

又 $p_1=1\,020,p_2=1\,000,n_1=n_2=10$，则

$$\left|\frac{p_1}{n_1}-\frac{p_2}{n_2}\right|=2$$

由上例可知，用绝对不公平程度作为衡量不公平的标准，并不合理，下面我们给出相对不公平度。

若 $\dfrac{p_1}{n_1}>\dfrac{p_2}{n_2}$ ，则称 $\dfrac{\dfrac{p_1}{n_1}-\dfrac{p_2}{n_2}}{\dfrac{p_2}{n_2}}=\dfrac{p_1 n_2}{p_2 n_1}-1$ 为对 A 的相对不公平度，记为 $r_A(n_1,n_2)$；

若 $\dfrac{p_1}{n_1}<\dfrac{p_2}{n_2}$，则称 $\dfrac{\dfrac{p_2}{n_2}-\dfrac{p_1}{n_1}}{\dfrac{p_1}{n_1}}=\dfrac{p_2 n_1}{p_1 n_2}-1$ 为对 B 的相对不公平度，记为 $r_B(n_1,n_2)$。

上例中，相对不公平值分别为 0.2 和 0.02，可见相对不公平度较合理。

建立了衡量分配方案的不公平程度的数量指标 r_A 和 r_B 后，制定分配方案的原则是：相对不公平度尽可能地小。

首先我们做如下假设：

① 每个单位的每个人都具有相同的选举权利；

② 每个单位至少应该分配到一个名额，如果某个单位，一个名额也不应该分到的话，则应将其剔除在分配之外；

③ 在名额分配的过程中，分配是稳定的，不受任何其他因素所干扰。

2）用相对不公平度建立模型

设 A、B 两方人数分别为 p_1、p_2，分别占有 n_1 和 n_2 个席位。现在增加一个席位，应该给 A 还是给 B？不妨设 $\dfrac{p_1}{n_1}>\dfrac{p_2}{n_2}$，此时对 A 不公平，下面分两种情形讨论：

① $\dfrac{p_1}{n_1+1}\geqslant\dfrac{p_2}{n_2}$，这说明即使 A 增加 1 席，仍对 A 不公平，故这一席应给 A。

② $\dfrac{p_1}{n_1+1}<\dfrac{p_2}{n_2}$，说明 A 方增加 1 席时，将对 B 不公平，此时计算对 B 的相对不公平值

$$r_B(n_1+1,n_2)=\frac{p_2(n_1+1)}{p_1 n_2}-1$$

若这一席给 B，则对 A 的相对不公平值为

$$r_A(n_1,n_2+1)=\frac{p_1(n_2+1)}{p_2 n_1}-1$$

本着"相对不公平值尽量小"的原则，若

$$r_B(n_1+1,n_2)<r_A(n_1,n_2+1) \quad 即 \quad \frac{p_2^2}{n_2(n_2+1)}<\frac{p_1^2}{n_1(n_1+1)}$$

则增加的 1 席给 A 方;若

$$r_A(n_1, n_2+1) < r_B(n_1+1, n_2) \quad \text{即} \quad \frac{p_2^2}{n_2(n_2+1)} > \frac{p_1^2}{n_1(n_1+1)}$$

则增加的 1 席给 B 方。

记 $Q_i = \dfrac{p_i}{n_i(n_i+1)}$,则增加的 1 席,应给 Q 值大的一方。第一种情形显然也符合该原则。

现在将上述方法推广到 m 方分配席位的情况,A_i 方人数为 p_i 已占有 n_i 席,$i=1,2,\cdots,m$,计算

$$Q_i = \frac{p_i^2}{n_i(n_i+1)}$$

则应将增加的 1 席分配给 Q 值最大的一方。

模型求解

下面代入例 2-1-7 的数据,求解模型。

前 19 席的分配没有争议,甲系得 10 席,乙系得 6 席,丙系得 3 席。

第 20 席的分配:

$$Q_1 = \frac{103^2}{10 \times (10+1)} = 96.4, \quad Q_2 = \frac{63^2}{6 \times (6+1)} = 94.5, \quad Q_3 = \frac{34^2}{3 \times (3+1)} = 96.3$$

故第 20 席分配给甲系。

第 21 席的分配:

$$Q_1 = \frac{103^2}{11 \times (11+1)} = 80.4, \quad Q_2 = 94.5, \quad Q_3 = 96.3$$

故第 21 席分配给丙系。

甲、乙、丙三系各分得 11、6、4 席,这样丙系保住它险些丧失的 1 席。

模型评注

名额(席位)分配问题应该对各方公平是理所当然的,问题的关键在于建立衡量公平程度的既合理又简明的数量指标。惠丁顿法所提出的数量指标是相对不公平度 r_A、r_B,它是确定分配方案的前提。在这个前提下导出的分配方案,即分给 Q 值最大的一方,无疑是公平的。但这种方法也不是尽善尽美的,这里不再探讨。

2.2　微积分方法建模

微积分方法建模,实际上就是利用微积分中讨论函数极值的方法建模,从而得到问题的优化结果。

例 2-2-1(生猪的最佳出售时机)

一饲养场每天投入 4 元资金用于饲料、设备、人力支出,估计可使一头 80 kg 重的生猪每天增加 2 kg,目前,生猪出售的市场价格为 8 元/kg,但是预测每天会降低 0.1 元,问该饲养场应该什么时候出售这种生猪? 如果上面的估计和预测有出入,对结果会有多大影响?

问题分析

投入资金可使生猪体重随时间增长,但售价(单价)随时间降低,所以应该存在一个最佳的出售时机,使获得利润最大。这是一个优化问题,根据给出的条件,可做如下简化假设:

设每天投入 4 元资金使生猪每天增加的体重为 r 千克；生猪出售的市场价格每天降低 g 元。

模型建立

引入符号变量：

t——时间（天）；

w——生猪体重（kg）；

p——单价（元/kg）；

R——出售的收入（元）；

C——t 天投入的资金（元）；

Q——继续饲养所获纯利润（元）。

按照假设，$w=80+rt(r=2)$，$p=8-gt(g=0.1)$。又知道 $R=pw$，$C=4t$，再考虑到继续饲养所获纯利润，应扣除以当前价格（8 元/kg）出售 80 kg 生猪的收入，故有 $Q=R-C-8\times80$。于是，得到目标函数（纯利润）为

$$Q(t)=(8-gt)(80+rt)-4t-640$$

式中 $r=2$，$g=0.1$。问题转化为求 $t(\geqslant0)$ 的值，使 $Q(t)$ 最大。

模型求解

这是求二次函数最大值问题，用微分方法容易得到 $Q(t)$ 的最大值点为

$$t=\frac{4r-40g-2}{rg}$$

当 $r=2$，$g=0.1$ 时，得 $t=10$，而 $Q(10)=20$，即 10 天后出售，可得最大纯利润 20 元。

敏感度分析

由于模型假设中的参数（生猪每天体重的增加量 r 和价格的降低量 g）是估计和预测的，所以应该研究它们有所变化时对模型结果的影响。

① 设每天生猪价格的降低量 $g=0.1$ 元不变，研究 r 变化的影响，可得

$$t=\frac{40r-60}{r}，\quad r\geqslant1.5$$

t 是 r 的增函数，见表 2-2-1 和图 2-2-1。

② 设每天生猪体重的增加量 $r=2$ kg 不变，研究 g 变化的影响，可得

$$t=\frac{3-20g}{g}，\quad 0\leqslant g\leqslant0.15$$

t 是 g 的减函数，见表 2-2-2 和图 2-2-2。

表 2-2-1　r 与 t 的关系

r	1.5	1.6	1.7	1.8	1.9	2.0	2.1	2.2
t	0	2.5	4.7	6.7	8.4	10.0	11.4	12.7
r	2.3	2.4	2.5	2.6	2.7	2.8	2.9	3.0
t	13.9	15.0	16.0	16.9	17.8	18.6	19.3	20.0

表 2 - 2 - 2　g 与 t 的关系

g	0.06	0.07	0.08	0.09	0.10	0.11	0.12	0.13	0.14	0.15
t	30.0	22.9	17.5	13.3	10.0	7.3	5.0	3.1	1.4	0

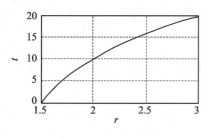 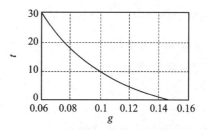

图 2 - 2 - 1　r 与 t 的关系　　　　　　图 2 - 2 - 2　g 与 t 的关系

可以用相对改变量衡量结果对参数的敏感程度。t 对 r 的敏感度记作 $S(t,r)$,定义为

$$S(t,r) = \frac{\Delta t/t}{\Delta r/r} \approx \frac{\mathrm{d}t}{\mathrm{d}r}\frac{r}{t}$$

当 $r=2$ 时可算出

$$S(t,r) \approx \frac{60}{40r-60} = 3$$

即生猪每天体重增加量 r 增加 1%,出售时间推迟 3%。

类似还可定义 t 对 g 的敏感度 $S(t,g)$,当 $g=0.1$ 时,可算出

$$S(t,g) = \frac{\Delta t/t}{\Delta g/g} \approx \frac{\mathrm{d}t}{\mathrm{d}g}\frac{g}{t} = -\frac{3}{3-20g} = -3$$

即生猪价格每天的降低量 g 增加 1%,出售时间提前 3%。说明 r 和 g 的微小变化对模型结果的影响并不算大。

评注

这个问题本身及其建模过程都非常简单,我们着重介绍的是它的敏感性分析,这种分析对于一个模型,特别是优化模型,是否真的能用,或者用的效果如何,是很重要的。

例 2 - 2 - 2(最优价格问题)

考虑产销平衡状态下的最优价格问题。所谓产销平衡是指工厂产品的产量等于市场上的销售量。

利润是销售收入与生产支出之差。假设每件产品的成本 q 是固定的,在市场竞争的情况下销售量 x 依赖于价格 p。一般 x 是 p 的减函数。试确定价格 p,使总利润最大(此时的价格称为最优价格)。

模型建立

假设销售量为 x(也是产量),x 是 p 的函数 $x=f(p)$,则

利润＝销售收入－生产支出

即

$$U(p) = I(p) - C(p)$$

这里 $I=px=pf(p)$,$C=qx=qf(p)$。

$$\frac{dU}{dp} = \frac{dI}{dp} - \frac{dC}{dp}, \text{由} \left.\frac{dU}{dp}\right|_{p=p^*} = 0 (p^* \text{是使利润 } U(p) \text{ 达到最大的价格}) \text{得}$$

$$\left.\frac{dI}{dp}\right|_{p=p^*} = \left.\frac{dC}{dp}\right|_{p=p^*} \tag{2.1}$$

在数量经济学中，$\dfrac{dI}{dp}$ 称为边际收入（价格变动一个单位时收入的改变量），$\dfrac{dC}{dp}$ 称为边际支出（价格变动一个单位时支出的改变量）。

式(2.1)表明，最大利润在边际收入等于边际支出时达到，这是数量经济学的一条著名定律。

问题讨论

假设需求函数为最简单的线性函数：

$$f(p) = a - bp \quad (a > 0, b > 0)$$

于是

$$U(p) = p(a - bp) - q(a - bp)$$

即

$$U(p) = ap - bp^2 - aq + bpq$$

$$\frac{dU}{dp} = a - 2bp + bq$$

令 $\dfrac{dU}{dp} = 0$ 得到

$$p^* = \frac{q}{2} + \frac{a}{2b}$$

式中，a 称为绝对需求量；b 称为市场需求对价格的敏感系数。最优价格由两部分组成：一部分是成本 q 的一半，另一部分与 a 成正比，与 b 成反比。

例 2 - 2 - 3（森林救火问题）

森林失火了！消防站接到火警后，立即决定派消防队员前去救火。一般情况下，派去的队员越多，火被扑灭得就越快，火灾所造成的损失也就越小，但救援的开支则越大；相反，派去的队员越少，救援开支就越少，但灭火时间就越长，而且可能由于不能及时灭火而造成更大的损失。试问消防站应派出多少队员前去救火呢？

问题分析

如题中所述，森林救火问题与派出消防队员的人数密切相关，应综合考虑森林损失费和救援费，以总费用值最小为目标来确定派出的消防队员的人数。

救火的总费用由损失费和救援费两部分组成。损失费由森林被烧毁面积的大小决定，而烧毁面积与失火、灭火(指火被扑灭)的时间(即火灾持续的时间)有关，灭火时间又取决于参加灭火队员的人数，队员越多灭火越快。救援费除了与队员人数有关外，也与灭火时间长短有关。救援费可具体分为两部分：一部分是灭火器材的消耗及消防队员的薪金等，这些与队员人数及灭火时间均有关；另一部分是运送队员和器材等一次性支出，只与队员人数有关。

设火灾发生时刻为 $t = 0$，开始救火时刻为 $t = t_1$，灭火完成时刻为 $t = t_2$，t 时刻森林烧毁面积为 $B(t)$，则造成损失的被烧毁的森林面积为 $B(t_2)$，而 $\dfrac{dB}{dt}$ 是森林被烧毁的速度，也表示了火势蔓延的程度。从火灾发生到火被扑灭的过程中，被烧毁的森林面积是不断扩大的，所以

$B(t)$ 应是时间 t 的单调非减的函数,即 $\dfrac{\mathrm{d}B}{\mathrm{d}t} \geqslant 0, 0 \leqslant t \leqslant t_2$。从火灾发生到消防队员到达并开始救火这段时间内,火势是越来越大的,即 $\dfrac{\mathrm{d}^2 B}{\mathrm{d}t^2} \geqslant 0, 0 \leqslant t \leqslant t_1$。开始救火以后,即 $t_1 \leqslant t \leqslant t_2$ 时,因为队员灭火能力足够强,火势会越来越小,即 $\dfrac{\mathrm{d}^2 B}{\mathrm{d}t^2} \leqslant 0$,并且当 $t = t_2$ 时,$\dfrac{\mathrm{d}B}{\mathrm{d}t} = 0$。

在建立数学模型之前,需要对烧毁森林的损失费、救援费及火势蔓延程度 $\dfrac{\mathrm{d}B}{\mathrm{d}t}$ 做出合理的假设。

模型假设

① 森林中树木分布均匀,而且火灾是在无风的条件下发生的。

② 损失费与森林烧毁面积 $B(t_2)$ 成正比,比例系数为 c_1,即烧毁单位面积的损失费为 c_1。

③ 从失火到开始救火这段时间内,火势蔓延程度 $\dfrac{\mathrm{d}B}{\mathrm{d}t}$ 与时间 t 成正比,比例系数为 β(称为火势蔓延速度),即

$$\frac{\mathrm{d}B}{\mathrm{d}t} = \beta t, \quad 0 \leqslant t \leqslant t_1$$

④ 派出消防队员 x 名,开始救火以后(即 $t \geqslant t_1$),火势蔓延速度降为 $\beta - \lambda x$(线性化),其中 λ 可视为每个队员的平均灭火速度,且有 $\beta < \lambda x$。因为要扑灭森林大火,灭火速度必须大于火势蔓延的速度,否则火势将难以控制。

⑤ 每个消防队员单位时间费用为 c_2(包括灭火器材的消耗及消防队员的薪金等),救火时间为 $t_2 - t_1$,于是每个队员的救火费用为 $c_2(t_2 - t_1)$;每个队员的一次性支出为 c_3(包括运送队员、器材等一次性支出)。

对于假设③可作如下解释:由于森林中树木分布均匀,且火灾是在无风条件下发生的,因此火势可视为以失火点为中心,以均匀速度向四周呈圆形蔓延,蔓延半径 r 与时间 t 成正比;又因为烧毁面积 B 与 r^2 成正比,故 B 与 t^2 成正比,从而 $\dfrac{\mathrm{d}B}{\mathrm{d}t}$ 与 t 成正比。

模型建立

总费用由森林损失费和救援费组成。由假设②,森林损失费等于烧毁面积 $B(t_2)$ 与单位面积损失费 c_1 的积,即 $c_1 B(t_2)$;由假设⑤,救援费为 $c_2 x(t_2 - t_1) + c_3 x$。因此,总费用为

$$C(x) = c_1 B(t_2) + c_2 x(t_2 - t_1) + c_3 x$$

由假设③、④,火势蔓延速度 $\dfrac{\mathrm{d}B}{\mathrm{d}t}$ 在 $0 \leqslant t \leqslant t_1$ 时间内线性增加;t_1 时刻消防队员到达并开始救火,此时火势用 b 表示,而后,在 $t_1 \leqslant t \leqslant t_2$ 内,火势蔓延的速度线性减小(见图 2-2-3),即

$$\frac{\mathrm{d}B}{\mathrm{d}t} = \begin{cases} \beta t, & 0 \leqslant t \leqslant t_1 \\ (\lambda x - \beta)(t_2 - t_1), & t_1 \leqslant t \leqslant t_2 \end{cases}$$

因而有

$$b = \beta t_1, \quad t_2 - t_1 = \frac{b}{\lambda x - \beta}$$

烧毁面积为

$$B(t_2) = \int_0^{t_2} \frac{\mathrm{d}B}{\mathrm{d}t} \mathrm{d}t = \frac{1}{2} b t_2$$

恰为图 2-2-3 中三角形的面积。

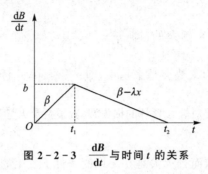

图 2-2-3　$\dfrac{dB}{dt}$ 与时间 t 的关系

由 b 的定义,有 $b=\beta t_1=(\lambda x-\beta)(t_2-t_1)$,于是

$$t_2-t_1=\frac{b}{\lambda x-\beta},\quad t_2=\frac{b}{\beta}+\frac{b}{\lambda x-\beta}$$

所以

$$C(x)=\frac{1}{2}bc_1\left(\frac{b}{\beta}+\frac{b}{\lambda x-\beta}\right)+c_2 x\frac{b}{\lambda x-\beta}+c_3 x$$

其中只有派出的消防队员的人数是未知的。

问题归结为如下的最优化问题:

$$\begin{cases}\min\limits_{x>0}C(x)\\ \text{s.t.}\quad \lambda x-\beta>0\end{cases}$$

模型求解

这是一个函数极值问题。令 $\dfrac{dC}{dx}=0$,容易解得

$$x=\sqrt{\frac{c_1\lambda b^2+2c_2\beta b}{2c_3\lambda^2}}+\frac{\beta}{\lambda}$$

模型分析与改进

① 应派出的(最优)消防队员人数由两部分组成。其中 $\dfrac{\beta}{\lambda}$ 是为了把火扑灭所必需的最低限度,因为 β 是火势蔓延速度,而 λ 是每个队员的平均灭火速度。同时也说明,这个最优解满足约束条件,结果是合理的。

② 派出队员人数的另一部分,即在最低限度基础之上的人数,与问题的各个参数有关。当队员灭火速度 λ 和救援费用系数 c_3 增大时,队员人数减少;当火势蔓延速度 β、开始救火时的火势 b 及损失费用系数 c_1 增大时,消防队员人数增加。

③ 改进方向:
- 取消树木分布均匀、无风这一假设,考虑更一般情况。
- 灭火速度是常数不尽合理,至少应与开始救火时的火势有关。
- 对不同情况的森林火灾,派出的队员数应不同,虽然 β(火势蔓延速度)能从某种程度上反映森林火灾严重情况不同,但对 β 相同的两种森林火势情况,派出的队员也未必相同。
- 决定派出队员人数时,人们必然在森林损失费和救援费用之间作权衡,这可以通过对两部分费用的权重来体现这一点。

例 2 - 2 - 4 (病床转弯问题)

问题的引入

在医院中经常遇到这样的问题:需要把病床平推转过走廊的拐角。在搬运笨重的家具和包装箱内的设备等情况下也常常会遇到类似的问题。如果我们根据有关尺寸能预先判断出是否搬运转过走廊拐角,或者在过走廊拐角时能进一步确定采用何种搬运策略,那么我们就可以省去许多不必要的麻烦,避免出现费了很大的周折却最终发现无法通过的情况。

这类问题实际上可以通过分析走廊宽度 w、病床长度 L、病床宽度 h 三者之间的关系来解决,如图 2 - 2 - 4 所示。也就是说,可以归结为如下形式的问题:已知走廊宽度为 w,病床长度和宽度分别为 L 和 h,当 w、L、h 满足什么关系时可以把病床平推转过走廊的拐角。

模型一

这个问题实际上非常简单。首先把病床推进走廊拐角,使靠拐角一边病床的中点恰好顶住拐角,然后转动病床,只要病床另外一边的两个角在转动过程中碰不到走廊的墙即可把病床平推转过拐角。根据这个思路,我们得到这个问题的第一个模型。

假设在转弯过程中,我们的策略是先把病床推进走廊拐角,使靠拐角一边病床的中点恰好顶住拐角,然后转动病床。由于当病床宽度超过走廊宽度时不可能把病床推进走廊,因此假设 $0 < h \leqslant w$。

如图 2 - 2 - 5 所示,$AO = OB = \dfrac{L}{2}$,$AC = BD = h$。在转动过程中 C、D 两点的轨迹是以 O 点为圆心,以 $R = OC = OD$ 为半径的圆弧,因此,只要圆弧的半径不超过走廊宽度就可以把病床平推过走廊拐角,即

$$\sqrt{\left(\frac{L}{2}\right)^2 + h^2} \leqslant w^2, \quad 0 < h \leqslant w$$

化简得

$$L \leqslant 2\sqrt{w^2 - h^2}, \quad 0 < h \leqslant w$$

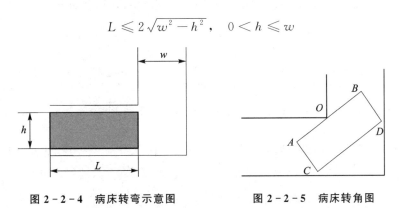

图 2 - 2 - 4　病床转弯示意图　　　　　　图 2 - 2 - 5　病床转角图

也就是说,当病床的长度 L 不超过 $2\sqrt{w^2 - h^2}$ 时,我们就可以把病床平推转过走廊拐角。

到此,我们似乎已经解决了这个问题。但在下结论之前,我们来对照一下生活中的相似经验,看看有没有什么遗漏。稍有搬家经验的人都知道,在把体积庞大的家具搬过走廊拐角时单靠转动往往是无法完成的,我们必须采取转动与推进相结合的办法才能把家具搬过走廊拐角。那么,采用转动与推进相结合的转弯策略会不会有不同的结论呢?

模型二

从表面上看,直接求解这个问题似乎不好下手。但是,如果我们换一个角度来看问题,即把转弯过程中的病床视为长度和宽度都可以变化的活动床,那么就可以从两个方面来考虑这个问题。一是求出当病床长度一定时可以转过走廊的最小病床宽度,显然这个最小宽度是由走廊宽度和病床长度确定的;另一个是求出当病床宽度一定时的最小病床长度,同样的道理,这个最小长度是由走廊宽度和病床宽度确定的。这样一来就可以得到问题的答案。

那么究竟是从定长变宽的角度考虑问题好还是从定宽变长的角度来考虑问题好呢? 如图 2－2－6 所示,从病床的左上角开始按顺时针方向将病床的四个顶点编为 A、B、D、C,在转弯过程中 AB 边与水平走廊的夹角记为 θ,延长 AB 边交水平和垂直的走廊于 P、Q 点,记走廊的拐角点为 O。分别作 OE、OF 垂直于两面墙交于 E、F 点。从图 2－2－6 可以看出,当病床的宽度一定时可以很方便地求出病床的长度 AB,但是,当病床的长度一定时,要计算

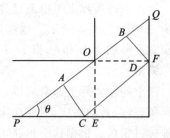

图 2－2－6　病床标号示意图

病床的宽度就比较麻烦,因此我们从定宽变长的角度来考虑问题。这样就得到了该问题的模型二。

假设:

① 在转弯的过程中,我们的策略是转动与推进相结合;

② 在转弯的过程中,病床的宽度 $h = \lambda w$ 保持不变(显然 $0 < \lambda \leqslant 1$)。

当病床的 AB 边与水平走廊的夹角为 θ 时,恰好与走廊相抵的病床长度 AB 为 $L(\theta, w, \lambda)$,显然 $L(\theta, w, \lambda) = L\left(\dfrac{\pi}{2}, w, \lambda\right) = \infty$,故我们只需对 $0 < \theta < \dfrac{\pi}{2}$ 的情况进行讨论。已知 $AC = DB = h = \lambda w$,$\angle APC = \angle QOF = \angle QDB = \theta$,$OE = OF = w$,并且有如下关系成立:

$$L(\theta, \lambda) = PQ - PA - BQ \quad \left(0 < \theta < \frac{\pi}{2}, 0 < \lambda \leqslant 1\right)$$

$$PQ = PO + OQ = \frac{w}{\cos \theta} + \frac{w}{\sin \theta} \quad \left(0 < \theta < \frac{\pi}{2}, w > 0\right)$$

$$PA = AC \cdot \tan \theta = h \cdot \tan \theta = \lambda w \tan \theta \quad \left(0 < \theta < \frac{\pi}{2}, 0 < \lambda \leqslant 1, w > 0\right)$$

$$BQ = BF \cdot \cot \theta = h \cdot \cot \theta = \lambda w \cot \theta \quad \left(0 < \theta < \frac{\pi}{2}, 0 < \lambda < 1\right)$$

可得

$$L(\theta, w, \lambda) = w \frac{\sin \theta + \cos \theta - \lambda}{\sin \theta \cos \theta} \quad \left(0 < \theta < \frac{\pi}{2}, 0 < \lambda \leqslant 1, w > 0\right)$$

只要求出 $L(\theta, w, \lambda)$ 关于变量 θ 的最小值 $L_{\min}(w, \lambda)$,我们就可以得到病床平推转过走廊拐角的充分必要条件:病床长度 $L \leqslant L_{\min}(w, \lambda)$。因此,问题归结为求函数 $L(\theta, w, \lambda)$ 关于变量 θ 的最小值 $L_{\min}(w, \lambda)$。

令 $t = \sin \theta + \cos \theta$,得:$1 < t < \sqrt{2}$,$\sin \theta \cos \theta = \dfrac{t^2 - 1}{2}$,又可以得到

$$L(\theta,w,\lambda)=f(t,w,\lambda)$$
$$=2w\ \frac{t-\lambda}{t^2-1}=2w\left(\frac{1}{t+1}+\frac{1-\lambda}{t^2-1}\right)$$

式中，$1<t<\sqrt{2}$，$w>0$，$0<\lambda\leqslant1$。

注意到，上式中当 $1<t<\sqrt{2}$、$0<\lambda\leqslant1$ 时，函数 $\dfrac{1}{t+1}$ 和 $\dfrac{1-\lambda}{t^2-1}$ 均为非负且严格单调递增，故当 $t=\sqrt{2}$，即 $\theta=\dfrac{\pi}{4}$ 时，$L(\theta,w,\lambda)$ 达到最小值，即 $L_{\min}(w,\lambda)=2w(\sqrt{2}-\lambda)$。将 $h=\lambda w$ 代入可得到病床平转过走廊拐角的充分必要条件：

$$L\leqslant2(\sqrt{2}\,w-h)\quad(0<h\leqslant w)$$

模型一与模型二的结果比较：

$$y=\frac{2\sqrt{w^2-h^2}}{2(\sqrt{2}\,w-h)}=\frac{\sqrt{1-x^2}}{\sqrt{2}-x}\quad\left(0<x=\frac{h}{w}\leqslant1\right)$$

令 $y=1$ 得 $x=\dfrac{\sqrt{2}}{2}$，这说明，仅当 $h=\dfrac{\sqrt{2}}{2}w\approx0.707w$ 时，单纯转动与转动和推动相结合的效果相同。为了进一步看清其他情况下两种方法的效果差异，我们作出函数 $y=\dfrac{\sqrt{1-x^2}}{\sqrt{2}-x}$ $(0<x\leqslant1)$ 的图像。从图像可以看出，仅在 $x=\dfrac{\sqrt{2}}{2}$ 附近两种方法的效果基本一致，其余情况下转动与推动相结合的效果明显好于单纯转动，见图 2-2-7。

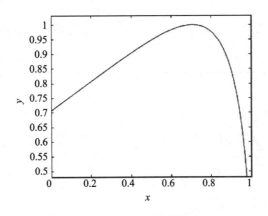

图 2-2-7　比较效果图

现在我们是否可以认为已经解决了这个问题呢？还是不要忙于下结论。我们先来看一下当 $h=w$ 即 $\lambda=1$ 时 $L(\theta,w,\lambda)$ 的图像。从图像可以看出，当 $h=w$ 时用转动与推动相结合的办法平推病床过走廊拐角，病床的长度竟然只能是走廊宽度的约 0.83 倍。如果用这种办法平推病床过走廊拐角，那么我们就不可能把边长接近走廊宽度的方形家具（如立柜）搬过走廊拐角；但是在实际中，我们可以采用只平推而不转动的方式把这种家具搬过拐角，即先把家具的 BD 边推到与走廊的 QF 边重合，然后再沿垂直方向平推。注意，病床下往往安装有万向轮，我们可以采取同样的办法把长度恰好等于走廊宽度的病床平推过走廊拐角。发现新的转弯策略后,需要对模型进行修改。

模型三

假设:

① 在转弯过程中我们的策略是转动与推进相结合,或者只推动无转动,根据能使转过拐角的病床长度最大来确定究竟采用哪种方法。

② 在转弯的过程中,病床的宽度 $h=\lambda w$ 保持不变(显然 $0<\lambda\leqslant1$)。

在模型二中,我们已经得到采用转动与推进相结合方法时病床可以转过拐角的充分必要条件是: $L\leqslant2w(\sqrt{2}-\lambda),0<\lambda\leqslant1$。解不等式 $2w(\sqrt{2}-\lambda)\leqslant w$ 得 $0<\lambda\leqslant\sqrt{2}-0.5\approx0.9142$。换言之,当 $h>(\sqrt{2}-0.5)w\approx0.9142w$ 时,我们采用只推动的办法可以把长度恰好等于走廊宽度的病床平推过拐角。综上所述,可以得到把病床平推过拐角的充分必要条件:

- 当 $h\leqslant(\sqrt{2}-0.5)w\approx0.9142w$ 时, $L\leqslant2(\sqrt{2}w-h)$;
- 当 $1>h>(\sqrt{2}-0.5)w\approx0.9142w$ 时, $L\leqslant w$。

此时我们终于彻底解决了病床的转弯问题。

对模型二做进一步讨论

在模型二中,得到 $L(\theta,w,\lambda)$ 关于变量 θ 的最小值 $L_{\min}(w,\lambda)=2w(\sqrt{2}-\lambda)$,其中 $0<\lambda\leqslant1$;但是,如果我们从 $L_{\min}(w,\lambda)$ 的解析表达式和 λ 的意义来看,变量 λ 的取值范围应当是 $0<\lambda\leqslant\sqrt{2}$。注意到当 $0<\lambda\leqslant\sqrt{2}$ 时函数 $L(\theta,w,\lambda)$ 也有意义,我们自然要问:当 $1<\lambda\leqslant\sqrt{2}$ 时, $L_{\min}(w,\lambda)$ 和 $L(\theta,w,\lambda)$ 的关系是什么?

为此,取 $w=1,\lambda=1.1$,作出 $L(\theta,1,1.1)$ 的图像,见图 2-2-8。可以看出,当 $1<\lambda\leqslant\sqrt{2}$ 时:

① $L_{\min}(w,\lambda)=L\left(\dfrac{\pi}{2},w,\lambda\right)$ 是函数 $L(\theta,w,\lambda)$ 的最大值而不是最小值。

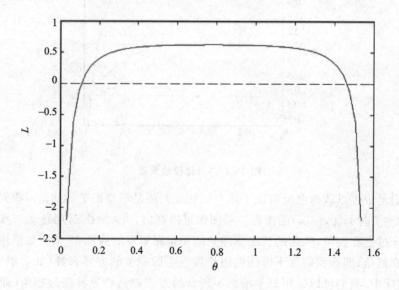

图 2-2-8 $L(\theta,1,1.1)$图像

② 当 $L<2(\sqrt{2}w-h)$ 时,病床可以在与走廊的底边的夹角 $\dfrac{\pi}{4}$ 附近转动,但是不能转动到夹角接近 0 或 $\dfrac{\pi}{2}$,换言之,在拐角处可以放下比走廊还宽的病床。

模型评注

① 病床转弯问题看起来并不复杂但真要解决却并不简单,需要我们进行深入细致的分析。它告诉我们,在用数学方法解决实际问题时一定要反复思考,认真检查是否有遗漏的地方,要有"大胆假设,认真求证,精益求精"的精神,千万不能轻易认为已经彻底解决了问题。

② 这个问题本来可以直接写出模型三,但是,模型一、二、三的顺序能充分展示数学建模的完整过程。通过这个例子大家可以体会,其实数学建模并不神秘,只要我们掌握了一定的数学知识,再加上认真分析、细心推导,我们都有能力建立身边实际问题的数学模型,用数学方法解决实际问题。

2.3　MATLAB 的基础实践

当已知函数形式求函数的积分时,理论上可以利用牛顿-莱布尼兹公式来计算。但在实际应用中,经常碰到有些函数都找不到其积分函数,或者函数难以用公式表示(如只能用图形或表格给出),或者有些函数用牛顿-莱布尼兹公式求解非常复杂,有时甚至计算不出来的情况。求函数的微分也存在相似的情况,此时,需考虑这些函数的积分和微分的近似计算。

2.3.1　微分求解

对连续函数也可类似考虑,设 $y=f(x)$,考虑点 x_0,先选定步长 h,构造点列

$$x_n=x_0+nh \quad (n=0,1,2,\cdots)$$

可得函数值序列

$$y_n=f(x_0+nh)=f(n)$$

此时称

$$\Delta y=f(x_0+h)-f(x_0)$$

为函数 $y=f(x)$ 在 x_0(或 $n=0$)点的一阶差分。

在 MATLAB 中用来计算两个相邻点的差值的函数为 diff,相关的语法格式有以下 4 个:

diff(x)——返回 x 对预设独立变量的一次微分值;

diff(x,'t')——返回 x 对独立变量 t 的一次微分值;

diff(x,n)——返回 x 对预设独立变量的 n 次微分值;

diff(x,'t',n)——返回 x 对独立变量 t 的 n 次微分值。

其中 x 代表一组离散点 $xk,k=1,2,\cdots,n$。

计算 $dy(x)/dx$ 的数值微分语法格式为

dy=diff(y)./diff(x)

如果 x 是向量,则 diff(x)返回前后相邻元素之差,得到一个新向量。

例 2 - 3 - 1 对方程式

$$s_1 = 6x^3 - 4x^2 + bx - 5$$
$$s_2 = \sin a$$
$$s_3 = (1 - t^3)/(1 + t^4)$$
$$s_4 = [2,3,5,9,8]$$

利用 diff 的 4 种语法格式计算微分。

解 输入以下命令：

```
>> S1 = '6 * x^3 - 4 * x^2 + b * x - 5';        % 符号表达式
>> S2 = 'sin(a)';
>> S3 = '(1 - t^3)/(1 + t^4)';
>> S4 = [2,3,5,9,8]
>> diff(S1)                                     % 对预设独立变量 x 的一次微分值
ans = 18 * x^2 - 8 * x + b
>> diff(S1,2)                                   % 对预设独立变量 x 的二次微分值
ans = 36 * x - 8
>> diff(S1,'b')                                 % 对独立变量 b 的一次微分值
ans = x
>> diff(S2)                                     % 对预设独立变量 a 的一次微分值
ans = cos(a)
>> diff(S3)                                     % 对预设独立变量 t 的一次微分值
ans = - 3 * t^2/(1 + t^4) - 4 * (1 - t^3)/(1 + t^4)^2 * t^3
>> diff(S4)                                     % 对预设独立变量 t 的一次微分值
ans = [1,2,4, -1]
```

2.3.2 积分求解

利用 MATLAB 的积分函数来求解，过程中要定义 $f(x)$，设定 a、b，还须设定区间 $[a,b]$ 上离散点的数目，余下的工作就是选择精度不同的积分法来求解了。MATLAB 提供了在有限区间内，数值计算某函数积分的函数，它们分别是 cumsum（矩形积分）、trapz（梯形积分）、quad（辛普森积分）、quad8（科茨积分，也称高精度数值积分）。下面对辛普森数值积分方法进行介绍，其他方法与其类似。

辛普森数值积分用函数 quad 来实现，quad 函数的调用格式如下：

① q=quad('f',a,b) 表示使用自适应递归的辛普森方法从积分区间 a 到 b 对函数 $f(x)$ 进行积分，积分的相对误差在 10^{-3} 范围内。输入参数中的 'f' 是一个字符串，表示积分函数的名字。当输入的是向量时，返回值也必须是向量形式。

② q=quad('f',a,b,tol) 表示使用自适应递归的辛普森方法从积分区间 a 到 b 对函数 $f(x)$ 进行积分，积分的误差在 tol 范围内。当 tol 的形式是 [rel_tol abs_tol] 时，分别表示相对误差与绝对误差。

③ q=quad('f',a,b,tol,trace) 表示当输入参数 trace 不为零时，以动态点图的形式实现积分的整个过程。

④ q=quad('f',a,b,tol,trace,p1,p2,…) 表示允许参数 p1,p2 直接输给函数 $f(x)$，即 $g=F(x,p_1,p_2,…)$。在这种情况下，当使用默认的 tol 与 trace 时，需输入空矩阵。

例 2-3-2 用辛普森积分公式求 $f(x)=\int_0^\pi \sin x\,\mathrm{d}x$ 的积分。

解 输入以下命令：

```
>> q = quad('sin',0,pi)
q = 2.0000
```

例 2-3-3 用辛普森积分公式求 $f(x)=\int_0^2 \dfrac{1}{x^3-2x-5}\mathrm{d}x$ 的积分。

解 方法 1 输入以下命令：

```
>> quad('1./(x.^3 - 2 * x - 5)',0,2)
ans = - 0.4605
```

方法 2 输入以下命令：

```
>> F = '1./(x.^3 - 2 * x - 5)';
>> quad(F,0,2)
ans = - 0.4605
```

2.3.3 应用举例

例 2-3-4(矿井中的梯子)

如图 2-3-1(a)所示，两条矿道以 123°角相交，直道宽 7 m，入口道宽 9 m，此时能通过矿道交叉路口的梯子长度最大为多少？ 如果矿道夹角 a 和矿道宽度可变，那么结果又如何？（忽略梯子的厚度，假定通过拐角时梯子不倾覆）

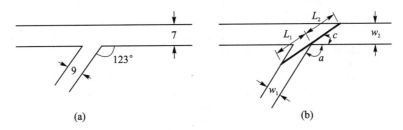

图 2-3-1 矿道图

模型建立

想象当我们搬着梯子通过拐角时，梯子的位置是连续变化的，那么就会存在一个临界位置。此时，梯子的两端触及墙面，梯子有一点触及交叉处，为描述方便，引入变量 a、c、w_1、w_2，如图 2-3-1(b)所示。

在此临界位置，梯子长度分为两部分 L_1、L_2，并且有如下关系成立（角度用弧度表示）：

$$L_1=\frac{w_1}{\sin(\pi-a-c)},\quad L_2=\frac{w_2}{\sin c}$$

$$L(c)=L_1+L_2=\frac{w_1}{\sin(\pi-a-c)}+\frac{w_2}{\sin c}$$

由公式可知，能通过的梯子的最大长度是函数 $L(c)$ 的最小值。我们可以用微积分方法求出 $L(c)$ 的最小值，现在尝试用 MATLAB 中的一个特定函数来获取答案。

模型求解

观察函数 $L(c)$ 图像。w_1、w_2 已知,而对于角度 a,需要转化为弧度。MATLAB 命令如下:

```
>> a = 123 * 2 * pi/360
a =
  2.1486
```

接下来定义函数 $L(c)$:

```
>> L = inline('9/sin(pi - 2.1468 - c) + 7/sin(c)');
```

再用 MATLAB 画出函数 L 关于 c 的曲线:

```
>> fplot(L,[0.4,0.5]);grid on
```

得到图 2-3-2。

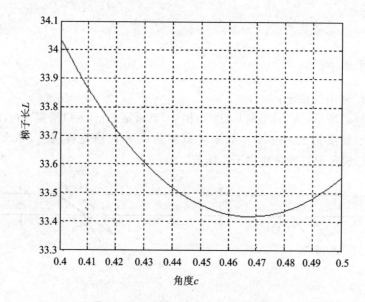

图 2-3-2　梯子长与角度 c 的关系图

从图 2-3-2 中,我们可以估计最值点近似为 $L=34.42$,这是可接受的梯子的最大长度。该值对于这个问题来说已经足够精确。

MATLAB 可以得到更加精确的值,如借助 MATLAB 自带的求最小值函数 fminbnd 命令 x=fminbnd(fun,x1,x2)返回一个值 x,该值是 fun 中描述的标量值函数在区间 $x_1 < x < x_2$ 中的局部最小值。

```
>> c = fminbnd(L,0.4,0.5),L(c)
  c =
      0.4677
  ans =
      33.4186
```

从而,可以得出最小值点为 $L=33.418\,6$。

习　题

1. 调查包装类似但多少有些不同的三种同一商品各两组,建模描述包装与价格的关系。

2. 雨滴匀速下降,空气阻力与雨滴表面积和速度平方的乘积成正比,建模描述雨速与雨滴质量的关系。

3. 动物园里的成年热血动物靠饲养的食物维持体温不变。给出合理的简化假设建立动物的饲养食物量与动物的某个长短尺寸之间的关系。

4. 用惯例方法考虑下列代表名额分配问题。已知 A 单位有 120 人,分配代表名额 10 个;B 单位有 100 人,分配代表名额 10 个。试计算:

（1）A、B 两单位在代表名额分配中对哪个单位不公平? 他们的绝对不公平度是多少? 对 A 单位的相对不公平度是多少?

（2）若增加一个名额,应该分配给谁? 为什么?

5. 学校共 1 000 名学生,235 人住 A 宿舍,333 人住 B 宿舍,432 人住 C 宿舍。学生们要组织一个 10 人的委员会,试用下列办法分配各宿舍的委员数:

（1）按比例分配取整数的名额后,剩下的名额按惯例分给小数部分较大者。

（2）Q 值方法。

如果委员会从 10 人增加至 15 人,用以上两种方法再分配名额,并且将两种方法两次分配的结果列表比较。

（3）你能提出其他的方法吗? 用你的方法分配以上的名额。

6. 在商人过河问题中,若有 4 名商人,各带 1 名随从,试问能否过河?

7. 夫妻过河问题:有 3 对夫妻过河,船最多能载 2 人,条件是任一女子不能在其丈夫不在的情况下与其他男子在一起,如何安排 3 对夫妻过河? 若船最多能载 3 人,5 对夫妻能否过河?

8. 在某海滨城市附近海面有一台风数据监测站,当前台风中心位于城市 O 的东偏南 θ（$\cos\theta = \frac{\sqrt{2}}{10}$）方向 300 km 的海面 P 处,并以 20 km/h 的速度向西偏北 45° 方向移动。台风侵袭的范围为圆形区域,当前半径为 60 km,并以 10 km/h 的速度不断增大。问几小时后该城市开始受到台风的侵袭?

第 **3** 章

线性代数与概率论方法

线性代数与概率论是两门重要的数学基础课,在现代数学和工程技术中有着广泛的应用。本章通过实例介绍这两门学科在数学建模中的重要应用,以便读者能够掌握用线性代数与概率论建模的方法。

3.1 线性代数方法建模

线性代数是讨论代数学中线性关系经典理论的课程。由于线性问题广泛存在于科学技术的各个领域,而某些非线性问题在一定条件下可以转化为线性问题,因此线性代数方法广泛地应用于各个学科。

例 3-1-1 (基因间"距离"的表示)

人们对 ABO 血型的各种群体的基因的频率进行了研究。如果把 4 种等位基因 A_1、A_2、B、O 区别开,基因的相对频率见表 3-1-1。

表 3-1-1 基因的相对频率

人群 血型	因纽特人 f_{1i}	班图人 f_{2i}	英国人 f_{3i}	朝鲜人 f_{4i}
A_1	0.291 4	0.103 4	0.209 0	0.220 8
A_2	0.000 0	0.086 6	0.069 6	0.000 0
B	0.031 6	0.120 0	0.061 2	0.206 9
O	0.677 0	0.690 0	0.660 2	0.572 3
合计	1.000	1.000	1.000	1.000

问题:一个群体与另一群体的接近程度如何? 换句话说,就是要一个表示基因的"距离"的合宜的量度。

问题分析与建模

采用向量代数的方法。首先,我们用单位向量来表示每一个群体。为此,我们取每一种频率的平方根,记 $x_{ki} = \sqrt{f_{ki}}$。由于对这 4 种群体的每一种都有 $\sum_{i=1}^{4} f_{ki} = 1$,所以我们得到 $\sum_{i=1}^{4} x_{ki}^2 = 1$。这意味着,下列 4 个向量都是单位向量。记

$$\boldsymbol{\alpha}_1 = \begin{bmatrix} x_{11} \\ x_{12} \\ x_{13} \\ x_{14} \end{bmatrix}, \quad \boldsymbol{\alpha}_2 = \begin{bmatrix} x_{21} \\ x_{22} \\ x_{23} \\ x_{24} \end{bmatrix}, \quad \boldsymbol{\alpha}_3 = \begin{bmatrix} x_{31} \\ x_{32} \\ x_{33} \\ x_{34} \end{bmatrix}, \quad \boldsymbol{\alpha}_4 = \begin{bmatrix} x_{41} \\ x_{42} \\ x_{43} \\ x_{44} \end{bmatrix}$$

在四维空间中,这些向量的顶端都位于一个半径为 1 的球面上。

现在用两个向量间的夹角来表示两个对应的群体间的"距离"似乎是合理的。如果我们把 $\boldsymbol{\alpha}_1$ 和 $\boldsymbol{\alpha}_2$ 之间的夹角记为 θ,那么由于 $|\boldsymbol{\alpha}_1| = |\boldsymbol{\alpha}_2| = 1$,再由内积公式,得

$$\cos \theta = \boldsymbol{\alpha}_1 \cdot \boldsymbol{\alpha}_2$$

而

$$\boldsymbol{\alpha}_1 = \begin{bmatrix} 0.539\ 8 \\ 0.000\ 0 \\ 0.177\ 8 \\ 0.822\ 8 \end{bmatrix}, \quad \boldsymbol{\alpha}_2 = \begin{bmatrix} 0.321\ 6 \\ 0.294\ 3 \\ 0.346\ 4 \\ 0.830\ 7 \end{bmatrix}$$

故

$$\cos \theta = \boldsymbol{\alpha}_1 \cdot \boldsymbol{\alpha}_2 = 0.918\ 7$$

得

$$\theta = 23.2°$$

按同样的方式,我们可以得到表 3-1-2。

表 3-1-2　基因间的"距离"

（°）

人　群	因纽特人	班图人	英国人	朝鲜人
因纽特人	0	23.2	16.4	16.8
班图人	23.2	0	9.8	20.4
英国人	16.4	9.8	0	19.6
朝鲜人	16.8	20.4	19.6	0

由表 3-1-2 可见,最小的基因"距离"是班图人和英国人,而因纽特人和班图人之间的基因"距离"最大。

例 3-1-2（动物数量的按年龄段预测问题）

某农场饲养的某种动物能达到的最大年龄为 15 岁,将其分成三个年龄组:第一组,0～5岁;第二组,6～10 岁;第三组,11～15 岁。动物从第二年龄组起开始繁殖后代,经过长期统计,第二组和第三组的繁殖率分别为 4 和 3。第一年龄组和第二年龄组的动物能顺利进入下一个年龄组的存活率分别为 $\frac{1}{2}$ 和 $\frac{1}{4}$。假设农场现有三个年龄段的动物各 1 000 头,问 15 年后农场三个年龄段的动物各有多少头?

问题分析与建模

因年龄分组为 5 岁一段,故将时间周期也取为 5 年。15 年就相当于 3 个时间周期。设 $x_i^{(k)}$ 表示第 k 个时间周期的第 i 组年龄阶段动物的数量（$k = 1, 2, 3$; $i = 1, 2, 3$）。

因为某一时间周期第二年龄组和第三年龄组动物的数量是由上一时间周期上一年龄组存活下来动物的数量决定的,所以有

$$x_2^{(k)} = \frac{1}{2} x_1^{(k-1)}, \quad x_3^{(k)} = \frac{1}{4} x_2^{(k-1)} \quad (k = 1, 2, 3)$$

又因为某一时间周期,第一年龄组动物的数量是由同一时间周期各年龄组出生的动物的数量决定的,所以有

$$x_1^{(k)} = 4 x_2^{(k-1)} + 3 x_3^{(k-1)} \quad (k = 1, 2, 3)$$

于是我们得到递推关系式:

$$\begin{cases} x_1^{(k)} = 4x_2^{(k-1)} + 3x_3^{k-1} \\ x_2^{k} = \dfrac{1}{2}x_1^{(k-1)} \\ x_3^{(k)} = \dfrac{1}{4}x_2^{(k-1)} \end{cases}$$

用矩阵表示为

$$\begin{bmatrix} x_1^{(k)} \\ x_2^{(k)} \\ x_3^{(k)} \end{bmatrix} = \begin{bmatrix} 0 & 4 & 3 \\ \dfrac{1}{2} & 0 & 0 \\ 0 & \dfrac{1}{4} & 0 \end{bmatrix} \begin{bmatrix} x_1^{(k-1)} \\ x_2^{(k-1)} \\ x_3^{(k-1)} \end{bmatrix} \quad (k=1,2,3)$$

则

$$\boldsymbol{x}^{(k)} = \boldsymbol{L}\boldsymbol{x}^{(k-1)} \quad (k=1,2,3)$$

其中

$$\boldsymbol{L} = \begin{bmatrix} 0 & 4 & 3 \\ \dfrac{1}{2} & 0 & 0 \\ 0 & \dfrac{1}{4} & 0 \end{bmatrix}, \quad \boldsymbol{x}^{(0)} = \begin{bmatrix} 1\ 000 \\ 1\ 000 \\ 1\ 000 \end{bmatrix}$$

则有

$$\boldsymbol{x}^{(k)} = \begin{bmatrix} x_1^{(k)} \\ x_2^{(k)} \\ x_3^{(k)} \end{bmatrix} \quad (k=1,2,3)$$

$$\boldsymbol{x}^{(1)} = \boldsymbol{L}\boldsymbol{x}^{(0)} = \begin{bmatrix} 0 & 4 & 3 \\ \dfrac{1}{2} & 0 & 0 \\ 0 & \dfrac{1}{4} & 0 \end{bmatrix} \begin{bmatrix} 1\ 000 \\ 1\ 000 \\ 1\ 000 \end{bmatrix} = \begin{bmatrix} 7\ 000 \\ 500 \\ 250 \end{bmatrix}$$

$$\boldsymbol{x}^{(2)} = \boldsymbol{L}\boldsymbol{x}^{(1)} = \begin{bmatrix} 0 & 4 & 3 \\ \dfrac{1}{2} & 0 & 0 \\ 0 & \dfrac{1}{4} & 0 \end{bmatrix} \begin{bmatrix} 7\ 000 \\ 500 \\ 250 \end{bmatrix} = \begin{bmatrix} 2\ 750 \\ 3\ 500 \\ 125 \end{bmatrix}$$

$$\boldsymbol{x}^{(3)} = \boldsymbol{L}\boldsymbol{x}^{(2)} = \begin{bmatrix} 0 & 4 & 3 \\ \dfrac{1}{2} & 0 & 0 \\ 0 & \dfrac{1}{4} & 0 \end{bmatrix} \begin{bmatrix} 2\ 750 \\ 3\ 500 \\ 125 \end{bmatrix} = \begin{bmatrix} 14\ 375 \\ 1\ 375 \\ 875 \end{bmatrix}$$

结果分析

15 年后，农场饲养的动物总数将达到 16 625 头，其中 0～5 岁的有 14 375 头，占 86.47%，

6～10 岁的有 1 375 头,占 8.27%,11～15 岁的有 875 头,占 5.263%。15 年间,动物总增长 16 625－3 000＝13 625 头,总增长率为 13 625/3 000＝454.17%。

评注

要知道很多年以后的情况,可通过研究式 $\boldsymbol{x}^{(k)}=\boldsymbol{L}\boldsymbol{x}^{(k-1)}=\boldsymbol{L}^{k}\boldsymbol{x}^{(0)}$ 中当趋于无穷大时的极限状况得到。

例 3 - 1 - 3（人口迁移的动态分析）

对城乡人口流动做年度调查,发现有一个稳定的朝向城镇流动的趋势:年农村居民的 2.5% 移居城镇,而城镇居民的 1% 迁出。其中总人口的 60% 位于城镇,如果城乡总人口保持不变,且人口流动的这种趋势继续下去,那么一年以后住在城镇的人口所占比例是多少? 两年以后呢? 十年以后呢? 最终呢?

模型建立与求解

设开始时,乡村人口为 y_0,城镇人口为 z_0,一年以后有

乡村人口
$$\frac{975}{1\,000}y_0+\frac{1}{100}z_0=y_1$$

城镇人口
$$\frac{25}{1\,000}y_0+\frac{99}{100}z_0=z_1$$

或写成矩阵形式:

$$\begin{bmatrix} y_1 \\ z_1 \end{bmatrix}=\begin{bmatrix} \dfrac{975}{1\,000} & \dfrac{1}{100} \\[2mm] \dfrac{25}{1\,000} & \dfrac{99}{100} \end{bmatrix}\begin{bmatrix} y_0 \\ z_0 \end{bmatrix}$$

两年以后,有

$$\begin{bmatrix} y_2 \\ z_2 \end{bmatrix}=\begin{bmatrix} \dfrac{975}{1\,000} & \dfrac{1}{100} \\[2mm] \dfrac{25}{1\,000} & \dfrac{99}{100} \end{bmatrix}\begin{bmatrix} y_1 \\ z_1 \end{bmatrix}=\begin{bmatrix} \dfrac{975}{1\,000} & \dfrac{1}{100} \\[2mm] \dfrac{25}{1\,000} & \dfrac{99}{100} \end{bmatrix}^2\begin{bmatrix} y_0 \\ z_0 \end{bmatrix}$$

十年以后,有

$$\begin{bmatrix} y_{10} \\ z_{10} \end{bmatrix}=\begin{bmatrix} \dfrac{975}{1\,000} & \dfrac{1}{100} \\[2mm] \dfrac{25}{1\,000} & \dfrac{99}{100} \end{bmatrix}^{10}\begin{bmatrix} y_0 \\ z_0 \end{bmatrix}$$

令

$$\boldsymbol{A}=\begin{bmatrix} \dfrac{975}{1\,000} & \dfrac{1}{100} \\[2mm] \dfrac{25}{1\,000} & \dfrac{99}{100} \end{bmatrix}$$

k 年之后的分布(将 $\boldsymbol{A}$ 对角化)为

$$\begin{bmatrix} y_k \\ z_k \end{bmatrix}=\boldsymbol{A}^k\begin{bmatrix} y_0 \\ z_0 \end{bmatrix}=\begin{bmatrix} -1 & \dfrac{2}{5} \\[2mm] 1 & 1 \end{bmatrix}\begin{bmatrix} \left(\dfrac{193}{200}\right)^k & 0 \\[2mm] 0 & 1 \end{bmatrix}\begin{bmatrix} -\dfrac{5}{7} & \dfrac{2}{7} \\[2mm] \dfrac{5}{7} & \dfrac{5}{7} \end{bmatrix}\begin{bmatrix} y_0 \\ z_0 \end{bmatrix}$$

这就是我们所要的解。而且,容易看出,经过很长一个时期以后这个解会达到一个极限状态:

$$\begin{bmatrix} y_\infty \\ z_\infty \end{bmatrix} = (y_0 + z_0) \begin{bmatrix} \dfrac{2}{7} \\ \dfrac{5}{7} \end{bmatrix}$$

总人口仍是 $y_0 + z_0$,与开始时一样,但在此极限中,人口的 $\dfrac{5}{7}$ 在城镇,而 $\dfrac{2}{7}$ 在乡村。无论初始分布是什么样,这总是成立的。值得注意的是,这个稳定状态正是 A 的属于特征值 1 的特征向量。该例子有些很好的性质:人口总数保持不变,而且乡村和城镇的人口数决不能为负。前一性质反映的事实是:矩阵中每一列加起来为 1;每个人都被计算在内,但没有人被重复或丢失。后一性质反映的事实是:矩阵没有负元素;同样地,y_0 和 z_0 也是非负的,从而 y_1 和 z_1,y_2 和 z_2 等也是这样。

例 3 - 1 - 4(常染色体遗传模型)

为了揭示生命的奥秘,遗传学的研究已引起了人们的广泛兴趣。动植物在产生下一代的过程中,总是将自己的特征遗传给下一代,从而完成一种"生命的延续"。

某植物园中一种植物的基因型为 AA、AB 和 BB。现计划采用 AA 型植物与每种基因型植物相结合的方案培育植物后代,试预测,若干年后,这种植物的任一代的三种基因型分布情况。

问题分析

在常染色体遗传中,后代从每个亲体的基因对中各继承一个基因,形成自己的基因对。例如眼睛颜色即是通过常染色体控制的。特征遗传由两个基因 A 和 B 控制,基因对是 AA 和 AB 的人,眼睛是棕色,基因对是 BB 的人,眼睛为蓝色。由于 AA 和 AB 都表示了同一外部特征,或认为基因 A 支配 B,也可认为基因 B 对于基因 A 来说是隐性的(或称 A 为显性基因,B 为隐性基因)。一个亲体的基因型为 AB,另一个亲体的基因型为 BB,那么后代便可从 BB 型中得到基因 B,从 AB 型中得到 A 或 B,且是等可能性地得到。

模型假设

① 按问题分析,后代从上一代亲体中继承基因 A 或 B 是等可能的,即有双亲体基因型的所有可能结合使其后代形成每种基因型的概率分布情况如表 3 - 1 - 3 所列。

表 3 - 1 - 3   每种基因型的概率分布情况

下一代基因型 (n 代)	上一代父-母基因型($n-1$ 代)					
	AA - AA	AA - AB	AA - BB	AB - AB	AB - BB	BB - BB
AA	1	1/2	0	1/4	0	0
AB	0	1/2	1	1/2	1/2	0
BB	0	0	0	1/4	1/2	1

② 以 a_n、b_n 和 c_n 分别表示第 n 代植物中基因型为 AA、AB 和 BB 的植物总数的百分率,$x^{(n)}$ 表示第 n 代植物的基因型分布,即有

$$x^{(n)} = \begin{bmatrix} a_n \\ b_n \\ c_n \end{bmatrix}, \quad n = 0, 1, 2, \cdots \tag{3.1}$$

特别地,当 $n=0$ 时,$\boldsymbol{x}^{(0)}=(a_0,b_0,c_0)^{\mathrm{T}}$ 表示植物基因型的初始分布(培育开始时所选取每种基因型分布),显然有。

模型建立

注意到,原问题是采用 AA 型与每种基因型相结合,因此这里只考虑遗传分布表的前三列。

首先考虑第 n 代中的 AA 型,按表 3-1-3 所给数据,第 n 代 AA 型所占比率为

$$a_n=1\cdot a_{n-1}+\frac{1}{2}\cdot b_{n-1}+0\cdot c_{n-1}$$

即第 $n-1$ 代的 AA 型与 AA 型结合全部进入第 n 代的 AA 型,第 $n-1$ 代的 AB 型与 AA 型结合只有一半进入第 n 代的 AA 型,第 $n-1$ 代的 BB 型与 AA 型结合没有一个成为 AA 型而进入第 n 代的 AA 型,故有

$$a_n=a_{n-1}+\frac{1}{2}b_{n-1} \tag{3.2}$$

同理,第 n 代的 AB 型和 BB 型所占比率分别为

$$b_n=\frac{1}{2}b_{n-1}+c_{n-1} \tag{3.3}$$

$$c_n=0 \tag{3.4}$$

将式(3.2)、式(3.3)、式(3.4)联立,并用矩阵形式表示,得到

$$\boldsymbol{x}^{(n)}=\boldsymbol{M}\boldsymbol{x}^{(n-1)},\quad n=1,2,\cdots \tag{3.5}$$

其中

$$\boldsymbol{M}=\begin{bmatrix}1 & 1/2 & 0\\ 0 & 1/2 & 1\\ 0 & 0 & 0\end{bmatrix}$$

利用式(3.5)进行递推,便可获得第 n 代基因型分布的数学模型:

$$\boldsymbol{x}^{(n)}=\boldsymbol{M}\boldsymbol{x}^{(n-1)}=\boldsymbol{M}^2\boldsymbol{x}^{(n-2)}=\cdots=\boldsymbol{M}^n\boldsymbol{x}^{(0)} \tag{3.6}$$

式(3.6)明确表示了历代基因型分布均可由初始分布 $\boldsymbol{x}^{(0)}$ 与矩阵 $\boldsymbol{M}$ 确定。

模型求解

这里的关键是计算 $\boldsymbol{M}^n$。为计算简便,将 $\boldsymbol{M}$ 对角化,即求出可逆阵 $\boldsymbol{P}$,使 $\boldsymbol{P}^{-1}\boldsymbol{M}\boldsymbol{P}=\boldsymbol{\Lambda}$,即有

$$\boldsymbol{M}=\boldsymbol{P}\boldsymbol{\Lambda}\boldsymbol{P}^{-1}$$

从而可计算

$$\boldsymbol{M}^n=\boldsymbol{P}\boldsymbol{\Lambda}^n\boldsymbol{P}^{-1},\quad n=1,2,\cdots$$

式中,$\boldsymbol{\Lambda}$ 为对角阵,其对角元素为 $\boldsymbol{M}$ 的特征值;$\boldsymbol{P}$ 为 $\boldsymbol{M}$ 的特征值所对应的特征向量,分别为

$$\lambda_1=1,\quad \lambda_2=\frac{1}{2},\quad \lambda_3=0$$

$$\boldsymbol{p}_1=\begin{bmatrix}1\\0\\0\end{bmatrix},\quad \boldsymbol{p}_2=\begin{bmatrix}1\\-1\\0\end{bmatrix},\quad \boldsymbol{p}_3=\begin{bmatrix}1\\-2\\1\end{bmatrix}$$

故有

$$\boldsymbol{\varLambda} = \begin{bmatrix} 1 & & \\ & \dfrac{1}{2} & \\ & & 0 \end{bmatrix}, \quad \boldsymbol{P} = \begin{bmatrix} 1 & 1 & 1 \\ 0 & -1 & -2 \\ 0 & 0 & 1 \end{bmatrix} = \boldsymbol{P}^{-1}$$

即得

$$\boldsymbol{M}^n = \begin{bmatrix} 1 & 1 & 1 \\ 0 & -1 & -2 \\ 0 & 0 & 1 \end{bmatrix} \begin{bmatrix} 1 & & \\ & \dfrac{1}{2^n} & \\ & & 0 \end{bmatrix} \begin{bmatrix} 1 & 1 & 1 \\ 0 & -1 & -2 \\ 0 & 0 & 1 \end{bmatrix}$$

$$= \begin{bmatrix} 1 & 1 - \dfrac{1}{2^n} & 1 - \dfrac{1}{2^{n-1}} \\ 0 & \dfrac{1}{2^n} & \dfrac{1}{2^{n-1}} \\ 0 & 0 & 0 \end{bmatrix}$$

于是

$$\boldsymbol{x}^{(n)} = \begin{pmatrix} a_n \\ b_n \\ c_n \end{pmatrix} = \begin{bmatrix} 1 & 1 - \dfrac{1}{2^n} & 1 - \dfrac{1}{2^{n-1}} \\ 0 & \dfrac{1}{2^n} & \dfrac{1}{2^{n-1}} \\ 0 & 0 & 0 \end{bmatrix} \begin{bmatrix} a_0 \\ b_0 \\ c_0 \end{bmatrix}$$

或写为

$$\begin{cases} a_n = 1 - \left(\dfrac{1}{2}\right)^n b_0 - \left(\dfrac{1}{2}\right)^{n-1} c_0 \\ b_n = \left(\dfrac{1}{2}\right)^n b_0 + \left(\dfrac{1}{2}\right)^{n-1} c_0 \\ c_n = 0 \end{cases}$$

由上式可见,当 $n \to \infty$ 时,有

$$a_n \to 1, \quad b_n \to 0, \quad c_n \to 0$$

即当繁殖代数很大时,所培育出的植物基本上呈现的是 AA 型,AB 型的极少,BB 型不存在。

模型分析

① 完全类似地,可以选用 AB 型和 BB 型植物与每个其他基因型植物相结合,从而给出类似的结果。特别是将具有相同基因的植物相结合,并利用表 3-1-3 的第 1、4、6 列数据,使用类似模型及解法而得到以下结果:

$$a_n \to a_0 + \frac{1}{2}b_0, \quad b_n \to 0, \quad c_n \to c_0 + \frac{1}{2}b_0$$

这就是说,如果用基因型相同的植物培育后代,在极限情形下,后代仅具有基因 AA 与 BB,而 AB 消失了。

② 本例巧妙利用了矩阵来表示概率分布,从而充分利用特征值与特征向量,通过对角化方法解决了矩阵 n 次幂的计算问题,可算得上高等代数方法应用于解决实际问题的一个范例。

通过对本问题的讨论,现已对许多植物(动物)遗传分布有了一个具体的了解,同时这个结

果也验证了生物学中的一个重要结论:性基因多次遗传后占主导因素,是之所以称它为显性的原因。

3.2　概率论方法建模

概率论是研究自然界、人类社会及技术过程中大量随机现象的规律性的学科,是应用数学的一个重要分支,在自然科学、社会科学、信息科学、工程技术及经营管理方面有着重要的应用,因此也是数学建模中一种非常重要的方法。

例 3-2-1(传染病流行估计的数学模型)

假定人群中有病人(或更确切地说是带菌者),也有健康人(即可能感染者),任何两人之间的接触是随机的,当健康人与病人接触时健康人是否被感染也是随机的。问题在于,一旦掌握了随机规律,那么如何去估计平均每天有多少健康人被感染? 这种估计的准确性有多大?

模型假设

① 设人群只分病人和健康人两类,病人数和健康人数分别记为 i 和 s,总数 n 不变,即

$$i+s=n \tag{3.7}$$

② 人群中任何两人的接触是相互独立的,具有相同概率 p,每人每天平均与 m 人接触。

③ 当健康人与一病人接触时,健康人被感染的概率为 λ。

模型建立与求解

由假设②知道,一个健康人每天接触的人数服从二项分布,且平均值是 m,则 $m=(n-1)p$,于是

$$p=\frac{m}{n-1} \tag{3.8}$$

又设一健康人被一名指定病人接触并感染的概率为 p_1,则由假设③及式(3.8)可得

$$p_1=\lambda p=\frac{\lambda m}{n-1} \tag{3.9}$$

那么一健康人每天被感染的概率 p_2 为

$$p_2=1-(1-p_1)^i=1-\left(1-\frac{\lambda m}{n-1}\right)^i \tag{3.10}$$

由于健康人被感染的人数也服从二项分布,其平均值 μ 为

$$\mu=sp_2=(n-i)p_2 \tag{3.11}$$

标准差 σ 为

$$\sigma=\sqrt{sp_2(1-p_2)}=\sqrt{p_2(1-p_2)(n-i)} \tag{3.12}$$

注意,通常 $n\gg m$,$n\gg1$,取式(3.10)右端展开式的前两项,有

$$p_2\approx1-\left(1-\frac{\lambda mi}{n}+\cdots\right)\approx\frac{\lambda mi}{n} \tag{3.13}$$

最后得到

$$\mu=\frac{\lambda mi(n-i)}{n} \tag{3.14}$$

$$\frac{\sigma}{\mu}=\sqrt{\frac{1-p_2}{(n-i)p_2}}=\sqrt{\frac{n-\lambda mi}{\lambda mi(n-i)}} \tag{3.15}$$

式(3.14)给出了健康人每天平均被感染的人数 μ 与 n、i、m、λ 的关系;式(3.15)中 σ/μ 可看作对平均值 μ 的相对误差的度量。

例 3 – 2 – 2 (报童问题)

报童每天清晨从报社购进报纸进行零售,晚上将没有卖掉的报纸退回。每份报纸的购进价为 b 元,零售价为 a 元,退回价为 c 元,$a > b > c$。报童售出一份报纸赚 $a - b$ 元,退回一份报纸赔 $b - c$ 元。报童每天如果购进的报纸太少,不够卖时会少赚钱,如果购得太多卖不完就要赔钱。试为报童筹划一下,他应如何确定每天购进报纸的数量,以获得最大的收入。

问题的分析及假设

众所周知,报童应该根据需求量确定购进量。需求量是随机的,所以这是一个风险决策问题。假定报童已经通过自己每天卖报的经验或其他渠道掌握了需求量的分布规律,即在他的销售范围内每天报纸的需求量为 r 份的概率是 $f(r)(r=0,1,2,\cdots)$。有了题目中的 a、b、c 和函数 $f(r)$ 后,就可以建立关于购进量的优化模型了。

假设每天购进量为 n 份,因为需求量 r 是随机的,r 可以小于 n、等于 n 或大于 n,这就导致报童每天的收入也是随机的,所以作为优化模型的目标函数,不能是报童每天的收入函数,而应该是他长期卖报的日平均收入。从概率论大数定律的观点看,这相当于报童每天收入的期望值,以下称它为平均收入。

模型的建立及求解

记报童每天购进 n 份报纸时的平均收入为 $G(n)$,如果这一天的需求量 $r \leqslant n$,则他售出 r 份,退回 $n-r$ 份;如果这一天的需求量 $r > n$,则 n 份报纸将全部售出。考虑到需求量为 r 的概率是 $f(r)$,所以

$$G(n) = \sum_{r=0}^{n} \left[(a-b)r - (b-c)(n-r) \right] f(r) + \sum_{r=n+1}^{\infty} (a-b)nf(r) \qquad (3.16)$$

问题就归结为,在 a、b、c 和 $f(r)$ 已知时,求 n 使 $G(n)$ 最大。

通常需求量 r 的取值和购进量 n 都相当大,将 r 视为连续量更容易分析和计算,这时式(3.16)可以转化为

$$G(n) = \int_0^n \left[(a-b)r - (b-c)(n-r) \right] f(r)\mathrm{d}r + \int_n^{\infty} (a-b)nf(r)\mathrm{d}r \qquad (3.17)$$

式中,$f(r)$ 是需求量的概率密度函数。为了求得 $G(n)$ 的最大值,计算 $G(n)$ 的导数:

$$\frac{\mathrm{d}G(n)}{\mathrm{d}n} = (a-b)nf(n) - \int_0^n (b-c)f(r)\mathrm{d}r - (a-b)nf(n) + \int_n^{\infty} (a-b)f(r)\mathrm{d}r$$

$$= \int_n^{\infty} (a-b)f(r)\mathrm{d}r - \int_0^n (b-c)f(r)\mathrm{d}r \qquad (3.18)$$

令 $\dfrac{\mathrm{d}G(n)}{\mathrm{d}n} = 0$ 得

$$\frac{\int_0^n f(r)\mathrm{d}r}{\int_n^{\infty} f(r)\mathrm{d}r} = \frac{a-b}{b-c} \qquad (3.19)$$

由于概率密度函数 $f(r)$ 满足 $\int_0^{\infty} f(r)\mathrm{d}r = 1$,故式(3.19)可以变为

$$\int_0^n f(r)\mathrm{d}r = \frac{a-b}{a-c} \qquad (3.20)$$

当需求量的概率密度函数 $f(r)$ 已知时，由式(3.19)或式(3.20)就可以确定最优的购进量。式(3.19)中，$\int_0^n f(r)\mathrm{d}r$ 是需求量 r 不超过 n 的概率，也即购进 n 份报纸时卖不完的概率；$\int_n^\infty f(r)\mathrm{d}r$ 是需求量超过 n 的概率，即购进 n 份报纸时卖完的概率。所以式(3.19)表明，报童购进的份数 n 应该使卖不完与卖完报纸的概率之比恰好等于卖出一份赚的钱 $a-b$ 与退回一份赔的钱 $b-c$ 之比。显然，当报童与报社签订的合同使报童每份赚的钱与赔的钱之比越大时，报童购进的份数就应该越多。

例 3 - 2 - 3(最佳采购策略)

某工厂需要在五周内采购 1 000 吨原料，估计原料价格为 500 元的概率为 0.3，600 元的概率为 0.3，700 元的概率为 0.4。试求最佳采购策略，使采购价格的期望值最小。

建模与求解

我们把一周作为一个阶段，对每一周作出决策。因为原料价格有随机因素，所以我们的决策要使用概率的方法。

设 ξ 为采购原料的单价，那么 ξ 有分布律：

ξ	500	600	700
P	0.3	0.3	0.4

第五周的决策：假设前面四周都没有购买原料，那么在第五周无论什么价都要买。这时，采购价格的期望值是 $V_5 = 500 \times 0.3 + 600 \times 0.3 + 700 \times 0.4 = 610$(元)。

考虑第四周的决策：价格低于 610 元的就买，否则不买。也就是说，如果价格是 500 元或 600 元，那么全部购买，但如果价格是 700 元则不买。如果出现 700 元的可能，放在第五周才买。这时，可把 ξ 理解为有下面的分布律：

ξ	500	600	610
P	0.3	0.3	0.4

因此，第四周采购价格的期望值是 $V_4 = 500 \times 0.3 + 600 \times 0.3 + 610 \times 0.4 = 574$(元)。

考虑第三周的决策：价格低于 574 元的就买，否则不买。也就是说，如果价格是 500 元，那么购买。其他情况出现则选择在第四周购买。这时，可把 ξ 理解为有下面的分布律：

ξ	500	574
P	0.3	0.7

于是，第三周采购价格的期望值是 $V_3 = 500 \times 0.3 + 574 \times 0.7 = 551.8$(元)。

第二周的决策：当价格是 500 元时就购买，否则不买。其采购价格的期望值是

$$V_2 = 500 \times 0.3 + 551.8 \times 0.7 = 536.18(元)$$

同理，第一周采购价格的期望值是 $V_1 = 500 \times 0.3 + 536.18 \times 0.7 = 525.382$(元)。

最佳采购策略

综上所述，最佳采购策略是：

- 在第一、二、三周时，仅当价格为 500 元时就采购全部 1 000 吨原料，否则不采购；
- 在第四周时，当价格为 500 元或 600 元时就采购全部 1 000 吨原料，否则不采购；

- 在第五周时,无论价格如何都要采购全部 1 000 吨原料。这样,采购原料的价格期望值为 525.4 元。

例 3 - 2 - 4 (广告策略问题)

在我们的现实生活中,广告无所不在。广告给商家带来了丰厚的利润,广告中蕴藏着诸多学问。以房产销售广告为例,房产开发商为了扩大销售,提高销售量,通常会印制精美的广告分发给大家。虽然买房人的买房行为是随机的,他可能买房,也可能暂时不买,可能买这家开发商的房子,也可能买另一家开发商的房子,但与各开发商的广告投入有一定的关联。一般地,随着广告费用的增加,潜在的购买量会增加,但市场的购买力是有一定限度的。表 3 - 2 - 1 给出了某开发商以往 9 次广告投入及预测的潜在购买力。

表 3 - 2 - 1　广告投入与潜在购买力统计

百万元

广告投入	0.2	0.4	0.5	0.52	0.56	0.65	0.67	0.69	1
购买力	10 340	10 580	10 670	10 690	10 720	10 780	10 800	10 810	10 950

下面从数学角度,通过合理的假设为开发商制定合理的广告策略,并给出单位面积成本700 元,售价为 4 000 元条件下的广告方案。

模型假设

① 假设单位面积成本为 p_1 百万元,售价为 p_2 百万元,忽略其他费用,需求量 r 是随机变量,其概率密度为 $p(r)$。

② 假设广告投入为 p 百万元,潜在购买力是 p 的函数,记作 $s(p)$,实际供应量为 y。

模型建立

开发商制定策略的好坏主要由利润来确定,好的策略应该获得好的利润(平均意义下)。为此,必须计算平均销售量:

$$E(x) = \int_0^y rp(r)\mathrm{d}r + \int_y^{+\infty} yp(r)\mathrm{d}r$$

式中,$\int_y^{+\infty} yp(r)\mathrm{d}r$ 表示当需求量大于或等于供应量时,取需求量等于供应量。因此,利润函数为

$$R(y) = p_2 E(x) - p_1 y - p$$

利用 $\int_0^{+\infty} p(r)\mathrm{d}r = 1$ 得到

$$R(y) = (p_2 - p_1)y - p - p_2 \int_0^y (y - r)p(r)\mathrm{d}r \tag{3.21}$$

式中,$(p_2 - p_1)y$ 表示已售房毛利润;p 为广告成本;$p_2 \int_0^y (y - r)p(r)\mathrm{d}r$ 为未售出房的损失。

模型求解

为了获得最大利润,只需对式(3.21)求导并令其为零,设 $R(y)$ 获得最大值时 y 的最优值为 y^*,则

$$\frac{\mathrm{d}R(y)}{\mathrm{d}y} = (p_2 - p_1) - p_2 \int_0^y p(r)\mathrm{d}r = 0$$

因此, y^* 满足关系式

$$\int_0^{y^*} p(r)\mathrm{d}r = \frac{p_2 - p_1}{p_2} \tag{3.22}$$

由式(3.22)知道,在广告投入一定的情况下,可以求出最优的供应量,但依赖于需求量的概率分布。为使问题更加明确,增加如下假设:

③ 假设需求量 r 服从 $U[0, s(p)]$ 分布,即

$$p(r) = \begin{cases} \dfrac{1}{s(p)}, & 0 \leqslant r \leqslant s(p) \\ 0, & \text{其他} \end{cases} \tag{3.23}$$

将式(3.23)代入式(3.22)得到

$$y^* = \frac{p_2 - p_1}{p_2} s(p) \tag{3.24}$$

即最优的供应量等于毛利率与由广告费确定的潜在购买力的乘积。将式(3.24)代入式(3.21),得到最大利润为

$$R(y^*) = \frac{(p_2 - p_1)^2}{2p_2} s(p) - p \tag{3.25}$$

对式(3.25)关于 p 求导,得驻点 p^* 满足的方程为

$$s'(p^*) = \frac{2p_2}{(p_2 - p_1)^2} \tag{3.26}$$

因此,只要知道了潜在购买力函数,就可以给出最优的广告投入。

下面根据开发商获得的相关数据,来确定潜在购买力函数。通过对数据画图分析,得知其符合 Logistic 型曲线增长率,经拟合得到

$$s(p) = 10^5 / (9 + \mathrm{e}^{-2p}) \tag{3.27}$$

记 $l = \dfrac{2p_2}{(p_2 - p_1)^2} \times 10^{-5}$,将式(3.27)代入式(3.26),当 $1 - 18l > 0$ 时,求得

$$p^* = -\frac{1}{2}\ln(1 - 9l - \sqrt{1 - 18l}) + \frac{1}{2}\ln l \tag{3.28}$$

将 $p_1 = 0.0007$,$p_2 = 0.004$ 代入式(3.28)得到 $p^* = 0.49$(百万元)。

3.3　代数和概率问题中的 MATLAB 实践

涉及矩阵乘法,在 MATLAB 中直接应用乘法即可,如矩阵 A 乘以向量 x,输入 Ax 就可以完成。在代数问题中还涉及线性方程组的求解,特别是方程个数和变量个数特别多的情况,需要借助程序完成。

3.3.1　线性方程组的求解

线性方程组的一般形式:

$$\begin{cases} a_{11}x_1 + a_{12}x_2 + \cdots + a_{1n}x_n = b_1 \\ a_{21}x_1 + a_{22}x_2 + \cdots + a_{2n}x_n = b_2 \\ \qquad\qquad\qquad \vdots \\ a_{n1}x_1 + a_{n2}x_2 + \cdots + a_{nn}x_n = b_n \end{cases}$$

其矩阵向量表示形式：

$$Ax = b$$

式中 $A \in \mathbf{R}^{n \times n}, x, b \in \mathbf{R}^n$ 是列向量。（这里我们仅考虑方阵）

求解线性方程组，可以使用 MATLAB 命令 x＝A\b，返回 x 就是方程组的解。不过在系数矩阵阶数特别大时，一定条件下可以考虑迭代法。

方阵 A 满足

$$|a_{ii}| > \sum_n |a_{ij}|, \quad i = 1, 2, \cdots, n$$

条件下，方程组整理为

$$\begin{cases} x_1 = \dfrac{-1}{a_{11}}(a_{12}x_2 + \cdots + a_{1n}x_n - b_1) \\ x_2 = \dfrac{-1}{a_{22}}(a_{21}x_1 + a_{23}x_3 + \cdots + a_{2n}x_n - b_2) \\ \qquad\qquad\qquad\qquad \vdots \\ x_n = \dfrac{-1}{a_{nn}}(a_{n1}x_1 + \cdots + a_{n,n-1}x_{n-1} - b_n) \end{cases}$$

进一步得到迭代公式

$$\begin{cases} x_1^{(k+1)} = \dfrac{-1}{a_{11}}(a_{12}x_2^{(k)} + \cdots + a_{1n}x_n^{(k)} - b_1) \\ x_2^{(k+1)} = \dfrac{-1}{a_{22}}(a_{21}x_1^{(k)} + a_{23}x_3^{(k)} + \cdots + a_{1n}x_n^{(k)} - b_2) \\ \qquad\qquad\qquad\qquad \vdots \\ x_n^{(k+1)} = \dfrac{-1}{a_{nn}}(a_{n1}x_1^{(k)} + \cdots + a_{nn-1}x_{n-1}^{(k)} - b_n) \end{cases}$$

上式称为 Jacobi 迭代公式。迭代公式可简写为

$$x_i^{(k+1)} = \dfrac{-1}{a_{ii}}\left(\sum_{j=1}^{i-1} a_{ij}x_j^{(k)} + \sum_{j=i+1}^n a_{ij}x_j^{(k)} - b_i \right), \quad i = 1, 2, \cdots, n$$

该算法的 MATLAB 代码如下：

```
function tx = jacobi(A,b,imax,x0,tol)
 % 利用 Jacobi 迭代法解线性方程组 AX = b,迭
 % 代初值为 x0,迭代次数由 imax 提供,精确度由 tol 提供
del = 10^ - 10;              % 主对角的元素不能太小,必须大于 del
tx = [x0] ; n = length(x0);
for i = 1:n
dg = A(i,i);
    if abs(dg)< del
        disp('diagonal element is too small');
        return
```

```
        end
      end
for k = 1:imax                      %Jacobi 迭代法的运算循环体开始
    for i = 1:n
        sm = b(i) ;
        for j = 1:n
            if j~ = i
                sm = sm - A(i,j) * x0(j) ;
            end
        end % for j
        x(i) = sm/A(i,i) ;          %本次迭代得到的近似解
    end
    tx = [tx ;x] ;                  %将本次迭代得到的近似解存入变量 tx 中
    if norm(x - x0)<tol
        return
    else
        x0 = x ;
    end
end                                 %Jacobi 迭代法的运算循环体结束
```

例 3 - 3 - 1　利用 Jacobi 迭代法公式解下面的线性方程组。

$$\begin{cases} 10x_1 - x_2 + 2x_3 = 6 \\ -x_1 + 11x_2 - x_3 + 3x_4 = 25 \\ 2x_1 - x_2 + 10x_3 - x_4 = -11 \\ 3x_2 - x_3 + 8x_4 = 15 \end{cases}$$

选取 $x^{(0)} = [0,0,0,0]^T$，迭代 10 次。精度选 10^{-6}。

```
>> A = [10 - 1 2 0; - 1 11 - 1 3;2 - 1 10 - 1;0 3 - 1 8];
>> b = [6 25 - 11 15]';
>> tol = 1.0 * 10^-6 ;
>> imax = 10;
>> x0 = zeros(1,4);
>> tx = jacobi(A,b,imax,x0,tol) ;
>> for j = 1:size(tx,1)
       fprintf('% 4d %f %f %f %f\n', j, tx(j,1),tx(j,2),tx(j,3),tx(j,4))
   end
 1  0.000000     0.000000     0.000000     0.000000
 2  0.600000     2.272727    - 1.100000     1.875000
 3  1.047273     1.715909    - 0.805227     0.885227
 4  0.932636     2.053306    - 1.049341     1.130881
 5  1.015199     1.953696    - 0.968109     0.97384
 6  0.988991     2.011415    - 1.010286     1.021351
 7  1.003199     1.992241    - 0.994522     0.994434
 8  0.998128     2.002307    - 1.001972     1.003594
 9  1.000625     1.998670    - 0.999036     0.998888
10  0.999674     2.000448    - 1.000369     1.000619
11  1.000119     1.999768    - 0.999828     0.999786
```

精确解为[1 2 - 1 1]，可见，迭代次数越大，就越接近精确值。该方法对阶数很大的矩阵运算速度仍然很快。

例 3 - 3 - 2　在正方形 $ABCD$ 的四个顶点各有一个人。设在初始时刻 $t=0$ 时，四人同时出发以匀速 v 沿顺时针走向下一个人。如果他们始终对准下一个人为目标行进，最终结果会如何？并且作出各自的运动轨迹。

解　该问题可以通过计算机模拟来实现，需要将时间离散化。设时间间隔为 Δt，则 j 时刻表示时间 $t=j\Delta t$。

设第 i 个人 j 时刻的位置坐标为 $(x_{ij},y_{ij})(i=1,2,3,4;j=1,2,3,\cdots)$。

对前面 3 个人，表达式为

$$\begin{cases} x_{i,j+1}=x_{i,j}+v\Delta t\cos x \\ y_{i,j+1}=y_{i,j}+v\Delta t\sin x \end{cases} \quad (i=1,2,3)$$

其中

$$\cos x=\frac{x_{i+1,j}-x_{i,j}}{\sqrt{(x_{i+1,j}-x_{i,j})^2+(y_{i+1,j}-y_{i,j})^2}},\quad \sin x=\frac{y_{i+1,j}-y_{i,j}}{\sqrt{(x_{i+1,j}-x_{i,j})^2+(y_{i+1,j}-y_{i,j})^2}}$$

对第 4 个人，表达式为

$$\begin{cases} x_{4,j+1}=x_{4,j}+v\Delta t\cos x \\ y_{4,j+1}=y_{4,j}+v\Delta t\sin x \end{cases}$$

其中

$$\cos x=\frac{x_{1,j}-x_{4,j}}{\sqrt{(x_{1,j}-x_{4,j})^2+(y_{1,j}-y_{4,j})^2}},\quad \sin x=\frac{y_{1,j}-y_{4,j}}{\sqrt{(x_{1,j}-x_{4,j})^2+(y_{1,j}-y_{4,j})^2}}$$

MATLAB 实现程序 f8.m 如下：

```
% 模拟运动
n = 240;
x = zeros(4,n);
y = zeros(4,n);
dt = 0.05;                                        % 时间间隔
v = 10;                                           % 速度
x(1,1) = 100; y(1,1) = 0;                         % 第 1 个人初始坐标
x(2,1) = 0;    y(2,1) = 0;                        % 第 2 个人初始坐标
x(3,1) = 0;    y(3,1) = 100;                      % 第 3 个人初始坐标
x(4,1) = 100; y(4,1) = 100;                       % 第 4 个人初始坐标
for i = 2:n
  for j = 1:3
  d = sqrt((x(j+1,i-1) - x(j,i-1))^2 + (y(j+1,i-1) - y(j,i-1))^2);
  % 第 j + 1 个人和第 j 个人的距离
  cosx = (x(j+1,i-1) - x(j,i-1))/d;               % 求 cos 值
  sinx = (y(j+1,i-1) - y(j,i-1))/d;               % 求 sin 值
  x(j,i) = x(j,i-1) + v * dt * cosx;              % 求新 x 坐标
  y(j,i) = y(j,i-1) + v * dt * sinx;              % 求新 y 坐标
  end                                             % 考虑第 1,2,3 人运动一步
    d = sqrt((x(1,i-1) - x(4,i-1))^2 + (y(1,i-1) - y(4,i-1))^2);
    % 第 4 个人和第 1 个人的距离
    cosx = (x(1,i-1) - x(4,i-1))/d;               % 求 cos 值
    sinx = (y(1,i-1) - y(4,i-1))/d;               % 求 sin 值
    x(4,i) = x(4,i-1) + v * dt * cosx;            % 求第 4 点新 x 坐标
    y(4,i) = y(4,i-1) + v * dt * sinx;            % 求第 4 点新 y 坐标
end
% plot(x,y)
for j = 1:n
plot(x(1,j),y(1,j),x(2,j),y(2,j),x(3,j),y(3,j),x(4,j),y(4,j))   % 作点图
hold on                                           % 保持每次作图,实现各次图形叠加
end
```

执行结果如图 3 - 3 - 1 所示。

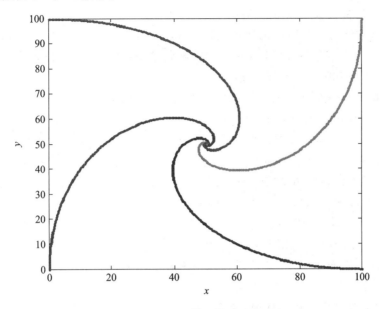

图 3 - 3 - 1　模拟结果图形

3.3.2　MATLAB 在数据统计中的应用

MATLAB 提供了常见的统计命令。

1. 求数组 data 的频数表的命令

```
[N,X] = hist(data,k)
```

此命令将区间[min(data),max(data)]分为 k 个小区间(缺省为 10),返回数组 data 落在每一个小区间的频数 N 和每一个小区间的中点 X。

2. 正态总体的参数估计

设总体服从正态分布,则其点估计和区间估计可同时由以下命令获得:

```
[muhat,sigmahat,muci,sigmaci] = normfit(X,alpha)
```

此命令在显著性水平 alpha 下估计数据 X 的参数(alpha 缺省时设定为 0.05),返回值 muhat 是 X 的均值的点估计值,sigmahat 是标准差的点估计值,muci 是均值的区间估计,sigmaci 是标准差的区间估计。

3. 假设检验

(1) 当总体方差 sigma2 已知时,总体均值的检验使用 z 检验

```
[h,sig,ci] = ztest(x,m,sigma,alpha,tail)
```

检验数据 x 的关于均值的某一假设是否成立,其中 sigma 为已知方差,alpha 为显著性水平,究竟检验什么假设取决于 tail 的取值:

- tail＝0,检验假设"x 的均值等于 m ";

- tail＝1,检验假设"x 的均值大于 m";
- tail ＝－1,检验假设"x 的均值小于 m";
- tail 的缺省值为 0, alpha 的缺省值为 0.05。

返回值 h 为一个布尔值,h＝1 表示可以拒绝假设,h＝0 表示不可以拒绝假设,sig 为假设成立的概率,ci 为均值的 1－alpha 置信区间。

(2) 当总体方差 sigma2 未知时,总体均值的检验使用 t 检验

[h,sig,ci]＝ttest(x,m,alpha,tail)

检验数据 x 的关于均值的某一假设是否成立,其中 alpha 为显著性水平,究竟检验什么假设取决于 tail 的取值:

- tail＝0,检验假设"x 的均值等于 m";
- tail＝1,检验假设"x 的均值大于 m";
- tail ＝－1,检验假设"x 的均值小于 m";
- tail 的缺省值为 0, alpha 的缺省值为 0.05。

返回值 h 为一个布尔值,h＝1 表示可以拒绝假设,h＝0 表示不可以拒绝假设,sig 为假设成立的概率,ci 为均值的 1－alpha 置信区间。

(3) 两总体均值的假设检验使用 t 检验

```
[h,sig,ci] = ttest2(x,y,alpha,tail)
```

检验数据 x,y 的关于均值的某一假设是否成立,其中 alpha 为显著性水平,究竟检验什么假设取决于 tail 的取值:

- tail＝0,检验假设"x 的均值等于 y 的均值";
- tail＝1,检验假设"x 的均值大于 y 的均值";
- tail ＝－1,检验假设"x 的均值小于 y 的均值";
- tail 的缺省值为 0, alpha 的缺省值为 0.05。

返回值 h 为一个布尔值,h＝1 表示可以拒绝假设,h＝0 表示不可以拒绝假设,sig 为假设成立的概率,ci 为与 x,y 均值差的 1－alpha 置信区间。

4. 非参数检验:总体分布的检验

(1) h＝normplot(x)

此命令显示数据矩阵 x 的正态概率图。如果数据来自正态分布,则图形显示出直线性形态,而其他概率分布函数显示出曲线形态。

(2) h＝weibplot(x)

此命令显示数据矩阵 x 的 Weibull 概率图。如果数据来自 Weibull 分布,则图形将显示出直线性形态,而其他概率分布函数将显示出曲线形态。

例 3－3－3　一道工序用自动化车床连续加工某种零件,由于刀具损坏等原因,该工序会出现故障,工序出现故障是完全随机的,假定在生产任一零件时出现故障的机会均相同。工作人员通过检查零件来确定工序是否出现故障。现有 100 次刀具故障记录,故障出现时该刀具完成的零件数如下:

459　362　624　542　509　584　433　748　815　505
612　452　434　982　640　742　565　706　593　680

926	653	164	487	734	608	428	1153	593	844
527	552	513	781	474	388	824	538	862	659
775	859	755	49	697	515	628	954	771	609
402	960	885	610	292	837	473	677	358	638
699	634	555	570	84	416	606	1062	484	120
447	654	564	339	280	246	687	539	790	581
621	724	531	512	577	496	468	499	544	645
764	558	378	765	666	763	217	715	310	851

试确定刀具的平均寿命,同时判断该刀具出现故障时完成的零件数属于何种分布。

模型建立与求解

100 次刀具故障记录,我们通过作直方图来近似判断刀具寿命所服从的概率分布。首先在 MATLAB 命令框中录入数据:

```
>> x1 = [459 362 624 542 509 584 433 748 815 505];
>> x2 = [612 452 434 982 640 742 565 706 593 680];
>> x3 = [926 653 164 487 734 608 428 1153 593 844];
>> x4 = [527 552 513 781 474 388 824 538 862 659];
>> x5 = [775 859 755 49 697 515 628 954 771 609];
>> x6 = [402 960 885 610 292 837 473 677 358 638];
>> x7 = [699 634 555 570 84 416 606 1062 484 120];
>> x8 = [447 654 564 339 280 246 687 539 790 581];
>> x9 = [621 724 531 512 577 496 468 499 544 645];
>> x10 = [764 558 378 765 666 763 217 715 310 851];
>> x = [x1 x2 x3 x4 x5 x6 x7 x8 x9 x10];
```

接着用以上输入数据,借助 MATLAB 中 hist 命令作刀具寿命的频数直方图 3 - 3 - 2。

```
>> hist(x,10)
```

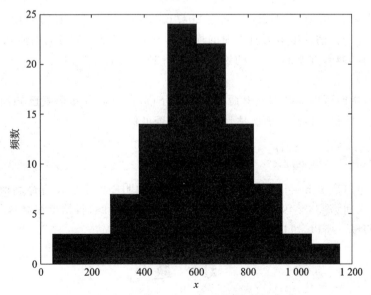

图 3 - 3 - 2　刀具寿命的频数直方图

对于近似推断刀具总体寿命的概率分布形式,我们用 MATLAB 非参数检验命令 norm-plot 来验证其总体分布类型,以提供初步结论成立的更加可靠的依据。

```
>> normplot(x)
```

图 3 - 3 - 3 中 可以看到数据基本分布在一条直线上。只要分布在直线上,即可初步确定刀具寿命为正态分布。

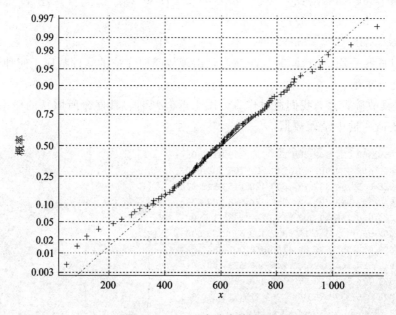

图 3 - 3 - 3   正态分布检验图

在基本确定所给刀具寿命数据的分布后,用 normfit 就可以估计该分布的参数:

```
>> [muhat,sigmahat,muci,sigmaci] = normfit(x)
```

由此可以得到 muhat=594,sigmahat=204.130,muci = [553.496,634.504],sigmaci = [179.228,237.133]。估计出该刀具寿命的均值为 594,方差为 204.13,均值 0.95 的置信区间为[553.496,634.504],方差的 0.95 的置信区间为[179.228,237.133]。

结果分析

由上述过程我们可以推断刀具寿命服从正态分布,在总体分布形式已知而方差未知的情形下,我们借助 t 检验来检验前面所估计的参数是否可信:

```
>> [h,sig,ci] = ttest(x,594)
h = 0,sig = 1,ci = [553.4962,634.5038];
```

检验结果:布尔变量 h=0,表示不拒绝接受假设,说明提出的假设寿命均值为 594 是合理的;95% 的置信区间为[553.496 2,634.503 8],它完全包括 594,且精度很高;sig=1,远远超过 0.5,不能拒绝假设。所以,可以确定刀具的平均寿命为 594。

习   题

1. 森林中的树木每年都要有一批砍伐出售。为了使这片森林不被耗尽且每年都有所收获,每当砍伐一棵树时,应该就地补种一棵幼苗,使森林树木的总数保持不变。被出售的树木,其价值取决于树木的高度。开始时森林中的树木有着不同的高度。我们希望能找到一个方案,在维持收获的前提下,如何砍伐树木,才能使被砍伐的树木获得最大的经济价值。

2. 报童每天订购的报纸,每卖出一份赢利 a 元,如果卖不出去并将报纸退回发行单位,将赔本 b 元。每天买报人数不定,报童订报份数如超过实际需要,就要受到供过于求的损失;反之,要受到供不应求的损失。设 $P(m)$ 是售出 m 份报纸的概率,试确定合理的订报份数,使报童的期望损失最小。

3. 血友病也是一种遗传疾病,得这种病的人由于体内没有能力产生血凝块因子而不能使出血停止。很有意思的是,虽然男人和女人都会得这种病,但只有女人才有遗传这种缺陷的能力。若已知某时刻的男人和女人的比例为 1:1.2,试建立一个预测这种遗传疾病逐代扩散的数学模型。

4. (求职面试问题)设想你在求职过程中得到了三个公司发给你的面试通知。假定每个公司都有三类不同的空缺职位:一般、好的、极好的,其工资分别为年薪 2.5 万元、3 万元、4 万元。估计能得到这些职位的概率分别为 0.4、0.3、0.2,有 0.1 的概率将得不到任何职位。如果每家公司都要求你在面试结束时表态接受或拒绝所提供的职位,那么,你该遵循什么策略来应答呢?

第 4 章

微分方程与差分方程方法

在工程、经济、医学、体育、生物、社会等学科中,有时很难找到一个系统的有关变量之间的直接关系、函数表达式,但却容易找到这些变量和它们的微小增量或变化率之间的关系式。这时往往采用微分关系式来描述该系统,即建立微分方程模型,其离散情形即为差分方程模型。

微分方程作为数学科学的中心学科,已经有 300 多年的发展历史,其解法和理论已日臻完善,可以为分析和求得方程的解(或数值解)提供足够的方法,使微分方程模型具有极大的普遍性、有效性和非常丰富的数学内涵。

4.1 微分方程建模

微分方程建模是数学建模的重要方法,许多实际问题的数学描述都归结为求解微分方程的定解问题,因此微分方程建模对于许多实际问题的解决是一种极有效的数学手段。

一般,建立微分方程模型可归纳为以下几种方法:

1. 根据规律列方程

利用数学、力学、物理、化学等学科中的定理或许多经过实践或实验检验的规律和定律,如牛顿运动定律、物质放射性的规律、曲线的切线性质等建立问题的微分方程模型。

例如在动力学中,如何保证高空跳伞者的安全问题。对于高空下落的物体,我们可以利用牛顿第二运动定律建立其微分方程模型,设物体质量为 m,空气阻力系数为 k,在速度不太大的情况下,空气阻力近似与速度的平方成正比,设 t 时刻物体的下落速度为 v,初始条件:$v(0)=0$。由牛顿第二运动定律建立其微分方程模型:

$$m\frac{\mathrm{d}v}{\mathrm{d}t}=mg-kv^2$$

求解模型可得

$$v=\frac{\sqrt{mg}\left(\mathrm{e}^{2t\sqrt{\frac{kg}{m}}}-1\right)}{\sqrt{k}\left(\mathrm{e}^{2t\sqrt{\frac{kg}{m}}}+1\right)}$$

由上式可知,当 $t\to+\infty$ 时,物体具有极限速度:

$$v_1=\lim_{t\to\infty}v=\sqrt{\frac{mg}{k}}$$

式中,阻力系数 $k=\alpha\rho s$,α 为与物体形状有关的常数,ρ 为介质密度,s 为物体在地面上的投影面积。根据极限速度求解式子,在 m、α、ρ 一定,要求落地速度 v_1 不是很大时,我们可以确定出 s,从而设计出保证跳伞者安全的降落伞的直径大小。

2. 微元分析法

自然界中也有许多现象满足的规律是通过变量的微元之间的关系式来表达的。对于这类问题,我们不能直接列出自变量和未知函数及其变化率之间的关系式,而是通过微元分析法,利用已知的规律建立一些变量(自变量与未知函数)的微元之间的关系式。在建立这些关系式时也要用到已知的规律与定理,然后再通过取极限的方法得到微分方程,或等价地通过任意区域上取积分的方法来建立微分方程。与第一种方法的不同之处是,对某些微元而不是直接对函数及其导数应用规律。

3. 模拟近似法

在生物、经济等学科的实际问题中,许多现象的规律性不很清楚,即使对其有所了解,它们也是极其复杂的,需要根据实际资料或大量的实验数据,提出各种假设。在一定的假设下,给出实际现象所满足的规律,然后用模拟近似的方法来建立微分方程模型;建模时在不同的假设下去模拟实际的现象,这个过程是近似的;然后对所建立的微分方程从数学上求解或者分析解的性质,再与实际情况对比,判断这个微分方程模型能否刻画、模拟、近似某些实际现象。

4. 应用已知的模型建立新的微分方程模型

多年来,在各种领域里,人们已经建立起了一些经典的微分方程模型,我们熟悉了这些经典的微分方程模型,那么对一些类似的问题,只需稍加改进或直接套用这些模型即可。

在实际的微分方程建模过程中,往往是上述几种方法的综合应用。不论应用哪种方法,通常要根据实际情况,作出一定的假设与简化,并要把模型的理论或计算结果与实际情况进行对照验证,以修改模型,使之更准确地描述实际问题进而达到预测预报的目的。

我们用下面这个例子来说明建立微分方程模型的基本步骤。

例 4 - 1 - 1　某人的食量是 10 467 J/d,其中 5 038 J/d 用于基本的新陈代谢(即自动消耗)。在健身训练中,他所消耗的热量大约是 69 J/(kg·d)乘以他的体重(kg)。假设以脂肪形式储藏的热量 100% 地有效,而 1 kg 脂肪含热量 41 868 J。试研究此人的体重随时间变化的规律。

模型分析

在问题中并未出现"变化率""导数"这样的关键词,但要寻找的是体重(记为 W)关于时间 t 的函数。如果我们把体重 W 看作是时间 t 的连续可微函数,那么就能找到一个含有 $\dfrac{dW}{dt}$ 的微分方程。

模型假设

① 以 $W(t)$ 表示 t 时刻某人的体重,并设一天开始时人的体重为 W_0。

② 体重的变化是一个渐变的过程,因此可认为 $W(t)$ 曲线是关于 t 连续而且充分光滑的。

③ 体重的变化等于输入与输出之差,其中输入是指扣除了基本新陈代谢之后的净食量吸收;输出是指进行健身训练时的消耗。

模型建立

问题中所涉及的时间仅仅是"每天",由此,对于"每天"体重的变化＝输入－输出。由于考虑的是体重随时间的变化情况,因此,可得

$$体重的变化/天＝输入/天－输出/天$$

代入具体的数值,得

$$输入/天 = 10\ 467 - 5\ 038 = 5\ 429(J/d)$$

$$输出/天 = 69 \times W = 69W(J/d)$$

$$体重的变化/天 = \frac{\Delta W}{\Delta t}(千克/天) \xrightarrow{\Delta t \to 0} \frac{dW}{dt}$$

考虑单位的匹配,利用"千克/天 $= \dfrac{焦/天}{41\ 868/千克}$",可建立如下微分方程模型:

$$\begin{cases} \dfrac{dW}{dt} = \dfrac{5\ 429 - 69W}{41\ 868} \approx \dfrac{1\ 296 - 16W}{10\ 000} \\ W\big|_{t=0} = W_0 \end{cases}$$

模型求解

用变量分离法求解,模型方程等价于

$$\begin{cases} \dfrac{dW}{1\ 296 - 16W} = \dfrac{dt}{10\ 000} \\ W\big|_{t=0} = W_0 \end{cases}$$

积分得

$$1\ 296 - 16W = (1\ 296 - W_0)e^{-\frac{16t}{10\ 000}}$$

从而求得模型解

$$W = \frac{1\ 269}{16} - \frac{1\ 269 - 16W_0}{16}e^{-\frac{16t}{10\ 000}}$$

该函数描述了此人的体重随时间变化的规律。

模型讨论

现在我们再来考虑一个问题:此人的体重会达到平衡吗?

显然,由 W 的表达式,当 $t \to +\infty$ 时,体重有稳定值 $W \to 81$。

我们也可以直接由模型方程来回答这个问题。在平衡状态下,W 是不发生变化的,所以 $\dfrac{dW}{dt} = 0$,这就非常直接地给出了 $W_{平衡} = 81$。所以,如果我们需要知道的仅仅是这个平衡值,就不必去求解微分方程了!

把形形色色的实际问题化成微分方程的定解问题,大体上可以按以下几步进行:

① 根据实际要求确定要研究的量(自变量、未知函数、必要的参数等)并确定坐标系。

② 找出这些量所满足的基本规律(物理的、几何的、化学的或生物学的等等)。

③ 运用这些规律列出方程和定解条件。

4.2　微分方程建模举例

本节将结合例子讨论几个不同领域中的微分方程建模问题。

例 4 - 2 - 1(人口增长模型)

人类文明发展到今天,人们越来越意识到地球资源有限,人口与资源之间的矛盾日渐突出,人口问题已成为当前世界上被最普遍关注的问题之一。发现人口增长规律以及进行人口增长预测对一个国家制定较长远的发展规划有着非常重要的意义。

据考古学家论证,地球上出现生命距今已有 20 亿年,而人类的出现距今却不足 200 万年。纵观人类人口总数的增长情况,我们发现:1 000 年前地球人口总数为 2.75 亿,经过漫长的过程,到 1830 年,人口总数达 10 亿;经过 100 年到 1930 年,人口总数达 20 亿;30 年之后到 1960 年,人口总数为 30 亿;又经过 15 年,1975 年的人口总数是 40 亿;12 年之后到 1987 年,人口已达 50 亿。

我们自然会产生这样一个问题:人类人口增长的规律是什么? 如何在数学上描述这一规律。

模型 I:人口指数增长模型(Malthus(1766—1834)模型)

模型假设

① 时刻 t 人口增长的速率,即单位时间人口的增长量与当时人口数成正比,即人口增长率为常数 r。

② 以 $P(t)$ 表示时刻 t 某地区(或国家)的人口数,设人口数 $P(t)$ 足够大,可以作为连续函数处理,且 $P(t)$ 关于 t 连续可微。

模型建立与求解

根据模型假设,在 $t \sim t + \Delta t$ 时间内人口数的增长量为

$$P(t + \Delta t) - P(t) = r \cdot P(t) \cdot \Delta t$$

两端除以 Δt,得到

$$\frac{P(t + \Delta t) - P(t)}{\Delta t} = r \cdot P(t)$$

即单位时间人口的增长量与当时的人口数成正比。

令 $\Delta t \to 0$,就可以写出微分方程:

$$\frac{\mathrm{d}P}{\mathrm{d}t} = r \cdot P$$

如果设 $t = t_0$ 时刻的人口数为 P_0,则 $P(t)$ 满足初值问题:

$$\begin{cases} \dfrac{\mathrm{d}P}{\mathrm{d}t} = r \cdot P \\ P(t_0) = P_0 \end{cases}$$

解得

$$P(t) = P_0 \mathrm{e}^{r(t - t_0)}$$

显然,当 $r > 0$ 时,此时人口数随时间指数增长,故模型称为指数增长模型(或 Malthus 模型),其图形如图 4-2-1 所示。

模型检验

① 19 世纪以前,欧洲一些地区的人口统计数据可以很好地吻合。19 世纪以后,许多国家,指数增长模型遇到了很大的挑战。

② 注意到 $\lim\limits_{t \to +\infty} P(t) = \lim\limits_{t \to +\infty} P_0 \mathrm{e}^{r(t - t_0)} = +\infty$,而我们的地球资源是有限的,故指数增长模型对未来人口总数预测非常荒谬,不合常理,应该予以修正。

模型讨论

为做进一步讨论,阐明此模型组建过程中所做的假设和限制是非常必要的。

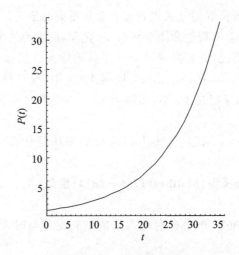

图 4 - 2 - 1　指数增长模型

① 我们把人口数仅仅看成是时间 t 的函数 $P(t)$，忽略了个体间的差异（如年龄、性别、大小等）对人口增长的影响。

② 假定 $P(t)$ 是连续可微的。这对于人口数量足够大，而生育和死亡现象的发生在整个时间段内是随机的，可认为是近似成立的。

③ 人口增长率是常数 r，意味着人处于一种不随时间改变的定常的环境中。

④ 模型所描述的人群应该是在一定的空间范围内封闭的，即在所研究的时间范围内不存在有迁移（迁入或迁出）现象的发生。

不难看出，这些假设是苛刻的、不现实的，所以模型只符合人口的过去结果而不能用于预测未来人口。

模型Ⅱ：阻滞增长模型（Logistic 模型）

一个模型的缺陷，通常可以在模型假设当中找到其症结所在，或者说，模型假设在数学建模过程中起着至关重要的作用，它决定了一个模型究竟可以走多远。在指数增长模型中，我们只考虑了人口数这一个因素影响人口的增长速率，事实上影响人口增长的另外一个因素就是资源（包括自然资源、环境条件等因素）。随着人口的增长，资源量对人口开始起阻滞作用，因而人口增长率会逐渐下降。许多国家的实际情况都是如此。定性地分析，人口数与资源量对人口增长的贡献均应当是正向的。

模型假设

① 地球上的资源有限，不妨设为 1，而一个人的正常生存需要占用资源 $1/P^*$（这里事实上也内在地假定了地球的极限承载人口数为 P^*）。

② 在时刻 t，人口增长的速率与当时人口数成正比，为简单起见，也假设与当时剩余资源 $s = 1 - P/P^*$ 成正比；比例系数 r^* 表示人口的固有增长率。

③ 设人口数 $P(t)$ 足够大，可以当作连续变量处理，且 $P(t)$ 关于 t 连续可微。

模型建立与求解

由模型假设，可将人口数的净增长率 r 视为人口数 $P(t)$ 的函数，由于资源对人口增长的限制，$r(P)$ 应是 $P(t)$ 的减函数。特别是，当 $P(t)$ 达到极限承载人口数 P^* 时，应有净增长率 $r(P) = 0$；当人口数 $P(t)$ 超过 P^* 时，应当发生负增长。基于如上想法，可令

$$r(P) = r^* s = r^* (1 - P/P^*) \tag{4.1}$$

用 $r(P)$ 代替指数增长模型中的 r 导出如下微分方程模型：

$$\begin{cases} \dfrac{\mathrm{d}P}{\mathrm{d}t} = r^* P (1 - P/P^*) \\ P(t_0) = P_0 \end{cases} \tag{4.2}$$

其解为

$$P(t) = \cfrac{P^*}{1 + \left(\dfrac{P^*}{P_0} - 1 \right) \cdot \mathrm{e}^{-r^* \cdot (t - t_0)}}$$

在这个模型中，我们考虑了资源量对人口增长率的阻滞作用，因而称为阻滞增长模型（或 Logistic 模型），其图形如图 4-2-2 所示。

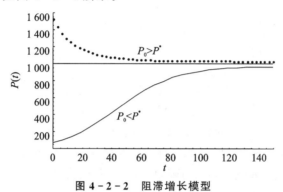

图 4-2-2　阻滞增长模型

模型检验

从图 4-2-2 中可以看出，人口总数具有如下规律：

当人口数的初始值 $P_0 > P^*$ 时，人口曲线（虚线）单调递减；而当人口数的初始值 $P_0 < P^*$ 时，人口曲线（实线）单调递增。无论人口初值如何，当 $t \to \infty$，它们皆趋于极限值 P^*。

模型讨论

阻滞增长模型从一定程度上克服了指数增长模型的不足，可以被用来做相对较长时期的人口预测；而指数增长模型因为其形式的相对简单性，在做人口的短期预测时常被采用。

不论是指数增长模型曲线，还是阻滞增长模型曲线，它们有一个共同的特点，即均为单调曲线。但我们可以从一些有关我国人口预测的资料发现这样的预测结果：在直到 2030 年这一段时期内，我国的人口一直将保持增加的势头，到 2030 年前后我国人口将达到最大峰值 16 亿，之后，将进入缓慢减少的过程。这是一条非单调的曲线，说明其预测方法不是本节提到的这两种方法。还有比指数增长模型、阻滞增长模型更好的人口预测方法吗？

事实上，人口的预测是一个相当复杂的问题，影响人口增长的因素除了人口基数与可利用资源量外，还和医疗卫生条件的改善、人们生育观念的变化等因素有关。特别是在做中短期预测时，我们希望得到满足一定预测精度的结果，比如在刚刚经历过战争或是由于在特定的历史条件下采纳了特殊的人口政策等，这些因素本身以及由此引起的人口年龄结构的变动就会变得相当重要，必须予以考虑。

例 4-2-2（减肥问题）

随着社会的进步和发展，人们的生活水平不断提高。由于饮食营养摄入量的不断改善和提高，"肥胖"已经成为全社会关注的一个重要的问题。如何正确对待减肥是我们必须考虑的问题，因此了解减肥的机理成为关键。

背景知识

根据中国生理科学会修订并建议的我国人民的每日膳食指南可知：

① 每日膳食中，营养素的供给量是作为保证正常人身体健康而提出的膳食质量标准。如果人们在饮食中摄入营养素的数量低于这个数量，将对身体产生不利的影响。

② 人体的体重是评定膳食能量摄入适当与否的重要标志。

③ 人们热能需要量的多少，主要取决于三个方面：维持人体基本代谢所需的能量、从事劳动和其他活动所消耗的能量以及食物的特殊动力作用（将食物转化为人体所需的能量）所消耗的能量。

④ 一般情况下，成年男子每 1 kg 体重每小时平均消耗热量为 4 200 J。

⑤ 一般情况下，食用普通的混合膳食，食物的特殊动力作用所需的额外能量消耗相当于基础代谢的 10%。

问题分析与模型假设

① 人体的脂肪是存储和提供能量的主要方式，而且也是减肥的主要目标。对于一个成年人来说，体重主要由三部分组成：骨骼、水和脂肪。骨骼和水大体上可以认为是不变的，我们不妨以人体脂肪的重量作为体重的标志.已知脂肪的能量转换率为 100%，1 kg 脂肪可以转换为 4.2×10^7 J 的能量，记 $D = 4.2 \times 10^7$ J/kg，称为脂肪的能量转换系数。

② 人体的体重仅仅看成是时间 t 的函数 $w(t)$，而与其他因素无关。这意味着，在研究减肥的过程中，我们忽略了个体间的差异（年龄、性别、健康状况等）对减肥的影响。

③ 体重随时间是连续变化的，即 $w(t)$ 是连续函数且充分光滑，因此可以认为能量的摄取和消耗是随时发生的。

④ 不同的活动对能量的消耗是不同的。例如：体重分别为 50 kg 和 100 kg 的人都跑 1 000 m，所消耗的能量显然是不同的。可见，活动对能量的消耗也不是一个简单的问题，但考虑到减肥的人会为自己制订一个合理且相对稳定的活动计划，我们可以假设，在单位时间（1 日）内人体活动所消耗的能量与其体重成正比，记 B 为 1 kg 体重每天因活动所消耗的能量。

⑤ 单位时间内人体用于基础代谢和食物特殊动力作用所消耗的能量正比于人的体重。记 C 为 1 kg 体重每天消耗的能量。

⑥ 减肥者一般对自己的饮食有相对严格的控制，在本问题中，为简单计，我们可以假设人体每天摄入的能量是一定的，记为 A。

模型建立

建模过程中，我们以"天"为时间单位。根据假设③，我们可以在任何一个时间段内考虑能量的摄入和消耗所引起的体重的变化。

根据能量的平衡原理，任何时间段内由于体重的改变所引起的人体内能量的变化应该等于这段时间内摄入的能量与消耗的能量的差。

考虑时间区间 $[t, t+\Delta t]$ 内能量的改变，根据能量平衡原理，有

$$D[w(t+\Delta t) - w(t)] = A\Delta t - B\int_t^{t+\Delta t} w(s)\mathrm{d}s - C\int_t^{t+\Delta t} w(s)\mathrm{d}s$$

由积分中值定理有

$$w(t + \Delta t) - w(t) = a \Delta t - b w(\xi) \Delta t, \quad \xi \in (t, t + \Delta t)$$

式中,$a = \dfrac{A}{D}, b = \dfrac{B+C}{D}$。等式两边同除以 Δt 并令 $\Delta t \to 0$,得

$$\frac{\mathrm{d}w(t)}{\mathrm{d}t} = a - b w(t), \quad t > 0$$

这就是在一定简化层次上的减肥的数学模型。

模型求解

设 $t = 0$ 为模型的初始时刻,这时人的体重为 $w(0) = w_0$。利用分离变量法得

$$w(t) = w_0 \mathrm{e}^{-bt} + \frac{a}{b}(1 - \mathrm{e}^{-bt}) \frac{a}{b} + \left(w_0 - \frac{a}{b}\right) \mathrm{e}^{-bt}$$

模型分析与修改推广

① $\dfrac{a}{b}$ 是模型中的一个重要参数;$a = \dfrac{A}{D}$ 是每天由于能量的摄入而增加的体重;$b = \dfrac{B+C}{D}$ 是每天由于能量的消耗而失去的体重。

② 假设 $a = 0$,即停止进食,无任何能量摄入,体重的变化(减少)完全是脂肪的消耗而产生的,此时,$w(t) = w_0 \mathrm{e}^{-bt}$。因为 $\lim\limits_{t \to +\infty} w(t) = 0$,不进食的节食减肥法是危险的,即体重(脂肪)都消耗尽了,如何能活命!

③ 由于 $\lim\limits_{t \to +\infty} w(t) = \dfrac{a}{b} = \dfrac{A}{B+C} = w_*$ 给出了减肥的最终结果,所以称 w_* 为减肥效果指标。因为 e^{-bt} 衰减很快,在有限时间内,$\left(w_* - \dfrac{a}{b}\right)\mathrm{e}^{-bt}$ 就很小,可以忽略,当 t 充分大时,$w(t) = \dfrac{a}{b} = \dfrac{A}{B+C} = w_*$。这表明任何人都不必为自己的体重担心(肥胖、瘦小),从理论上讲,体重要多重就有多重,只要适当调节 A(进食)、B(活动)、C(新陈代谢)即可。同时也说明了,任何减肥方法都是考虑和调节这三个要素:节食是调节 A,活动是调节 B,减肥药是调节 C,由于 C 是基础代谢和食物特殊动力的消耗,它不可能作为减肥的措施随着每个人的意愿进行改变,对于每个人而言可以认为是一个常数。有大量事实表明,通过调整新陈代谢的方法来减肥是值得推敲的。于是我们有如下结论:减肥的效果主要由两个因素控制,即进食摄取能量和活动消耗能量,从而减肥的两个重要措施是控制饮食和增加活动量。这也是熟知的常识。

对于模型的解,容易证明,当且仅当 $w_* < w_0$ 时有 $\dfrac{\mathrm{d}w}{\mathrm{d}t} < 0$,这表明只有当 $w_* < w_0$ 时才有可能产生减肥的效果。

实际上,减肥的过程是一个非常复杂的过程。这个模型是一个简化的模型,只是为了揭示饮食和活动这两个主要因素与减肥的关系。

例 4 - 2 - 3(传染病模型)

医学科学的发展已经能够有效地预防和控制许多传染病,天花在世界范围内被消灭,鼠疫、霍乱等传染病得到控制。但是仍然有一些传染病暴发或流行,危害人们的健康和生命。在发展中国家,传染病的流行仍十分严重;即使在发达国家,一些常见的传染病也未绝迹,而新的

传染病还会出现。有些传染病传染很快，导致很高的致残率，危害极大，因而对传染病在人群中传染过程的定量研究具有重要的现实意义。

传染病流行过程的研究与其他学科有所不同，不能通过在人群中实验的方式获得科学数据。事实上，在人群中做传染病实验是极不人道的。所以有关传染病的数据、资料只能从已有的传染病流行的报告中获取。这些数据往往不够全面，难以根据这些数据来准确地确定某些参数，只能大概估计其范围。基于上述原因，利用数学建模与计算机仿真便成为研究传染病流行过程的有效途径之一。

20 世纪初，瘟疫还经常在世界的某些地区流行，被传染的人数与哪些因素有关？如何预报传染病高潮的到来？为什么同一地区一种传染病每次流行时，被传染的人数大致不变？

问题分析

社会、经济、文化、风俗习惯等因素都会影响传染病的传播，而最直接的因素是：传染者的数量及其在人群中的分布、被传染者的数量、传播形式、传播能力、免疫能力等，在建立模型时不可能考虑所有因素，只能抓住关键的因素，采用合理的假设进行简化。

我们把传染病流行范围内的人群分成三类：S 类，易感者（Susceptible），指未得病者，但缺乏免疫能力，与感病者接触后容易受到感染；I 类，感病者（Infective），指染上传染病的人，它可以传播给 S 类成员；R 类，移出者（Removal），指被隔离，或因病愈而具有免疫力的人。

建立模型

1）SI 模型 1

SI 模型是指易感者被传染后变为感病者且经久不愈，不考虑移出者，人员流动图为：S→I。

假设：

① 每个病人在单位时间内传染的人数为常数 k_0。

② 一人得病后，经久不愈，人在传染期内不会死亡。

记时刻 t 的得病人数为 $i(t)$，开始时有 i_0 个传染病人，则在 Δt 时间内增加的病人数为

$$i(t + \Delta t) - i(t) = k_0 i(t) \Delta t$$

于是得

$$\begin{cases} \dfrac{\mathrm{d}i(t)}{\mathrm{d}t} = k_0 i(t) \\ i(0) = i_0 \end{cases} \quad \text{（指数增长模型）}$$

其解为 $i(t) = i_0 e^{k_0 t}$。

模型分析与解释：这个结果与传染病初期比较吻合，但它表明病人人数将按指数规律无限增加，显然与实际不符。事实上，一个地区的总人数大致可视为常数（不考虑传染病传播时期出生和迁移的人数），在传染病传播期间，一个病人单位时间内能传染的人数 k_0 是变化的。在初期，k_0 较大，随着病人的增多，健康者减少，被传染机会也将减少，于是 k_0 就会变小。

2）SI 模型 2

记时刻 t 的健康者人数为 $s(t)$，假设：

① 总人数为常数 n，且 $i(t) + s(t) = n$。

② 单位时间内一个病人能传染的人数与当时健康者人数成正比，比例系数为 k（传染强度）。

③ 一人得病后，经久不愈，人在传染期内不会死亡。

可得方程：

$$\begin{cases} \dfrac{di(t)}{dt} = ks(t)i(t), \\ i(0) = i_0 \end{cases} \quad 即 \begin{cases} \dfrac{di(t)}{dt} = ki(n-i) \\ i(0) = i_0 \end{cases} \quad （Logistic\ 模型）$$

解得

$$i(t) = \dfrac{n}{1 + \left(\dfrac{n}{i_0} - 1 \right) e^{-knt}}$$

模型分析：可以解得 $\dfrac{di}{dt}$ 的极大值点为 $t_1 = \dfrac{\ln\left(\dfrac{n}{i_0} - 1\right)}{kn}$，这可以表示传染病高峰时刻，

$i(t) = \dfrac{n}{2}$。当 k 增加时，t_1 将变小，即传染高峰来得快，这与实际情况吻合。但当 $t \to \infty$ 时，$i(t) \to n$，这意味着最终人人都将被传染，显然与实际不符。

3）SIS 模型

SIS 模型是指易感者被传染后变为感病者，感病者可以被治愈，但不会产生免疫力，所以仍为易感者。人员流动图为：S→I→S。

有些传染病如伤风、痢疾等愈后的免疫力很低，可以假定无免疫性。于是痊愈的病人仍然可以再次感染疾病，也就是说，痊愈的感染者将再次进入易感者的人群。

假设：

① 总人数为常数 n，且 $i(t) + s(t) = n$。

② 单位时间内一个病人能传染的人数与当时健康者人数成正比，比例系数为 k（传染强度）。

③ 患病者以固定的比率 h 痊愈，而重新成为易感者。

我们可得模型：

$$\begin{cases} \dfrac{di(t)}{dt} = ks(t)i(t) - hi(t) \\ i(0) = i_0 \end{cases}$$

可解得

$$i(t) = \dfrac{1}{\dfrac{k}{nk-h} + \left(\dfrac{1}{i_0} - \dfrac{k}{nk-h} \right) e^{(h-kn)t}} \quad (h \neq kn)$$

或

$$i(t) = \dfrac{1}{kt + \dfrac{1}{i_0}} \quad (h = kn)$$

模型分析：当 $\dfrac{kn}{h} > 1$ 时，$\lim\limits_{t \to \infty} i(t) = \dfrac{kn-h}{k}$；当 $\dfrac{kn}{h} \leqslant 1$ 时，$\lim\limits_{t \to \infty} i(t) = 0$。这里出现了传染病学中非常重要的阈值概念，或者说门槛现象，即 $\dfrac{kn}{h} = 1$ 是一个门槛，这与实际很符合；即人口越多，传染率越高，从得病到治愈时间越长，传染病越容易流行。

4）SIR 模型

SIR 模型是指易感者被传染后变为感病者，感病者可以被治愈，并会产生免疫力，变为移出者。人员流动图为：S→I→R。

大多数传染病如天花、流感、肝炎、麻疹等治愈后均有很强的免疫力，所以病愈的人既非易感者，也非感病者，因此他们将被移出传染系统，我们称之为移出者，记为 R 类。

假设：

① 总人数为常数 n，且 $i(t)+s(t)+r(t)=n$。

② 单位时间内一个病人能传染的人数与当时健康者人数成正比，比例系数为 k（传染强度）。

③ 单位时间内病愈免疫的人数与当时的病人人数成正比，比例系数为 l，称为恢复系数。

可得方程：

$$\begin{cases} \dfrac{\mathrm{d}i}{\mathrm{d}t}=ksi-li \\[2mm] \dfrac{\mathrm{d}s}{\mathrm{d}t}=-ksi \\[2mm] i(0)=i_0>0, s(0)=s_0>0, r(0)=r_0=0 \end{cases}$$

模型分析：由上方程组得 $\dfrac{\mathrm{d}i}{\mathrm{d}s}=\dfrac{\rho}{s}-1, \rho=\dfrac{l}{k}$，所以 $i=\rho\ln\dfrac{s}{s_0}-s+n$，容易得出 $\lim\limits_{t\to\infty}i(t)=0$。当 $s_0\leqslant\rho$ 时，$i(t)$ 单调下降趋于零；当 $i(t)>\rho$ 时，$i(t)$ 先单调上升到最高峰，然后再单调下降趋于零。所以这里仍然出现了门槛现象，即 ρ 是一个门槛。从 ρ 的意义可知，应该降低传染率，提高恢复率，即提高医疗卫生水平。令 $t\to\infty$ 可得 $i=\rho\ln\dfrac{s_\infty}{s_0}-s_\infty+n=0$，假定 $s_0\approx n$，可得 $s_0-s_\infty\approx 2\dfrac{s_0(s_0-\rho)}{\rho}n$，所以若记 $\delta\ll\rho, s_0=\rho+\delta$，那么 $s_0-s_\infty\approx 2\delta$。这也就解释了本文开头的问题，即同一地区一种传染病每次流行时，被传染的人数大致不变。

例 4 - 2 - 4（商品广告模型）

无论你是听广播，还是看报纸，或是收看电视，常可看到、听到商品广告。随着社会向现代化的发展，商品广告对企业发展所起的作用越来越得到社会的承认和人们的重视，商品广告确实是调整商品销售量的强有力手段。然而，你是否了解广告与销售之间的内在联系呢？如何评价不同时期的广告效果？这个问题对于生产企业、对于那些为推销商品做广告的企业极为重要。下面我们介绍独家销售的广告模型。

模型假设

① 商品的销售速度会因做广告而增长，但这种增长是有一定限度的，当商品在市场上趋于饱和时，销售速度将趋于它的极限值，当速度达到它的极限值时，无论再做何种形式的广告，销售速度都将减慢。

② 自然衰减是销售速度的一种性质，即商品销售速度随商品销售率的提高而降低。

③ 令 $s(t)$ 表示 t 时刻商品销售速度；$A(t)$ 表示 t 时刻广告水平（以费用表示）；M 为销售的饱和水平，即市场对商品的最大容纳能力，它表示销售速度的上极限；λ 为衰减因子，即广告作用随时间增加而自然衰减的速度，$\lambda>0$ 为常数。

模型建立

问题中涉及的是商品销售速度随时间的变化情况：

$$商品销售速度的变化 = 增长 - 自然衰减$$

为描述商品销售速度的增长，由模型假设①知，由于广告宣传而产生的商品销售速度的净增长率应该是商品销售速度 $s(t)$ 的减函数 $r(s)$，并且存在一个饱和水平 M，使得 $r(M)=0$。

为简单起见，我们设 $r(s)$ 为 $s(t)$ 的线性减函数，则有

$$r(s) = P \cdot \left[1 - \frac{s(t)}{M} \right]$$

式中，用 P 表示响应系数，即广告水平 $A(t)$ 对商品销售速度 $s(t)$ 的影响能力，P 为常数。

因此可建立如下微分方程模型：

$$\frac{\mathrm{d}s}{\mathrm{d}t} = P \cdot \left[1 - \frac{s(t)}{M} \right] \cdot A(t) - \lambda s(t)$$

模型求解

为求解该模型，我们选择一个广告策略：

$$A(t) = \begin{cases} A(常量), & 0 < t < \tau \\ 0, & t \geqslant \tau \end{cases}$$

在 $(0, \tau)$ 时间段内，用于广告的总费用为 a，则 $A = \dfrac{a}{\tau}$，代入模型方程有

$$\frac{\mathrm{d}s}{\mathrm{d}t} + \left(\lambda + \frac{P}{M} \cdot \frac{a}{\tau} \right) s = P \cdot \frac{a}{\tau}$$

令 $\lambda + \dfrac{P}{M} \cdot \dfrac{a}{\tau} = b$，$P \cdot \dfrac{a}{\tau} = k$，则有

$$\frac{\mathrm{d}s}{\mathrm{d}t} + bs = k$$

其通解为 $s(t) = c\mathrm{e}^{-bt} + \dfrac{k}{b}$。若令 $s(0) = s_0$，则 $s(t) = \dfrac{k}{b}(1 - \mathrm{e}^{-bt}) + s_0 \mathrm{e}^{-bt}$。

当 $t \geqslant \tau$ 时，模型为 $\dfrac{\mathrm{d}s}{\mathrm{d}t} = -\lambda s$，其通解为 $s(t) = c\mathrm{e}^{-\lambda t}$；当 $t = \tau$ 时，$s(t) = s(\tau)$，所以 $s(t) = s(\tau)\mathrm{e}^{\lambda(\tau - t)}$。故

$$s(t) = \begin{cases} \dfrac{k}{b}(1 - \mathrm{e}^{-bt}) + s_0 \mathrm{e}^{-bt}, & 0 < t < \tau \\ s(\tau)\mathrm{e}^{\lambda(\tau - t)}, & t \geqslant \tau \end{cases}$$

$s(t)$ 的图形如图 4-2-3(b) 所示。

模型讨论

① 生产企业若保持稳定销售，即 $\dfrac{\mathrm{d}s}{\mathrm{d}t} = 0$，那么我们可以根据模型估计采用广告水平 $A(t)$，即由 $P \cdot \left[1 - \dfrac{s(t)}{M} \right] \cdot A(t) - \lambda s(t) = 0$，可得到 $A(t) = \dfrac{\lambda s}{P\left(1 - \dfrac{s}{M}\right)}$。

② 在销售水平比较低的情况下，每增加单位广告产生的效果比销售速度 s 接近极限速度 M 的水平时，增加广告所取得的效果更显著。

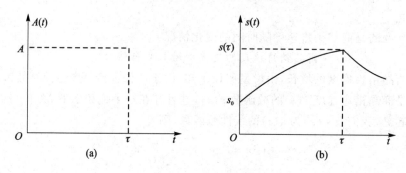

图 4-2-3　商品广告模型求解

例 4-2-5(战争模型)

第一次世界大战期间，F. W. Lanchester 提出来一个预测战争结局的数学模型，它包括正规战争、游击战争和混合战争。Lanchester 战争模型很简单，只考虑双方兵力的多少和战斗力的强弱。兵力因战斗减员和非战斗减员而减少，又因后备力量的增援而增加；战斗力即杀伤对方的能力，与射击率(单位时间的射击次数)、射击命中率以及战争的类型(正规战、游击战)等有关。模型没有考虑双方的政治、经济、社会等因素；此模型对于判断整个战争的结局是不可能的，但对于局部战役或许还有参考价值。

影响一个军队战斗力的因素是多方面的，比如士兵人数、单个士兵的作战素质以及部队的军事装备，而具体到一次战争的胜负，部队采取的作战方式也同样至关重要，此时作战空间同样成为讨论一个作战部队整体战斗力的一个不可忽略的因素。从某种意义上来说，当战争结束时，如果一方的士兵人数为零，那么另一方就取得了胜利。如何定量地描述战争中相关因素之间的关系呢？本例介绍几个作战模型，导出评估一个部队综合战斗力的一些方法，以预测一场战争的大致结局。

模型假设

甲、乙两支部队交战，设 $x(t)$ 和 $y(t)$ 分别表示甲、乙交战双方在时刻 t 的兵力，其中 t 是从战斗开始时以天为单位计算的时间。在整个战争期间，双方的兵力在不断发生变化，而影响兵力变化的因素包括：士兵数量、战斗准备情况、武器性能和数量、指挥员的素质以及大量的心理因素和无形因素(如双方的政治、经济、社会等因素)。将这些因素转化为数量非常困难，为此，我们做如下假定将问题简化：

① $x(t)$、$y(t)$ 是连续变化且充分光滑的。

② 每一方的战斗减员率(指单位时间内战斗减员数)取决于双方的兵力和战斗力，分别用 $f(x,y)$ 和 $g(x,y)$ 表示。

③ 每一方的非战斗减员率(指单位时间内非战斗减员数，由疾病、逃跑等因素引起的)与本方的兵力成正比，比例系数分别为 α、β，且 α、$\beta>0$。

④ 每一方的增援率(单位时间的增援数)是给定的函数，用 $u(t)$ 和 $v(t)$ 表示。

模型建立

考虑在 $t\sim t+\Delta t$ 内甲、乙双方兵力数的增量，得到

$$x(t+\Delta t)-x(t)=[-f(x,y)-\alpha x+u(t)]\Delta t$$
$$y(t+\Delta t)-y(t)=[-f(x,y)-\beta y+v(t)]\Delta t$$

两边都除以 Δt，并令 $\Delta t\rightarrow 0$，得

$$\begin{cases} \dfrac{dx}{dt} = -f(x,y) - \alpha x + u(t) \\[2mm] \dfrac{dy}{dt} = -g(x,y) - \beta y + v(t) \end{cases} \tag{4.3}$$

这是一般战争的数学模型。

以下针对不同的战争类型来详细讨论战斗减员率 $f(x,y)$ 和 $g(x,y)$ 的具体表示形式,并分析影响战争结局的因素。

模型Ⅰ:正规作战模型

双方都处于公开活动,对于甲方士兵,处于乙方每一个士兵的监视和杀伤范围。一旦甲方某个士兵被杀伤,乙方的火力立即集中在其余士兵身上,所以甲方战斗减员率只与乙方兵力有关,可简单地设为 f 与 y 成正比,即 $f = ay$。其中 a 表示乙方平均每个士兵对甲方士兵的杀伤率(单位时间的杀伤数),称为乙方的战斗有效系数。a 可进一步分解为 $a = r_y p_y$,其中 r_y 是乙方的射击率(每个士兵单位时间的射击次数),p_y 是每次射击的命中率。类似地,有 $g = bx$ 且 $b = r_x p_x$。

于是得到如下正规战争模型:

$$\begin{cases} \dfrac{dx}{dt} = -ay - \alpha x + u(t) \\[2mm] \dfrac{dy}{dt} = -bx - \beta y + v(t) \end{cases} \tag{4.4}$$

简化的情形:忽略非战斗减员,并设双方都没有增援,又设双方的初始兵力分别为 x_0、y_0,则

$$\begin{cases} \dfrac{dx}{dt} = -ay \\[2mm] \dfrac{dy}{dt} = -bx \end{cases}, \quad x(0) = x_0, \quad y(0) = y_0 \tag{4.5}$$

模型求解

模型是微分方程组,其解不太容易求出。不过我们也可不求其解,直接分析战争的结局,我们可以在相平面上通过分析轨线的变化讨论战争的结局。为此,我们引入如下定义:

- 相平面是指把时间 t 作为参数,以 x、y 为坐标的平面。
- 轨线是指相平面中由方程组的解所描述出的曲线。

在相平面上讨论相轨线:将模型方程式(4.4)除以式(4.3),得到

$$\frac{dy}{dx} = \frac{bx}{ay}$$

所以
$$ay^2 - bx^2 = k \tag{4.6}$$

由初始条件得 $k = ay_0^2 - bx_0^2$,相轨线为双曲线族,此模型称为平方律模型。

战争结局分析

① 模型解确定的图形是一条双曲线,如图 4-2-4 所示。箭头表示随着时间 t 的增加,$x(t)$ 和 $y(t)$ 的变化趋势。而评价双方的胜负,总认定兵力先降为"零"(全部投降或被歼灭)的一方为失败。因此,如果 $k > 0$,则乙的兵力减少到 $\sqrt{\dfrac{k}{a}}$ 时甲方兵力降为"零",从而乙方获胜;

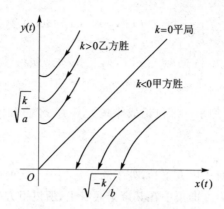

图 4 - 2 - 4　平方律模型的双曲线族

同理可知,当 $k<0$ 时,甲方获胜;而当 $k=0$ 时,双方战平。

② 不难发现,乙方获胜的充分必要条件为 $k=ay_0^2-bx_0^2>0$,即 $\left(\dfrac{y_0}{x_0}\right)^2>\dfrac{b}{a}=\dfrac{r_xp_x}{r_yp_y}$ 或 $r_yp_yy_0^2>r_xp_xx_0^2$,从其形式可以发现一种用于正规作战部队的综合战斗力的评价函数。以乙方为例,其综合战斗力的评价函数可取为 $r_yp_yy^2$,它与士兵的射击率(武器装备的性能)、士兵一次射击的(平均)命中率(士兵的个人素质)、士兵数的平方均服从正比例关系。这样,在三个因素中,当只有条件使其中的一个提升到原有水平的两倍这样的选择时,显然要选士兵数的增加,因为它可以带来部队综合战斗力四倍的提升。因此,正规作战模型又被称为平方律模型。

模型应用

正规作战模型在军事上得到了广泛的应用,主要是作战双方的战斗条件比较相当,方式相似。J. H. Engel 就曾经用正规战模型分析了著名的硫磺岛战役,发现和实际数据吻合得很好。

模型 Ⅱ:游击作战模型

甲方士兵在乙方士兵看不到的某个面积为 S_x 的隐蔽区域内活动,乙方士兵不是向甲方士兵开火,而是向这个隐蔽区域射击,并且不知道杀伤情况,此时甲方战斗减员率不仅与乙方兵力有关,而且随着甲方兵力的增加而增加。在有限区域内,士兵越多,被杀伤的就越多,于是可简单地假设为 $f=cxy$,且 $c=r_yp_y=r_y\dfrac{S_{ry}}{S_x}$。其中 r_y 为射击率,p_y 为命中率,S_{ry} 为有效面积,s_x 为甲方活动面积。

类似地,有 $g=dxy$,$d=r_xp_x=r_x\dfrac{S_{rx}}{S_y}$。

于是得到如下游击作战模型:

$$\begin{cases} \dfrac{\mathrm{d}x}{\mathrm{d}t}=-cxy-\alpha x+u(t) \\[2mm] \dfrac{\mathrm{d}y}{\mathrm{d}t}=-dxy-\beta y+v(t) \end{cases} \tag{4.7}$$

忽略 αx、βy,并设 $u=v=0$,在初始条件下式(4.7)为

$$\begin{cases} \dfrac{\mathrm{d}x}{\mathrm{d}t}=-cxy, \quad \dfrac{\mathrm{d}y}{\mathrm{d}t}=-dxy \\[2mm] x(0)=x_0, \quad y(0)=y_0 \end{cases}$$

模型求解

根据模型方程得到 $\dfrac{\mathrm{d}x}{\mathrm{d}y}=\dfrac{c}{d}$，所以

$$cy-dx=m,\quad m=cy_0-dx_0$$

其相轨线是直线族。此模型称为线性律模型。

战争结局分析

① 模型解所确定的图形是直线，如图 4-2-5 所示。像分析正规作战模型一样，可知 $m>0$ 时乙方获胜，$m<0$ 时甲方获胜，$m=0$ 时，双方战平。

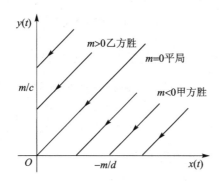

图 4-2-5　线性律模型的直线族

② 不难发现，乙方获胜的充分必要条件为 $r_y p_y S_y y_0^2>r_x p_x S_x x_0^2$。

③ 从上述形式，可以发现一种用于游击作战部队的综合战斗力的评价函数。以乙方为例，其综合战斗力的评价函数可取为 $r_y p_y S_y y$，它与士兵的射击率（武器装备的性能）、炮弹的有效杀伤范围的面积、部队的有效活动区域的面积、士兵数四者均服从正比例关系。这样，在四个要素中，当只有条件使其中的一个提升到原有水平的两倍这样的选择时，它们均可以带来部队综合战斗力成倍的提升，即没有像在正规作战模型中所表现出的差别。特别是考虑士兵数在表达式中的地位，游击作战模型又被称为**线性律模型**。

模型Ⅲ：混合作战模型

甲方为游击部队，乙方为正规部队。

根据前面的模型和假设，得到

$$\begin{cases}\dfrac{\mathrm{d}x}{\mathrm{d}t}=-cxy\\[2mm]\dfrac{\mathrm{d}y}{\mathrm{d}t}=-bx\end{cases},\quad x(0)=x_0,\quad y(0)=y_0$$

它的相轨线为 $cy^2-2bx=n$（其中 $n=cy_0^2-2bx_0$），是抛物线。

战争结局分析

模型解所确定的图形是抛物线，其模型称为抛物律模型如图 4-2-6 所示。由此。可知 $n<0$ 时甲方获胜，$n>0$ 时乙方获胜，$n=0$ 时双方战平。并且，乙方获胜的充分必要条件为 $r_y p_y S_y y_0^2>2r_x p_x S_x x_0^2$。

模型应用

假定以正规作战的乙方火力较强，以游击作战的甲方火力较弱，但活动范围较大，利用上

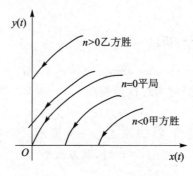

图 4 - 2 - 6　抛物律模型

式可以估计乙方为了获胜需投入多大的初始兵力。不妨设 $x_0 = 100$，$p_x = 0.1$，$r_x = \dfrac{1}{2} r_y$，活动区域 $S_x = 0.1\ \text{km}^2$，乙方每次射击的有效面积 $S_y = 1\ \text{m}^2$，则可得乙方获胜的条件为

$$\left(\frac{y_0}{x_0}\right)^2 > \frac{2 \times 0.1 \times 0.1 \times 10^6}{2 \times 1 \times 100} = 100$$

即 $\dfrac{y_0}{x_0} > 10$，乙方必须 10 倍于甲方的兵力。

点评与讨论

在战争模型里，我们应用了微分方程建模的思想。我们知道，一场战争总是要持续一段时间的，随着战争态势的发展，交战双方的人力随时间不断变化。这类模型反映了我们描述的对象随时间的变化，我们通过将变量对时间求导来反映其变化规律，预测其未来的形态。譬如在战争模型中，我们首先要描述的就是单位时间里双方兵力的变化。我们通过分析这一变化和哪些因素有关，以及它们之间的具体关系列出微分方程，然后对方程组化简得出双方的关系。这也就是我们微分方程建模的步骤。

4.3　差分方程建模

在经济、管理及其他实际问题中，许多数据都是以等间隔时间周期统计的。例如，银行中的定期存款是按所设定的时间等间隔计息，外贸出口额按月统计，国民收入按年统计，产品的产量按月统计，等等。这些量是变量，通常称这类变量为离散型变量。描述离散型变量之间的关系的数学模型称为离散型模型。对于取值是离散化的经济变量，差分方程是研究它们之间变化规律的有效方法。

差分方程建模方法的思想与一般数学建模的思想是一致的，差分方程模型也有着广泛的应用。实际上，连续变量可以用离散变量来近似和逼近，从而微分方程模型就可以近似于某个差分方程模型。可以这样讲，只要牵涉到关于变量的规律、性质，就可以适当地用差分方程模型来表现。

差分方程的基本概念、解的基本定理及其解法，与微分方程的基本概念、解的基本定理及其解法非常类似，可参考相关书籍，本书从略。

例 4 - 3 - 1(筹措教育经费模型)

某家庭当下从每月工资中拿出一部分存入银行，用于投资子女的教育，并计划 20 年后开始从投资账户中每月支取 1 000 元,直到 10 年后子女大学毕业用完全部资金。要实现这个投资目标,20 年内共要筹措多少资金?每月要向银行存入多少钱?假设投资的月利率为 0.5%。

设第 n 个月投资账户资金为 S_n 元,每月存入资金为 a 元。于是,20 年后关于 S_n 的差分方程模型为

$$S_{n+1} = 1.005 S_n - 1\,000 \tag{4.8}$$

并且 $S_{120} = 0, S_0 = x$。

解方程(4.8),得通解

$$S_n = 1.005^n C - \frac{1\,000}{1 - 1.005} = 1.005^n C + 200\,000$$

以及

$$S_{120} = 1.005^{120} C + 200\,000 = 0$$
$$S_0 = C + 200\,000 = x$$

从而有

$$x = 200\,000 - \frac{200\,000}{1.005^{120}} = 90\,073.45$$

从现在到 20 年,这期间 S_n 满足的差分方程为

$$S_{n+1} = 1.005 S_n + a \tag{4.9}$$

且 $S_0 = 0, S_{240} = 90\,073.45$。

解方程(4.9),得通解

$$S_n = 1.005^n C + \frac{a}{1 - 1.005} = 1.005^n C - 200a$$

以及

$$S_{240} = 1.005^{240} C - 200a = 90\,073.45$$
$$S_0 = C - 200a = 0$$

从而有

$$a = 194.95$$

也就是说,要达到投资目标,20 年内要筹措资金 90 073.45 元,平均每月要存入银行 194.95 元。

例 4 - 3 - 2(养老保险模型)

养老保险是保险中的一种重要险种,保险公司将提供不同的保险方案以供选择。分析保险品种的实际投资价值,即分析如果已知所交保费和保险收入,按年或按月计算实际的利率是多少?换句话说,保险公司需要用你的保费实际获得至少多少利润才能保证兑现你的保险收益?

模型举例分析

假设每月交费 200 元,至 60 岁开始领取养老金,男子若 25 岁起投保,届时养老金每月 2 282 元;若 35 岁起投保,届时养老金每月 1 056 元;试求出保险公司为了兑现保险责任,每月至少应有多少投资收益率?这也就是投保人的实际收益率。

模型假设

这应当是一个过程分析模型问题。过程的结果在条件一定时期是确定的。整个过程可以按月进行划分,因为交费是按月进行的。假设投保人到第 k 个月止所交保费及收益的累计总

额为 F_k，每月收益率为 r，用 p、q 分别表示 60 岁之前和之后每月交费数和领取数，N 表示停止交保险费的月份，M 表示停领养老金的月份。

模型建立

在整个过程中，离散变量 F_k 的变化规律满足：

$$F_{k+1} = F_k(1+r) + p, \quad k = 0, 1, \cdots, N-1$$

$$F_{k+1} = F_k(1+r) - q, \quad k = N, N+1, \cdots, M$$

在这里，F_k 实际上表示从保险人开始交纳保险费以后，保险人账户上的资金数值，我们关心的是，在第 M 个月时，F_M 能否为非负数？如果为正，则表明保险公司获得收益；如为负数，则表明保险公司出现亏损；当为零时，表明保险公司最后一无所有，表明所有的收益全归保险人，把它作为保险人的实际收益。从这个分析来看，引入变量 F_k 和收益率 r，很好地刻画了整个过程中资金的变化关系，特别是引入收益率 r，虽然它不是我们所求的保险人的收益率，但是从问题系统环境中来看，必然要考虑引入保险公司的经营效益，以此作为整个过程中各种量变化的表现基础。

模型计算

以 25 岁起投保为例。假设男性平均寿命为 75 岁，则有 $p = 200, q = 2\,282$；$N = 420, M = 600$，初始值为 $F_0 = 0$，我们可以得到

$$F_k = F_0(1+r)k + \frac{p}{r}[(1+r)k - 1], \quad k = 0, 1, 2, \cdots, N$$

$$F_k = F_N(1+r)k - N - \frac{q}{r}[(1+r)^{k-N} - 1], \quad k = N+1, N+2, \cdots, M$$

在上面两式中，分别取 $k = N$ 和 $k = M$ 并利用 $F_M = 0$，可以求出：

$$(1+r)^M - \left(1 + \frac{q}{p}\right)(1+r)^{M-N} + \frac{q}{p} = 0$$

利用数学软件求出方程的根：$r = 0.004\,85$。

同样方法可以求出：35 岁和 45 岁起投保所获得的月利率，分别为 $r = 0.004\,61$ 与 $r = 0.004\,13$。

例 4 - 3 - 3（减肥计划——节食与运动问题）

在国人初步过上小康生活以后，不少自感肥胖的人纷纷奔向减肥食品的柜台。可是大量事实说明，多数减肥食品达不到减肥的目标，或者即使能减肥一时，也难以维持下去。许多医生和专家的意见是，只有通过控制饮食和适当的运动，才能在不伤害身体的条件下，达到减轻体重并维持下去的目的。本例要建立一个简单的体重变化规律的模型，并由此通过节食与运动制订合理、有效的减肥计划。

问题分析

通常，当体内能量守恒被破坏时就会引起体重的变化。人们通过饮食吸收热量，转化为脂肪等，导致体重增加；又由于代谢和运动消耗热量，使体重减少。只要作适当的简化假设就可得到体重变化的关系。减肥计划应以不伤害身体为前提，这可以用吸收热量不要过少、减少体重不要过快来表达。当然，增加运动量是加速减肥的有效手段，也要在模型中加以考虑。

通常，制订减肥计划以周为时间单位比较方便，所以这里用离散时间模型即差分方程模型来讨论。

模型假设

根据上述分析,参考有关生理数据,作出以下简化假设:

① 体重增加正比于吸收的热量,平均每 8 000 kcal 增加体重 1 kg(kcal 为非国际单位制单位 1 kcal＝4.2 kJ)。

② 正常代谢引起的体重减少正比于体重,每周每公斤体重消耗热量一般在 200～320 kcal 之间,且因人而异,这相当于体重 70 kg 的人每天消耗 2 000～3 200 kcal。

③ 运动引起的体重减少正比于体重,且与运动形式有关。

④ 为了安全与健康,每周体重减少不宜超过 1.5 kg,每周吸收热量不应小于 10 000 kcal。

基本模型

记第 k 周末体重为 $w(k)$,第 k 周吸收热量为 $c(k)$,热量转换系数 $\alpha＝1/8\,000$(kg/kcal),代谢消耗系数 β(因人而异),那么在不考虑运动的情况下体重变化的基本方程为

$$w(k+1)=w(k)+\alpha c(k+1)-\beta w(k),\quad k=0,1,2,\cdots \tag{4.10}$$

增加运动时只需将 β 改为 $\beta+\beta_1$,β_1 由运动的形式和时间决定。

减肥计划的提出

通过制订一个具体的减肥计划讨论模型(4.10)的应用。

某甲身高 1.7 m,体重 100 kg。自述目前每周吸收 20 000 kcal 热量,体重长期不变。试为他按照以下方式制订减肥计划,使其体重减至 75 kg 并维持下去。

① 在基本上不运动的情况下安排一个两阶段计划:第一阶段,每周减肥 1 kg,每周吸收热量逐渐减少,直至达到安全的下限(10 000 kcal);第二阶段,每周吸收热量保持下限,减肥达到目标。

② 若要加快进程,第二阶段增加运动,重新安排第二阶段计划。

③ 给出达到目标后维持体重的方案。

减肥计划的制订

① 首先应确定某甲的代谢消耗系数 β。根据他每周吸收 $c=20\,000$ kcal 热量,体重 $w=100$ kg 不变,由式(4.10)得

$$w=w+\alpha c-\beta w,\quad \beta=\alpha c/w=20\,000/(8\,000\times100)=0.025$$

相当于每周每公斤体重消耗热量 20 000/100＝200 (kcal)。从假设②可以知道,某甲属于代谢消耗相当弱的人。他又吃得那么多,难怪如此之胖。

第一阶段要求体重每周减少 $b=1$ kg,吸收热量减至下限 $c_{\min}=10\,000$ kcal,即

$$w(k)-w(k+1)=b,\quad w(k)=w(0)-bk$$

由基本模型式(4.10)可得

$$c(k+1)=\frac{1}{\alpha}[\beta w(k)-b]=\frac{\beta}{\alpha}w(0)-\frac{\beta}{\alpha}(1+\beta k)$$

将 α、β、b 的数值代入,并考虑下限 $c_{\min}$,有

$$c(k+1)=12\,000-200k \geqslant c_{\min}=10\,000$$

解得 $k\leqslant10$,即第一阶段共 10 周,按照

$$c(k+1)=12\,000-200k,\quad k=0,1,\cdots,9 \tag{4.11}$$

吸收热量,可使体重每周减少 1 kg,至第 10 周末达到 90 kg。

第二阶段要求每周吸收热量保持下限 $c_{\min}$,由基本模型(4.10)可得

$$w(k+1) = (1-\beta)w(k) + \alpha c_{\min} \tag{4.12}$$

为了得到体重减到 75 kg 所需的周数,将式(4.12)递推可得

$$w(k+n) = (1-\beta)^n w(k) + \alpha c_{\min}[1 + (1-\beta) + \cdots + (1-\beta)^{n-1}]$$
$$= (1-\beta)^n[w(k) - \alpha c_{\min}/\beta] + \alpha c_{\min}/\beta \tag{4.13}$$

已知 $w(k) = 90$,要求 $w(k+n) = 75$,再将 α、β、$c_{\min}$ 的数值代入式(4.13),得到

$$75 = 0.975^n(90 - 50) + 50 \tag{4.14}$$

得到 $n = 19$,即每周吸收热量保持下限 10 000 kcal,再有 19 周体重可减至 75 kg。

② 为加快进程,第二阶段增加运动。根据调查资料,得到以下各项运动每小时每公斤体重消耗的热量:

运动	跑步	跳舞	乒乓球	自行车(中速)	游泳(50 m/min)
热量消耗/kcal	7.0	3.0	4.4	2.5	7.9

记表中热量消耗为 γ,每周运动时间为 t,为利用基本模型(4.10),只需将 β 改为 $\beta + \alpha\gamma t$,即

$$w(k+1) = w(k) + \alpha c(k+1) - (\beta + \alpha\gamma t)w(k) \tag{4.15}$$

试取 $\alpha\gamma t = 0.003$,即 $\gamma t = 24$,则式(4.13)中的 $\beta = 0.025$ 应改成 $\beta + \alpha\gamma t = 0.028$,式(4.14)变为

$$75 = 0.972^n(90 - 44.6) + 44.6 \tag{4.16}$$

得到 $n = 14$,即若增加 $\gamma t = 24$ 的运动(如每周跳舞 8 小时或骑自行车 10 小时),就可以将第二阶段的时间缩短为 14 周。

③ 最简单的维持体重 75 kg 的方案,是寻求每周吸收热量保持某常数 c 不变。由式(4.15)得

$$w = w + \alpha c - (\beta + \alpha\gamma t)w$$
$$c = (\beta + \alpha\gamma t)w/\alpha \tag{4.17}$$

由式(4.17)可知,若不运动,容易算出 $c = 15\ 000$ kcal;若运动(内容同上),则 $c = 16\ 800$ kcal。

评注

人体重的变化是有规律可循的,减肥也应科学化、定量化。这个模型虽然只考虑了一个非常简单的情况,但是它对专门从事减肥这项活动(甚至作为一项事业)的人来说也不无参考价值。

体重的变化与每个人特殊的生理条件有关,特别是代谢消耗系数 β,不仅因人而异,而且即使同一个人在不同环境下也会有所不同。从上面的计算中我们看到,当 β 由 0.025 增加到 0.028 时(变化约 12%),减肥所需时间就从 19 周减少到 14 周(变化约 26%),所以应用这个模型时要对 β 作仔细核对。

4.4　求解微分方程中的 MATLAB 实践

4.4.1　MATLAB 求微分方程的符号解

在 MATLAB 中,符号运算工具箱提供了功能强大的求解常微分方程的符号运算命令 dsolve。常微分方程在 MATLAB 中按如下规定重新表达:符号 D 表示对变量的求导;Dy 表示对

变量 y 求一阶导数,当需要求变量的 n 阶导数时,用 Dn 表示;D4y 表示对变量 y 求 4 阶导数。

由此,常微分方程 $y''+2y'=y$ 在 MATLAB 中写成 'D2y+2*Dy=y'。

例 4 - 4 - 1 求 $\dfrac{\mathrm{d}u}{\mathrm{d}t}=1+u^2$ 的通解。

解 输入命令:

```
dsolve('Du = 1 + u^2','t')
```

结果:$u=\tan(t+c)$。

例 4 - 4 - 2 求微分方程的特解。

$$\begin{cases} \dfrac{\mathrm{d}^2 y}{\mathrm{d}x^2}+4\,\dfrac{\mathrm{d}y}{\mathrm{d}x}+29y=0 \\ y(0)=0, y'(0)=15 \end{cases}$$

解 输入命令:

```
y = dsolve('D2y + 4 * Dy + 29 * y = 0','y(0) = 0,Dy(0) = 15','x')
```

结果:$y=3\mathrm{e}^{-2x}\sin(5x)$。

4.4.2 MATLAB 求微分方程的数值解

MATLAB 的工具箱提供了几个解常微分方程数值解的函数。所谓数值解,就是求 $y(t)$ 在离散结点 t_0 处的函数近似值 y_0 的方法。求解函数有 ode45、ode23、ode113 等,其中 ode45 采用四五阶龙格库塔方法,是解非刚性常微分方程的首选方法;ode23 采用二三阶 RK 方法,ode113 采用的是多步法。

对于简单的一阶方程的初值问题

$$\begin{cases} y'=f(x,y) \\ y(x_0)=y_0 \end{cases}$$

MATLAB 的函数形式是:

```
[t,y] = solver('F',tspan,y0)
```

这里 solver 为 ode45、ode23、ode113 等,输入参数 F 是用 M 文件定义的微分方程 $y'=f(x,y)$ 右端的函数。tspan=[t0,tfinal] 是求解区间,y_0 是初值。

例 4 - 4 - 3 求 $y'=-2y+2x^2+2x$ $(0\leqslant x\leqslant 0.5)$,$y(0)=1$ 的通解。

解 同样地,编写函数文件 doty.m 如下:

```
functionf = doty(x,y);
    f = - 2 * y + 2 * x^2 + 2 * x;
```

在 MATLAB 命令窗口输入:

```
[x,y] = ode45('doty',[0,0.5],1)
```

即可求得数值解,其中,得到的 x 是一系列离散结点,y 是一系列离散函数值。

例 4 - 4 - 4 解微分方程组 $\begin{cases} \dfrac{\mathrm{d}^2 x}{\mathrm{d}t^2}-1\,000(1-x^2)\dfrac{\mathrm{d}x}{\mathrm{d}t}-x=0 \\ x(0)=2, x'(0)=0 \end{cases}$。

解 令 $y_1 = x$，$y_2 = y_1'$，则微分方程变为一阶微分方程组：

$$\begin{cases} y_1' = y_2 \\ y_2' = 1000(1 - y_1^2)y_2 - y_1 \\ y_1(0) = 2, \ y_2(0) = 0 \end{cases}$$

建立 m 文件 vdp1000.m 如下：

```
function dy = vdp1000(t,y)
dy = zeros(2,1);
dy(1) = y(2);
dy(2) = 1000 * (1 - y(1)^2) * y(2) - y(1);
```

取 $t_0 = 0$，$t_f = 3\,000$，输入命令：

```
[T,Y] = ode15s('vdp1000',[0 3000],[2 0]);
plot(T,Y(:,1),'-')
```

结果如图 4-4-1 所示。

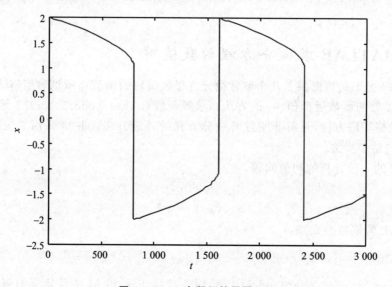

图 4-4-1　方程组结果图(1)

例 4-4-5 解微分方程组：

$$\begin{cases} y_1' = y_2 y_3 \\ y_2' = -y_1 y_3 \\ y_3' = -0.51 y_1 y_2 \\ y_1(0) = 0, y_2(0) = 1, y_3(0) = 1 \end{cases}$$

解 ①建立 m 文件 rigid.m 如下：

```
function dy = rigid(t,y)
dy = zeros(3,1);
dy(1) = y(2) * y(3);
dy(2) = - y(1) * y(3);
dy(3) = - 0.51 * y(1) * y(2);
```

取 $t_0=0, t_f=12$，输入命令：

```
[T,Y] = ode45('rigid',[0 12],[0 1 1]);
plot(T,Y(:,1),'-',T,Y(:,2),'*',T,Y(:,3),'+')
```

结果如图 4-4-2 所示。

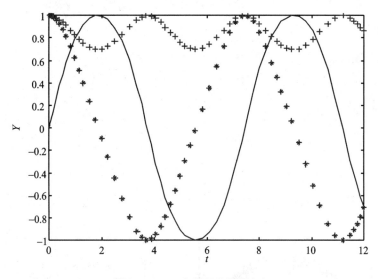

图 4-4-2　方程组结果图(2)

图 4-4-2 中，y_1 的图形为实线，y_2 的图形为"*"线，y_3 的图形为"+"线。

例 4-4-6　一个慢跑者在平面上沿椭圆以恒定的速率 $v=1$ 跑步。设椭圆方程为 $x=10+20\cos t, y=20+5\sin t$。突然有一只狗攻击他，这只狗从原点出发，以恒定速率 w 跑向慢跑者，狗的运动方向始终指向慢跑者，分别求出 $w=20, w=5$ 时狗的运动轨迹。

模型建立

假设 t 时刻慢跑者的位置坐标为 $(X(t), Y(t))$，则有 $X=10+20\cos t, Y=20+15\sin t$，狗的坐标为 $(x(t), y(t))$（从原点出发）。

根据题意，狗的速度是人速度的 w 倍，狗的速度向量与人的位置向量平行，由此可建立关于狗的参数方程：

$$\begin{cases} \dfrac{\mathrm{d}x}{\mathrm{d}t}=\dfrac{5}{\sqrt{(1-x)^2+(t-y)^2}}(1-x) \\ \dfrac{\mathrm{d}y}{\mathrm{d}t}=\dfrac{5}{\sqrt{(1-x)^2+(t-y)^2}}(t-y) \\ x(0)=0, y(0)=0 \end{cases}$$

模型求解

狗的速度 w 取 20 时，MATLAB 求解的步骤如下。

首先编写参数方程的函数，保存为 eq1.m。

```
function dy = eq1(t,y)
    dy = zeros(2,1);
    dy(1) = 20 * (10 + 20 * cos(t) - y(1))/sqrt...
        ((10 + 20 * cos(t) - y(1))^2 + (20 + 15 * sin(t) - y(2))^2);
    dy(2) = 20 * (20 + 15 * sin(t) - y(2))/sqrt...
        ((10 + 20 * cos(t) - y(1))^2 + (20 + 15 * sin(t) - y(2))^2);
end
```

其次,在命令窗口中调用:

```
t0 = 0;tf = 10;
[t,y] = ode45('eq1',[t0 tf],[0 0]);
T = 0:0.1:2 * pi;
X = 10 + 20 * cos(T);
Y = 20 + 15 * sin(T);
plot(X,Y,'-')
hold on
plot(y(:,1),y(:,2),'*')
```

利用二分法思想调节参数 tf=10、5、2.5、3,得到图 4 - 4 - 3,最终得到狗大约在 3 s 时追到人。

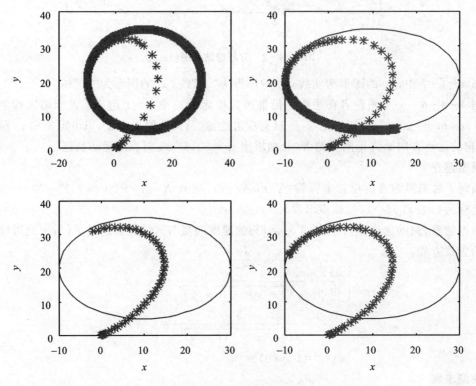

图 4 - 4 - 3　追逐结果图(1)

当 w 取 5 时,对应的 MATLAB 求解步骤如下。

首先编写参数方程的函数,保存为 eq2.m。

```
function dy = eq2(t,y)
    dy = zeros(2,1);
    dy(1) = 5 * (10 + 20 * cos(t) - y(1))/sqrt...
        ((10 + 20 * cos(t) - y(1))^2 + (20 + 15 * sin(t) - y(2))^2);
    dy(2) = 5 * (20 + 15 * sin(t) - y(2))/sqrt...
        ((10 + 20 * cos(t) - y(1))^2 + (20 + 15 * sin(t) - y(2))^2);
end
```

其次,在命令窗口中调用:

```
t0 = 0;tf = 100;
[t,y] = ode45('eq2',[t0 tf],[0 0]);
T = 0:0.1:2 * pi;
X = 10 + 20 * cos(T);
Y = 20 + 15 * sin(T);
plot(X,Y,'-')
hold on
plot(y(:,1),y(:,2),'*')
```

分别取 tf 为 10、100 易得到图 4 - 4 - 4,显示狗无法追到人。

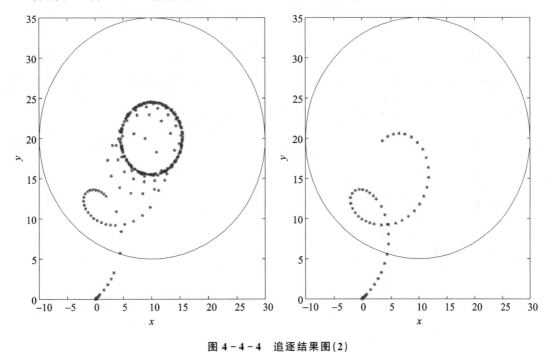

图 4 - 4 - 4　追逐结果图(2)

例 4 - 4 - 7　一只猎犬发现其正东方 100 m 处有一只野兔,野兔以速度 v 向其正北方 100 m 处的洞穴逃跑,猎犬向野兔追去,速度是 $2v$。求:①猎犬的运动轨迹方程;②追上兔子的时间和地点。

解　模型 1

设猎犬的运动轨迹为 $(x(t),y(t))$,大致运动轨迹如图 4 - 4 - 5 所示。

由题意得

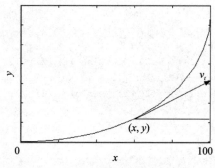

图 4 - 4 - 5　猎犬运动大致轨迹

$$\frac{y'(t)}{x'(t)} = \frac{vt - y(t)}{100 - x(t)}, \quad (y'(t))^2 + (x'(t))^2 = (2v)^2, \quad x(0) = 0, \quad y(0) = 0$$

化为微分方程组：

$$\begin{cases} x'(t) = \dfrac{2v(100 - x(t))}{\sqrt{(100 - x)^2 + [vt - y(t)]^2}}, x(0) = 0 \\[4mm] y'(t) = \dfrac{2v(vt - y)}{\sqrt{(100 - x)^2 + [vt - y(t)]^2}}, y(0) = 0 \end{cases}$$

当 $|(x, y) - (100, vt)| < \varepsilon$ 时停止。

求解此微分方程组，首先建立方程组的 M 文件 f6. m，内容如下：

```
function z = f6(t,y)
v = 1;
z(1) = 2 * v * (100 - y(1))/sqrt((v * t - y(2))^2 + (100 - y(1))^2);
z(2) = 2 * v * (v * t - y(2))/sqrt((v * t - y(2))^2 + (100 - y(1))^2);
z = [z(1) z(2)]';
```

MATLAB 命令窗口：

```
>> tintvl = [0 70]; y0 = [0 0];
>> [t,y] = ode23('f6',tintvl,y0);
>> plot(y(:,1),y(:,2),100 * ones(size(t)),t)
```

得到图形如图 4 - 4 - 6 所示。

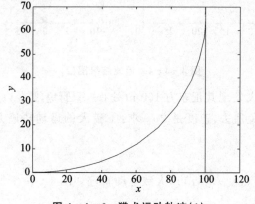

图 4 - 4 - 6　猎犬运动轨迹(1)

模型 2

由题意得 $s = \int_0^x \sqrt{1 + y'(x)^2}\,\mathrm{d}x$，$y'(x) = \dfrac{\dfrac{s}{2} - y}{100 - x}$，$y(0) = 0$，$y'(0) = 0$，消去 s 解得

$$\int_0^x \sqrt{1 + y'(x)^2}\,\mathrm{d}x = 2[y(x) + (100 - x)y'(x)], \quad y''(x) = \frac{\sqrt{1 + y'(x)^2}}{2(100 - x)}$$

故得二阶常微分方程

$$y''(x) = \frac{\sqrt{1 + y'(x)^2}}{2(100 - x)}, \quad y(0) = 0, \quad y'(0) = 0$$

当 $|(x, y) - (100, s/2)| < \varepsilon$ 时停止，其中 $s = 2[y(x) + (100 - x)y'(x)]$，$t = \dfrac{s}{2v}$。

用 M 文件 f7.m 来定义此方程组，内容如下：

```
function z = f7(x,y)
z(1) = y(2);
z(2) = sqrt(1 + y(2).^2)./(2 * (100 - x));
z = [z(1) z(2)]';
```

MATLAB 命令窗口：

```
>> y0 = [0 0]';
>> [x,y] = ode23('f7',[0 100],y0);
>> plot(x,y(:,1),'o')
```

得到图形如图 4 - 4 - 7 所示。

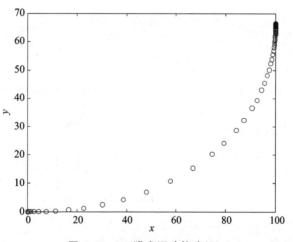

图 4 - 4 - 7　猎犬运动轨迹(2)

例 4 - 4 - 8　在城市道路的十字路口，都会设置交通灯。为了让那些正行驶在交叉路口或离交叉路口太近而又无法停下的车辆通过路口，红绿灯转换中间还要亮起一段时间的黄灯。对于一名驶近交叉路口的驾驶员来说，最不希望出现这样进退两难的境地：要安全停车但又离路口太近；要想在红灯亮之前通过路口又觉得距离太远。那么，黄灯亮多长时间才最为合理？已知城市道路法定速度为 v_0，交叉路口的宽度为 I，典型的车身长度统一定为 L，一般情况下驾驶员的反应时间为 T，地面的摩擦系数为 μ。（假设 $I = 9$ m，$L = 4.5$ m，$\mu = 0.2$，$T = 1$ s。）

分析:对于驶近交叉路口的驾驶员,在他看到黄灯信号后要做出决定:是停车还是通过路口。如果他以法定速度(或低于法定速度)行驶,当决定停车时,前方必须要有足够的停车距离。如果驾驶员决定通过路口,则必须有足够的时间让他能完全通过路口。这包括做出停车决定的反应时间以及停车所需的最短距离的驾驶时间,能够很快看到黄灯的驾驶员可以利用刹车距离将车停下来。

于是,黄灯持续时间包括驾驶员的反应时间、驾驶员通过交叉路口的时间以及通过刹车距离所需要的时间。

解　由于城市道路法定速度为 v_0,交叉路口的宽度为 I,典型的车身长度统一定为 L。考虑到车通过路口实际上指的是车的尾部必须通过路口。因此,通过路口的时间为 $\dfrac{I+L}{v_0}$。

现在我们来计算刹车距离:设 w 为汽车的重量,μ 为摩擦系数,由力学知,地面对汽车的摩擦力为 μw,其方向与汽车运动的方向相反。汽车在停车过程中,根据牛顿第一动力定理有 $f = ma$,其中 m 为汽车质量,a 为汽车的加速度,f 是汽车所受的摩擦力。这里加速度 a 是停车距离 x 关于时间的二阶导数,所以行驶距离 x 与时间 t 的关系可由方程 $-\mu w = \dfrac{w}{g}\dfrac{\mathrm{d}^2 x}{\mathrm{d}t^2}$ 来确定,化简

$$\frac{\mathrm{d}^2 x}{\mathrm{d}t^2} + \mu g = 0$$

同时,我们知道,当 $t = 0$ 时,距离 $x = 0$。初速度是距离 x 在 0 时刻的一阶导数,于是可以给出方程的初始条件 $x\big|_{t=0} = 0$,$\dfrac{\mathrm{d}x}{\mathrm{d}t}\Big|_{t=0} = v_0$。

求解方程,MATLAB 命令行输入:

```
>> x = dsolve('D2x = - ug','x(0) = 0,Dx(0) = v0','t')
x =
t * v0 - (t^2 * ug)/2
```

即得到停车距离 x 关于时间 t 的解析式。停车时的速度为 0,即 $\dfrac{\mathrm{d}x}{\mathrm{d}t} = 0$,可得到汽车刹车所用的时间 $t_1 = \dfrac{v_0}{\mu g}$,从而刹车距离 $x(t_1) = \dfrac{v_0^2}{2\mu g}$。

设黄灯持续时间为 A,则 A 的表达式为 $A = \dfrac{x(t_1)+I+L}{v_0} + T = \dfrac{v_0}{2\mu g} + \dfrac{I+L}{v_0} + T$。取 $I = 9$ m、$L = 4.5$ m、$\mu = 0.2$、$T = 1$ s、$v_0 = 40$ km/h,命令行输入:

```
>> I = 9;L = 4.5;u = 0.2;T = 1;g = 9.8;
>> v0 = 40 * 1000/3600;          %速度转化为米/秒
>> A = v0/(2 * u * g) + (I + L)/v0 + T
A =
   5.0495
```

也就是说,车速为 40 km/h,黄灯持续时间为 5.05 s。

例 4 - 4 - 9(地中海鲨鱼问题)

意大利生物学家 Ancona 曾致力于鱼类种群相互制约关系的研究,他从第一次世界大战期间,地中海各港口捕获的几种鱼类捕获量百分比的资料中,发现鲨鱼等的比例有明显增加,见下表:

年　份	1914	1915	1916	1917	1918
百分比/%	11.9	21.4	22.1	21.2	36.4
年　份	1919	1920	1921	1922	1923
百分比/%	27.3	16.0	15.9	14.8	19.7

而供其捕食的食用鱼的百分比却明显下降。显然,因为战争使得捕鱼量下降,而食用鱼增加,鲨鱼等也随之增加,但为何鲨鱼的比例大幅增加呢?

他无法解释这个现象,于是求助于著名的意大利数学家 V. Volterra,希望建立一个食饵-捕食系统的数学模型,定量地回答这个问题。

引入符号变量:

$x_1(t)$——食饵(食用鱼)在 t 时刻的数量;

$x_2(t)$——捕食者(鲨鱼)在 t 时刻的数量;

r_1——食饵独立生存时的增长率;

r_2——捕食者独自存在时的死亡率;

λ_1——捕食者掠取食饵的能力;

λ_2——食饵对捕食者的供养能力;

e——捕获能力系数。

基本假设

① 食饵由于捕食者的存在使增长率降低,假设降低的程度与捕食者数量成正比。

② 捕食者由于食饵为它提供食物使其死亡率降低或生存数量增长,假定增长的程度与食饵数量成正比。

模型建立与求解

模型 Ⅰ：不考虑人工捕获,基于假设得到

$$\begin{cases} \dfrac{\mathrm{d}x_1}{\mathrm{d}t} = x_1(r_1 - \lambda_1 x_2) \\ \dfrac{\mathrm{d}x_2}{\mathrm{d}t} = x_2(-r_2 + \lambda_2 x_1) \end{cases}$$

不妨针对一组具体的数据用 MATLAB 软件进行计算。设食饵和捕食者的初始数量分别为 $x_1(0)=x_{10}$, $x_2(0)=x_{20}$;对于数据 $r_1=1, \lambda_1=0.1, r_2=0.5, \lambda_2=0.02, x_{10}=25, x_{20}=2, t$ 的终值经实验后确定为 15,即模型为

$$\begin{cases} x_1' = x_1(1 - 0.1x_2) \\ x_2' = x_2(-0.5 + 0.02x_1) \\ x_1(0) = 25, x_2(0) = 2 \end{cases}$$

MATLAB 求解步骤:首先建立 M 文件 shier. m。

```
function dx = shier(t,x)
dx = zeros(2,1);
dx(1) = x(1) * (1 - 0.1 * x(2));
dx(2) = x(2) * ( - 0.5 + 0.02 * x(1));
```

其次,建立主程序 shark. m。

```
[t,x] = ode45('shier',[0 15],[25 2]);
plot(t,x(:,1),'-',t,x(:,2),'*')
plot(x(:,1),x(:,2))
```

数值解的求解结果如图 4 - 4 - 8 所示。可以看出,随着食用鱼的增加或减少,鲨鱼数量也相应增加或减少,且具有滞后性。从生态角度思考,由于食用鱼增多,鲨鱼易于取食,所以鲨鱼数量增加;然而,随着鲨鱼数量的增多,鲨鱼需要食用更多的食用鱼,可是食用鱼的数量正在下降,则鲨鱼进入了饥饿的状态而使得鲨鱼的数量急剧下降,这时部分食用鱼得以存活,食用鱼数量逐渐回升。基于捕食者和被捕食者的关系,食用鱼与鲨鱼的数量交替增减,它们的数量无休止地循环,致生物圈保持动态平衡。

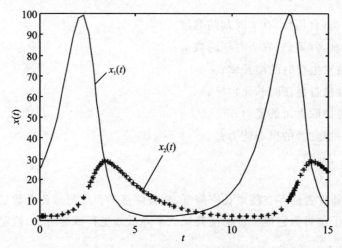

图 4 - 4 - 8　食用鱼和鲨鱼数量变化图

进一步,通过 $x_1(t)$ 和 $x_2(t)$ 相位图(见图 4 - 4 - 9)观察到它们具有周期性。

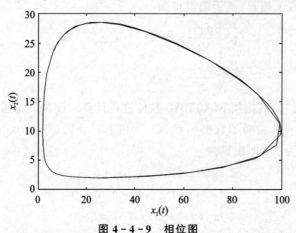

图 4 - 4 - 9　相位图

模型 Ⅱ:考虑人工捕获,设表示捕获能力的系数为 e,相当于食饵的自然增长率由 r_1 降为 $r_1 - e$,捕食者的死亡率由 r_2 增为 $r_2 + e$。

$$\begin{cases} \dfrac{\mathrm{d}x_1}{\mathrm{d}t} = x_1[(r_1 - e) - \lambda_1 x_2] \\ \dfrac{\mathrm{d}x_2}{\mathrm{d}t} = x_2[-(r_2 + e) + \lambda_2 x_1] \end{cases}$$

仍取 $r_1=1, \lambda_1=0.1, r_2=0.5, \lambda_2=0.02, x_{10}=25, x_{20}=2$，设战前捕获能力系数 $e=0.3$，战争中降为 $e=0.1$，则战前模型为

$$\begin{cases} \dfrac{\mathrm{d}x_1}{\mathrm{d}t} = x_1(0.7 - 0.1x_2) \\[2mm] \dfrac{\mathrm{d}x_2}{\mathrm{d}t} = x_2(-0.8 + 0.02x_1) \\[2mm] x_1(0) = 25 \\[1mm] x_2(0) = 2 \end{cases}$$

战中模型为

$$\begin{cases} \dfrac{\mathrm{d}x_1}{\mathrm{d}t} = x_1(0.9 - 0.1x_2) \\[2mm] \dfrac{\mathrm{d}x_2}{\mathrm{d}t} = x_2(-0.6 + 0.02x_1) \\[2mm] x_1(0) = 25 \\[1mm] x_2(0) = 2 \end{cases}$$

MATLAB 求解步骤:首先分别用 M 文件 shier1. m 和 shier2. m 定义上述两个方程。

编写 shier1. m,并保存。

```
function dx = shier1(t,x)
dx = zeros(2,1);
dx(1) = x(1) * (0.7 - 0.1 * x(2));
dx(2) = x(2) * (-0.8 + 0.02 * x(1));
```

编写 shier2. m,并保存。

```
function dy = shier2(t,y)
dy = zeros(2,1);
dy(1) = y(1) * (0.9 - 0.1 * y(2));
dy(2) = y(2) * (-0.6 + 0.02 * y(1));
```

其次,建立主程序 shark1. m,求解两个方程。

```
[t1,x] = ode45('shier1',[0 15],[25 2]);          %战争前模型
[t2,y] = ode45('shier2',[0 15],[25 2]);          %战争中模型
x1 = x(:,1);x2 = x(:,2);
x3 = x2./(x1 + x2);                              %战争前鲨鱼比例
y1 = y(:,1);y2 = y(:,2);
y3 = y2./(y1 + y2);                              %战争中鲨鱼比例
plot(t1,x3,'-',t2,y3,'*')
```

并画出两种情况下鲨鱼数在鱼类总数中所占比例 $x_2(t)/[x_1(t)+x_2(t)]$,得到图 $4-4-10$,其中实线为战争前的鲨鱼比例,"*"线为战争中的鲨鱼比例。

图 $4-4-10$ 显示,战争中鲨鱼曲线位于战争前鲨鱼曲线之上,由此可得出结论:战争中鲨鱼的比例比战争前高。

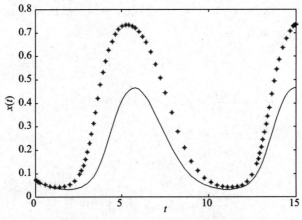

图 4 - 4 - 10   战争前、后鲨鱼比例图

例 4 - 4 - 10   高射炮发射的炮弹在空中呼啸而过划出一条抛射线，抛射的弹道曲线参数方程为

$$\begin{cases} x = v_0 \cos a \times t \\ y = v_0 \sin a \times t - \dfrac{1}{2}gt^2 \end{cases}$$

式中，v_0 为炮弹出膛时的初始速度，a 为高射炮的发射角度，g 是重力加速度，其近似值为 9.8 m/s^2。由不同的发射角发射的炮弹具有不同的弹道曲线，当炮弹出膛速度 v_0 确定时，我们希望知道它的最远射程是多少？当炮击目标确定后，如何调整发射角度使炮弹能准确地落在目标位置处爆炸？而一门高射炮可以控制什么样的空间区域，这是由所有可能的弹道曲线以及对应的曲线包络确定的。

解   高射炮弹的弹道曲线参数方程为

$$x = v_0 \cos a \times t, \quad y = v_0 \sin a \times t - \frac{1}{2}gt^2$$

固定 v_0, a 为可变常数参数，则有

$$\frac{\partial x}{\partial t} = v_0 \cos a, \quad \frac{\partial x}{\partial a} = -v_0 \sin a \times t$$

$$\frac{\partial y}{\partial t} = v_0 \sin a - gt, \quad \frac{\partial y}{\partial a} = v_0 \cos a \times t$$

为简化计算取 $v_0 = 1$。

曲线簇的包络曲线由

$$x = x(t, a)$$
$$y = y(t, a)$$
$$\frac{\partial x}{\partial t} \frac{\partial y}{\partial a} - \frac{\partial y}{\partial t} \frac{\partial x}{\partial a} = 0$$

消去参变量 a 而得到。炮弹弹道曲线的包络曲线为

$$\begin{cases} x = \sqrt{t^2 - \dfrac{1}{R^2}}, \quad \dfrac{1}{g} \leqslant t \leqslant \dfrac{\sqrt{2}}{g} \\ y = \dfrac{1}{g} - \dfrac{1}{2}gt^2 \end{cases}$$

由此参数方程所绘制的曲线称为案例抛物线。

根据高射炮的弹道曲线簇及其包络曲线，设计 MATLAB 程序来绘图，编辑脚本 M 文件

f9. m,运行下面的程序：

```
n = input('input n:');              % 输入数据 n,确定所绘曲线簇的曲线数,在命令窗口输入 20
alpha = (2:n-1) * pi/(2 * n);       % 确定不同曲线所对应的发射角
x = zeros(n - 2,17);y = zeros(n - 2,17);
for k = 1:n - 2                     % 开始计算 n-2 条曲线上散点数据
    a = alpha(k);                   % 选取发射角的值
    v1 = cos(a);v2 = sin(a);        % 取初始速度在水平和垂直方向上的分量
    t0 = v2/4.9;
    t = (0:16) * t0/16;             % 确定时间参数 t 的值
    x(k,:) = v1 * t;                % 计算曲线上散点坐标数据
    y(k,:) = v2 * t - 4.9 * t.^2;
end
plot(x',y')                         % 同时绘出弹道曲线簇中的 n - 2 条曲线
hold on                             % 在上面曲线簇的图形里继续绘图
g = 9.8;
t = 1/g:0.001:sqrt(2)/g;            % 确定时间参数 t 的值
x = sqrt(t.^2 - 1/g^2);             % 对应参数 t 的值计算曲线上散点坐标数据
y = 1/g - 0.5 * g * t.^2;
plot(x,y)                           % 在弹道曲线簇的图形里绘出其包络曲线
```

由上面的程序可绘出弹道曲线簇及其包络曲线,如图 4 - 4 - 11 所示。

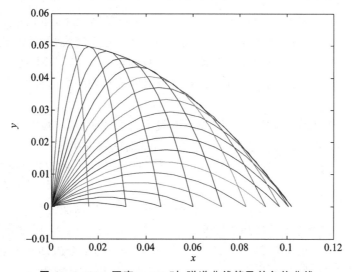

图 4 - 4 - 11 固定 $v_0 = 1$ 时,弹道曲线簇及其包络曲线

由图 4 - 4 - 11 我们可以看到,当固定 $v_0 = 1$,a 为可变常数参数时,弹道曲线簇的包络为一抛物线。一门高射炮的控制区域就是以此包络的旋转曲面为边界的空间区域;当固定 a,v_0 为可变常数参数时,弹道曲线簇没有包络。

习 题

1. 设位于坐标原点的甲舰向位于 x 轴上点 $A(1,0)$ 处的乙舰发射导弹,导弹始终对准乙舰。如果乙舰以最大的速度 v_0(v_0 是常数)沿平行于 y 轴的直线行驶,导弹的速度是 $5v_0$,求导弹运行的曲线。又乙舰行驶多远时,导弹将它击中?

2. 在商品广告模型中,生产企业为了扩大销售,对每种产品究竟应投入多少广告费用?

3. 考虑一个既不同于指数增长模型,又不同于阻滞增长模型的情形:人口数 $P(t)$,地球的极限承载人口数为 P^*。在时刻 t,人口增长的速率与 $P^* - P(t)$ 成正比例。试建立模型并求解。

4. 在传染病模型中

(1) 如果考虑出生和死亡,你应该怎样去建模?

(2) 如果考虑外界因素的周期性变化,你应该怎样去建模?

(3) 如果考虑潜伏期,你应该怎样去建模?

(4) 如果考虑人的年龄结构,你应该怎样去建模?

(5) 如果考虑传染接触的随机性,你应该怎样去建模?

5. 建立铅球掷远模型。不考虑阻力,设铅球初速度为 v,出手高度为 h,出手角度为 α(与地面夹角),建立投掷距离与 v、h、α 的关系式,并求在 v、h 一定的条件下最佳出手角度。

6. 与 Logistic 模型不同的另一种描述种群增长规律的是 Gompertz 模型:$\dot{x}(t) = rx \ln \dfrac{N}{x}$,其中 r 和 N 的意义与 Logistic 模型相同。设渔场鱼量的自然增长服从这个模型,且单位时间捕捞量为 $h = Ex$。讨论渔场鱼量的平衡点及其稳定性,求最大持续产量 h_m、获得最大产量的捕捞强度 E_m 和渔场鱼量水平 x_0^*。

7. 设某种动物头数的变化服从 Logistic 规律。在正常情况下,净相对增长率为 a_1,环境容许的极限头数为 N_1。假设当头数增加到 $Q(Q < N_1)$ 时瘟疫流行,使净相对增长率为 a_2,极限头数降为 $N_2(N_2 < Q)$,于是头数下降。当头数降至 $q(q > N_2)$ 时,瘟疫停止,恢复正常。试建立这种情况下动物头数的模型,并讨论在瘟疫影响下动物头数的周期性变化,周期与哪些因素有关。

8. 在正规战争模型Ⅲ中,设乙方与甲方战斗有效系数之比为 $a/b = 4$,初始兵力 x_0 与 y_0 相同。

(1) 当乙方取胜时剩余兵力是多少?乙方取胜的时间如何确定。

(2) 若在战斗开始后甲方有后备部队以不变的速率 r 增援,重新建立模型,讨论如何判断双方的胜负。

9. 金融公司支付基金的流动模型:某金融机构设立一笔总额为 $540 万的基金,分开放置位于 A 城和 B 城的两个公司,基金在平时可以使用,但每周末结算时必须确保总额仍为 $540 万。经过一段时间运行,每过一周,A 城公司有 10% 的基金流动到 B 城公司,而 B 城公司则有 12% 的基金流动到 A 城公司。开始时,A 城公司基金额为 $260 万,B 城公司为 $280 万。试建立差分方程模型分析:两公司的基金数额变化趋势如何?进一步要求,如果金融专家认为每个公司的支付基金不能少于 $220 万,那么是否需要在某一时间将基金做专门调动来避免这种情况?

10. 某保险公司推出与养老结合的人寿保险计划,其中介绍的例子为:如果 40 岁的男性投保人每年交保险费 1 540 元,交费期 20 岁至 60 岁,则在他有生之年,45 岁时(投保满 5 年)可获返还补贴 4 000 元,50 岁时(投保满 10 年)可获返还补贴 5 000 元,其后每隔 5 年可获增幅为 1 000 元的返还补贴。另外,在投保人去世或残废时,其受益人可获保险金 20 000 元。试建立差分方程模型分析:若该投保人的寿命为 76 岁,其交保险费所获得的实际年利率是多少?若该投保人的寿命为 74 岁,实际年利率又是多少?

第 **5** 章

线性规划方法

线性规划(Linear Programming,简写为 LP)是运筹学中研究较早、发展较快、应用广泛、方法较成熟的一个重要分支,是辅助人们进行科学管理的一种数学方法。自 1947 年丹齐格(G. B. Dantzig)提出了线性规划问题求解的一般方法(单纯形法)之后,线性规划在理论上日趋成熟,在实践上日益广泛和深入。特别是在电子计算机能处理成千上万个约束条件和决策变量的线性规划问题之后,线性规划的适用领域更是迅速扩大。线性规划在工业、农业、商业、交通运输、军事、经济计划和管理决策等领域都可以发挥重要的作用,它已是现代科学管理的重要手段之一,也是帮助管理者决策的一个有效方法。

5.1 线性规划问题

5.1.1 问题的提出

在生产管理和经营活动中有一类问题常常被提出,即如何利用有限的人力、物力、财力及时间等资源,以便得到最好的经济效果。这类问题大部分可以显示为如下的规划问题:在一定的约束(限制条件)下,使得某一目标函数取得最大或最小值。当规划问题的目标函数与约束条件都是线性函数时,我们称之为线性规划问题。

线性规划问题总是与有限资源的合理利用分不开。有限资源包括资金、劳力、材料、机器、仪器设备、时间等;合理利用通常是指费用最小或利润最大。

1. 生产计划问题

例 5 - 1 - 1 某制药厂在计划期内要安排生产Ⅰ、Ⅱ两种药品,这些药品分别需要在 A、B、C、D 四种不同的设备上加工。按工艺规定,1 kg 药品Ⅰ和Ⅱ在各台设备上所需要的加工台时数(1 台设备工作 1 小时称为 1 台时)如表 5 - 1 - 1 所列。已知各设备在计划期内有效台时数分别是 12、8、16 和 12。该制药厂每生产 1 kg 药品Ⅰ可获得利润 200 元,每生产 1 kg 药品Ⅱ可获得利润 300 元。问应如何安排生产计划,才能使制药厂利润最大?

表 5 - 1 - 1 1 kg 药品Ⅰ和Ⅱ在各台设备上所需的加工台时数

药 品	A 设备	B 设备	C 设备	D 设备
Ⅰ	2	1	4	0
Ⅱ	2	2	0	4

这是一个在资源有限的情况下,利润最大的线性规划问题。

2. 配料问题

例 5 - 1 - 2 某车间有长度为 180 cm 的钢管(数量足够多),今要将其截为三种不同长度的管料,长度分别为 70 cm,52 cm,35 cm。生产任务规定,70 cm 的管料只需 100 根,而 52 cm 和 35 cm 的管料分别不得少于 150 根和 120 根,各种不同的截法见表 5-1-2。问应采取怎样的截法才能完成任务,并且使剩的余料最少?

表 5-1-2　各种不同的截法

截法/cm		一	二	三	四	五	六	七	八	需要量/根
长度	70 cm	2	1	1	1	0	0	0	0	100
	52 cm	0	2	1	0	3	2	1	0	≥150
	35 cm	1	0	1	3	0	2	3	5	≥120
余料长/cm		5	6	23	5	24	6	23	5	

这是一个满足一定要求,但要求消耗最少的线性规划问题。

3. 运输问题

例 5-1-3　某贸易公司下有四个销售店 A1、A2、A3、A4,公司在管理中实行统一进货、配货,统一定价,对运输商品实行统一管理。如果各销售店所经营的某种商品有三个不同产地的供应商 B1、B2、B3,每月产量分别为 5 t、2 t、3 t;四个销售店 A1、A2、A3、A4 每月的需求量分别为 3 t、2 t、3 t、2 t。各生产商至各销售店的该商品的单位运价如表 5-1-3 所列。试问该公司应如何安排运输,使总运费最少?

表 5-1-3　单位商品运价表

产地 ＼ 销售店	A1	A2	A3	A4	供应量/t
B1	3	7	6	4	5
B2	2	4	3	2	2
B3	4	3	8	5	3
需求量/t	3	2	3	2	10

这是一个满足一定要求,但所需费用最少的线性规划问题。

5.1.2　线性规划的数学模型

模型是描述现实世界的一个抽象,从而有助于解决这个被抽象的现实问题,而且能够指导解决其他具有这个或这些共性的实际问题。当我们用线性规划来求解一个实际问题的时候,需要把这个实际问题用适当的数学形式表达出来,这个表达的过程就是建立数学模型的过程。

若要对实际规划问题作定量分析,必须先加以抽象,建立数学模型。在建立线性规划数学模型时,需要有一定的相关专业知识,一定的经验和技巧。建立线性规划数学模型的步骤如下:①明确问题的目标,划定决策实施的范围(包括时间界限),并将目标表达成决策变量的线性函数,称为目标函数。②选定决策变量和参数。决策变量就是待决定问题的未知量,一组决策变量的取值即构成一个规划方案。决策变量的选定往往需要对问题进行仔细分析。③建立约束条件。问题的各种限制条件称为约束条件。每一个约束条件均表达成决策变量的线性函数应满足的等式或不等式。约束条件往往不止一个,通常表达成一组线性等式或不等式。线性规划问题就是在决策变量满足一组约束条件的情况下使目标函数达到极大值或极小值。

前面的实际问题都是能够用线性等式或线性不等式来描述的,下面建立这几个实际问题的数学模型,以说明线性规划数学模型的一般特性。

1. 生产计划问题的数学模型

在例 5-1-1 中,设 x_1、x_2 分别表示在计划期内药品 Ⅰ 和 Ⅱ 的产量(kg),Z 表示这期间制药厂的利润,则计划期内生产 Ⅰ、Ⅱ 两种药品的利润总额为 $Z=200x_1+300x_2$(元)。但是生产 Ⅰ、Ⅱ 两种药品在 A 设备上的加工台时数必须满足 $2x_1+2x_2 \leqslant 12$;在 B 设备上的加工台时数必须满足 $x_1+2x_2 \leqslant 8$;在 C 设备上的加工台时数必须满足 $4x_1 \leqslant 16$;在 D 设备上的加工台时数必须满足 $4x_2 \leqslant 12$;生产 Ⅰ、Ⅱ 两种药品的数量应是非负的数,即 $x_1,x_2 \geqslant 0$。于是生产计划问题的数学模型如下:

目标函数　$\max Z=200x_1+300x_2$

约束条件　$\begin{cases} 2x_1+2x_2 \leqslant 12 \\ x_1+2x_2 \leqslant 8 \\ 4x_1 \leqslant 16 \\ 4x_2 \leqslant 12 \\ x_1,x_2 \geqslant 0 \end{cases}$

2. 配料问题的数学模型

例 5-1-2 中,设 x_i 表示第 i 种截法的次数,$i=1,2,\cdots,8$,则余料总长度数学模型如下:

目标函数　$\min s=5x_1+6x_2+23x_3+5x_4+24x_5+6x_6+23x_7+5x_8$

约束条件　$\begin{cases} 2x_2+x_2+x_3+x_4=100 \\ 2x_2+x_3+3x_5+2x_6+x_7 \geqslant 150 \\ x_1+x_3+3x_4+2x_6+3x_7+5x_8 \geqslant 120 \\ x \geqslant 0,\ i=1,2,\cdots,8 \end{cases}$

3. 运输问题的数学模型

在例 5-1-3 中,设 $\mathrm{B}i\ (i=1,2,3)$ 运往 $\mathrm{A}j\ (j=1,2,3,4)$ 的该种商品为 x_{ij},而商品的总产量和总需求量均为 10,则运输问题的线性规划数学模型如下:

目标函数　$\min Z=\sum_{j=1}^{4}\sum_{i=1}^{3}c_{ij}x_{ij}$

约束条件　$\begin{cases} \sum_{j=1}^{4}x_{1j}=5,\ \sum_{j=1}^{4}x_{2j}=2,\ \sum_{j=1}^{4}x_{3j}=3 \\ \sum_{i=1}^{3}x_{i1}=3,\ \sum_{i=1}^{3}x_{i2}=2,\ \sum_{i=1}^{3}x_{i3}=3,\ \sum_{i=1}^{3}x_{i4}=2 \\ x_{ij} \geqslant 0,\ i=1,2,3;\ j=1,2,3,4 \end{cases}$

式中,c_{ij} 为该商品由 $\mathrm{B}i$ 运至 $\mathrm{A}j$ 的单位运价。

5.1.3　线性规划的一般模型

上述三个问题的实际背景不尽相同,但从数学的角度来归纳线性规划模型,其共同特点如下:

　　第一,每一个问题都有一组变量——决策变量,一般记为 $x_1, x_2, \cdots, x_n$。决策变量的每一组值代表了一种决策方案。通常要求决策变量取值非负,即 $x_j \geqslant 0 (j=1, 2, \cdots, n)$。

　　第二,每个问题都有决策变量须满足的一组约束条件——线性的等式或不等式。

　　第三,每个问题都有一个关于决策变量的线性函数——目标函数,要求这个目标函数在满足约束条件下实现最大或最小化。

　　我们将约束条件和目标函数都是决策变量的线性函数的规划问题称为线性规划。

　　线性规划模型的一般形式为

目标函数　　　$\max(\min) z = c_1 x_1 + c_2 x_2 + \cdots + c_n x_n$　　（实现最大或最小）

$$\text{s. t} \begin{cases} a_{11}x_1 + a_{12}x_2 + \cdots + a_{1n}x_n \leqslant (=, \geqslant) b_1 \\ a_{21}x_1 + a_{22}x_2 + \cdots + a_{2n}x_n \leqslant (=, \geqslant) b_2 \\ \qquad\qquad\qquad \vdots \\ a_{m1}x_1 + a_{m2}x_2 + \cdots + a_{mm}x_n \leqslant (=, \geqslant) b_m \\ x_1, x_2, \cdots, x_n \geqslant 0 \end{cases} \begin{array}{l} \text{（资源约束）} \\ \\ \text{（非负约束）} \end{array}$$

其中,s. t 是 subject to 的英文缩写,它表示约束条件。

　　通常,称目标函数中 x_j 的系数 c_j 为价值系数;b_i 表示第 i 种资源的拥有量。

　　线性规划数学模型的一般形式也可以用如下矩阵向量的简单形式加以表达:

$$\max(\min) \boldsymbol{Z} = \boldsymbol{CX}$$
$$\begin{cases} \boldsymbol{AX} \leqslant (=, \geqslant) \boldsymbol{b} \\ \boldsymbol{X} \geqslant \boldsymbol{0} \end{cases}$$

式中,$\boldsymbol{A}$ 是 $m \times n$ 阶技术系数矩阵;$\boldsymbol{b}$ 是 $m \times 1$ 阶资源系数矩阵（列向量）;$\boldsymbol{C}$ 是 $1 \times n$ 阶价值系数矩阵（行向量）;$\boldsymbol{X}$ 是 $n \times 1$ 阶决策变量矩阵（列向量）。

　　常用求解方法主要是单纯形法。从本质上来讲,单纯形法是一种"聪明"的穷举法,它通过不断去寻找比当前顶点更好的可行解区域顶点来达到最优。换句话说,抛开找到更好的顶点这一原则,单纯形法其实是从一个顶点（基本可行解）变换到另一个顶点（基本可行解）。从运算的角度来看,顶点（基本可行解）之间的变换其实就是矩阵初等行变换。

　　单纯形法的一般解题步骤可归纳为:①把线性规划问题的约束方程组表达成典范型方程组,找出基本可行解作为初始基可行解;②若基本可行解不存在,即约束条件有矛盾,则问题无解;③若基本可行解存在,以初始基可行解作为起点,根据最优性条件和可行性条件,引入非基变量取代某一基变量,找出目标函数值更优的另一基本可行解;④按步骤③进行迭代,直到对应检验数满足最优性条件（这时目标函数值不能再改善）,即得到问题的最优解;若迭代过程中发现问题的目标函数值无界,则终止迭代。具体求解可通过运筹学教材了解。

　　在建模实践中更多使用 MATLAB 软件来完成求解,只要模型格式满足了软件的格式要求,软件就会自动运算出结果。下面列出线性规划常见的格式转化方法。

　　目标函数可变换

$$\min z \rightleftharpoons \max(-z)$$

　　约束条件可变换

$$\sum a_{ij}x_j \geqslant b_i \rightleftharpoons \sum (-a_{ij})x_j \leqslant b_i$$

　　变量可变换:目标函数或约束条件中变量是绝对值格式 $|x_i|$。考虑 $u_i, v_i \geqslant 0$ 满足

$$x_i = u_i - v_i, \quad |x_i| = u_i + v_i$$

事实上，只要取 $u_i = \dfrac{x_i + |x_i|}{2}$，$v_i = \dfrac{|x_i| - x_i}{2}$ 就可以代换 $|x_i|$。

5.2　线性规划建模举例

例 5-2-1　某学校学生自助商店卖一个 X 可获利 0.5 元，卖一个 Y 可获利 0.4 元。卖一个 X，一个学生店员要花 2 分钟，一个学生出纳也要花 2 分钟；卖一个 Y，一个学生店员要花 3 分钟，一个学生出纳只花 1 分钟。在上课期间，该商店每天营业时间最多 2 小时，并且在这段时间内，只能有两个学生店员、一个学生出纳。要想获利最大，如何安排学生店员的工作量？

解　设店员甲每天卖 X 共 x_1 个、卖 Y 共 x_2 个，店员乙每天卖 X 共 x_3 个、卖 Y 共 x_4 个。
模型 I

$$\max z = 0.5(x_1 + x_3) + 0.4(x_2 + x_4)$$

$$\text{s. t.} \begin{cases} 2x_1 + 3x_2 \leqslant 120 \\ 2x_3 + 3x_4 \leqslant 120 \\ 2(x_1 + x_3) + (x_2 + x_4) \leqslant 120 \\ x_1, x_2, x_3, x_4 \geqslant 0 \end{cases}$$

利用 MATLAB 求解易得最优解为

$$x_1 = 0, \quad x_2 = 40, \quad x_3 = 30, \quad x_4 = 20, \quad \text{最优值为 } z_{\max} = 390(\text{元})$$

模型分析：店员甲、店员乙任务不平均，在实际生活中容易引起矛盾。

模型 II　附加条件：店员甲、店员乙任务平均：

$$\max z = 0.5(x_1 + x_3) + 0.4(x_2 + x_4)$$

$$\text{s. t.} \begin{cases} 2x_1 + 3x_2 \leqslant 120 \\ 2x_3 + 3x_4 \leqslant 120 \\ 2(x_1 + x_3) + (x_2 + x_4) \leqslant 120 \\ x_1 + x_2 = x_3 + x_4 \\ x_1, x_2, x_3, x_4 \geqslant 0 \end{cases}$$

所求最优解为

$$x_1 = 15, \quad x_2 = 30, \quad x_3 = 15, \quad x_4 = 30, \quad \text{最优值为 } z_{\max} = 390(\text{元})$$

例 5-2-2（饲料配比问题）

某公司长期饲养实验用的动物以供出售，已知这些动物的生长对饲料中的蛋白质、矿物质、维生素这三种营养成分特别敏感，每个动物每天至少需要蛋白质 70 g、矿物质 3 g、维生素 10 mg，该公司能买到五种不同的饲料，每种饲料 1 kg 所含的营养成分如下：

饲　料	蛋白质/g	矿物质/g	维生素/mg
1	0.3	0.1	0.05
2	2	0.05	0.1
3	1	0.02	0.02
4	0.6	0.2	0.2
5	1.8	0.05	0.08

每种饲料 1 kg 的成本如下:

饲　料	1	2	3	4	5
成本/元	0.2	0.7	0.4	0.3	0.5

试为公司制定相应的饲料配方,以满足动物生长的营养需要,并使投入的总成本最低。

假设与分析

设 $x_j(j=1,2,3,4,5)$ 表示混合饲料中所含的第 j 种饲料的数量(即决策变量),因每个动物每天至少需要蛋白质 70 g、矿物质 3 g、维生素 10 mg,所以 $x_j(j=1,2,3,4,5)$ 应满足如下约束条件:

$$\begin{cases} 0.3x_1 + 2.0x_2 + 1.0x_3 + 0.6x_4 + 1.8x_5 \geqslant 70 \\ 0.1x_1 + 0.05x_2 + 0.02x_3 + 0.2x_4 + 0.05x_5 \geqslant 3 \quad (x_j \geqslant 0,\ j=1,2,3,4,5) \\ 0.05x_1 + 0.1x_2 + 0.02x_3 + 0.2x_4 + 0.08x_5 \geqslant 0.01 \end{cases}$$

因要求配制出来的饲料其总成本最低,故其目标函数为

$$\min z = 0.2x_1 + 0.7x_2 + 0.4x_3 + 0.3x_4 + 0.5x_5$$

模型建立

读者可自己建立数学模型。

例 5 - 2 - 3(生产配套问题)

设有 n 个车间要生产 m 种产品,第 j 车间每天生产第 i 种产品至多 a_{ij} 件(即全天只安排生产该产品而不安排生产其他产品时的最大产量),假设这 m 种产品每种一件配成一套,问如何安排生产任务才能使生产出的成套产品最多?$(i=1,2,\cdots,m;j=1,2,\cdots,n)$

模型建立

引入符号变量:

x_{ij}——车间 j 安排用于生产产品 i 的时间(占全天的比例);

Z——每天生产的成套产品数目;

$x_{ij}a_{ij}$——车间 j 每天生产产品 i 的数目(例如,车间 2 每天至多生产某产品 6 件,若安排 1/3 天时间去生产,则可产出 2 件);

$\sum\limits_{j=1}^{n} a_{ij}x_{ij}$——每天全厂产出产品 i 的总量。

则有如下数学模型:

$$\max f = Z$$

$$\text{s. t.} \begin{cases} \sum\limits_{j=1}^{n} a_{ij}x_{ij} \geqslant Z,\ i=1,2,\cdots,m \\ \sum\limits_{i=1}^{m} x_{ij} \leqslant 1,\ j=1,2,\cdots,n \\ x_{ij} \geqslant 0 \\ Z \geqslant 0,\text{为整数} \end{cases}$$

式中,常数 1 表示 1 天。

模型分析

① 此模型着重考虑安排生产的时间。

② 从实际情况考虑,安排生产的时间必须是每件产品耗用生产时间的整数倍才合适。

例 5 - 2 - 4 (运输问题)

运输问题是一类特殊的线性规划模型,该模型的建立最初用于解决一个部门的运输网络所要求的最经济的运输路线和产品的调配问题,并取得了成功。除运输问题外,许多非运输问题在实际应用中一样可以建立相应的运输问题模型,并由此求出其最优解。下面以“产销平衡模型”为例对运输问题进行简单的概括和描述。

某商品有 m 个产地、n 个销地,各产地产量分别为 $a_1,a_2,\cdots,a_m$,各销地的需求量分别为 $b_1,b_2,\cdots,b_n$。若该商品由 i 产地运到 j 销地的单位运价为 c_{ij},问应该如何调运才能使总运费最省?

模型建立

引入变量 x_{ij},其取值为由 i 产地运往 j 销地的该商品数量,对于产销平衡的情形 $(\sum\limits_{j=1}^{n} b_j = \sum\limits_{i=1}^{m} a_i)$,我们可给出其运输问题的数学模型:

$$\min \sum_{i=1}^{m} \sum_{j=1}^{n} c_{ij} x_{ij}$$

$$\text{s. t.} \begin{cases} \sum\limits_{j=1}^{n} x_{ij} = a_i, \ i=1,\cdots,m \\ \sum\limits_{i=1}^{m} x_{ij} = b_j, \ j=1,2,\cdots,n \\ x_{ij} \geqslant 0 \end{cases}$$

当然,在实际应用中,常出现产销不平衡的情形,此时,需要把产销不平衡问题转化为产销平衡问题来进行讨论。例如,当产量 $\sum\limits_{i=1}^{m} a_i$ 大于销量 $\sum\limits_{j=1}^{n} b_j$ 时,只需增加一个虚拟的销地 $j=n+1$,而该销地的需要量为 $\sum\limits_{i=1}^{m} a_i - \sum\limits_{j=1}^{n} b_j$ 即可。销量 $\sum\limits_{j=1}^{n} b_j$ 大于产量 $\sum\limits_{i=1}^{m} a_i$ 的情形类同。

例 5 - 2 - 5 (连续投资问题)

某部门在今后五年内考虑给下列项目投资,已知条件如下:

项目 A,从第一年到第四年每年年初均需投资,并于次年末回收本利 115%。

项目 B,第三年初需要投资,到第五年末回收本利 125%,但规定最大投资额不超过 4 万元。

项目 C,第二年初需要投资,到第五年末回收本利 140%,但规定最大投资额不超过 3 万元。

项目 D,五年内每年初可购买公债,于当年末归还,可获利息 6%。

该部门现有资金 10 万元,问该部门应如何确定给这些项目每年的投资额,使得到第五年末部门所拥有的资金的本利总额最大。

假设与分析

这是一个连续投资问题,能否定义好决策变量,并使之满足线性关系,是能否用线性规划方法求最优解的关键。我们用 $x_{jA},x_{jB},x_{jC},x_{jD}(j=1,2,3,4,5)$ 表示第 j 年初分别用于项目 A、B、C、D 的投资额(即决策变量),根据题设条件,可列出下表(表中空格部分表示该项目当年的投资为 0):

项　目	第一年	第二年	第三年	第四年	第五年
A	x_{1A}	x_{2A}	x_{3A}	x_{4A}	
B			x_{3B}		
C		x_{2C}			
D	x_{1D}	x_{2D}	x_{3D}	x_{4D}	X_{5D}

下面讨论这些决策变量 x_{jA}、x_{jB}、x_{jC}、$x_{jD}(j=1,2,3,4,5)$应满足的线性约束条件。

解　从列表中可知:第一年年初仅对项目 A、D 进行投资,因年初拥有资金 10 万元,所以

$$x_{1A} + x_{1D} = 100\,000$$

同理,第二年对项目 A、C、D 的投资额应满足方程:

$$x_{2A} + x_{2C} + x_{2D} = 1.06x_{1D}$$

第三年项目 A、B、D 的投资额应满足方程:

$$x_{3A} + x_{3B} + x_{3D} = 1.15x_{1A} + 1.06x_{2D}$$

第四年对项目 A、D 的投资额应满足方程:

$$x_{4A} + x_{4D} = 1.15x_{2A} + 1.06x_{3D}$$

第五年对项目 D 的投资额应满足方程:

$$x_{5D} = 1.15x_{3A} + 1.06x_{4D}$$

另外,项目 B、C 的投资额度应受如下条件的约束:

$$x_{3B} \leqslant 40\,000$$
$$x_{2C} \leqslant 30\,000$$

由于"连续投资问题"要求第五年末部门所拥有的资金的本利总额最大,故其目标函数为

$$\max z = 1.15x_{4A} + 1.40x_{2C} + 1.25x_{3B} + 1.06x_{5D}$$

模型的建立与求解

有了如上的分析,我们可给出该"连续投资问题"的线性规划模型:

$$\max z = 1.15x_{4A} + 1.40x_{2C} + 1.25x_{3B} + 1.06x_{5D}$$

$$\begin{cases} x_{1A} + x_{1D} = 100\,000 \\ -1.06x_{1D} + x_{2A} + x_{2C} + x_{2D} = 0 \\ -1.15x_{1A} - 1.06x_{2D} + x_{3A} + x_{3B} + x_{3D} = 0 \\ -1.15x_{2A} - 1.06x_{3D} + x_{4A} + x_{4D} = 0 \\ -1.15x_{3A} - 1.06x_{4D} + x_{5D} = 0 \\ x_{2C} \leqslant 30\,000 \\ x_{3B} \leqslant 40\,000 \end{cases}$$

求解可得到第一年为

$$x_{1A} = 34\,783, \quad x_{1D} = 65\,217$$

第二年为

$$x_{2A} = 39\,130, \quad x_{2C} = 30\,000, \quad x_{2D} = 0$$

第三年为

$$x_{3A} = 0, \quad x_{3B} = 40\,000, \quad x_{3D} = 0$$

第四年为

$$x_{4A} = 45\,000, \quad x_{4D} = 0$$

第五年为

$$x_{5D} = 0$$

由此求出第五年末该部门所拥有的资金的本利总额为 143 750 元,即部门赢利 43.75% 。

5.3　线性规划的对偶问题

在线性规划中,不论从理论方面还是从实际方面,都存在一个有趣的问题:对于任何一个求最大值的线性规划问题,必有一个求最小值的规划问题与它匹配,反之亦然。除此之外,两者包含有相同的数据,如果前者称为原问题,那么后者便称为对偶问题;若前者称为对偶问题,则后者称为原问题。两者互为对偶线性规划问题。

例 5-3-1　某企业计划生产甲、乙两种产品,这两种产品均需在 A、B、C 三种不同的设备上加工。每单位产品所耗用的设备工时、单位产品利润及各设备在某计划期内的工时限额如表 5-3-1 所列。

表 5-3-1　某企业生产计划安排问题

设　备	甲单位产品所耗工时	乙单位产品所耗工时	工时限额
A 设备	1	1	6
B 设备	1	2	8
C 设备	0	2	6
单位利润/元	300	400	

试考虑两个问题:

① 应如何安排生产计划,才能使企业获得最大利润?

② 假设某企业的决策者欲停止生产甲、乙产品,而将设备 A、B、C 租赁出去,那么该企业如何确定单位设备工时的租赁费?

解　对于问题①,我们根据前面所学的线性规划知识,可以建立甲、乙两种产品的产量实现最大利润的线性规划模型:

$$\max z = 300x_1 + 400x_2$$

$$\text{s.t.} \begin{cases} x_1 + x_2 \leqslant 6 \\ x_1 + x_2 \leqslant 8 \\ 2x_2 \leqslant 6 \\ x_1, x_2 \geqslant 0 \end{cases}$$

对于问题②,企业面临体制改革和资产重组等现实问题时可能会遇到。我们设该企业租赁设备 A、B、C 的单位工时租赁费分别为 y_1、y_2、y_3。

由于原拟用于生产单位产品甲的 A、B、C 的工时分别为 1、1、0 个单位,创造了 300 元利润,所以租赁各设备上述数量的工时所得到的租赁费应不少于 300 元,于是有

$$y_1 + y_2 \geqslant 300$$

　　与此类似,将原拟用于生产乙单位产品的一个 A 工时,2 个 B 工时和 2 个 C 工时实行租赁,所得到的租赁费不少于 400 元,即有

$$y_1 + 2y_2 + 2y_3 \geqslant 400$$

将原拟用于生产甲、乙产品的三种设备全部工时租赁后可获得的全部租赁收入为

$$w = 6y_1 + 8y_2 + 6y_3$$

　　固然 w 越大越好,但也不能要求目标为 max w,因为这势必导致 $w \to \infty$,这样是无法将设备租赁出去的。故而所求的是和自己生产甲、乙产品的最优情况效果相比的租价,即满足约束条件的最低租价。

　　由上述结果可归纳出与问题①相应的另一个线性规划模型:

$$\min w = 6y_1 + 8y_2 + 6y_3$$
$$\text{s. t.} \begin{cases} y_1 + y_2 \leqslant 300 \\ y_1 + 2y_2 + 2y_3 \geqslant 400 \\ y_i \geqslant 0,\ i = 1, 2, 3 \end{cases}$$

　　该模型称为问题①对应的对偶模型。问题①、②的两个模型是对同一个问题从两个不同的角度考虑的极值问题,这中间有着一定的内在联系,这种对应关系称为对称型对偶关系。

5.3.1　对偶问题的定义

　　对于原始线性规划:

$$\max z = \boldsymbol{CX}$$
$$\text{s. t.} \begin{cases} \boldsymbol{AX} \leqslant \boldsymbol{b} \\ \boldsymbol{X} \geqslant \boldsymbol{0} \end{cases}$$

我们称线性规划

$$\min w = \boldsymbol{Y}^{\mathrm{T}} \boldsymbol{b}$$
$$\text{s. t.} \begin{cases} \boldsymbol{A}^{\mathrm{T}} \boldsymbol{Y} \geqslant \boldsymbol{C}^{\mathrm{T}} \\ \boldsymbol{Y} \geqslant \boldsymbol{0} \end{cases}$$

是原始线性规划的对偶问题。其中

$$\boldsymbol{C} = (c_1, \cdots, c_n)$$
$$\boldsymbol{X} = (x_1, \cdots, x_n)^{\mathrm{T}}$$
$$\boldsymbol{A} = (a_{ij})_{m \times n}$$
$$\boldsymbol{b} = (b_1, \cdots, b_m)^{\mathrm{T}}$$
$$\boldsymbol{Y} = (y_1, \cdots, y_m)^{\mathrm{T}}$$

5.3.2　对偶问题的经济解释——影子价格

　　在例 5-3-1 中,y_1、y_2、y_3 反映了 A、B、C 的一种价格:

　　① 该厂不用它们生产甲、乙,而将设备按台时租赁,由此得到的收益不小于用它们生产甲、乙而得到的收益。

　　② 在保障①的前提下,使租赁方付出的总租赁费最低。

　　由此我们看到,y_i 是企业根据本企业的具体生产过程,为使设备投入实现最大利润而得到的一种估计价格。这种估计是针对具体企业、具体产品以及具体生产工艺而存在的一种特

殊价格,通常称为影子价格。

当线性规划的原问题求得最优解 x_j^*($j=1,2,\cdots,n$)时,其对偶问题也得到了最优解 y_i^*($i=1,2,\cdots,m$),且代入各自的目标函数后有

$$Z^* = \sum_{j=1}^{n} c_j x_j^* = \sum_{i=1}^{m} b_i y_i^* = w^*$$

式中,b_i($i=1,2,\cdots,m$)是线性规划原问题的约束条件的右端项,它代表第 i 种资源的拥有量;对偶变量 y_i^*($i=1,2,\cdots,m$)的意义是在资源最优利用条件下对单位第 i 种资源的估价。这种估价不是资源的市场价格,而是根据资源在生产中的贡献而作的估价,为区别起见,称为影子价格。

① 资源的市场价格是已知数,相对比较稳定,而它的影子价格则有赖于资源的利用情况,是未知数。由于企业生产任务、产品结构等情况发生变化,资源的影子价格也随之改变。

② 影子价格是一种边际价格。考虑在最优解处,右端项 b_i 的微小变动对目标函数值的影响(在不改变最优解的情况下),将 z^* 对 b_i 作偏导:

$$\frac{\partial z^*}{\partial b_i} = y_i^* \quad (i=1,2,\cdots,m)$$

在资源得到最优利用的生产条件下,b_i 为每增加一个单位时引起的最优目标函数值 z 的增量。

③ 第 i 种资源供大于求,即在达到问题的最优解时,资源并没有用完,此时影子价格为 0。设备 A 影子价格 $y_1^*=0$,表示资源在得到最优利用的生产条件下,设备 A 的资源尚未利用完,即使增加 1 个工时也不会引起 z 值的改变。当 $\overline{y_i}>0$ 时,$\sum_{j=1}^{n} a_{ij}\overline{x_j}=b_i$,表明影子价格 $\overline{y_i}\neq 0$ 时,该资源在生产中已消耗完毕,若再增加这种资源的供应量,可使目标函数值增加。注意到,资源的影子价格越高,说明资源在系统内越稀缺,而增加该资源的供应量对目标函数值的贡献也越大;因此,企业管理者可以根据各种资源在企业内的影子价格的大小决定企业的经营策略。

④ 一般来说,对线性规划原问题的求解,是确定资源的最优分配方案,而对于对偶问题的求解则是确定对资源的恰当估计,这种估计直接涉及资源的最有效利用。比如在一个大公司内部,可借助资源的影子价格确定一些内部结算价格,以便控制有限资源的使用和考核下属企业经营的好坏;又比如在社会上可对一些最紧缺的资源,借助影子价格规定使用这种资源一单位时必须上交的利润额,以控制一些经济效益低的企业自觉地节约使用紧缺资源,使有限资源发挥更大的经济效益。

5.3.3　灵敏度分析

前面所讨论的线性规划问题及其求解,是在模型参数 a_{ij}、b_i、c_j 为已知常数的基础上进行的。实际问题中,这些常数值往往是一些预测或估计的数字,具有一定的误差,并且随着市场条件和企业内部情况的变化而变动。如果市场条件一变 c_j 值就变化,往往是因为工艺条件的改变而改变;b_i 是根据资源投入后的经济效果决定的一种决策选择。

所谓灵敏度分析,就是要研究模型参数的变化对最优解的影响。当系数 a_{ij}、b_i、c_j 中的某

个发生变化时,目前的最优解是否仍最优(即目前的最优生产方案是否要变化)?

例 5 - 3 - 2　某工厂用甲、乙、丙三种原料可生产五种产品,其有关数据如表 5 - 3 - 2 所列。

表 5 - 3 - 2　某工厂生产规划问题

原　料	供应量/kg	每万件产品所需原料/kg				
		A	B	C	D	E
甲	10	1	2	1	0	1
乙	24	1	0	1	3	2
丙	21	1	2	2	2	2
每万件产品利润/万元		8	20	10	20	21

问怎样组织生产可以使工厂获得最多利润?并考虑灵敏度分析。

解　设 x_1、x_2、x_3、x_4、x_5 分别为 A、B、C、D、E 五种产品的生产件数,则可建立线性规划模型为

$$\max z = 8x_1 + 20x_2 + 10x_3 + 20x_4 + 21x_5$$

$$\text{s. t.} \begin{cases} x_1 + 2x_2 + x_3 + x_5 \leqslant 10 \\ x_1 + x_3 + 3x_4 + 2x_5 \leqslant 24 \\ x_1 + 2x_2 + 2x_3 + 2x_4 + 2x_5 \leqslant 21 \\ x_1, x_2, \cdots, x_5 \geqslant 0 \end{cases}$$

在上述各约束条件中依次加入松弛变量 x_6、x_7、x_8 并化为

$$\max z = 8x_1 + 20x_2 + 10x_3 + 20x_4 + 21x_5$$

$$\text{s. t.} \begin{cases} x_1 + 2x_2 + x_3 + x_5 + x_6 = 10 \\ x_1 + x_3 + 3x_4 + 2x_5 + x_7 = 24 \\ x_1 + 2x_2 + 2x_3 + 2x_4 + 2x_5 + x_8 = 21 \\ x_1, x_2, \cdots, x_8 \geqslant 0 \end{cases}$$

求解上述模型,最优解:$x_5 = 10$,$x_7 = \dfrac{5}{2}$,$x_4 = \dfrac{1}{2}$,即最优生产方案是生产 E 产品 10 万件,D 产品 0.5 万件,其他不生产,可得最多利润 220 万元。

问题 1　c_j 是非基变量 x_j 的系数,若 C 产品的利润系数 c_j 变化,

① 由 10 变为 20;

② 由 10 变为 22;

问:这两种情况是否会对最优解产生影响?

解　① 经过求解,当 c_3 从 10 变为 20 时,其仍小于 21,因此 c_3 的变化对最优解不产生影响。

② 当 c_3 从 10 变为 22 时,已超出 c_3 的变化范围,原最优解不再是最优解了。最优解为

$$\boldsymbol{X}^* = \left(0, 0, 10, \frac{1}{2}, 0, 0, \frac{25}{2}, 0\right)^{\text{T}}$$

目标值为

$$z(\boldsymbol{X}^*) = 10 \times 22 + \frac{1}{2} \times 20 = 230$$

问题 2　若该厂除生产 A、B、C、D、E 五种产品外,还有第六种产品 F 可供选择。已知生产 F 每万件要用原料甲、乙、丙分别为 1,2,1 kg,而每万件产品 F 可得利润 12 万元。问该厂是否应该考虑安排这种产品的生产,若要安排,应当生产多少?

解　设新产品的生产量为 x_9,新的数学模型为

$$\max z = 8x_1 + 20x_2 + 10x_3 + 20x_4 + 21x_5 + 12x_9$$

$$\text{s. t.} \begin{cases} x_1 + 2x_2 + x_3 + x_5 + x_6 + x_9 = 10 \\ x_1 + x_3 + 3x_4 + 2x_5 + x_7 + 2x_9 = 24 \\ x_1 + 2x_2 + 2x_3 + 2x_4 + 2x_5 + x_8 + x_9 = 21 \\ x_1, x_2, \cdots, x_9 \geqslant 0 \end{cases}$$

增加新产品 F 是有利的,可以获得更大的利润,最优解为

$$x_4 = \frac{4}{3}, \quad x_5 = \frac{25}{3}, \quad x_9 = \frac{5}{3}, \qquad \text{其他变量为零}$$

即最优生产方案为产品 D 生产 4/3 万件,产品 E 生产 25/3 万件,F 生产 5/3 万件。

最大利润 $z(\boldsymbol{X}^*) = 221\frac{2}{3}$(万元)。

问题 3　生产上增加工序,反映在线性规划模型中就相当于增加新的约束条件,这种情况下的灵敏度分析,一般可先将已求出的最优解代入新增加的约束条件,如果满足该约束条件,则最优解不改变;否则需将新增加的约束条件加到原先得到的最优单纯形表中调整求解。

假设工厂又增加煤耗不许超过 10 吨的限制,而生产每单位的 A、B、C、D、E 产品分别需要煤 3,2,1,2,1 吨,问新的限制对原生产计划有何影响?

解　添加一个煤耗的约束条件,可描述为

$$3x_1 + 2x_2 + x_3 + 2x_4 + x_5 \leqslant 10$$

加上松弛变量 x_9,使上式变成

$$3x_1 + 2x_2 + x_3 + 2x_4 + x_5 + x_9 = 10$$

最优解:$x_5 = 10, x_7 = 4, x_9 = 1$,其他变量均为零(基变量 $x_4 = 0$ 表示一种退化情况)。于是最优生产方案为只生产 E 产品 10 万件,可获利润 210 万元,比原计划方案的利润减少 10 万元。

5.4　线性规划建模中的 MATLAB 实践

线性规划的目标函数可以是求最大值,也可以是求最小值,约束条件的不等号可以是小于号,也可以是大于号。为了避免这种形式多样性带来的不便,MATLAB 中规定线性规划的标准形式为

$$\min z = \boldsymbol{c}^{\mathrm{T}}\boldsymbol{x}$$

$$\text{s. t} \begin{cases} \boldsymbol{AX} \leqslant \boldsymbol{b} \\ \text{Aeq} \cdot \boldsymbol{x} = \text{beq} \\ \boldsymbol{X} \geqslant 0 \end{cases}$$

式中,c 和 x 为 n 维列向量;A、Aeq 为适当维数的矩阵;b、beq 为适当维数的列向量。求解的基本函数形式为

```
linprog(c, A,b)
```

它的返回值是向量 x 的值。还有其他的一些函数调用形式,在 MATLAB 指令窗中运行 help linprog 可以看到所有的函数调用形式,如:

```
[x,fval] = linprog(c,A,b,Aeq,beq,LB,UB,X0,OPTIONS)
```

其中,fval 为返回目标函数的值;LB 和 UB 分别是变量 x 的下界和上界;X0 是 X 的初始值;OPTIONS 是控制参数。若参数有空项,用[]代替,如约束条件中没有等式约束,则调用命令:

```
[x,fval] = linprog(c,A,b,[],[],LB,UB,X₀,OPTIONS)
```

例 5 - 4 - 1　求解下列线性规划问题:

$$\max z = 2x_1 + 3x_2 - 5x_3$$

$$\text{s. t.} \begin{cases} x_1 + x_2 + x_3 = 7 \\ 2x_1 - 5x_2 + x_3 \geqslant 10 \\ x_1 + 3x_2 + x_3 \leqslant 12 \\ x_1, x_2, x_3 \geqslant 0 \end{cases}$$

解　①化成 MATLAB 标准型:

$$\min w = -2x_1 - 3x_2 + 5x_3$$

$$\text{s. t.} \begin{cases} \begin{bmatrix} -2 & 5 & -1 \\ 1 & 3 & 1 \end{bmatrix} \begin{bmatrix} x_1 \\ x_2 \\ x_3 \end{bmatrix} \leqslant \begin{bmatrix} -10 \\ 12 \end{bmatrix} \\ \\ \begin{bmatrix} 1 & 1 & 1 \end{bmatrix} \cdot \begin{bmatrix} x_1 & x_2 & x_3 \end{bmatrix}^{\text{T}} = 7 \end{cases}$$

可以看到 $\min z = C^{\text{T}} X$ 中 $C = \begin{bmatrix} 2 & 3 & -5 \end{bmatrix}$,而约束条件

$$AX \leqslant b$$
$$\text{Aeq} \cdot X = \text{beq}$$
$$X \geqslant 0$$

中 $A = \begin{bmatrix} -2 & 5 & -1 \\ -1 & 3 & 1 \end{bmatrix}$,$b = \begin{bmatrix} -10 & 12 \end{bmatrix}^{\text{T}}$,Aeq $= \begin{bmatrix} 1 & 1 & 1 \end{bmatrix}$,beq $= 7$。

② 编写 M 文件:

```
c = [2;3; - 5];
a = [ - 2,5, - 1;1,3,1];
b = [ - 10;12];
aeq = [1,1,1];
beq = 7;
x = linprog( - c,a,b,aeq,beq,zeros(3,1))
value = c' * x
```

③ 将 M 文件存盘,并命名为 example1. m。在 MATLAB 指令窗中运行 example1 即可得所求结果。

例 5 - 4 - 2　假设某厂计划生产甲、乙两种产品,现库存主要材料有 A 类 3 600 公斤,B 类 2 000 公斤,C 类 3 000 公斤。每件甲产品,需用材料 A 类 9 公斤,B 类 4 公斤,C 类 3 公斤。每件乙产品,需用材料 A 类 4 公斤,B 类 5 公斤,C 类 10 公斤。甲单位产品的利润为 70 元,乙单位产品的利润为 120 元。问如何安排生产,才能使该厂所获的利润最大。

解　设 x_1、x_2 分别为生产甲、乙产品的件数。f 为该厂所获总利润,建立数学模型:

$$\max f = 70x_1 + 120x_2$$

$$\text{s. t.} \begin{cases} 9x_1 + 4x_2 \leqslant 3\ 600 \\ 4x_1 + 5x_2 \leqslant 2\ 000 \\ 3x_1 + 10x_2 \leqslant 3\ 000 \\ x_1, x_2 \geqslant 0 \end{cases}$$

MATLAB 程序如下:

```
>> f = [ - 70 - 120];                          % 建立目标函数矩阵 f
>> A = [9 4 4 5;310];                          % 建立条件约束对应系数矩阵 A
>> b = [3600;2000;3000];                       % 建立条件约束对应向量 b
>> lb = [0 0]; ub = [];                        % 给出下界,上界为空
>> [x,fval,exitflag] = linprog(f,A,b,[],[],lb,ub)  % 调用线性规划程序 linprog
>> maxf = - fval                               % 求出最大值
```

运行结果:

```
x =
     200.0000    240.0000
fval =
      - 4.2800e + 004
exitflag =
           1
maxf =
     4.2800e + 004
```

例 5 - 4 - 3(投资问题)

市场上有 s_i 种资产 $s_i(i = 1,2,\cdots,n)$ 可以选择,现用数额为 M 的相当大的资金作一个时期的投资。这 n 种资产在这一时期内购买 s_i 的平均收益率为 r,风险损失率为 q_i,投资越分散,总的风险越少,总体风险可用投资的 s_i 中最大的一个风险来度量。

购买 s_i 时要付交易费,费率为 p_i,当购买额不超过给定值 u_i 时,交易费按购买 u_i 计算。另外,假定同期银行存款利率是 r_0,既无交易费又无风险($r_0 = 5\%$)。

已知 $n = 4$ 时相关数据如下:

s_i	$r_i/\%$	$q_i/\%$	$p_i/\%$	$u_i/$元
s_1	28	2.5	1	103
s_2	21	1.5	2	198
s_3	23	5.5	4.5	52
s_4	25	2.6	6.5	40

试给该公司设计一种投资组合方案,即用给定资金 M,有选择地购买若干种资产或存银行生息,使净收益尽可能大,使总体风险尽可能小。

引入符号变量：

s_i——第 i 种投资项目，如股票、债券等，$i=0,1,2,\cdots,n$ ，其中 s_0 指存入银行；

r_i,p_i,q_i——平均收益率、交易费率、风险损失率，其中 $p_0=0,q_0=0$；

u_i——s_i 的交易定额；

x_i——投资项目 s_i 的资金，$i=0,1,2,\cdots,n$；

a——投资风险度；

Q——总体收益。

基本假设

① 投资数额相当大，为了便于计算，假设 $M=1$；

② 投资越分散，总的风险越小；

③ 总体风险用投资项目 s_i 中最大的一个风险来度量；

④ $n+1$ 种资产 s_i 之间是相互独立的；

⑤ 在投资的这一时期内，r_i、p_i、$q_i r_i$、q_i、$q_i s_i$ 为 M 的定值，不受意外因素影响；

⑥ 净收益和总体风险只受 r_i、p_i、q_i 影响，不受其他因素干扰。

模型的分析与建立

① 总体风险用所投资的最大的一个风险来衡量，即

$$\max\{q_i x_i \mid i=1,2,\cdots,n\}$$

② 购买 s_i 所付交易费是一个分段函数，即

$$交易费 = \begin{cases} p_i x_i, & x_i > u_i \\ p_i u_i, & x_i \leqslant u_i \end{cases}$$

而题目所给的定值 u_i（单位：元）相对总投资 M 很少，$p_i u_i$ 更小，这样购买 s_i 的净收益可以简化为 $(r_i-p_i)x_i$。

③ 要使净收益尽可能大，总体风险尽可能小，这是一个多目标规划模型。

目标函数为

$$\begin{cases} \max \sum_{i=0}^{n} (r_i - p_i)x_i \\ \min\max\{q_i x_i\} \end{cases}$$

约束条件为

$$\begin{cases} \sum_{i=0}^{n} (1+p_i)x_i = M \\ x_i \geqslant 0, \ i=0,1,\cdots,n \end{cases}$$

④ 模型简化

a) 在实际投资中，投资者承受风险的程度不一样，若给定风险一个界限 a，使最大的一个风险 $\dfrac{q_i x_i}{M} \leqslant a$，可找到相应的投资方案。这样就把多目标规划变成了一个目标的线性规划。

模型Ⅰ　固定风险水平，优化收益：

$$\max \sum_{i=0}^{n} (r_i - p_i)x_i$$

$$s.\,t.\begin{cases}\dfrac{q_i x_i}{M}\leqslant a\\\sum\limits_{i=0}^{n}(1+p_i)x_i=M,\ x_i\geqslant 0,\ i=0,1,2,\cdots,n\end{cases}$$

b) 若投资者希望总盈利至少达到水平 k 以上,在风险最小的情况下寻求相应的投资组合。

模型 II 固定盈利水平,极小化风险:

$$\min\{\max\{q_i x_i\}\}$$

$$s.\,t.\begin{cases}\sum\limits_{i=0}^{n}(r_i-p_i)x_i\geqslant k\\\sum\limits_{i=0}^{n}(1+p_i)x_i=M,\ x_i\geqslant 0,\ i=0,1,2,\cdots,n\end{cases}$$

c) 投资者在权衡资产风险和预期收益两方面时,希望选择一个令自己满意的投资组合。因此对风险、收益分别赋予权重 $s(0<s\leqslant 1)$ 和 $(1-s)$,s 称为投资偏好系数。

模型 III

$$\min s\{\max\{q_i x_i\}\}-(1-s)\sum\limits_{i=0}^{n}(r_i-p_i)x_i$$

$$s.\,t.\quad\sum\limits_{i=0}^{n}(1+p_i)x_i=M,\ x_i\geqslant 0,\ i=0,1,2,\cdots,n$$

考虑模型 I,分析不同风险度下的最优解。

模型 I 转化为 MATLAB 要求的标准格式:

$$\min f=[-0.05,-0.27,-0.19,-0.185,-0.185][x_0,x_1,x_2,x_3,x_4]^{\mathrm{T}}$$

$$s.\,t.\begin{cases}x_0+1.01x_1+1.02x_2+1.045x_3+1.065x_4=1\\0.025x_1\leqslant a\\0.015x_2\leqslant a\\0.055x_3\leqslant a\\0.026x_4\leqslant a\\x_i\geqslant 0,i=0,1,2,3,\cdots,4\end{cases}$$

考虑风险度有各种情况,全面搜索,让风险度从 0 开始递增,观察最佳收益的变化。我们从 $a=0$ 开始,以步长 $\Delta a=0.001$ 进行循环搜索,编制程序如下:

```
clc,clear    % 清理工作环境
a = 0;hold on
while a<0.05
    c = [-0.05,-0.27,-0.19,-0.185,-0.185];              % 按照要求写入所有变量的数据
    A = [zeros(4,1),diag([0.025,0.015,0.055,0.026])];
    b = a * ones(4,1);
    Aeq = [1,1.01,1.02,1.045,1.065];
    beq = 1; LB = zeros(5,1);
    [x,Q] = linprog(c,A,b,Aeq,beq,LB);                  % 通过 linprog 求解最优解和函数值
    Q = -Q; plot(a,Q,'* k');                            % 函数值转为收益值,并画出风险和收益的变化图
    a = a + 0.001;                                       % 风险值递增 0.001,通过 while 循环求解线性规划
end
xlabel('a'),ylabel('Q')                                 % 为图像加入坐标轴名称
```

结果分析

MATLAB 求解结果,可得图 5 - 4 - 1。

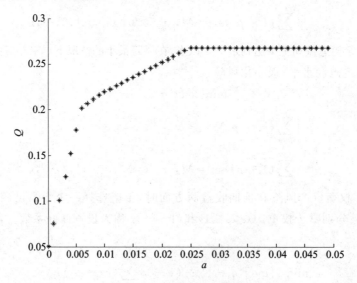

图 5 - 4 - 1　风险与收益关系图

在 $a = 0.006$ 附近有一个转折点,在这一点左边,当风险增加很少时,利润增长很快;在这一点右边,当风险增加很大时,利润增长很缓慢。因此,对于风险和收益没有特殊偏好的投资者来说,应该选择曲线的转折点作为最佳投资组合,大约是 $a = 0.6\%$,$Q = 20\%$,所对应投资方案为风险度 $a = 0.006$,收益 $Q = 0.2019$,$x_0 = 0$,$x_1 = 0.24$,$x_2 = 0.4$,$x_3 = 0.1091$,$x_4 = 0.2212$。

习 题

1. 一家玩具公司制造三种桌上高尔夫玩具,每一种要求不同的制造技术。高级的一种需要 17 小时加工装配劳动力,8 小时检验,每台利润 300 元。中级的需要 10 小时劳动力,4 小时检验,利润 200 元。低级的需要 2 小时劳动力,2 小时检验,利润 100 元。可供利用的加工劳动力为 1 000 小时,检验 500 小时。有市场预测表明,对高级的需求量不超过 50 台,中级的不超过 80 台,低级的不超过 150 台。为制造商决定采用一个能使总利润为最大的最优生产计划。

2. 某建筑材料预制厂生产 A_1、A_2 两种产品,现有两种原料,第一种有 72 m^3,第二种有 56 m^3,假设生产每种产品都需要两种原材料。生产每件产品所需原料如下表:

产 品	原料/m^3	
	第一种	第二种
A_1	0.18	0.09
A_2	0.07	0.68

每生产一件 A_1 可获得利润 60 元,生产一件 A_2 可获得利润 1 000 元,预制厂在现有原料的条件下,A_1、A_2 各应生产多少,才能使获得利润最大?

3. 一家保姆公司专门向顾主提供保姆服务。根据估计,下一年的需求是:春季 6 000 人日,夏季 7 500 人日,秋季 5 500 人日,冬季 9 000 人日。公司新招聘的保姆必须经过 5 天的培训才能上岗,每个保姆每季度工作(新保姆包括培训)65 天,保姆从该公司而不是从顾主那里得到报酬,每人每月工资 800 元。春季开始时公司拥有 120 名保姆,在每个季度结束后,将有 15%的保姆自动离职。

(1) 如果公司不允许解雇保姆,请你为公司制定下一年的招聘计划。

(2)如果在每个季度结束后允许解雇保姆,请为公司制定下一年的招聘计划。

第 6 章

整数规划与非线性规划方法

在数学规划模型中,除了线性规划外,还有其他规划模型,如整数规划、非线性规划等。规划中的变量(部分或全部)限制为整数时,称为整数规划。非线性规划模型,指的是目标函数或约束条件中包含非线性函数。一般说来,解非线性规划要比解线性规划问题困难得多。

6.1 整数规划模型

在线性规划问题中,有些最优解可能是分数或小数,但对于某些具体问题,常要求解答必须是整数。例如,所求解是机器的台数、工作的人数或装货的车数等。整数规划指要求变量取整数值的数学规划问题。其中要求变量取整数值的线性规划称为线性整数规划。一般认为非线性的整数规划可分成线性部分和整数部分,因此常常把整数规划作为线性规划的特殊部分。求解整数规划没有统一的有效方法,不同方法的效果与问题的性质有很大关系,比较常用的求解方法是分枝定界法及割平面解法,也可用数学软件,感兴趣的读者可参考相关书籍。

例 6 - 1 - 1 (钢管下料问题)

生产中常会遇到通过切割、剪裁、冲压等手段,将原料加工成所需尺寸,这种工艺过程称为原料下料问题。

某钢管零售商从钢管厂进货,将钢管按照顾客的要求切割后售出,从钢管厂进货时得到的原钢材料都是 19 m。现有一客户需要 50 根 4 m、20 根 6 m 和 15 根 8 m 的钢管。应如何下料最节省?

分析 首先,应当确定哪些切割模式是可行的。所谓一个切割模式,是指按照客户需要在原料钢管上安排切割的一种组合。例如:我们可以将 19 m 的钢管切割成 3 根 4 m 的钢管,余料为 7 m;或将 19 m 的钢管切割成 4 m、6 m 和 8 m 的钢管各 1 根,余料为 1 m。显然,可行的切割模式有很多。

其次,应当确定哪些切割模式是合理的。通常假设一个合理的切割模式的余料不应该大于或等于客户需要的钢管的最小尺寸。例如:将 19 m 的钢管切割成 3 根 4 m 的钢管是可行的,但余料 7 m,可以进一步分割成 4 m 钢管(余料为 3 m),或者将 7 m 切割成 6 m 钢管(余料为 1 m)。在这种合理的假设下,切割模式共有 7 种,如下表:

模 式	4 m 钢管根数	6 m 钢管根数	8 m 钢管根数	余料/m
模式 1	4	0	0	3
模式 2	3	1	0	1
模式 3	2	0	1	3
模式 4	1	2	0	3
模式 5	1	1	1	1
模式 6	0	3	0	1
模式 7	0	0	2	3

问题化为在满足客户需要的条件下,按照哪些合理的切割模式,切割多少根原料钢管,最为节省。而所谓节省,可以有两种标准:一是切割后剩余的总余料量最少,二是切割原料钢管的总根数最少。下面将对这两个目标分别讨论:

模型建立

决策变量　用 x_i 表示按照第 i 种模式($i=1,2,\cdots,7$)切割成的原料钢管的根数,显然它们应当是非负整数。

以切割后总余料量最小为目标,则由表可得数学模型:

$$\min z_1 = 3x_1 + x_2 + 3x_3 + 3x_4 + x_5 + x_6 + 3x_7$$

$$\text{s. t.} \begin{cases} 4x_1 + 3x_2 + 2x_3 + x_4 + x_5 \geqslant 50 \\ x_2 + 2x_4 + x_5 + 3x_6 \geqslant 20 \\ x_3 + x_5 + 2x_7 \geqslant 15 \end{cases}$$

以切割原料钢管的总根数最少为目标,则有

$$\min z_2 = x_1 + x_2 + x_3 + x_4 + x_5 + x_6 + x_7$$

约束条件同上。

模型求解 1(利用数学软件)　按照模式 2 切割 12 根原料钢管,按照模式 5 切割 15 根原料钢管,共得到 27 根,总余料为 27 m。显然,在总余料最小的目标下,最优解应该是使用余料尽可能小的切割模式(模式 2 和模式 5 的余料为 1 m),这会使得切割钢管的总根数最少。

模型求解 2　按照模式 1 切割 5 根原料钢管,按照模式 2 切割 5 根原料钢管,按照模式 5 切割 15 根原料钢管,共得到 25 根,总余料为 35 m。与上面得到的结果比较,总余料增加了 8 m,但所切割的钢管总数减少了 2 根。在余料没有什么用途的情况下,通常选择总根数最少为目标。(结果不唯一,模式 2,15 根;模式 5,5 根;模式 7,5 根。余料也为 35 m。)

例 6-1-2(服务员聘用问题)

某服务部门一周中每天需要不同数目的雇员:周一到周四每天至少需要 50 人,周五至少需要 80 人,周六和周日至少需要 90 人。现规定应聘者需连续工作 5 天,试确定聘用方案:周一到周日每天聘用多少人,才能在满足需要的条件下聘用总人数最少?

决策变量:记周一到周日每天聘用的人数分别为 $x_1,x_2,x_3,x_4,x_5,x_6,x_7$,这就是问题的决策变量。

目标函数:目标函数是聘用总人数,即

$$z = x_1 + x_2 + x_3 + x_4 + x_5 + x_6 + x_7$$

约束条件:约束条件由每天需要的人数确定。由于每人连续工作 5 天,所以周一工作的雇员应该是周四到周一聘用的,按照需要至少应该有 50 人,于是

$$x_1 + x_4 + x_5 + x_6 + x_7 \geqslant 50$$

类似地,有

$$x_1 + x_2 + x_5 + x_6 + x_7 \geqslant 50$$
$$x_1 + x_2 + x_3 + x_6 + x_7 \geqslant 50$$
$$x_1 + x_2 + x_3 + x_4 + x_7 \geqslant 50$$
$$x_1 + x_2 + x_3 + x_4 + x_5 \geqslant 80$$
$$x_2 + x_3 + x_4 + x_5 + x_6 \geqslant 90$$
$$x_3 + x_4 + x_5 + x_6 + x_7 \geqslant 90$$

因为,人数总应该是整数,所以

$$x_i \geqslant 0 \quad (i = 1,2,3,4,5,6,7)$$

式中 x_i 是整数。问题归结为在上述约束条件下求解 $\min z$ 的整数规划模型。由于目标函数和约束条件关于决策变量都是线性函数,所以这是一个整数线性规划模型。

用整数规划建立模型的实际问题是非常多的。实际生活中可能还会遇到这样的指派问题:若干项任务分给一些候选人来完成,因为每个人的专长不同,他们完成每项任务取得的效益或需要的资源就不一样,如何分配这些任务使获得的总效益最大,或付出的总资源最少? 也会遇到这样的选择问题:有若干种策略供选择,不同的策略得到的效益或付出的成本不同,各个策略之间可以有相互制约关系,如何在满足一定条件下作出选择,使得收益最大、最小或成本最小? 解决这种问题就要用到 $0-1$ 规划模型。$0-1$ 规划是整数规划的一类特殊情形,它要求决策变量的取值仅为 0 或 1。

例 6-1-3(指派问题)

拟分配 n 人去干 n 项工作,每人干且仅干一项工作,若分配第 i 人去干第 j 项工作,需花费 c_{ij} 单位时间,问应如何分配工作才能使工人花费的总时间最少?

建立模型

引入变量 x_{ij},若分配 i 干 j 工作,则取 $x_{ij} = 1$;否则取 $x_{ij} = 0$。上述指派问题的数学模型为

$$\min z = \sum_{i=1}^{n} \sum_{j=1}^{n} c_{ij} x_{ij}$$

$$\text{s.t.} \begin{cases} \sum_{j=1}^{n} x_{ij} = 1, \ i = 1,2,\cdots,n \\ \sum_{i=1}^{n} x_{ij} = 1, \ j = 1,2,\cdots,n \\ x_{ij} = 0 \ \text{或} \ 1, \ i,j = 1,2,\cdots,n \end{cases}$$

式中,c_{ij} 构造的矩阵 $(c_{ij})_{n \times n}$ 称为指派矩阵。

例 6-1-4(背包问题)

有 n 件物品,编号为 $1,2,\cdots,n$。第 i 件重为 a_i 千克,价值为 p_i 元。今一装包者欲将这些物品装入一包,其质量不能超过 a 千克,问应装入哪几件物品使得价值最大?

决策变量

设

$$x_i = \begin{cases} 1, & \text{将 } i \text{ 物品装包} \\ 0, & \text{不将 } i \text{ 物品装包} \end{cases}$$

建立模型

$$\max z = \sum_{i=1}^{n} p_i x_i$$

$$\text{s.t.} \begin{cases} \sum_{i=1}^{n} a_i x_i \leqslant a \\ x_i = 0 \ \text{或} \ 1, \ i = 1,2,\cdots,n \end{cases}$$

背包问题看似简单,但应用很广,例如某些投资问题也可归入背包问题模型。

例 6 - 1 - 5 (投资场所的选定——相互排斥的计划)

某公司拟在市东、西、南三区建立门市部。拟议中有 7 个位置(点)$A_i(i=1,2,3,4,5,6,7)$可供选择。规定:

① 在东区,由 A_1、A_2、A_3 三个点中至多选两个;

② 在西区,由 A_4、A_5 两个点中至少选一个;

③ 在南区,由 A_6、A_7 两个点中至少选一个。

如选用 A_i 点,设备投资估计为 b_i 元,每年可获利润估计为 c_i 元,但投资总额不能超过 B 元。问应选择哪几个点可使年利润最大?

决策变量

引入 0 - 1 变量 $x_i(i=1,2,3,4,5,6,7)$,令

$$x_i = \begin{cases} 1, & \text{当 } A_i \text{ 点被选中} \\ 0, & \text{当 } A_i \text{ 点没被选中} \end{cases} \quad (i=1,2,3,4,5,6,7)$$

建立模型

$$\max z = \sum_{i=1}^{7} c_i x_i$$

$$\text{s. t.} \begin{cases} \sum_{i=1}^{7} b_i x_i \leqslant B \\ x_1 + x_2 + x_3 \leqslant 2 \\ x_4 + x_5 \geqslant 1 \\ x_6 + x_7 \geqslant 1 \\ x_i = 0 \text{ 或 } 1 \end{cases}$$

6.2　非线性规划模型

在数学规划问题中,如果目标函数或约束条件中包含非线性函数,就称这种规划问题为非线性规划问题。非线性规划是线性规划的进一步发展和继续。许多实际问题如设计问题、经济平衡问题都属于非线性规划的范畴。非线性规划扩大了数学规划的应用范围,同时也给数学工作者提出了许多基本理论问题。一般来说,解非线性规划要比解线性规划问题困难得多,非线性规划目前还没有适于各种问题的一般算法,不同方法可能对具有特定性质的模型求解更有效 ,理论较为复杂,有兴趣的读者可参看有关书籍。

下面通过两个问题的实例说明如何建立非线性规划模型。

例 6 - 2 - 1 (生产安排问题)

某炼油厂将 4 种不同含硫量的液体原料(分别记为甲、乙、丙、丁)混合生产两种产品(分别记为 A、B)。按照生产工艺的要求,原料甲、乙、丁必须首先倒入混合池中混合,混合后的液体再分别与原料丙混合生产 A、B。

已知原料甲、乙、丙、丁的硫含量分别是 3%、1%、2%、1%，进货价格分别是 6、16、10、15（千元/吨）；产品 A、B 的含硫量分别不超过 2.5%、1.5%，售价分别是 9、15（千元/吨）；根据市场信息，原料甲、乙的供应没有限制，原料丙、丁的供应量最多为 250、100 吨，产品 A、B 的市场需求量分别为 300、500 吨，问应该怎样安排生产？

模型假设、符号说明

本模型只考虑题目给定的条件，其他情况不予考虑。

y_1、y_2—— 产品 A、B 中来自混合池的吨数。

z_1、z_2—— 产品 A、B 中来自原料丙的吨数。

x_1、x_2、x_4—— 混合池中原料甲、乙、丁所占的比例。

模型建立

① 目标函数

根据题意，优化目标是总利润最大。其中，产品 A 的利润收入可写为

$$(9 - 6x_1 - 16x_2 - 15x_4)y_1$$

产品 B 的利润收入可写为

$$(15 - 6x_1 - 16x_2 - 15x_4)y_2$$

原料丙的利润收入可写为

$$(9 - 10)z_1 + (15 - 10)z_2$$

三个利润收入累加起来，就是总利润。

② 约束条件

原料最大供应限制：

$$z_1 + z_2 \leqslant 250$$
$$x_4(y_1 + y_2) \leqslant 100$$

产品最大需求限制：

$$y_1 + z_1 \leqslant 300$$
$$y_2 + z_2 \leqslant 500$$

产品最大含硫量限制，产品 A：

$$[(3x_1 + x_2 + x_4)y_1 + 2z_1]/(y_1 + z_1) \leqslant 2.5$$

即

$$(3x_1 + x_2 + x_4 - 2.5)y_1 - 0.5z_1 \leqslant 0$$

对于产品 B 类似，可写为

$$(3x_1 + x_2 + x_4 - 1.5)y_2 + 0.5z_2 \leqslant 0$$

比例之和为 1，故可写为

$$x_1 + x_2 + x_4 = 1$$

非负约束

$$0 \leqslant x_1, x_2, x_4 \leqslant 1, \quad 0 \leqslant y_1, \quad z_1 \leqslant 300, \quad 0 \leqslant y_2, \quad z_2 \leqslant 500$$

③ 建立模型

$$\max (9-6x_1-16x_2-15x_4)y_1+(15-6x_1-16x_2-15x_4)y_2-z_1+5z_2$$

$$\text{s. t.} \begin{cases} z_1+z_2 \leqslant 250 \\ y_1+z_1 \leqslant 300 \\ y_2+z_2 \leqslant 500 \\ x_1+x_2+x_4=1 \\ x_4(y_1+y_2) \leqslant 100 \\ (3x_1+x_2+x_4-2.5)y_1-0.5z_1 \leqslant 0 \\ (3x_1+x_2+x_4-1.5)y_2+0.5z_2 \leqslant 0 \\ 0 \leqslant x_1,x_2,x_4 \leqslant 1, \ 0 \leqslant y_1,z_1 \leqslant 300, \ 0 \leqslant y_2,z_2 \leqslant 500 \end{cases}$$

例 6 - 2 - 2（投资决策问题）

某企业有个项目可供选择投资，并且至少要对其中一个项目投资。已知该企业拥有总资金 A 元，投资于第 i 个项目需花费资金 a_i 元，并预计可收益 b_i 元，试选择最佳投资方案。

决策变量

设投资决策变量为

$$x_i = \begin{cases} 1, & \text{决定投资第 } i \text{ 个项目} \\ 0, & \text{决定不投资第 } i \text{ 个项目} \end{cases} \quad (i=1,2,\cdots,n)$$

则投资总额为 $\sum_{i=1}^{n} a_i x$，投资总收益为 $\sum_{i=1}^{n} b_i x$。因为该公司至少要对一个项目投资，并且总的投资金额不能超过总资金 A，故约束条件为 $0 < \sum_{i=1}^{n} a_i x \leqslant A$。

另外，由于 $x_i(i=1,2,\cdots,n)$ 只取值 0 或 1，所以还有约束 $x_i(1-x_i)=0(i=1,2,\cdots,n)$。

模型建立

最佳投资方案应是投资额最小而总收益最大的方案，所以这个最佳投资决策问题归结为总资金以及决策变量（取 0 或 1）在约束条件下极大化总收益和总投资之比。因此，其数学模型为

$$\max Q = \frac{\sum_{i=1}^{n} b_i x_i}{\sum_{i=1}^{n} a_i x_i}$$

$$\text{s. t.} \begin{cases} 0 < \sum_{i=1}^{n} a_i x_i \leqslant A \\ x_i(1-x_i)=0, \ i=1,2,\cdots,n \end{cases}$$

对于一个实际问题，在把它归结成非线性规划问题时，一般要注意以下几点：

① 确定供选方案：首先要收集同问题有关的资料和数据，在全面熟悉问题之后，确认什么是问题的可供选择的方案，并用一组变量来表示它们。

② 提出追求目标：经过资料分析，根据实际需要和可能，提出要追求极小化或极大化的目标，并且，运用各种科学和技术原理，把它表示成数学关系式。

③ 给出价值标准：在提出要追求的目标之后，要确立所考虑目标的"好"或"坏"的价值标

准,并用某种数量形式来描述它。

④ 寻求限制条件：由于所追求的目标一般都要在一定的条件下取得极小化或极大化效果,因此还需要寻找出问题的所有限制条件,这些条件通常用变量之间的一些不等式或等式来表示。

6.3　整数规划和非线性规划中的 MATLAB 实践

6.3.1　整数线性规划

intlinprog 是 MATLAB 中用于求解混合整数线性规划(mixed-integer linear programming)的一个函数,用法基本和 linprog 差不多。

$$\min z = f^{\mathrm{T}} x$$

$$\mathrm{s.t}\begin{cases} Ax \leqslant b \\ \mathrm{Aeq} \cdot x = \mathrm{beq} \\ \mathrm{lb} \leqslant x \geqslant \mathrm{ub} \\ x(部分)是整数 \end{cases}$$

MATLAB 中,该模型的标准写法如下：

x＝intlinprog(f,intcon,A,b,Aeq,beq,lb,ub)

与 linprog 相比,多了参数 intcon,代表了整数决策变量所在的位置。例如,x1 和 x3 是整数变量,则有 intcon＝[1,3]。

例 6 - 3 - 1　求解规划问题

$$\min z = 5x_1 + 8x_2$$

$$\mathrm{s.t}\begin{cases} x_1 + x_2 \leqslant 6 \\ 5x_1 + 9x_2 \leqslant 45 \\ x_1, x_2 \geqslant 0,且为整数 \end{cases}$$

解　求解代码如下：

```
f = [-5 -8];
A = [1 1;5 9];
b = [6 45];
lb = zeros(2,1);
intcon = [1 2];
x = intlinprog(f,intcon,A,b,[],[],lb,[]); x,fval = - fval
```

例 6 - 3 - 2　若前例指派问题目标函数中 c_{ij} 写为矩阵形式 $(c_{ij})_{n \times n}$,则该矩阵称为指派矩阵。假设指派矩阵为

$$\begin{bmatrix} 3 & 8 & 2 & 10 & 3 \\ 8 & 7 & 2 & 9 & 7 \\ 6 & 4 & 2 & 7 & 5 \\ 8 & 4 & 2 & 3 & 5 \\ 9 & 10 & 6 & 9 & 10 \end{bmatrix}$$

求指派问题的最优解。

解　指派问题求解的 MATLAB 代码如下：

```
c = [3 8 2 10 3;8 7 2 9 7;6 4 2 7 5;8 4 2 3 5;9 10 6 9 10];
c = c(:);
a = zeros(10,25);
for i = 1:5
a(i,(i-1)*5+1:5*i) = 1;
a(5+i,i:5:25) = 1;
end
b = ones(10,1);
[x,y] = intlinprog(c,[1:5],[],[],a,b,zeros(5));
x = reshape(x,[5,5]),y
```

可求得最优指派方案，最优值为 21。

6.3.2　非线性整数规划

对于非线性整数规划，目前尚未有一种成熟而准确的求解方法，因为非线性规划本身的通用有效解法尚未找到，更何况是非线性整数规划。整数规划由于限制变量为整数而增加了难度，又由于整数解是有限个，于是为枚举法提供了方便。尽管如此，当自变量维数很大和取值范围很宽时，试图用枚举法计算出最优值是不现实的，但是应用概率理论可以证明，在一定的计算量的情况下，完全可以得出一个满意解。

例 6-3-3　求解非线性整数规划：
$$\max z = x_1^2 + x_2^2 + 3x_3^2 + 4x_4^2 + 2x_5^2 - 8x_1 - 2x_2 - 3x_3 - x_4 - 2x_5$$
$$\text{s.t.} \begin{cases} 0 \leqslant x_i \leqslant 99, \ i = 1,2,3,4,5 \\ x_1 + x_2 + x_3 + x_4 + x_5 \leqslant 400 \\ x_1 + 2x_2 + 2x_3 + x_4 + 6x_5 \leqslant 800 \\ 2x_1 + x_2 + 6x_3 \leqslant 200 \\ x_3 + x_4 + 5x_5 \leqslant 200 \end{cases}$$

分析　如果用枚举法试探，共需计算 $(100)^5 = 10^{10}$ 个点，其计算量非常之大。然而应用蒙特卡洛法随机计算 10^6 个点，便可找到满意解。那么，这种方法的可信度究竟怎样呢？下面就分析随机取样采集 10^6 个点计算时，应用概率理论来估计一下可信度。

不失一般性，假定一个整数规划的最优点不是孤立的奇点。

假设目标函数落在高值区的概率分别为 0.01、0.000 01，则当计算 10^6 个点后，有任一个点能落在高值区的概率分别为
$$1 - 0.99^{1\,000\,000} \approx 0.99\cdots99(100 \text{ 多位})$$
$$1 - 0.999\,99^{1\,000\,000} \approx 0.999\,954\,602$$

解　首先编写 M 文件 mente.m 定义目标函数 f 和约束向量函数 g，程序如下：

```
function [f,g] = mengte(x);
f = x(1)^2 + x(2)^2 + 3*x(3)^2 + 4*x(4)^2 + 2*x(5) - 8*x(1) - 2*x(2) - 3*x(3) - ...
x(4) - 2*x(5);
g = [sum(x) - 400
x(1) + 2*x(2) + 2*x(3) + x(4) + 6*x(5) - 800
2*x(1) + x(2) + 6*x(3) - 200
x(3) + x(4) + 5*x(5) - 200];
```

下面编写 M 文件 mainint.m，运行即可求问题的解。程序如下：

```
rand('state',sum(clock));
p0 = 0;
tic
for i = 1:10^6
    x = 99 * rand(5,1);
    x1 = floor(x);x2 = ceil(x);
    [f,g] = mengte(x1);
    if sum(g< = 0) = = 4
        if p0< = f
            x0 = x1;p0 = f;
        end
    end
    [f,g] = mengte(x2);
    if sum(g< = 0) = = 4
        if p0< = f
            x0 = x2;p0 = f;
        end
    end
end
x0,p0
toc
```

6.3.3　非线性规划

MATLAB 中常见的非线性规划数学模型可写成以下形式：

$$\min f(\boldsymbol{x})$$

$$\text{s. t.} \begin{cases} \boldsymbol{Ax} \leqslant \boldsymbol{b} \\ \text{Aeq} \cdot \boldsymbol{x} = \text{beq} \\ \boldsymbol{c}(\boldsymbol{x}) \leqslant 0 \\ \text{ceq}(\boldsymbol{x}) = 0 \\ \text{lb} \leqslant \boldsymbol{x} \leqslant \text{ub} \end{cases}$$

式中，$f(\boldsymbol{x})$是标量函数；$\boldsymbol{A}$、$\boldsymbol{b}$、Aeq、beq、lb、ub 分别是相应维数的矩阵和向量；$\boldsymbol{c}(\boldsymbol{x})$、ceq$(\boldsymbol{x})$是非线性向量函数。

MATLAB 中的命令：

```
[x,fval] = fmincon(fun,x0,A,b,Aeq,beq,lb,ub,nonlcon,options)
```

其中，x 的返回值是决策向量 $\boldsymbol{x}$ 的取值，fval 返回的是目标函数的取值；fun 是用 M 文件定义的函数 $f(x)$；x0 是 $\boldsymbol{x}$ 的初始值；A、b、Aeq、beq 定义了线性约束 $\boldsymbol{Ax} \leqslant \boldsymbol{b}$，Aeq $\cdot$ $\boldsymbol{x}$ = beq，如果没有线性约束，则 A=[]，b=[]，Aeq=[]，beq=[]；lb 和 ub 是变量 $\boldsymbol{x}$ 的下界和上界，如果上界和下界没有约束，即 $\boldsymbol{x}$ 无下界也无上界，则 lb=[]，ub=[]，也可以写成 lb 的各分量都为 $-$inf，ub 的各分量都为 inf；nonlcon 是用 M 文件定义的非线性向量函数 $\boldsymbol{c}(\boldsymbol{x})$、ceq$(\boldsymbol{x})$；options 定义了优化参数，可以使用 MATLAB 缺省的参数设置。

例 6-3-4　求下列非线性规划：

$$\min f(x) = x_1^2 + x_2^2 + x_3^2 + 8$$

$$\text{s. t.} \begin{cases} x_1^2 - x_2 + x_3^2 \geqslant 0 \\ x_1 + x_2^2 + x_3^2 \leqslant 20 \\ -x_1 - x_2^2 + 2 = 0 \\ x_2 + 2x_3^2 = 3 \\ x_1, x_2, x_3 \geqslant 0 \end{cases}$$

解　编写 M 文件 fun1. m 定义目标函数：

```
function f = fun1(x);
f = sum(x.^2) + 8;
```

编写 M 文件 fun2. m 定义非线性约束条件：

```
function [g,h] = fun2(x);
g = [ - x(1)^2 + x(2) - x(3)^2
x(1) + x(2)^2 + x(3)^3 - 20];              %非线性不等式约束
h = [ - x(1) - x(2)^2 + 2;x(2) + 2 * x(3)^2 - 3]; %非线性等式约束
```

编写主程序文件 example2. m 如下：

```
options = optimset('largescale','off');
[x,y] = fmincon('fun1',rand(3,1),[],[],[],[],zeros(3,1),[], 'fun2', options)
```

就可以求得当 $x_1 = 0.552\,2, x_2 = 1.203\,3, x_3 = 0.947\,8$ 时，最小值 $y = 10.651\,1$。

例 6 - 3 - 5　某钢铁厂准备用 5 000 万元用于 A、B 两个项目的技术改造投资。设 x_1、x_2 分别表示分配给项目 A、B 的投资。据专家预估计，投资项目 A、B 的年收益分别为 70% 和 66%。同时，投资后总的风险损失将随着总投资和单项投资的增加而增加，已知总的风险损失为 $0.02x_1^2 + 0.01x_2^2 + 0.04(x_1 + x_2)^2$，问如何分配资金才能使期望的收益最大，同时使风险损失最小？

解　数学模型如下：

$$\max f_1 = 70x_1 + 66x_2$$

$$\min f_2 = 0.02x_1^2 + 0.01x_2^2 + 0.04(x_1 + x_2)^2$$

$$\text{s. t.} \begin{cases} x_1 + x_2 \leqslant 5\,000 \\ x_1, x_2 \geqslant 0 \end{cases}$$

通过线性加权构造目标函数，并转化为最小值问题：

$$\min(-f) = -0.5f_1 + 0.5f_2$$

利用 MATLAB 软件求解，首先编写目标函数 M 文件 f5. m, M 文件：

```
function  f = f5(x)           %建立目标函数
f = - 0.5 * (70 * x(1) + 66 * x(2)) + 0.5 * (0.02 * x(1)^2 + 0.01 * x(2)^2 + 0.04 * (x(1) + x(2))^2);
```

调用单目标规划函数 fmincon，求最小值问题的函数，命令行如下：

```
>> x0 = [1000,1000]          %构造初始值
>> A = [1 1];b = 5000;       %建立条件矩阵
>> lb = zeros(2,1);          %构造下界
>> [x,fval, exitflag] = fmincon(@f5,x0, A,b,[],[],lb,[])    %使用函数 fmincon 求解即可
```

例 6 - 3 - 6(选址问题)

某公司有 6 个建筑工地要开工,每个工地的位置(用平面坐标 a,b 表示,距离单位:km)及水泥日用量 d(单位:t)如表 6 - 3 - 1 所列。

表 6 - 3 - 1　工地的位置 (a,b) 及水泥日用量 d

t

料　　场	工地 1	工地 2	工地 3	工地 4	工地 5	工地 6
a	1.25	8.75	0.5	5.75	3	7.25
b	1.25	0.75	4.75	5	6.5	7.75
d	3	5	4	7	6	11

目前有两个临时料场位于 $P(5,1)$,$Q(2,7)$,日储量各有 20 t。请回答以下两个问题:

(1) 假设从料场到工地之间均有直线道路相连,试制定每天的供应计划:从 A、B 两料场分别向各工地运送多少吨水泥可使总的吨公里数最小?

(2) 为了进一步减少吨公里数,打算舍弃目前的两个料场,改建两个新的料场,日储量仍各为 20 t,问应建在何处?与目前相比,节省的吨公里数有多大?

符号规定

记工地的位置为 (a_i,b_i),水泥日用量为 d_i,$i=1,2,3,4,5,6$;料场位置为 (x_i,y_i),日储量为 e_j,$j=1,2$;从料场 j 向工地 i 的运送量为 c_{ij}。

决策变量

在问题(1)中,决策变量就是料场 j 向工地 i 的运送量 c_{ij};在问题(2)中,决策变量除了料场 j 向工地 i 的运送量 c_{ij} 外,新建料场位置 (x_j,y_j) 也是决策变量。

目标函数

这个优化问题的目标函数 f 是总的吨公里数(运量乘以运输距离):

$$f = \sum_{j=1}^{2} \sum_{i=1}^{6} c_{ij} \sqrt{(x_j - a_i)^2 + (y_j - b_i)^2}$$

约束条件

各工地的日用量必须满足,所以 $\sum_{j=1}^{2} c_{ij} = d_i$,$i=1,2,3,4,5,6$。各料场的运送量不能超过日用量,所以 $\sum_{i=1}^{6} c_{ij} \leqslant e_j$,$j=1,2$。

规划问题

$$\min f = \sum_{j=1}^{2} \sum_{i=1}^{6} c_{ij} \sqrt{(x_j - a_i)^2 + (y_j - b_i)^2}$$

$$\text{s. t.} \begin{cases} \sum_{j=1}^{2} c_{ij} = d_i, \ i=1,2,3,4,5,6 \\ \sum_{i=1}^{6} c_{ij} \leqslant e_j, \ j=1,2 \\ c_{ij} \geqslant 0, \ i=1,2,3,4,5,6; \ j=1,2 \end{cases}$$

问题归结为在上述约束条件及决策变量 c_{ij} 非负的情况下,使目标函数达到最小。当使用临时料场(问题(1)中)时决策变量只有 c_{ij},目标函数和约束关于 c_{ij} 都是线性的,所以这时的优化模型是线性规划模型;当为新建料场选址(问题(2)中)时,决策变量为 c_{ij} 和 y_j,y_j 由于目标函数 f 对 x_j,y_j 是非线性的,所以在新建料场时这个优化模型是非线性规划模型(NLP)。

MATLAB 求解

针对问题(1),模型是标准的线性规划,输入变量,利用 linprog 命令求解程序如下:

```
a = [1.25 8.75 0.5 5.75 3 7.25];
b = [1.25 0.75 4.75 5 6.5 7.75];
d = [3 5 4 7 6 11];
x = [5 2];
y = [1 7];
e = [20 20];
for  i = 1:2
   for j = 1:6
       aa(i,j) = sqrt((x(i) - a(j))^2 + (y(i) - b(j))^2);      % aa(i,j)为 d(i,j)
   end
end
CC = [aa(1,:)  aa(2,:)];
A = [1 1 1 1 1 1 0 0 0 0 0 0
     0 0 0 0 0 0 1 1 1 1 1 1];
B = [20;20];
Aeq = [1 0 0 0 0 0 1 0 0 0 0 0
       0 1 0 0 0 0 0 1 0 0 0 0
       0 0 1 0 0 0 0 0 1 0 0 0
       0 0 0 1 0 0 0 0 0 1 0 0
       0 0 0 0 1 0 0 0 0 0 1 0
       0 0 0 0 0 1 0 0 0 0 0 1];
beq = [d(1);d(2);d(3);d(4);d(5);d(6)];
VLB = [0 0 0 0 0 0 0 0 0 0 0 0];VUB = [];
x0 = [1 2 3 0 1 0 0 1 0 1 0 1];
[x,fval] = linprog(CC,A,B,Aeq,beq,VLB,VUB,x0)
```

计算得到如下供应表:

t

料　场	工地 1	工地 2	工地 3	工地 4	工地 5	工地 6
料场 A	3	5	0	7	0	1
料场 B	0	0	4	0	6	10

料场 A 分别向工地 1、2、4、6 供应 3 t、5 t、7 t、1 t,料场 B 分别向工地 3、5、6 供应 4 t、6 t、10 t。

针对问题(2),模型是非线性规划,输入变量,利用 fmincon 命令求解。

① 编写程序 liaoch. m 和 gying2。

```
        function [f,g] = liaoch(x)
a = [1.25 8.75 0.5 5.75 3 7.25 ];
b = [1.25 0.75 4.75 5 6.5 7.75 ];
d = [3 5 4 7 6 11];
e = [20 20];
f1 = 0;
for j = 1:6
   s(j) = sqrt((x(13) - a(j))^2 + (x(14) - b(j))^2);
   f1 = f1 + s(j) * x(j);        % A(x13,x14)到各工地的吨公里数
end
f2 = 0;
for i = 7:12
   s(i) = sqrt((x(15) - a(i - 6))^2 + (x(16) - b(i - 6))^2);
   f2 = f2 + s(i) * x(i);    % B(x15,x16)到各工地的吨公里数
end
f = f1 + f2;        % 总的目标函数
```

② 编写主程序 gying2. m

```
clear
x0 = [3  5  0 7  0 1  0  0 4  0 6  10  5  1  2  7]';
A = [1 1 1 1 1 1 0 0 0 0 0 0 0 0 0 0
     0 0 0 0 0 0 1 1 1 1 1 1 0 0 0 0];
B = [20;20];
Aeq = [1 0 0 0 0 0 1 0 0 0 0 0 0 0 0 0
       0 1 0 0 0 0 0 1 0 0 0 0 0 0 0 0
       0 0 1 0 0 0 0 0 1 0 0 0 0 0 0 0
       0 0 0 1 0 0 0 0 0 1 0 0 0 0 0 0
       0 0 0 0 1 0 0 0 0 0 1 0 0 0 0 0
       0 0 0 0 0 1 0 0 0 0 0 1 0 0 0 0];
beq = [3 5 4 7 6 11]';
vlb = [zeros(12,1); - inf; - inf; - inf; - inf];
vub = [];
[x,fval,exitflag] = fmincon('liaoch',x0,A,B,Aeq,beq,vlb,vub)
```

计算得到如下新料场安排表：

新料场	工地 1	工地 2	工地 3	工地 4	工地 5	工地 6	新料场坐标
新料场 1	3	5	4	7	1	0	(5.695 9,4.928 5)
新料场 2	0	0	0	0	5	11	(7.250 0, 7.750 0)

新料场 1 的坐标位置(5.695 9, 4.928 5)，分别向工地 1、2、3、4、5 供应 3 t、5 t、4 t、7 t、1 t；新料场 2 的位置(7.250 0, 7.750 0)，分别向工地 5、6 供应 5 t、11 t。

6.3.4 其他非线性规划

MATLAB 中非线性规划

$$\min_{\boldsymbol{x}} \{\max_{F_i} F(\boldsymbol{x})\}$$

$$\text{s. t.}\begin{cases}\boldsymbol{Ax}\leqslant\boldsymbol{b}\\\text{Aeq}\cdot\boldsymbol{x}=\text{beq}\\\boldsymbol{c}(\boldsymbol{x})\leqslant\boldsymbol{0}\\\text{ceq}(\boldsymbol{x})=\boldsymbol{0}\\\text{lb}\leqslant\boldsymbol{x}\leqslant\text{ub}\end{cases}$$

式中，$F(\boldsymbol{x})$ 是函数组；A、$\boldsymbol{b}$、Aeq、beq、lb、ub 分别是相应维数的矩阵和向量；$c(\boldsymbol{x})$、ceq$(\boldsymbol{x})$ 是非线性向量函数。

MATLAB 中的命令如下：

```
[x,feval] = fminimax(fun,x0,A,b,Aeq,beq,lb,ub,nonlcon)
```

其中，x 的返回值是决策向量 $\boldsymbol{x}$ 的取值；feval 是一组目标函数值；fun 是用 M 文件定义的函数 $f(\boldsymbol{x})$；x0 是 $\boldsymbol{x}$ 的初始值；A、b、Aeq、beq 定义了线性约束 $\boldsymbol{Ax}\leqslant\boldsymbol{b}$，Aeq$\cdot\boldsymbol{x}=$beq，如果没有线性约束，则 A=[]，b=[]，Aeq=[]，beq=[]；lb 和 ub 是变量 $\boldsymbol{x}$ 的下界和上界，如果上界和下界没有约束，即 $\boldsymbol{x}$ 无下界也无上界，则 lb=[]，ub=[]，也可以写成 lb 的各分量都为$-$inf，ub 的各分量都为 inf；nonlcon 是用 M 文件定义的非线性向量函数 $c(\boldsymbol{x})$、ceq$(\boldsymbol{x})$。

例 6 - 3 - 7（选址问题）

设某城市有某种物品的 10 个需求点，第 i 个需求点 P_i 的坐标为(a_i,b_i)，P_i 点的坐标如下：

a_i	1	4	3	5	9	12	6	20	17	8
b_i	2	10	8	18	1	4	5	10	8	9

道路网与坐标轴平行，彼此正交。现打算建一个该物品的供应中心，且由于受到城市某些条件的限制，该供应中心只能设在 x 界于$[3,8]$，y 界于$[4,10]$的范围之内。问该中心应建在何处为好？

模型建立

设供应中心的位置为(x,y)，要求它到最远需求点的距离尽可能小，由于道路网与坐标轴平行，彼此正交，故采用沿道路行走计算距离，可知每个用户点 P_i 到该中心的距离为 $|x-a_i|+|y-b_i|$，于是模型为

$$\min_{(x,y)}\{\max_i[|x-a_i|+|y-b_i|]\}$$
$$\text{s. t.}\begin{cases}3\leqslant x\leqslant 8\\4\leqslant y\leqslant 10\end{cases}$$

模型求解

该模型是一个非线性规划模型，可调用 fminimax 函数来解决。首先编写关于目标函数的 M 文件，保存为 mubiao. m。程序如下：

```
function f = mubiao(x)
a = [1 4 3 5 9 12 6 20 17 8];
b = [2 10 8 18 1 4 5 10 8 9];
f(1) = abs(x(1) - a(1)) + abs(x(2) - b(1));
% 建立需求点到供应中心的距离；
f(2) = abs(x(1) - a(2)) + abs(x(2) - b(2));
```

```
f(3) = abs(x(1) - a(3)) + abs(x(2) - b(3));
f(4) = abs(x(1) - a(4)) + abs(x(2) - b(4));
f(5) = abs(x(1) - a(5)) + abs(x(2) - b(5));
f(6) = abs(x(1) - a(6)) + abs(x(2) - b(6));
f(7) = abs(x(1) - a(7)) + abs(x(2) - b(7));
f(8) = abs(x(1) - a(8)) + abs(x(2) - b(8));
f(9) = abs(x(1) - a(9)) + abs(x(2) - b(9));
f(10) = abs(x(1) - a(10)) + abs(x(2) - b(10));
```

在命令窗口输入：

```
>> x0 = [6; 6]; AA = [-1, 0; 1, 0; 0, -1; 0, 1];
>> bb = [-3;8; -4;10];
>> [x,feval] = fminimax(@mubiao,x0,AA,bb)
```

计算结果为 $x = [8, 8.5]$，$feval = [13.5, 5.5, 5.5, 12.5, 8.5, 8.5, 5.5, 13.5, 9.5, 0.5]$，即在坐标为 $(8,8.5)$ 处设置供应中心可以使该点到各需求点的最大距离最小。

二次规划

如果某非线性规划的目标函数为自变量的二次函数，约束条件全是线性函数，就称这样的规划为二次规划。其数学模型为

$$\min_{x}\left\{\frac{1}{2}\boldsymbol{x}^{\mathrm{T}}\boldsymbol{H}\boldsymbol{x} + \boldsymbol{f}^{\mathrm{T}}\boldsymbol{x}\right\}$$

$$\text{s. t.}\begin{cases}\boldsymbol{Ax} \leqslant \boldsymbol{b} \\ \text{Aeq} \cdot \boldsymbol{x} = \text{beq} \\ \text{lb} \leqslant \boldsymbol{x} \leqslant \text{ub}\end{cases}$$

式中，$\boldsymbol{H}$、$\boldsymbol{A}$、Aeq 为矩阵，$\boldsymbol{f}$、$\boldsymbol{b}$、beq、lb、ub、$\boldsymbol{x}$ 为向量。

1）利用 quadprog 函数求解二次规划问题。其调用格式如下：

- x = quadprog(H,f,A,b) 返回向量 x，使函数 1/2 * x' * H * x + f' * x 最小化，其约束条件为 A * x<=b。
- x = quadprog(H,f,A,b,Aeq,beq) 仍然求解上面的问题，但添加了等式约束条件 Aeq * x = beq。
- x = quadprog(H,f,A,b,lb,ub,) 定义设计变量的下界 lb 和上界 ub，使得 lb<=x<=ub。
- x = quadprog(H,f,A,b,lb,ub,x0) 同上，并设置初值 x0。
- x = quadprog(H,f,A,b,lb,ub,x0,options) 根据 options 参数指定的优化参数进行最小化。

2）根据问题的规模，quadprog 函数可使用不同的优化算法。

① 大型优化算法：如果优化问题只有上界和下界，而没有线性不等式或等式约束，则默认算法为大型算法。或者，如果优化问题中只有线性等式，而没有上界和下界或线性不等式，默认算法也是大型算法。大型算法是基于内部映射牛顿法（interior-reflective Newton method）的子空间置信域法（subspace trust-region）。该法的每一次迭代都用 PCG 法求解大型线性系统得到有关近似解。

② 中型优化算法：quadprog 函数使用活动集法，它也是一种投影法，首先通过求解线性规划问题来获得初始可行解。

注意：

① 一般地，如果问题不是严格凸形的，用 quadprog 函数得到的可能是局部最优解。

② 如果用 Aeq 和 beq 明确地指定等式约束，而不是用 lb 和 ub 指定，则可以得到更好的数值解。

③ 若 x 的组分没有上界和下界，则 quadprog 函数希望将对应的组分设置为 lnf（对于上限）或－lnf（对于下限），而不是强制性地给予上限一个很大的数或给予下限一个很小的负数。

④ 对于大型优化问题，若没有提供初值 x0，或 x0 不是严格可行，则 quadprog 函数会选择一个新的初始可行点。

⑤ 若为等式约束，且 quadprog 函数发现负曲率（negative curvature），则优化过程终止，exitflag 的值等于－1。

3）在使用 quadprog 函数过程中，需要注意以下问题：

① 大型优化问题。大型优化问题不允许约束上限和下限相等，若 lb(2)＝＝ub(2)，则给出以下出错消息：

Equal：upper and lower bounds not permitted in this large-scale method. Use equality constraints and the medium-scale method instead.

若优化模型中只有等式约束，仍然可以使用大型算法；如果模型中既有等式约束又有边界约束，则必须使用中型方法。

② 中型优化问题。当解不可行时，quadprog 函数给出以下警告：

warning：the constraints are overly stringent；there is no feasible solution.

这里，quadprog 函数生成使约束矛盾最坏程度最小的结果。当等式约束不协调时，给出下面的警告消息：

warning：the equality constraints are overly stringent；there is no feasible solution.

当 Hess 矩阵为负半定时，生成无边界解，给出下面的警告消息：

warning：the solution is unbounded and at infinity；the constraints are not restrictive enough.

这里，quadprog 函数返回满足约束条件的 x 值。

另外，使用函数时还有下面一些要求：

- 显示水平只能选择 off 和 final，迭代参数 iter 不可用。
- 当问题不定或负定时，常常无解（此时 esitflag 参数给出一个负值，表示优化过程不收敛）。若正定解存在，则 quadprog 函数可能只给出局部极小值，因为问题可能是非凸的。
- 对于大型问题，不能依靠线性等式，因为 Aeq 必须使行满秩，即 Aeq 的行数必须不多于列数。若不满足要求，则必须调用中型算法进行计算。

例 6－3－8　求解下面的最优化问题：

目标函数
$$f(x) = \frac{1}{2}x_1^2 + x_2^2 - x_1 x_2 - 2x_1 - 6x_2$$

约束条件

$$\begin{cases} x_1 + x_2 \leqslant 2 \\ -x_1 + 2x_2 \leqslant 2 \\ 2x_1 + x_2 \leqslant 3 \\ 0 \leqslant x_1 \\ 0 \leqslant x_2 \end{cases}$$

解 首先,目标函数可以写成下面的矩阵形式:

$$\boldsymbol{H} = \begin{pmatrix} 1 & -1 \\ -1 & 2 \end{pmatrix}, \quad \boldsymbol{f} = \begin{pmatrix} -2 \\ -6 \end{pmatrix}, \quad \boldsymbol{x} = \begin{pmatrix} x_1 \\ x_2 \end{pmatrix}$$

输入下列系数矩阵命令:

```
>> H = [1 - 1; - 1 2];
>> f = [ - 2; - 6];
>> A = [1 1; - 1 2;2 1];
>> b = [2;2;3];
>> lb = zeros(2,1);
```

然后调用二次规划函数 quadratic:

```
>> format compact
>> [x,fval,exitflag,output,lambda] = quadprog(H,f,A,b,[],[],lb)
```

习　题

1. 用长度为 500 cm 的条材,截成长度分别为 98 cm 和 78 cm 的两种毛坯,要求共截出长 98 cm 的毛坯 10 000 根,78 cm 的 20 000 根,问怎样截取才能使用料最少?

2. 某钻井队要从以下 10 个可供选择的井位中确定 5 个钻井探油,使总的钻探费用为最小。若 10 个井位的代号为 $s_1, s_2, \cdots, s_{10}$,相应的钻探费用为 $c_1, c_2, \cdots, c_{10}$,并且井位选择上要满足下列限制条件:

(1) 或选择 s_1 和 s_7,或选择钻探 s_9;

(2) 选择了 s_3 或 s_4 就不能选 s_5,或反过来也一样;

(3) 在 s_5, s_6, s_7, s_8 中最多只能选两个。

3. 某商店制定某商品 7 月到 12 月的进货收货计划,已知商店仓库容量不得超过 500 件,6 月底已存货 200 件,以后每月初进货一次,假设各月份某商品买进、售出单位如下表所列:

月　份	7	8	9	10	11	12
买进/元	28	24	25	27	23	23
售出/元	29	24	26	28	22	25

问各月进货、售货各多少才能使总收入最多?

4. 某厂生产 A、B、C 三种产品。每单位产品 A 需要 1 小时技术准备(指设计、试验等)、10 小时直接劳动和 3 千克材料。每单位产品 B 需要 2 小时技术准备、4 小时劳动和 2 千克材料。每单位产品 C 需要 1 小时技术准备、5 小时劳动和 1 千克材料。可利用的技术准备时间为 100 小时,劳动时间为 700 小时,材料为 400 千克。

公司对大量购买提供较大的折扣,利润数字如下表:

产品 A		产品 B		产品 C	
销售量/件	单位利润/元	销售量/件	单位 A 利润/元	销售量/件	单位利润/元
0～40	10	0～50	6	0～100	5
40～100	9	50～100	4	100 以上	4
100～150	8	100 以上	3		
150 以上					

试列出使利润最大的数学模型。

5. 某一市政建设工程项目在随后的四年中需分别拨款 200 万元、400 万元、800 万和 500 万元,要求拨款在该年年初提供,市政府拟以卖长期公债的方法筹款。长期公债在筹款的四年中市场利息分别预计为 9%、8%、8.5% 和 9.5%,并约定公债利息在工程完工后即开始付息,连续付 20 年之后还本。在工程建设的头三年,卖公债的多余部分投入银行作为当年有期储蓄,以便用于随后的几年(显然第四年无有期储蓄),银行的有期储蓄利息率分别预计为 8%、7.5% 和 6.5%。建立数学模型求政府最优的卖公债和投入有期储蓄方案,使该项市政建设工程得以完成,且付息最低。

第 7 章

多元统计分析方法

由于大量实际问题都涉及多个变量,这些变量又是随机变量,所以要讨论多个随机变量的统计规律性。多元统计分析就是讨论多个随机变量理论和统计方法的总称,内容包括一元统计学中某些方法的直接推广,也包括多个随机变量特有的一些问题,多元统计分析是一类范围很广的理论和方法。

7.1 多元统计分析方法建模

常用的多元统计分析方法主要包括:多元回归分析、聚类分析、判别分析、主成分分析、因子分析、对应分析、典型相关分析等。下面我们对各种多元统计分析方法分别进行描述。

7.1.1 多元线性回归

设因变量为 y,k 个自变量分别为 $x_1,x_2,x_3,\cdots,x_k$,描述因变量 y 如何依赖于自变量 x_1,$x_2,\cdots,x_k$ 和误差项 ε 的方程称为多元回归模型。其一般形式可表示为

$$y = \beta_0 + \beta_1 x_1 + \beta_2 x_2 + \cdots + \beta_k x_k + \varepsilon$$

式中,$\beta_0,\beta_1,\beta_2,\cdots,\beta_k$ 是模型的参数;ε 为误差项。

此式表明:y 是 $x_1,x_2,\cdots,x_k$ 的线性函数($\beta_0 + \beta_1 x_1 + \beta_2 x_2 + \cdots + \beta_k x_k$)部分加上误差项 ε。误差项反映了除 $x_1,x_2,\cdots,x_k$ 与 y 的线性关系之外的随机因素对 y 的影响,是不能由 x_1,$x_2,\cdots,x_k$ 与 y 的线性关系所解释的变异性。

误差项 ε 有三个基本假定:

① 误差项 ε 是一个期望为零的随机变量,即 $E(\varepsilon)=0$。这意味着对于给定的 $x_1,x_2,\cdots$,x_k 值,y 的期望值 $E(y)=\beta_0+\beta_1 x_1+\beta_2 x_2+\cdots+\beta_k x_k$。

② 对于自变量 $x_1,x_2,\cdots,x_k$ 的所有值,ε 的方差 σ^2 都相同。

③ 误差项 ε 是一个服从正态分布的随机变量,且相互独立,即 $\varepsilon \sim N(0,\sigma^2)$。独立性意味着自变量 $x_1,x_2,\cdots,x_k$ 的一组特定值所对应的 ε 与 $x_1,x_2,\cdots,x_k$ 任意一组其他值所对应的 ε 不相关。正态性意味着对于给定的 $x_1,x_2,\cdots,x_k$ 值,因变量 y 也是一个服从正态分布的随机变量。

根据模型的假定,有

$$E(y) = \beta_0 + \beta_1 x_1 + \beta_2 x_2 + \cdots + \beta_k x_k$$

即为多元回归方程,它描述了因变量 y 的期望值与自变量 $x_1,x_2,\cdots,x_k$ 之间的关系。

回归方程中的参数 $\beta_0,\beta_1,\beta_2,\cdots,\beta_k$ 是未知的,需要利用样本数据去估计。当用样本统计量 $\hat{\beta}_0,\hat{\beta}_1,\hat{\beta}_2,\cdots,\hat{\beta}_k$ 去估计回归方程中的未知参数 $\beta_0,\beta_1,\beta_2,\cdots,\beta_k$ 时,就得到了估计的多元回归方程:

$$\hat{y} = \hat{\beta}_0 + \hat{\beta}_1 x_1 + \hat{\beta}_2 x_2 + \cdots + \hat{\beta}_k x_k$$

式中,$\hat{\beta}_0,\hat{\beta}_1,\hat{\beta}_2,\cdots,\hat{\beta}_k$ 是参数 $\beta_0,\beta_1,\beta_2,\cdots,\beta_k$ 的估计值;$\hat{y}$ 是因变量 y 的估计值。

$\hat{\beta}_0,\hat{\beta}_1,\hat{\beta}_2,\cdots,\hat{\beta}_k$ 称为偏回归系数。$\hat{\beta}_k$ 表示当除了 x_k 之外的其他自变量不变时 x_k 每变动一个单位因变量 y 的平均变动量。

参数的最小二乘估计

回归方程中的 $\hat{\beta}_0,\hat{\beta}_1,\hat{\beta}_2,\cdots,\hat{\beta}_k$ 是通过最小二乘法求得的,也就是说,使残差平方和

$$Q = \sum (y_i - \hat{y}_i)^2 = \sum (y_i - \hat{\beta}_0 - \hat{\beta}_1 x_1 - \cdots - \hat{\beta}_k x_k)^2$$

最小。由此可求得 $\hat{\beta}_0,\hat{\beta}_1,\hat{\beta}_2,\cdots,\hat{\beta}_k$ 的值。

$$\begin{cases} \left. \dfrac{\partial Q}{\partial \beta_i} \right|_{\beta_i = \beta_i} = 0, i = 1,2,\cdots,k \\ \left. \dfrac{\partial Q}{\partial \beta_0} \right|_{\beta_0 = \beta_0} = 0 \end{cases}$$

残差是指由回归方程计算所得的预测值与实际样本值之间的差距,定义为

$$e_i = y_i - \hat{y}_i = y_i - (\beta_0 + \beta_1 x_1 + \beta_2 x_2 + \cdots + \beta_p x_p)$$

它是回归模型中 ε_i 的估计值,由多个 e_i 形成的序列称为残差序列。

残差分析是回归方程检验中的重要组成部分,其出发点是:如果回归方程能够很好地解释变量的特征与变化规律,那么残差序列中应不包含明显的规律性和趋势性。主要内容为:分析残差是否服从均值为零的正态分布;分析残差是否为等方差的正态分布;分析残差序列是否独立;借助残差探测样本中的异常值等。

当解释变量 x 取某个特定值 x_0 时,对应的残差有正有负,但总体上服从以零为均值的正态分布。可以通过绘制残差图对该问题进行分析,如果残差的均值为零,残差图中的点在纵坐标为零的横线上下随机散落。对于残差正态性分析,可以通过绘制标准化残差的概率图来进行。如果回归直线对原始数据的拟合是良好的,那么残差的绝对数值比较小,描绘的点应在 $e_i = 0$ 的直线上下随机散布,这反映出残差 e_i 服从均值为零、方差为 σ^2 的正态分布,符合原来的假设要求。若残差数据点不是在 $e_i = 0$ 的直线上下呈随机分布,而是出现了渐增或渐减的系统变动趋势,则说明拟合的回归方程与原来的假设有一定差距。

7.1.2　判别分析

判别分析是多元统计分析中用于判别样品所属类型的一种统计分析方法,是一种在已知研究对象用某种方法已经分成若干类的情况下,确定新的样品属于哪一类的多元统计分析方法。

用判别方法处理问题时,通常要给出用来衡量新样品与各已知组别的接近程度的指数,即判别函数,同时也指定一种判别准则,借以判别新样品的归属。所谓判别准则是用于衡量新样品与各已知组别接近程度的理论依据和方法准则。常用的有距离准则、Fisher 准则、贝叶斯准则等。

重点介绍距离判别。它的基本思想:首先根据已知分类的数据,分别计算各类的重心即分组(类)的均值,判别准则是对任给的一次观测,若它与第 i 类的重心距离最近,就认为它来自

第 i 类。

距离判别法,对各类(或总体)的分布,并无特定的要求。

1. 两个总体的距离判别法

设有两个总体(或称两类)G_1、G_2,从第一个总体中抽取 n_1 个样品,从第二个总体中抽取 n_2 个样品,每个样品测量 p 个指标。

G_1 总体:

变量　样品	x_1	x_2	$\cdots$	x_p
$x_1^{(1)}$	$x_{11}^{(1)}$	$x_{12}^{(1)}$	$\cdots$	$x_{1p}^{(1)}$
$x_2^{(1)}$	$x_{21}^{(1)}$	$x_{22}^{(1)}$	$\cdots$	$x_{2p}^{(1)}$
$\vdots$	$\vdots$	$\vdots$		$\vdots$
$x_{n_1}^{(1)}$	$x_{n_1 1}^{(1)}$	$x_{n_1 2}^{(1)}$	$\cdots$	$x_{n_1 p}^{(1)}$
均值	$\bar{x}_1^{(1)}$	$\bar{x}_2^{(1)}$	$\cdots$	$\bar{x}_p^{(1)}$

G_2 总体:

变量　样品	x_1	x_2	$\cdots$	x_p
$x_1^{(2)}$	$x_{11}^{(2)}$	$x_{12}^{(2)}$	$\cdots$	$x_{1p}^{(2)}$
$x_2^{(2)}$	$x_{21}^{(2)}$	$x_{22}^{(2)}$	$\cdots$	$x_{2p}^{(2)}$
$\vdots$	$\vdots$	$\vdots$		$\vdots$
$x_{n_2}^{(2)}$	$x_{n_2 1}^{(2)}$	$x_{n_2 2}^{(2)}$	$\cdots$	$x_{n_2 p}^{(2)}$
均值	$\bar{x}_1^{(2)}$	$\bar{x}_2^{(2)}$	$\cdots$	$\bar{x}_p^{(2)}$

今任取一个样品,实测指标值为 $\boldsymbol{X}=(x_1,x_2,\cdots,x_p)'$,$\boldsymbol{x}$ 为列向量,问 $\boldsymbol{X}$ 应判归为哪一类?

首先计算 $\boldsymbol{X}$ 到 G_1、G_2 总体的距离,分别记为 $D(\boldsymbol{X},G_1)$ 和 $D(\boldsymbol{X},G_2)$,按距离最近准则判别归类,则可写成:

$$\begin{cases} \boldsymbol{X} \in G_1 & D(\boldsymbol{X},G_1) < D(\boldsymbol{X},G_2) \\ \boldsymbol{X} \in G_2 & D(\boldsymbol{X},G_1) > D(\boldsymbol{X},G_2) \\ \text{待判} & D(\boldsymbol{X},G_1) = D(\boldsymbol{X},G_2) \end{cases}$$

记 $\bar{\boldsymbol{X}}^{(i)}=(\bar{x}_1^{(i)},\bar{x}_2^{(i)},\cdots,\bar{x}_p^{(i)})^{\mathrm{T}}$,$i=1,2$。如果距离定义采用欧氏距离,则可计算出

$$D(\boldsymbol{X},G_1)=\sqrt{(\boldsymbol{X}-\bar{\boldsymbol{X}}^{(1)})^{\mathrm{T}}(\boldsymbol{X}-\bar{\boldsymbol{X}}^{(1)})}=\sqrt{\sum_{a=1}^{p}(x_a-\bar{x}_a^{(1)})^2}$$

$$D(\boldsymbol{X}, G_2) = \sqrt{(\boldsymbol{X} - \bar{\boldsymbol{X}}^{(2)})^{\mathrm{T}}(\boldsymbol{X} - \bar{\boldsymbol{X}}^{(2)})} = \sqrt{\sum_{a=1}^{p}(x_a - \bar{x}_a^{(2)})^2}$$

然后比较 $D(\boldsymbol{X}, G_1)$ 和 $D(\boldsymbol{X}, G_2)$ 大小,按距离最近准则判别归类。

由于马氏距离在多元统计分析中经常用到,这里针对马氏距离对上述准则做较详细的讨论。

设 $\boldsymbol{\mu}^{(1)}$、$\boldsymbol{\mu}^{(2)}$,$\boldsymbol{\Sigma}^{(1)}$、$\boldsymbol{\Sigma}^{(2)}$ 分别为 G_1、G_2 的均值向量和协方差矩阵。如果距离定义采用马氏距离,即

$$D^2(\boldsymbol{X}, G_i) = (\boldsymbol{X} - \boldsymbol{\mu}^{(i)})^{\mathrm{T}}(\boldsymbol{\Sigma}^{(i)})^{-1}(\boldsymbol{X} - \boldsymbol{\mu}^{(i)}), \quad i = 1, 2$$

这时判别准则可分为以下两种情况给出:

(1) 当 $\boldsymbol{\Sigma}^{(1)} = \boldsymbol{\Sigma}^{(2)} = \boldsymbol{\Sigma}$ 时

考察 $D^2(\boldsymbol{X}, G_2)$ 及 $D^2(\boldsymbol{X}, G_1)$ 的差,就有

$$\begin{aligned}
D^2(\boldsymbol{X}, G_2) - D^2(\boldsymbol{X}, G_1) &= \boldsymbol{X}^{\mathrm{T}}\boldsymbol{\Sigma}^{-1}\boldsymbol{X} - 2\boldsymbol{X}^{\mathrm{T}}\boldsymbol{\Sigma}^{-1}\boldsymbol{X}\boldsymbol{\mu}^{(2)} + \boldsymbol{\mu}^{(2)\mathrm{T}}\boldsymbol{\Sigma}^{-1}\boldsymbol{\mu}^{(2)} - \\
&\quad \left[\boldsymbol{X}^{\mathrm{T}}\boldsymbol{\Sigma}^{-1}\boldsymbol{X} - 2\boldsymbol{X}^{\mathrm{T}}\boldsymbol{\Sigma}^{-1}\boldsymbol{\mu}^{(1)} + \mu^{(1)\mathrm{T}}\boldsymbol{\Sigma}^{-1}\boldsymbol{\mu}^{(1)}\right] \\
&= 2\boldsymbol{X}^{\mathrm{T}}\boldsymbol{\Sigma}^{-1}(\boldsymbol{\mu}^{(1)} - \boldsymbol{\mu}^{(2)}) - (\boldsymbol{\mu}^{(1)} + \boldsymbol{\mu}^{(2)})^{\mathrm{T}}\boldsymbol{\Sigma}^{-1}(\boldsymbol{\mu}^{(1)} - \boldsymbol{\mu}^{(2)}) \\
&= 2\left[\boldsymbol{X} - \frac{1}{2}(\boldsymbol{\mu}^{(1)} + \boldsymbol{\mu}^{(2)})\right]^{\mathrm{T}}\boldsymbol{\Sigma}^{-1}(\boldsymbol{\mu}^{(1)} - \boldsymbol{\mu}^{(2)})
\end{aligned}$$

令 $\bar{\boldsymbol{\mu}} = \frac{1}{2}(\boldsymbol{\mu}^{(1)} + \boldsymbol{\mu}^{(2)})$,$W(\boldsymbol{X}) = (\boldsymbol{X} - \bar{\boldsymbol{\mu}})^{\mathrm{T}}\boldsymbol{\Sigma}^{-1}(\boldsymbol{\mu}^{(1)} - \boldsymbol{\mu}^{(2)})$,则判别准则可写为

$$\begin{cases}
\boldsymbol{X} \in G_1 & W(\boldsymbol{X}) > 0 \text{ 即 } D^2(\boldsymbol{X}, G_2) > D^2(\boldsymbol{X}, G_1) \\
\boldsymbol{X} \in G_2 & W(\boldsymbol{X}) < 0 \text{ 即 } D^2(\boldsymbol{X}, G_2) < D^2(\boldsymbol{X}, G_1) \\
\text{待判} & W(\boldsymbol{X}) = 0 \text{ 即 } D^2(\boldsymbol{X}, G_2) = D^2(\boldsymbol{X}, G_1)
\end{cases}$$

当 $\boldsymbol{\Sigma}$、$\boldsymbol{\mu}^{(1)}$、$\boldsymbol{\mu}^{(2)}$ 已知时,令 $\boldsymbol{a} = \boldsymbol{\Sigma}^{-1}(\boldsymbol{\mu}^{(1)} - \boldsymbol{\mu}^{(2)}) \underset{=}{\Delta} (a_1, a_2, \cdots, a_p)^{\mathrm{T}}$ 则

$$W(\boldsymbol{X}) = (\boldsymbol{X} - \bar{\boldsymbol{\mu}})^{\mathrm{T}}\boldsymbol{a} = \boldsymbol{a}^{\mathrm{T}}(\boldsymbol{X} - \bar{\boldsymbol{\mu}}) = (a_1, a_2, \cdots, a_p) \begin{bmatrix} x_1 - \bar{\mu}_1 \\ x_2 - \bar{\mu}_2 \\ \vdots \\ x_p - \bar{\mu}_p \end{bmatrix}$$

$$= a_1(x_1 - \bar{\mu}_1) + \cdots + a_p(x_p - \bar{\mu}_p)$$

显然,$W(\boldsymbol{X})$ 是 $x_1, \cdots, x_p$ 的线性函数,称 $W(\boldsymbol{X})$ 为线性判别函数,$\boldsymbol{a}$ 为判别系数。

当 $\boldsymbol{\Sigma}$、$\boldsymbol{\mu}^{(1)}$、$\boldsymbol{\mu}^{(2)}$ 未知时,可通过样本来估计。设 $X_1^{(i)}, X_2^{(i)}, \cdots, X_{n_i}^{(i)}$ 来自 G_i 的样本,$i = 1, 2$。

$$\hat{\boldsymbol{\mu}}^{(1)} = \frac{1}{n_1}\sum_{i=1}^{n_1}X_i^{(1)} = \bar{\boldsymbol{X}}^{(1)}$$

$$\hat{\boldsymbol{\mu}}^{(2)} = \frac{1}{n_2}\sum_{i=1}^{n_2}X_i^{(2)} = \bar{\boldsymbol{X}}^{(2)}$$

$$\hat{\boldsymbol{\Sigma}} = \frac{1}{n_1 + n_2 - 2}(S_1 + S_2)$$

其中

$$S_i = \sum_{t=1}^{n_i} (\boldsymbol{X}_t^{(i)} - \boldsymbol{X}^{(i)})(\boldsymbol{X}_t^{(i)} - \boldsymbol{X}^{(i)})^{\mathrm{T}}$$

$$\bar{\boldsymbol{X}} = \frac{1}{2}(\bar{\boldsymbol{X}}^{(1)} + \bar{\boldsymbol{X}}^{(2)})$$

线性判别函数为

$$W(\boldsymbol{X}) = (\boldsymbol{X} - \bar{\boldsymbol{X}})^{\mathrm{T}} \hat{\boldsymbol{\Sigma}}^{-1}(\bar{\boldsymbol{X}}^{(1)} - \bar{\boldsymbol{X}}^{(2)})$$

当 $p=1$ 时,若两个总体的分布分别为 $N(\mu_1, \sigma^2)$ 和 $N(\mu_2, \sigma^2)$,判别函数 $W(\boldsymbol{X}) = \left(\boldsymbol{X} - \dfrac{\mu_1 + \mu_2}{2}\right) \dfrac{1}{\sigma^2}(\mu_1 - \mu_2)$,不妨设 $\mu_1 < \mu_2$,这时 $W(\boldsymbol{X})$ 的符号取决于 $\boldsymbol{X} > \bar{\boldsymbol{\mu}}$ 或 $\boldsymbol{X} < \bar{\boldsymbol{\mu}}$。当 $\boldsymbol{X} < \bar{\boldsymbol{\mu}}$ 时,判 $\boldsymbol{X} \in G_1$;当 $\boldsymbol{X} > \bar{\mu}$ 时,判 $\boldsymbol{X} \in G_2$。我们看到,用距离判别所得到的准则是颇为合理的。但从图 7-1-1 又可以看出,用这个判别法有时也会得出错判。如 $\boldsymbol{X}$ 来自 G_1,但却落入 D_2,被判为属于 G_2,错判的概率为图中阴影的面积,记为 $P(2/1)$,类似地,还有 $P(1/2)$,显然 $P(2/1) = P(1/2) = 1 - \Phi\left(\dfrac{\mu_1 - \mu_2}{2\sigma}\right)$。

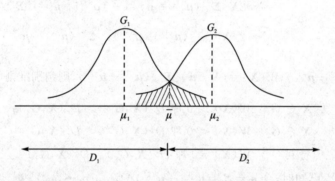

图 7-1-1　距离判别图

当两总体靠得很近(即 $|\mu_1 - \mu_2|$ 很小),则无论用何种办法,错判概率都很大,这时作判别分析是没有意义的。因此只有当两个总体的均值有显著差异时,作判别分析才有意义。

（2）当 $\boldsymbol{\Sigma}^{(1)} \neq \boldsymbol{\Sigma}^{(2)}$ 时

按距离最近准则,类似地有

$$\begin{cases} \boldsymbol{X} \in G_1 & D(\boldsymbol{X}, G_1) < D(\boldsymbol{X}, G_2) \\ \boldsymbol{X} \in G_2 & D(\boldsymbol{X}, G_1) > D(\boldsymbol{X}, G_2) \\ \text{待判} & D(\boldsymbol{X}, G_1) = D(\boldsymbol{X}, G_2) \end{cases}$$

仍然用

$$\begin{aligned} W(\boldsymbol{X}) &= D^2(\boldsymbol{X}, G_2) - D^2(\boldsymbol{X}, G_1) \\ &= (\boldsymbol{X} - \boldsymbol{\mu}^{(2)})'(\boldsymbol{\Sigma}^{(2)})^{-1}(\boldsymbol{X} - \boldsymbol{\mu}^{(2)}) - \\ & \quad (\boldsymbol{X} - \boldsymbol{\mu}^{(1)})'(\boldsymbol{\Sigma}^{(1)})^{-1}(\boldsymbol{X} - \boldsymbol{\mu}^{(1)}) \end{aligned}$$

作为判别函数,它是 $\boldsymbol{X}$ 的二次函数。

2. 多个总体的距离判别法

类似两个总体的讨论推广到多个总体。

设有 k 个总体 $G_1, G_2, \cdots, G_k$，它们的均值和协方差阵分别为 $\boldsymbol{\mu}^{(i)}$，$\boldsymbol{\Sigma}^{(i)}$，$i=1,2,3,\cdots,k$，从每个总体 G_i 中抽取 n_i 个样品，$i=1,2,3,\cdots,k$，每个样品测 p 个指标。今任取一个样品，实测指标值为 $\boldsymbol{X} = (x_1, x_2, \cdots, x_p)^{\mathrm{T}}$，问 $\boldsymbol{X}$ 应判归为哪一类？

G_1 总体：

变量 样品	x_1	x_2	$\cdots$	x_p
$x_1^{(1)}$	$x_{11}^{(1)}$	$x_{12}^{(1)}$	$\cdots$	$x_{1p}^{(1)}$
$x_2^{(1)}$	$x_{21}^{(1)}$	$x_{22}^{(1)}$	$\cdots$	$x_{2p}^{(1)}$
$\vdots$	$\vdots$	$\vdots$		$\vdots$
$x_{n_1}^{(1)}$	$x_{n_1 1}^{(1)}$	$x_{n_1 2}^{(1)}$	$\cdots$	$x_{n_1 p}^{(1)}$
均值	$\bar{x}_1^{(1)}$	$\bar{x}_2^{(1)}$	$\cdots$	$\bar{x}_p^{(1)}$

G_k 总体：

变量 样品	x_1	x_2	$\cdots$	x_p
$x_1^{(k)}$	$x_{11}^{(k)}$	$x_{12}^{(k)}$	$\cdots$	$x_{1p}^{(k)}$
$x_2^{(k)}$	$x_{21}^{(k)}$	$x_{22}^{(k)}$	$\cdots$	$x_{2p}^{(k)}$
$\vdots$	$\vdots$	$\vdots$		$\vdots$
$x_{n_2}^{(k)}$	$x_{n_2 1}^{(k)}$	$x_{n_2 2}^{(k)}$	$\cdots$	$x_{n_2 p}^{(k)}$
均值	$\bar{x}_1^{(k)}$	$\bar{x}_2^{(k)}$	$\cdots$	$\bar{x}_p^{(k)}$

记向量 $\overline{\boldsymbol{X}^{(i)}} = (\bar{x}_1^{(i)}, \bar{x}_2^{(i)}, \cdots, \bar{x}_p^{(i)})^{\mathrm{T}}$，$i=1,2,3,\cdots,k$。

(1) 当 $\boldsymbol{\Sigma}^{(1)} = \cdots - \boldsymbol{\Sigma}^{(k)} = \boldsymbol{\Sigma}$ 时

此时 $D^2(\boldsymbol{X}, G_i) = (\boldsymbol{X} - \boldsymbol{\mu}^{(i)})^{\mathrm{T}} \boldsymbol{\Sigma}^{-1} (\boldsymbol{X} - \boldsymbol{\mu}^{(i)})$，$i=1,2,3,\cdots,k$，判别函数为

$$W_{ij}(\boldsymbol{X}) = \frac{1}{2}\left[D^2(\boldsymbol{X}, G_j) - D^2(\boldsymbol{X}, G_i) \right]$$

$$= \left[\boldsymbol{X} - \frac{1}{2}(\boldsymbol{\mu}^{(i)} + \boldsymbol{\mu}^{(j)}) \right]^{\mathrm{T}} \boldsymbol{\Sigma}^{-1} (\boldsymbol{\mu}^{(i)} - \boldsymbol{\mu}^{(j)}), \quad i,j = 1,2,3,\cdots,k$$

相应的判别准则为

$$\begin{cases} \boldsymbol{X} \in G_i & W_{ij}(\boldsymbol{X}) > 0, \text{对一切 } j \neq i \\ \text{待判} & \text{若有某一个 } W_{ij}(\boldsymbol{X}) = 0 \end{cases}$$

当 $\mu^{(1)}, \cdots, \mu^{(k)}$，$\boldsymbol{\Sigma}$ 未知时，可用其估计量代替，设从 G_i 中抽取的样本为 $\boldsymbol{X}_1^{(i)}, \cdots, \boldsymbol{X}_{n_i}^{(i)}$，$i=1,2,3,\cdots,k$，则 $\hat{\boldsymbol{\mu}}^{(i)}$、$\hat{\boldsymbol{\Sigma}}$ 的估计分别为

$$\hat{\boldsymbol{\mu}}^{(i)} = \bar{\boldsymbol{X}}^{(i)} = \frac{1}{n_i}\sum_{a=1}^{n_i}\boldsymbol{X}_a^{(i)}, \quad i=1,2,3,\cdots,k$$

$$\hat{\boldsymbol{\Sigma}} = \frac{1}{n-k}\sum_{i=1}^{k}S_i$$

式中，$n = n_1 + n_2 + \cdots + n_i$，$S_i = \sum_{a=1}^{n_i}(\boldsymbol{X}_a^{(i)} - \boldsymbol{X}^{(i)})(\boldsymbol{X}_a^{(i)} - \boldsymbol{X}^{(i)})^{\mathrm{T}}$ 为 G_i 的样本离差阵。

（2）当 $\boldsymbol{\Sigma}^{(1)},\cdots,\boldsymbol{\Sigma}^{(k)}$ 不相等时

此时判别函数为

$$W_{ji}(\boldsymbol{X}) = (\boldsymbol{X}-\boldsymbol{\mu}^{(j)})^{\mathrm{T}}[\boldsymbol{V}^{(j)}]^{-1}(\boldsymbol{X}-\boldsymbol{\mu}^{(j)}) - (\boldsymbol{X}-\boldsymbol{\mu}^{(i)})^{\mathrm{T}}[\boldsymbol{V}^{(i)}]^{-1}(\boldsymbol{X}-\boldsymbol{\mu}^{(i)})$$

相应的判别准则为

$$\begin{cases}\boldsymbol{X}\in G_i & W_{ij}(\boldsymbol{X})>0,\text{对一切 } j\neq i\\ \text{待判} & \text{若某一个 } W_{ij}(\boldsymbol{X})=0\end{cases}$$

当 $\boldsymbol{\mu}^{(i)},\boldsymbol{\Sigma}^{(i)}(i=1,2,3,\cdots,k)$ 未知时，可用 $\boldsymbol{\mu}^{(i)},\boldsymbol{\Sigma}^{(i)}$ 的估计量代替，即

$$\hat{\boldsymbol{\mu}}^{(i)} = \overline{\boldsymbol{X}^{(i)}}$$

$$\hat{\boldsymbol{\Sigma}}^{(i)} = \frac{1}{n_i-1}S_i, \quad i=1,2,3,\cdots,k$$

例 7-1-1　人文发展指数是联合国开发计划署在 1990 年 5 月发表的第一份《人类发展报告》中公布的。该报告建议，目前对人文发展的衡量应当以人生的三大要素为重点，衡量人生三大要素的指示分别是出生时的预期寿命、成人识字率和实际人均 GDP，将以上三个指示的数值合成为一个复合指数，即为人文发展指数。（资料来源：UNDP，《人类发展报告》，1995 年。）

今从 1995 年世界各国人文发展指数的排序中，选取高发展水平、中等发展水平的国家各五个作为两组样品，另选四个国家作为待判样品，作距离判别分析。

类　别	序　号	国家名称	出生时的预期寿命 x_1/岁	成人识字率 x_2/%	调整后人均 GDP x_3
第一类（高发展水平国家）	1	美国	76	99	5 374
	2	日本	79.5	99	5 359
	3	瑞士	78	99	5 372
	4	阿根廷	72.1	95.9	5 242
	5	阿联酋	73.8	77.7	5 370
第二类（中等发展水平国家）	6	保加利亚	71.2	93	4 250
	7	古巴	75.3	94.9	3 412
	8	巴拉圭	70	91.2	3 390
	9	格鲁吉亚	72.8	99	2 300
	10	南非	62.9	80.6	3 799

续表

类　别	序　号	国家名称	出生时的 预期寿命 x_1/岁	成人识字率 x_2/%	调整后人均GDP x_3
待判样品	11	中国	68.5	79.3	1 950
	12	罗马尼亚	69.9	96.9	2 840
	13	希腊	77.6	93.8	5 233
	14	哥伦比亚	69.3	90.3	5 158

注:数据选自《世界经济统计研究》1996 年第 1 期。

试对待判样品做出分类判别。

解　变量个数 $p=3$,两类总体各有 5 个样品,即 $n_1=n_2=5$,有 4 个待判样品,假定两总体协差阵相等。

① 两组线性判别的计算过程如下:

$$\bar{\boldsymbol{X}}^{(1)} = \begin{bmatrix} 75.88 \\ 94.08 \\ 5\ 343.4 \end{bmatrix}, \quad \bar{\boldsymbol{X}}^{(2)} = \begin{bmatrix} 70.44 \\ 91.74 \\ 3\ 430.2 \end{bmatrix}$$

② 计算样本协方差阵,从而求出 $\hat{\boldsymbol{\Sigma}}$

$$\boldsymbol{S}_1 = \sum_{a=1}^{n_i} (\boldsymbol{X}_a^{(1)} - \bar{\boldsymbol{X}}^{(1)})(\boldsymbol{X}_a^{(1)} - \bar{\boldsymbol{X}}^{(1)})^{\mathrm{T}}$$

$$= \begin{bmatrix} 36.228 & 56.022 & 448.74 \\ 56.022 & 344.228 & -252.24 \\ 448.74 & -252.24 & 12\ 987.2 \end{bmatrix}$$

类似地,有

$$\boldsymbol{S}_2 = \sum_{a=1}^{n_2} (\boldsymbol{X}_a^{(2)} - \bar{\boldsymbol{X}}^{(2)})(\boldsymbol{X}_a^{(2)} - \bar{\boldsymbol{X}}^{(2)})^{\mathrm{T}}$$

$$= \begin{bmatrix} 86.812 & 117.682 & -4\ 895.74 \\ 117.682 & 188.672 & -11\ 316.54 \\ -4\ 895.74 & -11\ 316.54 & 2\ 087\ 384.8 \end{bmatrix}$$

经计算

$$\boldsymbol{S} = \boldsymbol{S}_1 + \boldsymbol{S}_2 = \begin{bmatrix} 123.04 & 173.704 & -4\ 447 \\ 173.704 & 532.9 & -11\ 568.78 \\ -4\ 447 & -11\ 568.78 & 210\ 0372 \end{bmatrix}$$

$$\hat{\boldsymbol{\Sigma}} = \frac{1}{n_1 + n_2 - 2}(\boldsymbol{S}_1 + \boldsymbol{S}_2) = \frac{1}{8}\boldsymbol{S}$$

$$= \begin{bmatrix} 15.38 & 21.713 & -555.875 \\ 21.713 & 66.612\ 5 & -1\ 446.097\ 5 \\ -555.875 & -1\ 446.097\ 5 & 262\ 546.5 \end{bmatrix}$$

$$\hat{\boldsymbol{\Sigma}}^{(-1)} = \begin{bmatrix} 0.120\ 896 & -0.038\ 45 & 0.000\ 044\ 2 \\ -0.038\ 45 & 0.029\ 278 & 0.000\ 079\ 9 \\ 0.000\ 044\ 2 & 0.000\ 079\ 9 & 0.000\ 004\ 34 \end{bmatrix}$$

③ 求线性判别函数 $W(X)$。解线性方程组 $\hat{\Sigma}a = (\bar{X}^{(1)} - \bar{X}^{(2)})$ 得

$$a = \hat{\Sigma}^{-1}(\bar{X}^{(1)} - \bar{X}^{(2)}) = (0.652\,3, 0.012\,2, 0.008\,73)^{T}$$

所以

$$W(X) = a^{T}(X - \bar{X}) = a^{T}\left[X - \frac{1}{2}(\bar{X}^{(1)} + \bar{X}^{(2)})\right]$$

$$= 0.652\,3x_1 + 0.012\,2x_2 + 0.008\,73x_3 - 87.152\,5$$

④ 对已知类别的样品判别分类。对已知类别的样品(通常称为训练样品)用线性判别函数进行判别归类,结果如表 7-1-1 所列,全部判对。

表 7-1-1　线性判别结果

样品序号	判别函数 $W(X)$ 的值	原类号	判别归类
1	10.545 1	1	1
2	12.697 2	1	1
3	11.832 3	1	1
4	6.811	1	1
5	8.815 3	1	1
6	−2.471 6	2	2
7	−7.089 8	2	2
8	−10.784 2	2	2
9	−18.378 8	2	2
10	−11.974 2	2	2

⑤ 对判别效果作检验。

判别分析是假设两组样品取自不同总体,如果两个总体的均值向量在统计上差异不显著,作判别分析意义就不大。所谓判别效果的检验就是检验两个正态总体的均值向量是否相等,检验的统计量为

$$F = \frac{(n_1 + n_2 - 2) - p + 1}{(n_1 + n_2 - 2)p}T^2 \sim F(p, n_1 + n_2 - p - 1)$$

其中

$$T^2 = (n_1 + n_2 - 2)\left[\sqrt{\frac{n_1 n_2}{n_1 + n_2}}(\bar{X}^{(1)} - \bar{X}^{(2)})^{T}S^{-1} \cdot \sqrt{\frac{n_1 n_2}{n_1 + n_2}}(\bar{X}^{(1)} - \bar{X}^{(2)})\right]$$

将上边计算结果代入统计量后可得

$$F = 12.674\,6 > F_{0.05}(3.6) = 4.76$$

故在 $a = 0.05$ 检验水平下,两总体间差异显著,即判别函数有效。

⑥ 对待判样品,判别归类结果如表 7-1-2 所列。

表 7-1-2　判别结果

样品序号	国　家	判别函数 $W(X)$ 的值	判别归类
11	中　国	−24.478 99	2
12	罗马尼亚	−15.581 35	2
13	希　腊	10.294 43	1
14	哥伦比亚	4.182 89	1

简短分析

回代率为百分之百,这与统计资料的结果相符,而待判四个样品的判别结果表明:中国、罗马尼亚为中等发展水平国家(即第二类),希腊、哥伦比亚为高发展水平国家(即第一类),这是符合当时实际的,即与当时世界各国人文发展指数的水平相吻合。

例 7 - 1 - 2　对全国 30 个省市自治区 1994 年影响各地区经济增长差异的制度变量:x_1 表示经济增长率,x_2 表示非国有化水平,x_3 表示开放度,x_4 表示市场化程度,作判别分析,见表 7 - 1 - 3。

表 7 - 1 - 3　经济增长差异表

类　别	序　号	地　区	$x_1/\%$	$x_2/\%$	$x_3/\%$	$x_4/\%$
第一组	1	辽宁	11.2	57.25	13.47	73.41
	2	河北	14.9	67.19	7.89	73.09
	3	天津	14.3	64.74	19.41	72.33
	4	北京	13.5	55.63	20.59	77.33
	5	山东	16.2	75.51	11.06	72.08
	6	上海	14.3	57.63	22.51	77.35
	7	浙江	20	83.94	15.99	89.5
	8	福建	21.8	68.03	39.42	71.9
	9	广东	19	78.31	83.03	80.75
	10	广西	16	57.11	12.57	60.91
	11	海南	11.9	49.97	30.7	69.2
第二组	12	黑龙江	8.7	30.72	15.41	60.25
	13	吉林	14.3	37.65	12.95	66.42
	14	内蒙古	10.1	34.63	7.68	62.96
	15	山西	9.1	56.33	10.3	66.01
	16	河南	13.8	65.23	4.69	64.24
	17	湖北	15.3	55.62	6.06	54.74
	18	湖南	11	55.55	8.02	67.47
	19	江西	18	62.88	6.4	58.83
	20	甘肃	10.4	30.01	4.61	60.26
	21	宁夏	8.2	29.28	6.11	50.71
	22	四川	11.4	62.88	5.31	61.49
	23	云南	11.6	28.57	9.08	68.47
	24	贵州	8.4	30.23	6.03	55.55
	25	青海	8.2	15.96	8.04	40.26
	26	新疆	10.9	24.75	8.34	46.01
	27	西藏	15.6	21.44	28.62	46.01

类 别	序 号	地 区	$x_1/\%$	$x_2/\%$	$x_3/\%$	$x_4/\%$
	28	江苏	16.5	80.05	8.81	73.04
待判样品	29	安徽	20.6	81.24	5.37	60.43
	30	陕西	8.6	42.06	8.88	56.37

注:资料来源《经济理论与经济管理》1998 年第 1 期。

① 两类地区各变量的均值:

$$\overline{X}^{(1)} = (15.736\ 36 \quad 65.028\ 18 \quad 25.149\ 09 \quad 73.804\ 55)^{\mathrm{T}}$$

$$\overline{X}^{(2)} = (11.562\ 5 \quad 40.106\ 25 \quad 9.228\ 125 \quad 58.105)^{\mathrm{T}}$$

② 计算样本协差阵,从而求出 $\hat{\boldsymbol{\Sigma}}$ 和 $\hat{\boldsymbol{\Sigma}}^{-1}$。

$$\hat{\boldsymbol{\Sigma}} = \begin{bmatrix} 9.854\ 518 & 23.984\ 94 & 14.278\ 37 & 5.460\ 767 \\ 23.984\ 94 & 212.056\ 1 & 1.665\ 567 & 69.731\ 85 \\ 14.278\ 37 & 1.665\ 567 & 202.034\ 4 & 9.513\ 56 \\ 5.460\ 767 & 69.731\ 85 & 9.513\ 56 & 64.118\ 22 \end{bmatrix}$$

$$\hat{\boldsymbol{\Sigma}}^{-1} = \begin{bmatrix} 0.168\ 616 & -0.023\ 12 & -0.012\ 32 & 0.012\ 615 \\ -0.023\ 12 & 0.010\ 532 & 0.002\ 008 & -0.009\ 78 \\ -0.012\ 32 & 0.002\ 008 & 0.005\ 898 & -0.002\ 01 \\ 0.012\ 615 & -0.009\ 78 & -0.002\ 01 & 0.025\ 46 \end{bmatrix}$$

③ 求线性判别函数。解线性方程组 $\hat{\boldsymbol{\Sigma}}a = (\overline{X}^{(1)} - \overline{X}^{(2)})$,得

$$a = \hat{\boldsymbol{\Sigma}}^{-1}(\overline{X}^{(1)} - \overline{X}^{(2)})$$

经计算

$$\overline{X}^{(1)} - \overline{X}^{(2)} = (4.173\ 864 \quad 24.921\ 93 \quad 15.920\ 97 \quad 15.699\ 55)^{\mathrm{T}}$$

$$a = (0.129\ 411 \quad 0.044\ 354 \quad 0.060\ 978 \quad 0.176\ 547)^{\mathrm{T}}$$

$$\frac{1}{2}(\overline{X}^{(1)} + \overline{X}^{(2)}) = (13.649\ 43 \quad 52.567\ 22 \quad 17.188\ 61 \quad 65.954\ 77)^{\mathrm{T}}$$

所以

$$W(X) = a'(X - \overline{X}) = a'\left[X - \frac{1}{2}(\overline{X}^{(1)} + \overline{X}^{(2)}) \right]$$

$$= 0.129\ 411x_1 + 0.044\ 354x_2 + 0.060\ 978x_3 + 0.176\ 547x_4 - 16.790\ 18$$

④ 对已知类别的样品回判。由于 $\overline{X}^{(1)} > \overline{X}^{(2)}$,所以 $W(X) > 0$ 为第一组,$W(X) < 0$ 为第二组,见表 7-1-4。

表 7-1-4   样品回判表

样品序号	$W(X)$	原类别组号	回判组号
1	0.980 157	1	1
2	1.503 103	1	1
3	1.885 084	1	1

样品序号	$W(X)$	原类别组号	回判组号
4	1.272 898	1	1
5	2.055 351	1	1
6	2.645 024	1	1
7	6.297 084	1	1
8	4.145 854	1	1
9	8.461 164	1	1
10	$-0.666\ 59$	1	2
11	1.055 243	1	1
12	$-2.725\ 14$	2	2
13	$-0.753\ 78$	2	2
14	$-2.363\ 46$	2	2
15	$-0.832\ 16$	2	2
16	$-0.483\ 75$	2	2
17	$-2.309\ 53$	2	2
18	$-0.502\ 15$	2	2
19	$-0.896\ 63$	2	2
20	$-3.193\ 43$	2	2
21	$-5.105\ 07$	2	2
22	$-1.346\ 27$	2	2
23	$-1.379\ 98$	2	2
24	$-4.187\ 44$	2	2
25	$-7.423\ 09$	2	2
26	$-5.650\ 37$	2	2
27	$-3.952\ 3$	2	2

　　上述回判结果表明,第一组中只有第 10 个样品回判组号为 2,与原类别组号不同,其余样品与原类别组号相同;第二组中各样品回判组号都是 2,即与原类别组号完全相同。我们仔细研究第 10 号样品广西的指标数据,可以看到它有可能是属于原类别分组时的错分样品。总的回判正确率达 96.3%。

　　⑤ 对待判样品,判别归类结果见表 7 - 1 - 5。

表 7 - 1 - 5　样品判别表

样品序号	$W(X)$	判别归类
28	2.327 825	1
29	0.475 173	1
30	$-3.318\ 29$	2

待判样品中江苏和安徽被判属第一组,陕西被判属第二组,这与实际情况较吻合。

7.1.3　聚类分析

聚类分析是将样品或变量按照它们在性质上的亲疏程度进行分类的多元统计分析方法。聚类分析时,用来描述样品或变量的亲疏程度通常有两个途径,一个是把每个样品或变量看成是多维空间上的一个点,在多维坐标中,定点与点、类和类之间的距离,用点与点间距离来描述样品或变量之间的亲疏程度;另一个是计算样品或变量的相似系数,用相似系数来描述样品或变量之间的亲属程度。

聚类分析是实用多元统计分析的一个新的分支,聚类分析的功能是建立一种分类方法,它将一批样品或变量,按照它们在性质上的亲疏、相似程度进行分类。

聚类分析的内容十分丰富,按其聚类的方法可分为以下几种:

① 系统聚类法:开始每个对象自成一类,然后每次将最相似的两类合并,合并后重新计算新类与其他类的距离或相近性测度。这一过程可用一张谱系聚类图描述。

② 调优法(动态聚类法):首先对 n 个对象初步分类,然后根据分类的损失函数尽可能小的原则对其进行调整,直到分类合理为止。

③ 最优分割法(有序样品聚类法):开始将所有样品看作一类,然后根据某种最优准则将它们分割为二类、三类,一直分割到所需的 K 类为止。这种方法适用于有序样品的分类问题,也称为有序样品的聚类法。

④ 模糊聚类法:利用模糊集理论来处理分类问题,它对经济领域中具有模糊特征两态数据或多态数据具有明显的分类效果。

⑤ 图论聚类法:利用图论中最小支撑树的理论来处理分类问题,创造了独具风格的方法。

⑥ 聚类预报法:利用聚类方法处理预报问题,在多元统计分析中,可以用来做预报的方法很多,如回归分析和判别分析。但对一些异常数据,如气象中的灾害性天气的预报,使用回归分析或判别分析处理,效果都不好,而聚类预报则弥补了这一不足,是一个值得重视的方法。

聚类分析根据对象的不同又分为 R 型和 Q 型两大类,R 型是对变量(指标)进行分类,Q 型是对样品进行分类。

R 型聚类分析的目的有以下几个方面:

① 可以了解变量间及变量组合间的亲疏关系;

② 对变量进行分类;

③ 根据分类结果及它们之间的关系,在每一类中选择有代表性的变量作为重要变量,利用少数几个重要变量作进一步分析计算,如回归分析或 Q 型聚类分析等。

Q 型聚类分析的目的主要是对样品进行分类。分类的结果是直观的,且比传统的分类方法更细致、全面、合理。当然,使用不同的分类方法通常有不同的分类结果。对任何观测数据都没有唯一"正确"的分类方法。实际应用中,常采用不同的分类方法,一边对数据进行分析计算,一边对分类提供具体意见,并由实际工作者决定所需要的分类数及分类情况。

下面是聚类分析的一个简单例子。有五个样品,每个样品只测量了一个指标,分别为 1,2,6,8,11,我们用最短距离法将它们分类。

① 计算五个样品两两间的距离,得初始类间的距离矩阵 $D_{(0)}$ 如下:

	G_1	G_2	G_3	G_4	G_5
G_1	0				
G_2	1	0			
G_3	5	4	0		
G_4	7	6	2	0	
G_5	10	9	5	3	0

② 由 $\boldsymbol{D}_{(0)}$ 知，类间最小距离为 1，于是将 G_1 和 G_2 合并成 G_6，并计算 G_6 和其他类之间的距离，得新的距离矩阵 $\boldsymbol{D}_{(1)}$ 如下：

	G_6	G_3	G_4	G_5
G_6	0			
G_3	4	0		
G_4	6	2	0	
G_5	9	5	3	0

③ 由 $\boldsymbol{D}_{(1)}$ 知，类间最小距离为 2，将 G_3 和 G_4 合并为 G_7，计算 G_7 与其他类间的距离，得新的距离矩阵 $\boldsymbol{D}_{(2)}$ 如下：

	G_6	G_7	G_5
G_6	0		
G_7	4	0	
G_5	9	3	0

④ 由 $\boldsymbol{D}_{(2)}$ 知，类间最小距离为 3，将 G_5 和 G_7 合并为 G_8，得新的距离矩阵 $\boldsymbol{D}_{(3)}$ 如下：

	G_6	G_8
G_6	0	
G_8	4	0

⑤ 将 G_6 和 G_8 合并为 G_9，这时五个样品聚为一类。

7.1.4　主成分分析

主成分分析是采取一种数学降维的方法，找出几个综合变量来代替原来众多的变量，使这些综合变量尽可能地代表原来变量的信息，而且彼此之间互不相关。这种把多个变化量化为少数几个互相无关的综合变量的统计分析方法称为主成分分析或主分量分析。

主成分分析所要做的就是设法将原来众多具有一定相关性的变量，重新组合为一组新的相互无关的综合变量来代替原来的变量。通常，数学上的处理方法就是将原来的变量做线性组合，作为新的综合变量，但是这种组合如果不加以限制，则可以有很多，应该如何选择呢？如果将选取的第一个线性组合即第一个综合变量记为 F_1，自然希望它尽可能多地反映原来的变量信息。这里信息用方差来测量，即希望 $\mathrm{Var}(F_1)$ 越大，表示 F_1 包含信息越多。因此，在所有线性组合中所选取的 F_1 应该是方差最大的，故称 F_1 为第一主成分。如果第一主成分不足以代表原来 p 个变量的信息，再考虑选取 F_2，即第二个线性组合，为了有效地反映原来的信息，F_1 已有的信息就不需要再出现在 F_2 中，用数学语言表达就是，要求 $\mathrm{Cov}(F_1,F_2)=0$，称 F_2 为第二主成分，以此类推，可以构造出第三、第四……第 p 个主成分。

具体步骤如下：

（1）对原始数据进行标准化处理

用 $x_1,x_2,\cdots,x_m$ 表示主成分分析指标的 m 个变量，评价对象有 n 个，a_{ij} 表示第 i 个评价对象对应于第 j 个指标的取值。将每个指标值 a_{ij} 转化为标准化指标 $\tilde{a}_{ij}$，即

$$\tilde{a}_{ij}=\frac{a_{ij}-\mu_j}{s_j}\quad(i=1,2,\cdots,n;j=1,2,\cdots,m)$$

式中，

$$\mu_j=\frac{1}{n}\sum_{i=1}^{n}a_{ij},\quad s_j=\frac{1}{n-1}\sum_{i=1}^{n}(a_{ij}-\mu_j)^2$$

相应地，标准化指标变量为

$$\tilde{x}_j=\frac{x_j-\mu_j}{s_j}\quad(j=1,2,\cdots,m)$$

（2）计算相关系数矩阵 $\boldsymbol{R}$

$$\boldsymbol{R}=(r_{ij})_{m\times m}$$

$$r_{ij}=\frac{\sum_{k=1}^{n}\tilde{a}_{ki}\cdot\tilde{a}_{kj}}{n-1}\quad(i,j=1,2,\cdots,m)$$

式中，$r_{ii}=1$，$r_{ij}=r_{ji}$，r_{ij} 是第 i 个指标和第 j 指标之间的相关系数。

（3）计算相关系数矩阵的特征值与特征向量

解特征方程 $|\lambda\boldsymbol{I}-\boldsymbol{R}|=0$，得到特征值 $\lambda_i(i=1,2,\cdots,m)$，$\lambda_1\geqslant\lambda_2\geqslant\cdots\geqslant\lambda_m\geqslant0$；再求出相对应的特征值 λ_i 的特征向量 $\boldsymbol{u}_i(i=1,2,\cdots,m)$，其中 $\boldsymbol{u}_j=(u_{1j},u_{2j},\cdots,u_{mj})^{\mathrm{T}}$，由特征向量组成的 m 个新的指标变量为

$$\begin{cases}y_1=u_{11}\tilde{x}_1+u_{21}\tilde{x}_2+\cdots+u_{m1}\tilde{x}_m\\y_2=u_{12}\tilde{x}_1+u_{22}\tilde{x}_2+\cdots+u_{m2}\tilde{x}_m\\\quad\quad\vdots\\y_m=u_{1m}\tilde{x}_1+u_{2m}\tilde{x}_2+\cdots+u_{mm}\tilde{x}_m\end{cases}$$

式中，y_1 为第 1 主成分，y_2 为第 2 主成分，……，y_m 为第 m 主成分。

（4）选择 $p(p\leqslant m)$ 个主成分，计算综合评价值

计算特征值 $\lambda_j(j=1,2,\cdots,m)$ 的信息贡献率和累积贡献率。

用 b_j 表示主成分 y_j 的信息贡献率，则有

$$b_j = \frac{\lambda_j}{\sum\limits_{k=1}^{m} \lambda_k} \qquad (j=1,2,\cdots,m)$$

用 a_p 表示主成分 $y_1, y_2, \cdots, y_p$ 的累积贡献率,则有

$$a_p = \frac{\sum\limits_{k=1}^{p} \lambda_k}{\sum\limits_{k=1}^{m} \lambda_k}$$

若 a_p 接近于 1(一般 a_p 的范围为 85%~95%),则用前 p 个指标变量 $y_1, y_2, \cdots, y_p$ 作为 p 个主成分,代替原来 m 个指标变量,然后再对 p 个主成分进行综合分析。

(5) 计算综合得分

用 b_j 表示第 j 个主成分的信息贡献率,则有

$$Z = \sum\limits_{j=1}^{p} b_j y_j$$

根据综合得分值进行评价。

例 7 - 1 - 3　高等教育是依赖高等院校进行的,高等教育的发展状况主要体现在高等院校的相关方面。遵循可比性原则,从高等教育的五个方面选取 10 项评价指标。《中国统计年鉴,1995》和《中国教育统计年鉴,1995》除以各地区相应的人口数得到 10 项指标值,见图 7 - 1 - 2。

其中,x_1 为每百万人口高等院校数;x_2 为每十万人口高等院校毕业生数;x_3 为每十万人口高等院校招生数;x_4 为每十万人口高等院校在校生数;x_5 为每十万人口高等院校教职工数;x_6 为每十万人口高等院校专职教师数;x_7 为高级职称占专职教师的比例;x_8 为平均每所高等院校的在校生数;x_9 为国家财政预算内普通高教经费占国民生产总值的比重;x_{10} 为生均教育经费。

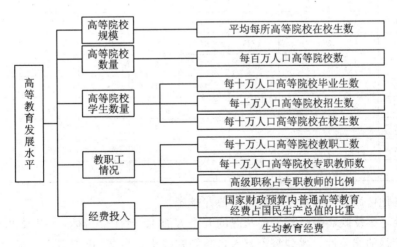

图 7 - 1 - 2　高等教育的 10 项评价指标

我国大陆各地区普通高等教育发展状况数据表,见表 7 - 1 - 6。

表 7 - 1 - 6   我国大陆各地区普通高等教育发展状况数据

地 区	x_1	x_2	x_3	x_4	x_5	x_6	x_7	x_8	x_9	x_{10}
北京	5.96	310	461	1 557	931	319	44.36	2 615	2.20	13 631
上海	3.39	234	308	10 354	498	161	35.02	3 052	0.90	12 665
天津	2.35	157	229	713	295	109	38.40	3 031	0.86	9 385
陕西	1.35	81	111	364	150	58	30.45	2 699	1.22	7 881
辽宁	1.50	88	128	421	144	58	34.30	2 808	0.54	7 733
吉林	1.67	86	120	370	153	58	33.53	2 215	0.76	7 480
黑龙江	1.17	63	93	296	117	44	35.22	2 528	0.58	8 570
湖北	1.05	67	92	297	115	43	32.89	2 835	0.66	7 262
江苏	0.95	64	94	287	102	39	31.54	3 008	0.39	7 786
广东	0.69	39	71	205	61	24	34.50	2 988	0.37	11 355
四川	0.56	40	57	177	61	23	32.62	3 149	0.55	7 693
山东	0.57	58	64	181	57	22	32.95	3 202	0.28	6 805
甘肃	0.71	42	62	190	66	26	28.13	2 657	0.73	7 282
湖南	0.74	42	61	194	61	24	33.06	2 618	0.47	63 477
浙江	0.86	42	71	204	66	26	29.94	2 363	0.25	7 704
新疆	1.29	47	73	265	114	46	25.93	2 060	0.37	5 719
福建	1.04	53	71	218	63	26	29.01	2 099	0.29	7 106
山西	0.85	53	65	218	76	30	25.63	2 555	0.43	5 580
河北	0.81	43	66	188	61	23	29.82	2 313	0.31	5 704
安徽	0.59	35	47	146	46	20	32.83	2 488	0.33	5 628
云南	0.66	36	40	130	44	19	28.55	1 974	0.48	9 106
江西	0.77	43	63	194	67	23	28.81	2 515	0.34	4 085
海南	0.70	33	51	165	47	18	27.34	2 344	0.28	7 928
内蒙古	0.84	43	48	171	65	29	27.65	2 032	0.32	5 581
西藏	1.69	26	45	137	75	33	12.10	810	1.00	14 199
河南	0.55	32	46	130	44	17	28.41	2 341	0.30	5 714
广西	0.60	28	43	129	39	17	31.93	2 146	0.24	5 139
宁夏	1.39	48	62	208	77	34	22.70	1 500	0.42	5 377
贵州	0.64	23	32	93	37	16	28.12	1 469	0.34	5 415
青海	1.48	38	46	151	63	30	17.87	1 024	0.38	7 368

请计算各地区高教发展水平综合评价值并排序。

解   定性考察反映高等教育发展状况的五个方面 10 项评价指标,可以看出,某些指标之间可能存在较强的相关性。比如每十万人口高等院校毕业生数、每十万人口高等院校招生数与每十万人口高等院校在校生数之间可能存在较强的相关性,每十万人口高等院校教职工数和每十万人口高等院校专职教师数之间可能存在较强的相关性。为了验证这种想法,计算

10 个指标之间的相关系数。可以看出,某些指标之间确实存在很强的相关性,如果直接用这些指标进行综合评价,必然造成信息的重叠,影响评价结果的客观性。主成分分析方法可以把多个指标转化为少数几个不相关的综合指标,因此,可以考虑利用主成分进行综合评价。主成分分析结果如表 7 - 1 - 7 所列。

表 7 - 1 - 7　主成分分析结果

序　号	特征根	贡献率	累计贡献率
1	7.502 2	75.021 6	75.021 6
2	1.577	15.769 9	70.791 5
3	0.536 2	5.362 1	96.153 6
4	0.206 4	2.063 8	985.217 4
5	0.145	1.450 0	99.667 4
6	0.022 2	0.221 9	99.889 3

由表 7 - 1 - 7 可以看出,前两个特征根的累计贡献率就达到 90% 以上,主成分分析效果很好。下面选取前 4 个主成分(累计贡献率就达到 98%)进行综合评价。标准化变量的前 4 个主成分对应的特征向量见表 7 - 1 - 8。

表 7 - 1 - 8　标准化变量的前 4 个主成分对应的特征向量

	$\bar{x}_1$	$\bar{x}_2$	$\bar{x}_3$	$\bar{x}_4$	$\bar{x}_5$	$\bar{x}_6$	$\bar{x}_7$	$\bar{x}_8$	$\bar{x}_9$	$\bar{x}_{10}$
第 1 特征向量	0.349 7	0.359 0	0.362 3	0.362 3	0.360 5	0.360 2	0.224 1	0.120 1	0.319 2	0.245 2
第 2 特征向量	−0.197 2	0.034 3	0.029 1	0.013 8	−0.050 7	−0.064 6	0.582 6	0.702 1	−0.194 1	−0.286 3
第 3 特征向量	−0.163 9	−0.108 4	−0.090 0	−0.112 0	−0.153 4	−0.164 5	−0.063 97	0.357 7	0.120 4	0.863 7
第 4 特征向量	−0.102 2	−0.226 6	−0.169 2	−0.160 7	−0.044 2	0.003 2	0.081 2	0.070 2	0.899 9	0.245 7

由此可得 4 个主成分

$$y_1 = 0.349\ 7\tilde{x}_1 + 0.359\tilde{x}_2 + \cdots + 0.245\ 2\tilde{x}_{10}$$
$$y_2 = -0.197\ 2\tilde{x}_1 + 0.034\tilde{x}_2 + \cdots - 0.286\tilde{x}_{10}$$
$$y_3 = -0.163\ 9\tilde{x}_1 - 0.108\ 4\tilde{x}_2 + \cdots + 0.863\ 7\tilde{x}_{10}$$
$$y_4 = -0.102\ 2\tilde{x}_1 - 0.226\ 6\tilde{x}_2 + \cdots - 0.245\ 7\tilde{x}_{10}$$

从主成分的系数可以看出,第一主成分主要反映了前 6 个指标(学校数、学生数和教师数方面)的信息,第二主成分主要反映了高校规模和教师中高级职称的比例,第三主成分主要反映了生均教育经费,第四主成分主要反映了国家财政预算内普通高教经费占国内生产总值的比重。把各地区原始 10 个指标的标准化数据代入 4 个主成分的表达式,就可以得到各地区的 4 个主成分值。

分别以 4 个主成分的贡献率为权重,构建主成分综合评价模型:

$$Z = 0.750\,2y_1 + 0.157\,7y_2 + 0.053\,6y_3 + 0.020\,6y_4$$

把各地区的 4 个主成分值代入上式,可以得到各地区高教发展水平的综合评价值以及排序,结果见表 7-1-9。

表 7-1-9　排名和综合评价结果

地　区	北京	上海	天津	陕西	辽宁	吉林	黑龙江	湖北	江苏	广东
名　次	1	2	3	4	5	6	7	8	9	10
综合评价值	8.604 3	4.473 8	2.788 1	0.811 9	0.761 1	0.588 4	0.297 1	0.245 5	0.058 1	0.005 8
地　区	四川	山东	甘肃	湖南	浙江	新疆	福建	山西	河北	安徽
名　次	11	12	13	14	15	16	17	18	19	20
综合评价值	−0.268	−0.364 5	−0.487 9	−0.506 5	−0.701 6	−0.742 8	−0.769 7	−0.796 5	−0.889 5	−0.891 7
地　区	云南	江西	海南	内蒙古	西藏	河南	广西	宁夏	贵州	青海
名　次	21	22	23	24	25	26	27	28	29	30
综合评价值	−0.955 7	−0.961 0	−1.014 7	−1.124 6	−1.147 0	−1.205 9	−1.225 0	−1.251 3	−1.651 4	−1.68

分析　各地区高等教育发展水平存在较大的差异,高教资源的地区分布很不均衡。北京、上海、天津等地区高等教育发展水平遥遥领先,主要表现在每百万人口的学校数量和每十万人口的教师数量、学生数量以及国家财政预算内普通高教经费占国内生产总值的比重等方面。陕西和东北三省高等教育发展水平也比较高。贵州、广西、河南、安徽等地区高等教育发展水平比较落后,这些地区的高等教育发展需要政策和资金的扶持。值得一提的是,西藏、新疆、甘肃等经济不发达地区的高等教育发展水平居于中上游水平,可能是由于人口等原因。

7.1.5　因子分析

因子分析是主成分分析的推广和发展,它是从研究原始数据相关矩阵的内部依赖关系出发,把一些具有错综复杂关系多个变量(或样品)综合为少数几个因子,并给出原始变量与综合因子之间相关关系的一种多元统计分析方法。它也属于多元分析中数据降维的一种统计方法。

因子分析是通过对变量(或样品)的相关系数矩阵内部结构的研究,找出存在于所有变量(或样品)中具有共性的因素,并综合为少数几个新变量,把原始变量表示成少数几个综合变量的线性组合,以再现原始变量与综合变量之间的相关关系。其中,这里的少数几个综合变量一般是不可观测指标,通常称为公共因子。

因子分析常用的两种类型:一种是 R 型因子分析,即对变量进行的因子分析;另一种是 Q型因子分析,即对样品进行的因子分析。

7.1.6　对应分析

对应分析又称为相应分析,是一种目的在于揭示和样品之间或者定性量资料中变量与其类别之间的相互关系的多元统计分析方法。

对应分析的关键是利用一种数据变换,使含有 p 个变量 n 个样品的原始数据矩阵,变换成为一个过渡矩阵 Z,并通过矩阵 Z 将 R 型因子分析和 Q 型因子分析有机地结合起来。具体地说,首先给出进行 R 型因子分析时变量点的协差阵 $A=Z'Z$ 和进行 Q 型因子分析时样品点的协差阵 $B=ZZ'$,由于 $Z'Z$ 和 ZZ' 有相同的非零特征根,记为

$$\lambda_1 \geqslant \lambda_2 \geqslant \cdots \geqslant \lambda_m, \quad 0 < m \leqslant \min(p,n)$$

如果 A 的特征根 λ_i 对应的特征向量为 U_i,则 B 的特征根 λ_i 对应的特征向量就是 $ZU_i \triangleq V_i$。根据这个结论,就可以很方便地借助 R 型因子分析而得到 Q 型因子分析的结果。因为求出 A 的特征根和特征向量后可以很容易地写出变量点协差阵对应的因子载荷矩阵,记为 F,所以

$$F = \begin{bmatrix} u_{11}\sqrt{\lambda_1} & u_{12}\sqrt{\lambda_2} & \cdots & u_{1m}\sqrt{\lambda_1} \\ u_{21}\sqrt{\lambda_1} & u_{22}\sqrt{\lambda_2} & \cdots & u_{2m}\sqrt{\lambda_1} \\ \vdots & \vdots & & \vdots \\ u_{p1}\sqrt{\lambda_1} & u_{p2}\sqrt{\lambda_2} & \cdots & u_{pm}\sqrt{\lambda_m} \end{bmatrix}$$

这样,利用关系式 $ZU_i \triangleq V_i$ 也很容易地写出样品点协差阵 B 对应的因子载荷阵,记为 G,所以

$$G = \begin{bmatrix} v_{11}\sqrt{\lambda_1} & v_{12}\sqrt{\lambda_2} & \cdots & v_{1m}\sqrt{\lambda_1} \\ v_{21}\sqrt{\lambda_1} & v_{22}\sqrt{\lambda_2} & \cdots & v_{2m}\sqrt{\lambda_1} \\ \vdots & \vdots & & \vdots \\ v_{n1}\sqrt{\lambda_1} & v_{n2}\sqrt{\lambda_2} & \cdots & v_{nm}\sqrt{\lambda_m} \end{bmatrix}$$

从结果的展示上看,由于 A 和 B 具有相同的非零特征根,而这些特征根正是公共因子的方差,因此可以用相同的因子轴同时表示变量点和样品点。也就是说,把变量点和样品点同时反映在具有相同坐标轴的因子平面上,以便显示出变量点和样品点之间的相互关系,并且可以考虑进行分类分析。

7.1.7　典型相关分析

在经济问题中,不仅经常需要考察两个变量之间的相关程度,而且还经常需要考察多个变量与多个变量之间(即两组变量之间)的相关关系。典型相关分析就是研究两组变量之间相关程度的一种多元统计分析方法。

典型相关分析是研究两组变量之间相关关系的一种统计分析方法。为了研究两组变量 $X_1, X_2, \cdots, X_p$ 和 $Y_1, Y_2, \cdots, Y_q$ 之间的相关关系,采用类似于主成分分析的方法:在两组变量中分别选取若干有代表性的变量组成有代表性的综合指数,通过研究这两组综合指数之间的相关关系来代替这两组变量之间的相关关系,这些综合指数称为典型变量。

7.2　多元统计建模中的 MATLAB 实践

7.2.1　多元线性回归

MATLAB 统计工具箱用命令 regress 实现多元线性回归,使用的方法是最小二乘法。用法如下:

b＝regress(Y,X)

其中，b 为回归系数估计值。也可用下面的方法：

$$[b,bint,r,rint,stats] = regress(Y,X,alpha)$$

其中，alpha 为显著性水平（缺省时设定为 0.05）；b，bint 分别为回归系数估计值和它们的置信区间；r，rint 分别为残差（向量）及其置信区间；stats 是用于检验回归模型的统计量（通过观察它的第三项是否小于 alpha，从而检测回归模型是否成立）。

残差及其置信区间可以用命令 rcoplot(r,rint) 画图。

例 7 - 2 - 1　合金的强度 y 与其中的碳含量 x 有比较密切的关系，今从生产中收集了一批数据见表 7 - 2 - 1。

表 7 - 2 - 1　变量信息表

x	0.10	0.11	0.12	0.13	0.14	0.15	0.16	0.17	0.18
y	42.0	41.5	45.0	45.5	45.0	47.5	49.0	55.0	50.0

试先拟合一个函数 $y(x)$，再用回归分析法对它进行检验。

解　先画出散点图：

```
x = 0.1:0.01:0.18;
y = [42,41.5,45.0,45.5,45.0,47.5,49.0,55.0,50.0];
plot(x,y,'+')
```

可知 y 与 x 大致上为线性关系。

设回归模型为

$$y = \beta_0 + \beta_1 x$$

用命令 regress 和 rcoplot 编写的程序如下：

```
clc,clear
x1 = [0.1:0.01:0.18]';
y = [42,41.5,45.0,45.5,45.0,47.5,49.0,55.0,50.0]';
x = [ones(9,1),x1];
[b,bint,r,rint,stats] = regress(y,x);
b,bint,stats,rcoplot(r,rint)
```

得到

```
b = 27.4722   137.5000
bint = 18.6851   36.2594
       75.7755  199.2245
stats = 0.7985  27.7469  0.0012  4.0883
```

观察命令 rcoplot(r,rint) 所画的残差分布，除第 8 个数据外，其余残差的置信区间均包含零点，第 8 个点应视为异常点，将其剔除后重新计算，可得

```
b = 30.7820   109.3985
bint = 26.2805   35.2834
       76.9014  141.8955
stats = 0.9188  67.8534  0.0002  0.8797
```

应该用修改后的这个结果。

7.2.2　聚类方法

① 计算数据集每对元素之间的距离,对应的函数为 pdist。

调用格式:

$Y = pdist(X)$

$Y = pdist(X, 'metric')$

$Y = pdist(X, 'distfun')$

$Y = pdist(X, 'minkowski', p)$

说明　X 是 $m \times n$ 的矩阵;metric 是计算距离的方法选项:metric＝euclidean 表示欧氏距离(缺省值),metric＝seuclidean 表示标准的欧氏距离,metric＝mahalanobis 表示马氏距离;distfun 是自定义的距离函数,p 是 minkowski 距离计算过程中的幂次,缺省值为 2。Y 返回大小为 $m(m-1)/2$ 的距离矩阵,距离排序顺序为 $(1,2),(1,3),\cdots,(m-1,m)$,Y 也称为相似矩阵,可用 squareform 将其转化为方阵。

② 对元素进行分类,构成一个系统聚类树,对应的函数为 linkage。

调用格式:

$Z = linkage(Y)$

$Z = linkage(Y, 'method')$

说明　Y 是距离函数;Z 是返回系统聚类树;method 是采用的算法选项:method＝single 表示最短距离(缺省值),method＝complete 表示最长距离,method＝median 表示中间距离法,method＝centroid 表示重心法,method＝average 表示类平均法,method＝ward 表示离差平方和法(Ward 法)。

③ 确定怎样划分系统聚类树,得到不同的类,对应的函数为 cluster。

调用格式:

$T = cluster(Z, 'cutoff', c)$

$T = cluster(Z, 'maxclust', n)$

说明　Z 是系统聚类树,为 $(m-1) \times 3$ 的矩阵;c 是阈值;n 是类的最大数目;maxclust 是聚类的选项;cutoff 是临界值,决定 cluster 函数怎样聚类。

例 7 - 2 - 2　根据第三产业国内生产总值的 9 项指标,对华东地区 6 省 1 市进行分类,原始数据见表 7 - 2 - 2。

表 7 - 2 - 2　数据表

	交通 x_1	贸易 x_2	金融 x_3	房 x_4	服务 x_5	卫生 x_6	文教 x_7	科研 x_8	党政 x_9
上海	244.42	412.04	459.63	512.21	160.45	43.51	89.93	48.55	48.63
江苏	435.77	724.85	376.04	381.81	210.39	71.82	150.64	23.74	188.28
浙江	321.75	665.80	157.94	172.19	147.16	52.44	78.16	10.90	93.50
安徽	152.29	258.60	83.42	85.10	75.74	26.75	63.47	5.89	47.02
福建	347.25	332.59	157.32	172.48	115.16	33.80	77.27	8.69	79.01
江西	145.40	143.54	97.40	100.50	43.28	17.71	51.03	5.41	62.03
山东	442.20	665.33	411.89	429.88	115.07	87.45	145.25	21.39	187.77

MATLAB 程序如下：

```
X = [244.42      412.04      459.63      512.21      160.45      43.51      89.93      48.55      48.63
     435.77      724.85      376.04      381.81      210.39      71.82      150.64     23.74      188.28
     321.75      665.80      157.94      172.19      147.16      52.44      78.16      10.90      93.50
     152.29      258.60      83.42       85.10       75.74       26.75      63.47      5.89       47.02
     347.25      332.59      157.32      172.48      115.16      33.80      77.27      8.69       79.01
     145.40      143.54      97.40       100.50      43.28       17.71      51.03      5.41       62.03
     442.20      665.33      411.89      429.88      115.07      87.45      145.25     21.39      187.77 ];
Y = pdist(X);
SF = squareform(Y);
Z = linkage(Y,'average');
dendrogram(Z);
T = cluster(Z,'maxclust',3)
```

7.2.3　主成分分析

例 7 - 2 - 3　假定 18 个输油管段在 10 个指标(见表 7 - 2 - 3)上的表现，即为一个 18×10 的矩阵，将它放入变量 x。试计算该指标的主成分及对应的特征向量。

表 7 - 2 - 3　输出管指标值

管　段	x_1	x_2	x_3	x_4	x_5	x_6	x_7	x_8	x_9	x_{10}
1	1.5	7.1	280.0	424.0	4.0	430.0	90.0	112.0	459.0	453.0
2	1.5	7.1	280.0	424.0	4.0	430.0	92.0	112.0	459.0	453.0
3	1.5	8.7	280.0	424.0	4.0	430.0	92.0	112.0	459.0	453.0
4	1.5	8.7	280.0	424.0	4.0	431.0	92.0	112.0	459.0	448.0
5	1.5	8.7	280.0	424.0	4.0	431.0	90.0	112.0	455.0	453.0
6	2.0	10.3	279.0	425.0	2.0	431.0	90.0	110.0	458.0	449.0
7	2.0	10.3	277.0	425.0	2.0	431.0	92.0	112.0	458.0	449.0
8	0.8	10.3	277.0	425.0	2.0	431.0	92.0	112.0	454.0	448.0
9	2.0	10.3	277.0	425.0	2.0	431.0	92.0	112.0	454.0	448.0
10	2.0	10.3	277.0	425.0	2.0	431.0	92.0	112.0	458.0	448.0
11	2.0	10.3	277.0	425.0	2.0	431.0	92.0	377.0	456.0	448.0
12	2.0	103	279.0	425.0	2.0	431.0	92.0	377.0	454.0	449.0
13	2.0	10.3	279.0	425.0	2.0	431.0	90.0	377.0	456.0	446.0
14	2.0	10.3	279.0	425.0	2.0	431.0	90.0	112.0	454.0	449.0
15	2.0	10.3	279.0	425.0	4.0	431.0	92.0	112.0	458.0	449.0
16	2.0	10.3	279.0	425.0	4.0	430.0	92.0	112.0	458.0	119.0
17	2.0	10.3	274.0	425.0	4.0	430.0	92.0	112.0	458.0	449.0
18	1.6	10.3	279.0	424.0	4.0	430.0	92.0	112.0	458.0	449.0

MATLAB 程序如下：

```
A = x;                                              % x 是需要分析的数据,自行导入
a = size(A,1);                                      % 获得矩阵 A 的行大小
b = size(A,2);                                      % 获得矩阵 A 的列大小
for i = 1:b
    SA(:,i) = (A(:,i) - mean(A(:,i)))/std(A(:,i));    % std 函数是用来求向量的标准差
end

% 计算相关系数矩阵的特征值和特征向量
CM = corrcoef(SA);                                  % 计算相关系数矩阵
[V,D] = eig(CM);                                    % 计算特征值和特征向量
for j = 1:b
    DS(j,1) = D(b + 1 - j,b + 1 - j);                % 对特征值按降序排列
end
for i = 1:b
    DS(i,2) = DS(i,1)/sum(DS(:,1));                  % 贡献率
    DS(i,3) = sum(DS(1:i,1))/sum(DS(:,1));           % 累计贡献率
end

% 选择主成分及对应的特征向量
T = 0.9;                                            % 主成分信息保留率
for k = 1:b
    if DS(k,3) >= T
        Com_num = k;
        break;
    end
end
% 提取主成分对应的特征向量
for j = 1:Com_num
    PV(:,j) = V(:,b + 1 - j);
end

% 计算各评价对象的主成分得分
new_score = SA * PV;
for i = 1:a
    total_score(i,1) = sum(new_score(i,:));
    total_score(i,2) = i;
end
result_report = [new_score,total_score];            % 将各主成分得分与总分放在同一个矩阵中
result_report = sortrows(result_report, - 4);       % 按总分降序排序
DS,Com_num,PV
```

结果分析

DS 输出特征值、贡献率及累计贡献率;Com_num 输出主成分数;PV 输出主成分对应的特征向量。

7.2.4　判别分析

MATLAB 的统计工具箱提供了判别函数 classify。

调用格式:

[CLASS,ERR]=CLASSIFY(SAMPLE,TRAINING,GROUP, TYPE)

其中,SAMPLE 为未知待分类的样本矩阵;TRAINING 为已知分类的样本矩阵。它们有相同的列数 m,设待分类的样本点的个数(即 SAMPLE 的行数)为 s,已知样本点的个数(即 TRAINING 的行数)为 t,则 GROUP 为 t 维列向量。若 TRAINING 的第 i 行属于总体 ξ_i,则 GROUP 对应位置的元素可以记为 i。TYPE 为分类方法,缺省值为 'linear',即线性分类,TYPE 还可取值 'quadratic'、'mahalanobis'(mahalanobis 距离)。返回值 CLASS 为 s 维列向量,给出了 SAMPLE 中样本的分类,ERR 给出了分类误判率的估计值。

例 7 - 2 - 4　已知 8 个乳房肿瘤病灶组织的样本,其中前 3 个为良性肿瘤,后 5 个为恶性肿瘤。数据为细胞核显微图像的 6 个量化特征:细胞核直径、质地、周长、面积、光滑度。根据已知样本,对未知的三个样本进行分类。已知样本数据:

13.54,14.36,87.46,566.3,0.097 79

13.08,15.71,85.63,520,0.107 5

9.504,12.44,60.34,273.9,0.102 4

17.99,10.38,122.8,1 001,0.118 4

20.57,17.77,132.9,1 326,0.0847 4

19.69,21.25,130,1 203,0.109 6

11.42,20.38,77.58,386.1,0.142 5

20.29,14.34,135.1,129 7,0.100 3

待分类的数据:

16.6,28.08,108.3,858.1,0.084 55

20.6,29.33,140.1,1 265,0.117 8

7.76,24.54,47.92,181,0.052 63

解　录入数据,借助判别分析 classify 函数,易得结果。编写 MATLAB 程序如下:

```
a = [13.54,14.36,87.46,566.3,0.09779
     13.08,15.71,85.63,520,0.1075
     9.504,12.44,60.34,273.9,0.1024
     17.99,10.38,122.8,1001,0.1184
     20.57,17.77,132.9,1326,0.08474
     19.69,21.25,130,1203,0.1096
     11.42,20.38,77.58,386.1,0.1425
     20.29,14.34,135.1,1297,0.1003]      % 已知样本数据
x = [16.6,28.08,108.3,858.1,0.08455
     20.6,29.33,140.1,1265,0.1178
     7.76,24.54,47.92,181,0.05263]       % 待测样本数据
g = [ones(3,1);2 * ones(5,1)];           % 已知样本分类
[class,err] = classify(x,a,g)            % 对待测样本作判别分析
```

习　题

1. 下表是我国大陆地区 1999 年省、自治区的城市规模结构特征的一些数据,试通过聚类分析将这些省、自治区进行分类。

省、自治区	城市规模/万人	城市首位度	城市指数	基尼系数	城市规模中位值/万人
京津冀	699.70	1.437 1	0.936 4	0.780 4	10.880
山西	179.46	1.898 2	1.000 6	0.587 0	11.780
内蒙古	111.13	1.418 0	0.677 2	0.515 8	17.775
辽宁	389.60	1.918 2	0.854 1	0.576 2	26.320
吉林	211.34	1.788 0	1.079 8	0.456 9	19.705
黑龙江	259.00	2.305 9	0.341 7	0.507 6	23.480
苏沪	923.19	3.735 0	2.057 2	0.620 8	22.160
浙江	139.29	1.871 2	0.885 8	0.453 6	12.670
安徽	102.78	1.233 3	0.532 6	0.379 8	27.375
福建	108.50	1.729 1	0.932 5	0.468 7	11.120
江西	129.20	3.245 4	1.193 5	0.451 9	17.080
山东	173.35	1.001 8	0.429 6	0.450 3	21.215
河南	151.54	1.492 7	0.677 5	0.473 8	13.940
湖北	434.46	7.132 8	2.441 3	0.528 2	19.190
湖南	139.29	2.350 1	0.836 0	0.489 0	14.250
广东	336.54	3.540 7	1.386 3	0.402 0	22.195
广西	96.12	1.228 8	0.638 2	0.500 0	14.340
海南	45.43	2.191 5	0.864 8	0.413 6	8.730
川渝	365.01	1.680 1	1.148 6	0.572 0	18.615
云南	146.00	6.633 3	2.378 5	0.535 9	12.250
贵州	136.22	2.827 9	1.291 8	0.598 4	10.470
西藏	11.79	4.151 4	1.179 8	0.611 8	7.315
陕西	244.04	5.119 4	1.968 2	0.628 7	17.800
甘肃	145.49	4.751 5	1.936 6	0.580 6	11.650
青海	61.36	8.269 5	0.859 8	0.809 8	7.420
宁夏	47.60	1.507 8	0.958 7	0.484 3	9.730
新疆	128.67	3.853 5	1.621 6	0.490 1	14.470

2. 近年来,我国淡水湖水质富营养化的污染日趋严重,如何对湖泊水质的富营养化进行综合评价与治理,是摆在我们面前的一项重要任务。下表是我国 5 个湖泊的实测数据:

湖 泊	总磷/(mg·L^{-1})	耗氧量/(mg·L^{-1})	透明度/L	总氮/(mg·L^{-1})
杭州西湖	130	10.3	0.35	2.76
武汉东胡	105	10.7	0.4	2.0
青海湖	20	1.4	4.5	0.22
巢湖	30	6.26	0.25	1.67
滇池	20	10.13	0.5	0.23

这 5 个湖泊的水质评价标准如下：

评价参数	极贫营养	贫营养	中营养	富营养	极富营养
总磷	<1	4	23	110	>660
耗氧量	<0.09	0.36	1.8	7.1	>27.1
透明度	>37	12	2.4	0.55	<0.17
总氮	<0.02	0.06	0.31	1.2	>4.6

（1）试利用以上数据，分析总磷、耗氧量、透明度和总氮这 4 个指标对湖泊水质富营养化所起的作用。

（2）对上述 5 个湖泊的水质进行综合评估，确定水质等级。

第**8**章

图论方法

图论算法在计算机科学中扮演着很重要的角色,它提供了对很多问题都有效的一种简单而系统的建模方式。很多问题都可以转化为图论问题,然后用图论的基本算法加以解决。

生活中,许多问题往往都要用到图论和算法理论的思想去解决,因此也成为数学建模的一个重要工具。

8.1 图的基本概念

8.1.1 概 论

图论是数学的一个分支,它以图为研究对象。图论起源于著名的哥尼斯堡七桥问题。在哥尼斯堡的普莱格尔河上有七座桥将河中的两个岛及岛与河岸联结起来,问题是,要从这四块陆地中任何一块开始,通过每一座桥正好一次,再回到起点。关于图论的文字记载,最早出现在欧拉 1736 年的论著中,他所考虑的原始问题有很强的实际背景。图论中的图是由若干给定的点及连接两点的线所构成的图形,这种图形通常用来描述某些事物之间的某种特定关系,用点代表事物,用连接两点的线表示相应两个事物间具有这种关系。

图论中所谓的"图"是指某类具体事物和这些事物之间的联系。如果我们用点表示这些具体事物,用连接两点的线段(直的或曲的)表示两个事物的特定的联系,就得到了描述这个"图"的几何形象。图论为任何一个包含了一种二元关系的离散系统提供了一个数学模型,借助于图论的概念、理论和方法,可以对该模型求解。哥尼斯堡七桥问题就是一个典型的例子。在哥尼斯堡有七座桥将普莱格尔河中的两个岛及岛与河岸联结起来,问题是要从一块陆地开始走,通过每一座桥正好一次,再回到起点,见图 8-1-1(a)。

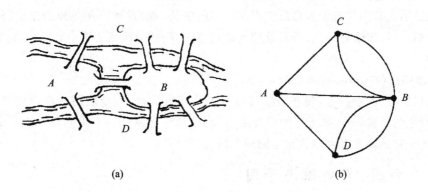

(a)   (b)

图 8-1-1 哥尼斯堡桥梁及示意图

当然,可以通过试验去尝试解决这个问题,但该城居民的任何尝试均未成功。欧拉为了解决这个问题,采用了建立数学模型的方法。他将每一块陆地用一个点来代替,将每一座桥用连接相应两点的一条线来代替,从而得到一个有 4 个"点"、7 条"线"的"图",见图 8-1-1(b)。问题成为:从任一点出发一笔画出 7 条线再回到起点。欧拉考察了一般一笔画的结构特点,给出了一笔画的一个判定法则:这个图是连通的,且每个点都与偶数线相关联。将这个判定法则应用于七桥问题,得到了"不可能走通"的结果,不但彻底解决了这个问题,而且开创了图论研究的先河。

图论所研究的问题涉及经济管理、工业工程、交通运输、计算机科学与信息技术、通信与网络技术等诸多领域。下面将要讨论的最短路问题、最小费用问题和匹配问题等都是图论的基本问题。

我们首先通过一些例子来了解图论问题。

(1) 最短路问题(SPP,Shortest Path Problem)

一名货柜车司机奉命在最短的时间内将一车货物从甲地运往乙地。从甲地到乙地的公路网纵横交错,因此有多种行车路线,这名司机应选择哪条线路呢?假设货柜车的运行速度是恒定的,那么这一问题相当于需要找到一条从甲地到乙地的最短路。

(2) 公路连接问题

某一地区有若干个主要城市,现准备修建高速公路把这些城市连接起来,使得从其中任何一个城市都可以经高速公路直接或间接到达另一个城市。假定已经知道了任意两个城市之间修建高速公路的成本,那么应如何决定在哪些城市间修建高速公路,使得总成本最小?

(3) 指派问题(Assignment Problem)

一家公司经理准备安排 N 名员工去完成 N 项任务,每人一项。由于各员工的特点不同,不同的员工去完成同一项任务时所获得的回报是不同的。如何分配工作方案可以使总回报最大?

(4) 中国邮递员问题(CPP,Chinese Postman Problem)

一名邮递员负责投递某个街区的邮件。如何为他(她)设计一条最短的投递路线(从邮局出发,经过投递区内每条街道至少一次,最后返回邮局)? 由于这一问题是我国管梅谷教授 1960 年首先提出的,所以国际上称之为中国邮递员问题。

(5) 旅行商问题(TSP,Traveling Salesman Problem)

一名推销员准备前往若干城市推销产品。如何为他(她)设计一条最短的旅行路线(从驻地出发,经过每个城市恰好一次,最后返回驻地)? 这一问题的研究历史十分悠久,通常称之为旅行商问题。

(6) 运输问题(Transportation Problem)

某种原材料有 M 个产地,现在需要将原材料从产地运往 N 个使用这些原材料的工厂。假定 M 个产地的产量和 N 家工厂的需要量已知,单位产品从任一产地到任一工厂的运费已知,那么如何安排运输方案可以使总运输成本最低?

8.1.2　无向图、有向图与子图

1. 无向图

设 $V(G) = \{v_1, v_2, \cdots, v_p\}$ 是一个非空有限集合,$E(G) = \{e_1, e_2, \cdots, e_q\}$ 是与 $V(G)$ 不相

交的有限集合。一个图 G 是指一个有序三元组 $(V(G),E(G),\psi_G)$，其中 ψ_G 是关联函数,它使 $E(G)$ 中每一元素对应于 $V(G)$ 中的无序元素对。

通常我们将图 $G=(V(G),E(G),\psi_G)$ 简记为 $G=(V(G),E(G))$,或 $G=(V,E)$ 或 G。

图 $G=(V(G),E(G),\psi_G)$ 中,$V(G)$ 和 $E(G)$ 分别称为 G 的顶点和边集。$V(G)$ 中的元素 称为 G 的顶点,$E(G)$ 中的元素称为 G 的边。$p(G)=|V(G)|$ 和 $q(G)=|E(G)|$ 分别称为 G 的顶点数(或阶)和边数。

注意：图的两条边可能会有一个交叉点,但交叉点不一定都是顶点。

一个图 $G=(V(G),E(G),\psi_G)$ 可以用平面上一个图形表示;用平面上的小圆圈表示 G 的 顶点,用点与点之间的连线表示 G 中的边。图的图形表示使得抽象定义的图具有直观性,有 助于我们进行思考和理解图的性质。明显地,同一个图可以有许多形状不同的图形表示方式。

在 E 中重复 k 次的边称为 k 重边;两端点重合的边称为环。

2. 有向图

设 $V(D)=\{v_1,v_2,\cdots,v_n\}$ 是一个非空有限集合,$A(D)=\{a_1,a_2,\cdots,a_m\}$ 是与 $V(D)$ 不相 交的有限集合。一个有向图 D 是指一个有序三元组 $(V(D),A(D),\psi_D)$,其中 ψ_D 是关联函 数,它使 $A(D)$ 中的每一元素(称为边或弧)对应于 $V(D)$ 中的有序元素(称为顶点或点)对(可 以相同)。

若 a 是一条弧,而 u 和 v 是使得 $\psi_D(a)=(u,v)(\neq(v,u))$ 的顶点,则称 a 从 u 指向 v,称 u 是 a 的起点,v 是 a 的终点,简记为 $a=(u,v)$。在不引起混淆时,也可用 $uv(\neq vu)$ 表示 (u,v)。

无重边也无环的图称为简单图。

3. 子 图

如果 $V_1\subseteq V,E_1\subseteq E$,那么图 $H=(V_1,E_1)$ 称为图 $G=(V,E)$ 的子图,记作 $H\subseteq G$。

如果 H 是 G 的子图,且 $V(H)=V(G)$,$E(H)\subseteq E(G)$,则称 H 是 G 的生成子图或支撑 子图。

若 $V'\subseteq V$,$E'=\{(u,v)\in E \mid u,v\in V'\}$,则子图 (V',E') 称为由 V' 导出的子图,记为 $G[V']$。

设 $V'\subset V$,记 $V-V'$ 的导出子图 $G[V\backslash V']$ 为 $G-V'$。

设 $E'\subseteq E$,V' 是 E' 中的边的所有端点所成的集,则 G 的子图 (V',E') 称为由 E' 导出的子 图,记为 $G[E']$,又记为 $G[E\backslash E']=G-E'$。

两个图可以引入交、并、联的运算。

8.1.3 顶点的度

① 设 $G=(V,E)$ 是图,$v\in V(G)$,G 中与 v 关联的边数(重边按重数计)称为顶点 v 的度, 记作 $d(v)$。$d(v)$ 为奇(偶)数,称 v 为奇(偶)顶点。

② 有向图 D 中,一个顶点 v 的出度 $d_D^+(v)$ 是指以 u 为起点的弧的数目;u 的入度 $d_D^-(v)$ 是指以 v 为终点的弧的数目。$d_D^+(v)+d_D^-(v)=d_D(v)$ 表示 v 的度数。

结论：

① 握手引理:设 $G=(V,E)$ 是任意图,则 $\sum_{v\in V}d(v)=2|E|$。

② 任意一个图的奇顶点的个数是偶数。

8.1.4　正则图、完全图与二部图

若 $\forall v \in V(G)$，有 $d(v)=k$（常数），则称 G 为 k 正则图。设 $|V(G)|=n$，则 G 的任意两顶点均邻接的简单图称为 n 阶完全图，记为 K_n。若 $E(G)=\varnothing$，则称 G 是空图。若图 G 的顶点集 V 有一个划分 $(V_1,V_2):V=V_1 \bigcup V_2,V_1 \bigcap V_2=\varnothing$，且 $G[V_i]$（$i=1,2$）是空图，则称 G 是具有二划分 (V_1,V_2) 的二部图，记作 $G(V_1,V_2,E)$，二部图亦称为偶图。

对于简单二部图 $G(V_1,V_2,E)$，若 V_1 的任一顶点与 V_2 的任意顶点都相邻，则称 G 为完全二部图，记为 $K_{m,n}$，其中 $m=|V_1|,n=|V_2|$。

8.1.5　图的矩阵表示方法

1. 邻接矩阵表示法

邻接矩阵表示法是将图以邻接矩阵（adjacency matrix）的形式存储在计算机中。图 $G=(V,A)$ 的邻接矩阵是这样定义的：C 是一个 $n\times n$ 的 $0-1$ 矩阵，即

$$C=(c_{ij})_{n\times n} \in \{0,1\}^{n\times n}$$
$$c_{ij}=\begin{cases}1, & (i,j)\in A \\ 0, & (i,j)\notin A\end{cases}$$

也就是说，如果两节点之间有一条弧，则邻接矩阵中对应的元素为 1；否则为 0。可以看出，这种表示法非常简单、直接。但是，在邻接矩阵的所有 n^2 个元素中，只有 m 个为非零元。

举例：对于图 8-1-2，可以用邻接矩阵表示：

$$\begin{bmatrix} 0 & 1 & 1 & 0 & 0 \\ 0 & 0 & 0 & 1 & 0 \\ 0 & 1 & 0 & 0 & 0 \\ 0 & 0 & 1 & 0 & 1 \\ 0 & 0 & 1 & 1 & 0 \end{bmatrix}$$

2. 关联矩阵表示法

关联矩阵表示法是将图以关联矩阵（incidence matrix）的形式存储在计算机中。图 $G=(V,A)$ 的关联矩阵 B 是这样定义的：B 是一个 $n\times m$ 的矩阵，即

$$B=(b_{ik})_{n\times m} \in \{-1,0,1\}^{n\times m}$$
$$b_{ik}=\begin{cases}1, & \exists j\in V,k=(i,j)\in A \\ -1, & \exists j\in V,k=(j,i)\in A \\ 0, & 其他\end{cases}$$

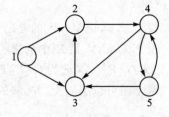

图 8-1-2　有向图示例

也就是说，在关联矩阵中，每行对应于图的一个节点，每列对应于图的一条弧。如果一个节点是一条弧的起点，则关联矩阵中对应的元素为 1；如果一个节点是一条弧的终点，则关联矩阵中对应的元素为 -1；如果一个节点与一条弧不关联，则关联矩阵中对应的元素为 0。对于简单图，关联矩阵每列只含有两个非零元（一个 $+1$，一个 -1）。可以看出，这种表示法也非常简单、直接。但是，在关联矩阵的所有 nm 个元素中，只有 $2m$ 个为非零元。

8.2　图论中的一些问题

8.2.1　最短路问题

1. 链、迹、路、圈

链　图 G 的链 $W = v_0 e_1 v_1 e_2 \cdots e_k v_k (e_i \in E(G), v_i \in V(G))$ 是 G 中顶点与边交替出现的有序序列。v_0 称为起点，v_k 称为终点，W 中边的条数 k 称为 W 的长度。

迹　图 G 中任意两边均不相同的链称为迹。

路　图 G 中任意两顶点均不相同的链称为路，显然，路必是迹，但反之不然。

在上面的链、迹、路中，当起点与终点重合时，分别称为闭链、闭迹、闭路。闭路亦称为圈，圈的长度定义为其中边的条数，长度为奇数的圈称为奇圈；长度为偶数的圈称为偶圈。

二部图的刻画：图 G 为二部图 $\Leftrightarrow G$ 中不含奇圈。

2. 连通与连通分支

考虑图 $G = (V, E)$，设 $u, v \in V(G)$，若存在 u 与 v 间的路，则称 u 与 v 是连通的。若图 G 的任意两顶点都连通，亦称 G 为连通图。

任意图 G 均可表成若干个两两顶点不重复，边也不重复的连通子图的并，这些连通子图称为 G 的连通分支，G 的连通分支数记为 $w(G)$。

考虑有向图 $D = (V, E)$，可定义 D 的有向路。

若有向路 D 中，$\forall u, v \in V(D)$，存在 u 到 v 的有向路或存在 v 到 u 的有向路，则称 D 是单向连通的。

若有向图 D 中，$\forall u, v \in V(D)$，既存在 u 到 v 的有向路，又存在 v 到 u 的有向路，则称 D 是强连通的。

有向图的 D 顶点集 V 中元素之间的强连通关系是 V 上元素间的等价关系。由这种关系得到 V 的等价类 V_i 在 D 中导出子图 $D[V_i]$ 称为 D 的强连通分支。D 的强连通分支数记为 $\vec{w}(D)$。若 $\vec{w}(D) = 1$，则称 D 为强连通图，反之，称 D 为非强连通图。

3. 两个指定顶点之间的最短路径

问题：给出了一个连接若干个城镇的铁路网络，在这个网络的两个指定城镇间，找一条最短铁路线。

以各城镇为图 G 的顶点，两城镇间的直通铁路为图 G 相应两顶点间的边，得图 G。对 G 的每一边 e，赋以一个实数 $w(e)$——直通铁路的长度，称为 e 的权，得到赋权图 G。G 的子图的权是指子图的各边的权和。问题就是求赋权图 G 中指定的两个顶点 u_0、v_0 间的具最小权的轨。这条轨叫做 u_0、v_0 间的最短路，它的权叫做 u_0、v_0 间的距离，亦记作 $d(u_0, v_0)$。

求最短路径已有成熟的算法——迪克斯特拉(Dijkstra)算法。其基本思想是按距 u_0 从近到远为顺序，依次求得 u_0 到 G 的各顶点的最短路和距离，直至 v_0(或直至 G 的所有顶点)，算法结束。为避免重复并保留每一步的计算信息，采用了标号算法。下面是该算法。

① 令 $l(u_0)=0$，对 $v\neq u_0$，令 $l(v)=\infty$，$S_0=\{u_0\}$，$i=0$。

② 对每个 $v\in \bar{S}_i (\bar{S}_i=V\backslash S_i)$，用

$$\min_{u\in S_i}\{l(v),l(u)+w(uv)\}$$

代替 $l(v)$。计算 $\min\limits_{v\in \bar{S}_i}\{l(v)\}$，把达到这个最小值的一个顶点记为 u_{i+1}，令 $S_{i+1}=S_i\bigcup\{u_{i+1}\}$。

③ 若 $i=|V|-1$，停止；若 $i<|V|-1$，用 $i+1$ 代替 i，转②。

算法结束时，从 u_0 到各顶点 v 的距离由 v 的最后一次的标号 $l(v)$ 给出。在 v 进入 S_i 之前的标号 $l(v)$ 叫 T 标号，v 进入 S_i 时的标号 $l(v)$ 叫 P 标号。算法就是不断修改各顶点的 T 标号，直至获得 P 标号。若在算法运行过程中，将获得 P 标号的顶点按顺序标记出来，则当算法结束时，u_0 至各顶点的最短路也在图上标示出来了。

4. 每对顶点之间的最短路径

计算赋权图中各对顶点之间的最短路径，显然可以调用 Dijkstra 算法。具体方法是：每次以不同的顶点作为起点，用 Dijkstra 算法求出从该起点到其余顶点的最短路径，反复执行 n 次这样的操作，就可以得到从每一个顶点到其他顶点的最短路径。第二种解决这一问题的方法是由 Floyd R. W. 提出的算法，称之为 Floyd 算法。

假设图 G 权的邻接矩阵为 A_0，即

$$A_0=\begin{bmatrix} a_{11} & a_{12} & \cdots & a_{1n} \\ a_{21} & a_{22} & \cdots & a_{2n} \\ \vdots & \vdots & & \vdots \\ a_{n1} & a_{n2} & \cdots & a_{nn} \end{bmatrix}$$

来存放各边长度，其中，

$a_{ii}=0 \qquad i=1,2,\cdots,n$；

$a_{ij}=\infty \qquad i,j$ 之间没有边，在程序中以各边都不可能达到的充分大的数代替；

$a_{ij}=w_{ij} \qquad w_{ij}$ 是 i,j 之间边的长度，$i,j=1,2,\cdots,n$。

对于无向图，A_0 是对称矩阵，$a_{ij}=a_{ji}$。

Floyd 算法的基本思想是：递推产生一个矩阵序列 $A_0,A_1,\cdots,A_k,\cdots,A_n$，其中 $A_k(i,j)$ 表示从顶点 v_i 到顶点 v_j 的路径上所经过的顶点序号不大于 k 的最短路径长度。

计算时用迭代公式：

$$A_k(i,j)=\min\{(A_{k-1}(i,j),A_{k-1}(i,k)+A_{k-1}(k,j)\}$$

式中，k 是迭代次数；$i,j,k=1,2,\cdots,n$。

最后，当 $k=n$ 时，A_n 即是各顶点之间的最短通路值。

以上算法都可以利用计算机编程解决。

例 8-2-1（天然气管道最优路径问题）

筹建中的天然气管道网设计如图 8-2-1 所示。$A,B,C,\cdots,L$ 表示压缩机站，流动主向用箭头表示，每个管道旁的数字表示管段长度，现要求该网络从起点 A 到终点 L 的最短通道，并确定沿最优路径相应的压缩机站所处的节点。

解　$A\to D\to E\to G\to J\to L$

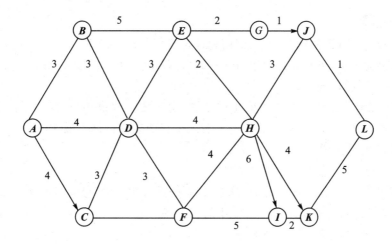

图 8 - 2 - 1　天然气管道图

8.2.2　最优图问题

1. 树的概念及性质

连通的无圈图称为树,常用 T 表示。

无圈图称为林。

若 $d(v)=1, v\in V(T)$,则称顶点 v 为树 T 的树叶。

生成树(支撑树)　若树 T 是图 G 的生成子图,则称 T 是 G 的生成树(或支撑树)。

树的若干充要条件:

设 $T=(V,E)$ 是图,记 $\varepsilon=|E|, v=|V|$,则以下诸命题等价:

① T 是树;

② T 中任意两顶点间恰有一条路;

③ T 中无圈,且 $\varepsilon=v-1$;

④ T 连通,且 $\varepsilon=v-1$;

⑤ T 连通,但 $\forall e\in E(T), T-e$ 不连通(极小连通图);

⑥ T 无圈但 $\forall e\notin E(T), T+e$ 必有圈(极大无圈图)。

2. 有向树、二元树

设有向图 $D(V,E), u_0\in V(D)$,若 $\forall v\in V(D)$ 均存在有向路 $P(u_0,v)$,则称 u_0 是 D 的一个根。

有向图 D 的基础图是指去掉各边的方向后所得到的无向图。

有向树:若有向树 T 的基础图是树,且 T 有根 v_0,则称是 T 以 v_0 为根的有向树。

易知:有向树恰有一个根。

在有向树中,出度为 0 的顶点称为树叶。

若有向树 T 的每一顶点间都排有顺序,则称 T 为有序树。在有序树 T 中,若 $\forall v\in V(T)$,均有 $d^+(v)\leqslant k$,则称 T 为 k 元树;当 $k=2$ 时,称 T 为二元树。

若在 T 中除树叶外均有 $d^+(v)=k$,则称 T 为完全 k 元树。

3. 连线问题

考虑连接若干个城镇的铁路网络,如何设计才能使总造价最少?

以这些城市为顶点,可修铁路为边,每边都赋以权 w_{ij},而 w_{ij} 为两城镇 v_i 与 v_j 之间的铁路造价,得到一个赋权连通图 G。

试在 G 中,求具有最小权的连通的生成子图,由于要求权最小,这样的子图必不含圈,故此生成子图必是 G 的生成树,赋权图 G 的具有最小权的生成树称为最优树。

求赋权图 G 的最优树的 Kruskal 算法:

① 选择 $e_1 \in E(G)$,使 $w(e_1)$ 最小。

② 若已选出边 $e_1, e_2, \cdots, e_k$,则从 $E \setminus \{e_1, e_2, \cdots, e_k\}$ 中选择 e_{k+1} 满足:$G[\{e_1, e_2, \cdots, e_k, e_{k+1}\}]$无圈且 $W(e_{k+1})$ 是满足①的尽可能小的权。

③ 当第②步不能继续执行时停止。

该算法可通过计算机编程实现。

8.2.3　Euler 图与 Hamilton 图

这是由哥尼斯堡七桥问题和 Hamilton 周游世界问题引出的图论问题。

1. Euler 图

若图 G 中有包含一切边的闭迹,则称 G 为 Euler 图,而这样的闭迹称为 G 的 Euler 闭迹。若 G 中有包含一切边的迹,则称 G 为半 Euler 图,而这样的迹称为 Euler 迹。显然,每一个 Euler 图都是半 Euler 图。

Euler 图简称为 E 图,形象地说,E 图就是从任一顶点出发通过每一条边恰好一次又能回到出发点的图,下面的结果给出了 E 图的特征。

1) 设 G 是连通图,则下列三命题相互等价:

① G 是 E 图;

② G 的每个顶点都是偶顶点;

③ G 可表示成若干个边不交的圈之并集,即 $G = \bigcup_{i=1}^{t} C_i$,$C$ 是圈,且当 $i \neq j$ 时,

$$E(C_i) \bigcap E(C_j) = \varnothing$$

2) 设 G 是连通图,则 G 中存在 E 迹的充要条件是 G 中的奇顶点个数为 0 或 2。

2. Hamilton 图

包含图 G 的所有顶点的路称为 Hamilton 路或 H 路;包含图 G 的所有顶点的圈称为 Hamilton 圈或 H 圈。若一个图 G 存在 Hamilton 圈,则称 G 为 Hamilton 图或 H 图。

H 图的研究起源于 1856 年 Hamilton 提出的"周游世界问题",与 Euler 图的情况相反,Hamilton 图能方便应用的充分必要条件目前尚未找到,这是图论中尚未解决的主要问题之一。由于它的重要性,吸引了不少图论学者对它进行研究。关于 Hamilton 图的性质有以下结果:

① (H 图的必要条件)若 G 图是 H 图,则 $\forall S \neq \varnothing$,且 $S \underset{\neq}{\subset} V(G)$,有 $w(G-S) \leqslant |S|$。

② (H 图的充分必要条件,O. Ore 定理)若 G 是有 $n(n \geqslant 3)$ 个顶点的简单图,且 $\forall u, v \in V(G)$,u、v 不相邻,有 $d(u) + d(v) \geqslant n$,则 G 是 Hamilton 图。

③ 设 G 是有 $n\ (n \geqslant 3)$ 个顶点的简单图,若 $\forall v \in V(G)$ 有 $d(v) \geqslant \dfrac{n}{2}$,则 G 是 Hamilton 图。

④ 设 G 是简单图,u、v 是 G 中不相邻的顶点,且适合 $d(u) + d(v) \geqslant |V(G)|$,则

$$G \text{ 是 } H \text{ 图} \Leftrightarrow G + uv \text{ 是 } H \text{ 图}$$

⑤ 设 $C(G)$ 为简单图 G 的闭包,则 G 是 H 图的充要条件为 $C(G)$ 是 H 图。

⑥ 设 G 是有 $n(n \geqslant 3)$ 个顶点的简单图,若 $C(G)$ 是完全图,则 G 是 H 图。

8.2.4　中国邮递员问题

一个邮递员每天投递邮件都要走遍他所负责投递区域内的每条街道,完成投递任务后回到邮局。他应怎样选择路线,才能使他所走的总路线最短?国际上称这个问题为中国邮递员问题,它是由我国数学家管梅谷教授于 1960 年首先提出并进行研究的。

我们把邮递员所负责的投递区域看作一个连通的加权有向图 (D, w),其中街道的交叉口视为 D 的顶点,街道(单向)视为边,街道的长度视为边的权。经过 (D, w) 中每条边至少一次的有向闭链称为邮路,具有最小权的邮路称为最优邮路。解中国邮递员问题就是在连通的加正权有向图 (D, w) 中找出一条最优邮路。

在现实生活中,有许多问题,比如城市里的洒水车、扫雪车、垃圾清洁车和参观展览馆等最佳行走路线问题,都可以归结为中国邮递员问题。中国邮递员问题的广泛应用,引起了人们极大的研究兴趣,提出了许多有效算法。

8.2.5　货郎担问题

货郎担问题是与 H 图有关的著名问题。它的提法是:一个货郎挑着担子从家里出发到各村去卖货,然后回到家里,各村有远有近,应怎样选择他的路线,使他到每个村至少一次且总路程最短?这个问题称为货郎担问题。

我们以货郎家及各村为图的顶点,各村间的道路为边,道路的长度定义为边的权,得到一个赋权连通图 G,于是货郎担问题就转化为在给定的赋权连通图 G 中找一条最小权的 H 圈或找一条经过 G 中每个顶点至少一次的最小权闭链,分别称为最优圈和最优链。一般的连通赋权图未必存在最优圈,然而最优链总是存在的。关于一个连通赋权图的最优链算法可参看相关书籍。

8.2.6　最大流问题

定义　在以 V 为节点集,A 为弧集的有向图 $G = (V, A)$ 上定义如下权函数:

① $L : A \to R$ 为弧上的权函数,弧 $(i, j) \in A$ 对应的权 $L(i, j)$ 记为 l_{ij},称为弧 (i, j) 的容量下界(lower bound);

② $U : A \to R$ 为弧上的权函数,弧 $(i, j) \in A$ 对应的权 $U(i, j)$ 记为 u_{ij},称为弧 (i, j) 的容量上界,或直接称为容量(capacity);

③ $D : V \to R$ 为顶点上的权函数,节点 $i \in V$ 对应的权 $D(i)$ 记为 d_i,称为顶点 i 的供需量(supply/demand)。

此时所构成的网络称为流网络,可以记为 $N = (V, A, L, U, D)$。

由于我们只讨论 V、A 为有限集合的情况,所以对于弧上的权函数 L、U 和顶点上的权函数 D,可以直接用所有弧上对应的权组成的有限维向量表示,因此 L、U、D 有时直接称为权向量,或简称权。由于给定有向图 $G=(V,A)$ 后,我们总是可以在它的弧集合和顶点集合上定义各种权函数,所以流网络一般也直接简称为网络。

在流网络中,弧 (i,j) 的容量下界 l_{ij} 和容量上界 u_{ij} 表示的物理意义分别是:通过该弧发送某种"物质"时,必须发送的最小数量为 l_{ij},而发送的最大数量为 u_{ij}。顶点 $i\in V$ 对应的供需量 d_i 则表示该顶点从网络外部获得的"物质"数量($d_i<0$ 时),或从该顶点发送到网络外部的"物质"数量($d_i>0$ 时)。下面我们给出严格定义。

定义 对于流网络 $N=(V,A,L,U,D)$,其上的一个流(flow)f 是指从 N 的弧集 A 到 R 的一个函数,即对每条弧 (i,j) 赋予一个实数 f_{ij}(称为弧 (i,j) 的流量)。如果流 f 满足

$$\sum_{j:(i,j)\in A} f_{ij} - \sum_{j:(j,i)\in A} f_{ji} = d_i, \quad \forall i\in V \tag{8.1}$$

$$l_{ij} \leqslant f_{ij} \leqslant u_{ij}, \quad \forall (i,j)\in A \tag{8.2}$$

则称 f 为可行流(feasible flow)。至少存在一个可行流的流网络称为可行网络(feasible network)。约束(8.1)称为流量守恒条件(也称流量平衡条件),约束(8.2)称为容量约束。

可见,当 $d_i>0$ 时,表示有 d_i 个单位的流量从该顶点流出,因此顶点 i 称为供应点(supply node)或源(source),有时也形象地称为起始点或发点等;当 $d_i<0$ 时,表示有 $|d_i|$ 个单位的流量流入该点(或者说被该顶点吸收),因此顶点 i 称为需求点(demand node)或汇(sink),有时也形象地称为终止点或收点等;当 $d_i=0$ 时,顶点 i 称为转运点(transshipment node)或平衡点、中间点等。此外,根据约束(8.1)可知,对于可行网络,必有

$$\sum_{i\in V} d_i = 0 \tag{8.3}$$

也就是说,所有节点上的供需量之和为 0 是网络中存在可行流的必要条件。

一般来说,我们总是可以把 $L\neq 0$ 的流网络转化为 $L=0$ 的流网络进行研究。所以,除非特别说明,以后我们总是假设 $L=0$(即所有弧 (i,j) 的容量下界 $l_{ij}=0$),并将 $L=0$ 时的流网络简记为 $N=(V,A,U,D)$。此时,相应的容量约束(8.2)为

$$0 \leqslant x_{ij} \leqslant u_{ij}, \quad \forall (i,j)\in A$$

定义 在流网络 $N=(V,A,U,D)$ 中,对于流 f,如果

$$f_{ij} = 0, \quad \forall (i,j)\in A$$

则称 f 为零流,否则为非零流。如果某条弧 (i,j) 上的流量等于其容量($f_{ij}=u_{ij}$),则称该弧为饱和弧(saturated arc);如果某条弧 (i,j) 上的流量小于其容量($f_{ij}<u_{ij}$),则称该弧为非饱和弧;如果某条弧 (i,j) 上的流量为 0($f_{ij}=0$),则称该弧为空弧(void arc)。

考虑如下流网络 $N=(V,A,U,D)$:节点 s 为网络中唯一的源点,t 为唯一的汇点,而其他节点为转运点。如果网络中存在可行流,此时称流 f 的流量(或流值,flow value)为 d_s(根据式(8.3),它自然也等于 $-d_t$),通常记为 v 或 $v(f)$,即

$$v = v(f) = d_s = -d_t$$

对这种单源单汇的网络,如果我们并不给定 d_s 和 d_t(即流量不给定),则网络一般记为 $N=(s,t,V,A,U)$。最大流问题就是在 $N=(s,t,V,A,U)$ 中找到流值最大的可行流(即最大流)。我们将会看到,最大流问题的许多算法也可以用来求解流量给定的网络中的可行流。也就是说,当我们解决了最大流问题以后,对于在流量给定的网络中寻找可行流的问题,通常也就可

以解决了。

因此,用线性规划的方法,最大流问题可以如下形式描述:

$$\max v$$

$$\text{s. t.} \begin{cases} \displaystyle\sum_{j:(i,j)\in A} x_{ij} - \sum_{j:(j,i)\in A} x_{ji} = \begin{cases} v, & i = s \\ -v, & i = t \\ 0, & i \neq s,t \end{cases} \\ 0 \leqslant x_{ij} \leqslant u_{ij}, \ \forall (i,j) \in A \end{cases}$$

8.3　图论方法建模举例

8.3.1　工期问题

1. 问题的提出

某一工程项目由 14 个部分(工序)组成:$s_1, s_2, \cdots, s_{14}$。有些工序需要另一些工序完工后才能开工,工序 s_j 最少完工时间 t_j 及先前必须完工的工序号 s_i 由表 8 - 3 - 1 给出(时间单位:天)。

表 8 - 3 - 1　工程工序表

工序 s_j	s_1	s_2	s_3	s_4	s_5	s_6	s_7	s_8	s_9	s_{10}	s_{11}	s_{12}	s_{13}	s_{14}
t_j/天	20	28	25	16	42	12	32	10	24	20	40	24	36	16
先前必须完工的工序	s_3 s_4	s_5 s_7 s_8	s_5 s_9	—	s_{10} s_{11}	s_3 s_8 s_9	s_4	s_3 s_5 s_7	s_4	—	s_4 s_7	s_6 s_7 s_{14}	s_5 s_{12}	s_1 s_2 s_6

如果人员足够多,试确定这一工程项目完工的最少时间。

2. 模型的建立及求解

以每个工序为顶点,若工序 s_j 必须在工序 s_i 完工后才能开工,则连一条有向边 $s_i s_j$(s_i 到 s_j 的有向边),并给每条边都赋权 1,则得到一个赋权有向图 $D(V,E)$(并引进两个假想点 s 和 t),见图 8 - 3 - 1。

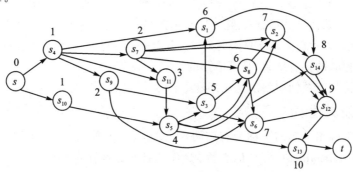

图 8 - 3 - 1　工序有向图

这里,增加的两个顶点(假想工序)s、t 称为发点和收点。

此问题赋权的有向图称为规划图。它有如下特性:

① $V(D)$ 中有发点 s 和收点 t;

② D 中无有向圈;

③ $\forall v \in V(D) - \{s, t\}$,$v$ 在由 s 到 t 的有向路上。

求 $D(V, E)$(规划图 $D(V, E, w)$)的 s 到 t 的最长有向路算法:

① 给顶点标志,令 $\lambda(s) = 0$,其他顶点未标志。

② 找一个 $v \in V(D)$,v 未标志,且 $E_D^-(v)$ 中一切边之始点已标志,令

$$\lambda(v) = \max_{e=uv}\{\lambda(u) + w(e)\}$$

③ 若 $v = t$ 则停止,$\lambda(t)$ 即为所求;否则转②。

由规划图 $D(V, E, w)$ 的最长有向路算法知,最长有向路 P_{st}:

$$ss_4 s_7 s_{11} s_5 s_3 s_8 s_2 s_{14} s_{12} s_{13} t$$

再由简单的分析及题设条件可知,最少完工时间为

$$t = 16 + 32 + 40 + 42 + 25 + 10 + 28 + 16 + 24 + 36 = 269$$

8.3.2　循环比赛的名次

若干支球队参加单循环比赛,各队两两交锋,假设每场比赛只记胜负,不记比分,且不允许平局。在循环赛结束后,怎样根据他们的比赛结果排列名次呢?

有几种表述比赛结果的方法,较直观的一种是用图的顶点表示球队,而用连接两个顶点的、以箭头标明方向的边表示两支球队的比赛结果。图 8-3-2 给出了 6 支球队的比赛结果,即 1 队战胜了 2 队、4 队、5 队、6 队,而输给了 3 队;5 队战胜了 3 队、6 队,而输给 1 队、2 队、4 队等等。

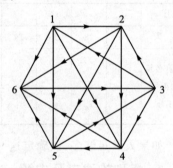

图 8-3-2　比赛结果图

根据比赛结果排名次的一个办法是在图中顺箭头方向寻找一条通过全部 6 个顶点的路径,如 3→1→2→4→5→6,这表示 3 队胜 1 队,1 队胜 2 队,……,于是 3 队为冠军,1 队为亚军,等等。还可以找出其他路径,如 1→4→6→3→2→5,4→5→6→3→1→2 等。由此可知,用这种方法显然不能决定谁是冠亚军。

排名次的另一个办法是计算得分,即每支球队获胜的场次。上例中,1 队胜 4 场,2 队、3 队各胜 3 场,4 队、5 队各胜 2 场,6 队胜 1 场。由此虽可决定 1 队为冠军,但 2 队、3 队之间与 4 队、5 队之间无法决出高低。如果只因为有 3→2,4→5,就将 3 排在 2 之前、4 排在 5 之前,则未考虑它们与其他队的比赛结果,是不恰当的.

下面利用图论的有关知识解决这个问题。

1. 竞赛图及其性质

在每条边上都标出方向的图称为有向图(digraph)。每对顶点之间都有一条边相连的有向图称为竞赛图(tournament)。只记胜负、没有平局的循环比赛的结果可用竞赛图表示,如图 8-3-3 所示。问题归结为,如何由竞赛图排出顶点的名次?

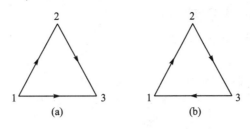

图 8-3-3 三个顶点竞赛图

两个顶点的竞赛图排名次不成问题。

三个顶点的竞赛图只有图 8-3-3 的两种形式(不考虑顶点的标号):对于(a),3 个队的名次排序显然应是{1,2,3};对于(b),3 个队名次相同,因为他们各胜一场。

四个顶点的竞赛图共有图 8-3-4 所示的 4 种形式,下面分别进行讨论。

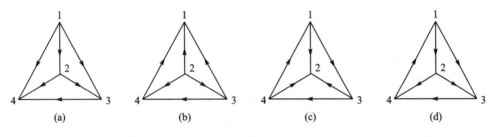

图 8-3-4 四个顶点竞赛图

(a) 有唯一的通过全部顶点的有向路径 1→2→3→4,这种路径称完全路径;4 个队得分为 (3,2,1,0)。名次排序无疑应为{1,2,3,4}。

(b) 点 2 显然应排在第 1,其余 3 点如图 8-3-4(b)形式,名次相同;4 个队得分为(1,3,1,1)。名次排序记作{2,(1,3,4)}。

(c) 点 2 排在最后,其余 3 点名次相同;得分为(2,0,2,2)。名次排序记作{(1,3,4),2}。

(d) 有不止一条完全路径,如 1→2→3→4,3→4→1→2,无法排名次;得分为(2,2,1,1)。由得分只能排名为{(1,2),(3,4)},无(4,2)的次序。如果由 1→2,3→4 就简单地排名为{1,2,3,4},是不合适的。这种情形是研究的重点。

还可以注意到,(d)具有(a)~(c)所没有的性质:对于任何一对顶点,存在两条有向路径(每条路径由一条或几条边组成),使两顶点可以相互连通,因此这种有向图为双向连通的(bi-connected)。

五个顶点以上的竞赛图虽然更加复杂,但基本类型如图 8-3-4 所给出的 3 种。第 1 种类型:有唯一完全路径的竞赛图,如(a);第 2 种类型:双向连通竞赛图,如(d);第 3 种类型:不属于以上类型,如(b)、(c)。

一般而言,两个顶点的竞赛图具有以下性质:

① 竞赛图必存在完全路径。(可用归纳法证明)

② 若存在唯一的完全路径,则由完全路径确定的顶点的顺序,与按得分多少排列的顺序相一致。这里一个顶点的得分指由它按箭头方向引出的边的数目。

显然,性质②给出了第 1 种类型竞赛图的排名次方法,第 3 种类型竞赛图无法全部排名,下面只讨论第 2 种类型。

2. 双向连通竞赛图的名次排序

三个顶点的双向连通竞赛图,如图 8-3-4(d)所示,名次排序相同。以下讨论 $n(\geqslant 4)$ 个顶点的双向连通竞赛图。

为了用代数方法进行研究,定义竞赛图的邻接矩阵 $A=(a_{ij})_{n\times n}$ 如下:

$$a_{ij}=\begin{cases} 1, & \text{存在从顶点 } i \text{ 到 } j \text{ 的有向边} \\ 0, & \text{否则} \end{cases} \tag{8.4}$$

依此,图 8-3-4(d)的邻接矩阵为

$$A=\begin{bmatrix} 0 & 1 & 1 & 0 \\ 0 & 0 & 1 & 1 \\ 0 & 0 & 0 & 1 \\ 1 & 0 & 0 & 0 \end{bmatrix} \tag{8.5}$$

若令顶点的得分向量为 $s=(s_1,s_2,\cdots,s_n)^{\mathrm{T}}$,其中 s_i 是顶点 i 的得分,则由式(8.4)不难知道

$$s=Ae, \quad e=(1,1,\cdots,1)^{\mathrm{T}} \tag{8.6}$$

由式(8.5),式(8.6)容易算出双向连通的图 8-5-4(d)的得分向量是 $s=(2,2,1,1)^{\mathrm{T}}$,正如前面已经给出的。由 s 无法排出全部名次。

记 $s=s^{(1)}$,称为 1 级得分向量,进一步计算

$$s^{(2)}=As^{(1)} \tag{8.7}$$

称为 2 级得分向量。每支球队(顶点)的 2 级得分是其战胜各个球队的(1 级)得分之和,与 1 级得分相比,2 级得分更有理由作为排名次的依据。对于图 8-3-4(d),$s^{(1)}=(2,2,1,1)^{\mathrm{T}}$,$s^{(2)}=(3,2,1,2)^{\mathrm{T}}$。继续这个程序,得到 k 级得分向量:

$$s^{(k)}=As^{(k-1)}=A^k e \quad (k=1,2,\cdots) \tag{8.8}$$

进而有

$$s^{(3)}=(3,3,2,3)^{\mathrm{T}}, \quad s^{(4)}=(5,5,3,3)^{\mathrm{T}}$$
$$s^{(5)}=(8,6,3,5)^{\mathrm{T}}, \quad s^{(6)}=(9,8,5,8)^{\mathrm{T}}$$
$$s^{(7)}=(13,13,8,9)^{\mathrm{T}}, \quad s^{(8)}=(21,17,9,13)^{\mathrm{T}}$$

由此可知,k 越大,$s^{(k)}$ 作为排名次的依据越合理。如果 $k\to\infty$ 时 $s^{(k)}$ 收敛于某个极限得分向量(为了不使它无限变大,应进行归一化),那么就可以用这个向量作为排名次的依据。

极限得分向量是否存在呢? 答案是肯定的。因为对于 $n(\geqslant 4)$ 个顶点的双向连通竞赛图,存在正整数 r,使得邻接矩阵 A 满足 $A^r>0$,这样的 A 称为素阵。

再利用著名的 Perron-Frobenius 定理,素阵 A 的最大特征根为正单根 λ,λ 对应正特征向量 s,且有

$$\lim_{k\to\infty}\frac{A^k e}{\lambda^k}=s \tag{8.9}$$

与式(8.8)比较可知,k 级得分向量 $s^{(k)}$,$k\to\infty$ 时(归一化后)将趋向 A 的对应于最大特征根的特征向量 s,s 就是作为排名次依据的极限得分向量。例如,对于图 8-3-4(d)算出其邻接矩阵 A(式(8.5))的最大特征根 $\lambda=1.4$ 和对应特征向量 $s=(0.323,0.280,0.167,0.230)^{\mathrm{T}}$,从而确定名次排列为{1,2,4,3}。可以看出,虽然 3 胜了 4,但由于 4 战胜了最强大的 1,所以 4 排名在 3 之前。

对于开始提出的 6 支球队循环比赛的结果,不难看出这个竞赛图是双向连通的。写出其邻接矩阵

$$A = \begin{bmatrix} 0 & 1 & 0 & 1 & 1 & 1 \\ 0 & 0 & 0 & 1 & 1 & 1 \\ 1 & 1 & 0 & 1 & 0 & 0 \\ 0 & 0 & 0 & 0 & 1 & 1 \\ 0 & 0 & 1 & 0 & 0 & 1 \\ 0 & 0 & 1 & 0 & 0 & 0 \end{bmatrix} \tag{8.10}$$

由式(8.8)可以算出各级得分向量为

$$s^{(1)} = (4,3,3,2,2,1)^T, \quad s^{(2)} = (8,5,9,3,4,3)^T$$
$$s^{(3)} = (15,10,16,7,12,9)^T, \quad s^{(4)} = (38,28,32,21,25,16)^T$$

进一步算出 A 的最大特征根 $\lambda = 2.232$ 和特征向量 $s = (0.238, 0.164, 0.231, 0.113, 0.150, 0.104)^T$,排出的名次为 $\{1,3,2,5,4,6\}$。

8.4 图论中的 MATLAB 实践

8.4.1 最短路问题

例 8-4-1 某公司在六个城市 C_1、C_2、C_3、C_4、C_5、C_6 都有分公司,公司成员经常往来其间,已知从 C_i 到 C_j 的直达航班票价由下述矩阵的第 i 行、第 j 列元素给出(∞ 表示无直达航班):

$$\begin{bmatrix} 0 & 50 & \infty & 40 & 25 & 10 \\ 50 & 0 & 15 & 20 & \infty & 25 \\ \infty & 15 & 0 & 10 & 20 & \infty \\ 40 & 20 & 10 & 0 & 10 & 25 \\ 25 & \infty & 20 & 10 & 0 & 55 \\ 10 & 25 & \infty & 25 & 55 & 0 \end{bmatrix}$$

该公司希望得到一张任意两个城市之间的最廉价路线航费表。

解 矩阵 path 用来存放每对顶点之间最短路径上所经过的顶点的序号。可借助 Floyd 算法,编写 MATLAB 程序如下:

```
clear;clc;
n = 6; a = zeros(n);
a(1,2) = 50;a(1,4) = 40;a(1,5) = 25;a(1,6) = 10;
a(2,3) = 15;a(2,4) = 20;a(2,6) = 25; a(3,4) = 10;a(3,5) = 20;
a(4,5) = 10;a(4,6) = 25; a(5,6) = 55;
a = a + a'; M = max(max(a)) * n^2; %M 为充分大的正实数
a = a + ((a == 0) - eye(n)) * M;
path = zeros(n);
    for k = 1:n
        for i = 1:n
            for j = 1:n
```

```
                        if a(i,j)>a(i,k)+a(k,j)
                        a(i,j) = a(i,k) + a(k,j);
                        path(i,j) = k;
                    end
                end
            end
        end
    end
    a, path
```

结果如下：

```
a =
    0    35    45    35    25    10
   35     0    15    20    30    25
   45    15     0    10    20    35
   35    20    10     0    10    25
   25    30    20    10     0    35
   10    25    35    25    35     0
path =
    0     6     5     5     0     0
    6     0     0     0     4     0
    5     0     0     0     0     4
    5     0     0     0     0     0
    0     4     0     0     0     1
    0     0     4     0     1     0
```

程序结果中，矩阵 a 第 i 行第 j 列对应的是城市 i 到城市 j 的最少费用。矩阵 path 的第 i 行第 j 列对应的元素是城市 i 到城市 j 需要经过的城市。特殊的，若 path 的第 i 行第 j 列的数值为零，表示直接从城市 i 到城市 j。

8.4.2　旅行商问题

用图论的术语说，就是在一个赋权完全图中，找出一个有最小权的 Hamilton 圈，称这种圈为最优圈。与最短路问题及连线问题相反，目前还没有求解旅行商问题的有效算法。所以希望有一个方法以获得相当好（但不一定最优）的解。

一个可行的办法是首先求一个 Hamilton 圈 C，然后适当修改 C 以得到具有较小权的另一个 Hamilton 圈，修改的方法称为改良圈算法。设初始圈 $C = v_1 v_2 \cdots v_n v_1$。

① 对于 $1 < i+1 < j < n$，构造新的 Hamilton 圈：
$$C_{ij} = v_1 v_2 \cdots v_i v_j v_{j-1} v_{j-2} \cdots v_{i+1} v_{j+1} v_{j+2} \cdots v_n v_1$$
它是由 C 中删去边 $v_i v_{i+1}$ 和 $v_j v_{j+1}$，添加边 $v_i v_j$ 和 $v_{i+1} v_{j+1}$ 而得到的。若 $w(v_i v_j) + w(v_{i+1} v_{j+1}) < w(v_i v_{i+1}) + w(v_j v_{j+1})$，则以 C_{ij} 代替 C，C_{ij} 称为 C 的改良圈。

② 转①，直至无法改进便停止。

用改良圈算法得到的结果几乎可以肯定不是最优的。为了得到更高的精确度，可以选择不同的初始圈，重复进行几次算法，以求得较精确的结果。

这里介绍的方法又得到了进一步发展。圈的修改过程一次替换三条边比一次仅替换两条边更为有效；然而，有点奇怪的是，进一步推广这一想法，就不对了。

例 8 - 4 - 2　从北京(Pe)乘飞机到东京(T)、纽约(N)、墨西哥城(M)、伦敦(L)、巴黎(Pa)五城市旅游,若每城市恰去一次再回北京,应如何安排旅游线才能使旅程最短? 各城市之间的航线距离见表 8 - 4 - 1。

表 8 - 4 - 1　六城市间的距离表

城　　市	L	M	N	Pa	Pe	T
L		56	35	21	51	60
M	56		21	57	78	70
N	35	21		36	68	68
Pa	21	57	36		51	61
Pe	51	78	68	51		13
T	60	70	68	61	13	

解　①编写 MATLAB 程序,另存为 modifycircle. m 文件。

```
function [circle,long] = modifycircle(c1,L)
% 修改圈的子函数
global a
flag = 1;
while flag>0
    flag = 0;
    for m = 1:L - 3
        for n = m + 2:L - 1
if a(c1(m),c1(n)) + a(c1(m + 1),c1(n + 1))<a(c1(m),c1(m + 1)) + a(c1(n),c1(n + 1))
            flag = 1;
            c1(m + 1:n) = c1(n: - 1:m + 1);
        end
    end
end
end
long = a(c1(1),c1(L));
for i = 1:L - 1
    long = long + a(c1(i),c1(i + 1));
end
circle = c1;
```

② 编写主函数并运行。

```
function main
clc,clear
global a
a = zeros(6);
a(1,2) = 56;a(1,3) = 35;a(1,4) = 21;a(1,5) = 51;a(1,6) = 60;
a(2,3) = 21;a(2,4) = 57;a(2,5) = 78;a(2,6) = 70;
a(3,4) = 36;a(3,5) = 68;a(3,6) = 68; a(4,5) = 51;a(4,6) = 61;
a(5,6) = 13; a = a + a'; L = size(a,1); c1 = [5 1:4 6];
[circle,long] = modifycircle(c1,L);
c2 = [5 6 1:4];    % 改变初始圈,该算法的最后一个顶点不动
```

```
[circle2,long2] = modifycircle(c2,L);
if long2<long
    long = long2;
    circle = circle2;
end
circle,long
```

8.4.3 最大流问题

标号法是由 Ford 和 Fulkerson 在 1957 年提出的。用标号法寻求网络中最大流的基本思想是寻找可增广轨,使网络的流量得到增加,直到最大为止。

标号法首先给出一个初始流,这样的流是存在的,例如零流。如果存在关于它的可增广轨,那么调整该轨上每条弧上的流量,就可以得到新的流。对于新的流,如果仍存在可增广轨,则用同样的方法使流的值增大,继续这个过程,直到网络中不存在关于新得到流的可增广轨为止,则该流就是所求的最大流。

标号法分为两个过程:

- 标号过程:通过标号过程寻找一条可增广轨。
- 增流过程:沿着可增广轨增加网络的流量。

1. 标号过程

1) 给发点标号为 (s^+, ∞)。

2) 若顶点 x 已经标号,则对 x 的所有未标号的邻接顶点 y 按以下规则标号:

① 若 $(x,y) \in A$,且 $f_{xy} < u_{xy}$,令 $\delta_y = \min\{u_{xy} - f_{xy}, \delta_x\}$,则给顶点 y 标号为 (x^+, δ_y);若 $f_{xy} = u_{xy}$,则不给顶点 y 标号。

② 若 $(y,x) \in A$,且 $f_{yx} > 0$,令 $\delta_y = \min\{f_{yx}, \delta_x\}$,则给 y 标号为 (x^-, δ_y);若 $f_{yx} = 0$,则不给 y 标号。

3) 不断地重复标号过程 2)直到收点 t 被标号,或不再有顶点可以标号为止。当 t 被标号时,表明存在一条从 s 到 t 的可增广轨,则转向增流过程。如果 t 点不能被标号,且不存在其他可以标号的顶点,则表明不存在从 s 到 t 的可增广轨。算法结束,此时所获得的流就是最大流。

2. 增流过程

1) 令 $u = t$。

2) 若 u 的标号为 (v^+, δ_t),则 $f_{vu} = f_{vu} + \delta_t$;若 u 的标号为 (v^-, δ_t),则 $f_{uv} = f_{uv} - \delta_t$。

3) 若 $u = s$,则把全部标号去掉,并回到标号过程;否则,令 $u = v$,并回到增流过程 2)。

设网络 $N = (s,t,V,A,U)$ 对每个节点 j,其标号包括两部分信息:$(\text{pred}(j), \max f(j))$,即该节点在可能的增广轨中的前一个节点 $\text{pred}(j)$,以及沿该可能的增广轨到该节点为止可以增广的最大流量 $\max f(j)$。求网络 N 最大流 x 的算法的程序设计步骤如下:

① 置初始可行流 x(如零流);对节点 t 标号,即令 $\max f(t) = $ 任意正值(如 1)。

② 若 $\max f(j) > 0$,则继续下一步;否则停止,已经得到最大流,结束。

③ 取消所有节点 $j \in V$ 的标号,即令 $\max f(j) = 0$,$\text{pred}(j) = 0$;令 $\text{LIST} = \{s\}$,对节点 s 标号,即令 $\max f(s) = $ 充分大的正值。

④ 如果 LIST$\neq\varnothing$且 max $f(t)=0$,继续下一步;否则:

- 如果 t 已经有标号(即 max $f(t)>0$),则找到了一条增广轨,沿该增广轨对流 x 进行增广(增广的流量为 max $f(t)$,增广路可以根据 pred 回溯方便地得到),转步骤②。

- 如果 t 没有标号(即 LIST$=\varnothing$且 max $f(t)=0$),则转步骤②。

⑤ 从 LIST 中移走一个节点 i;寻找从节点 i 出发的所有可能的增广弧:

- 对于非饱和前向弧(i,j),若节点 j 没有标号(即 pred$(j)=0$),那么对 j 进行标号,即令
$$\max f(j)=\min\{\max f(i),u_{ij}-x_{ij}\}$$
$$\mathrm{pred}(j)=i$$

并将 j 加入 LIST 中。

- 对于非空后向弧(j,i),若节点 j 没有标号(即 pred$(j)=0$),那么对 j 进行标号,即令
$$\max f(j)=\min\{\max f(i),x_{ij}\}$$
$$\mathrm{pred}(j)=-i$$

并将 j 加入 LIST 中。

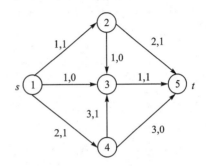

图 8-4-1 计算最大流

例 8-4-3 用 Ford-Fulkerson 算法计算如图 8-4-1 所示网络中的最大流,每条弧上的两个数字分别表示容量和当前流量。

解 编写 MATLAB 程序如下:

```
clc,clear,M = 1000;
u(1,2) = 1;u(1,3) = 1;u(1,4) = 2;
u(2,3) = 1;u(2,5) = 2;
u(3,5) = 1;
u(4,3) = 3;u(4,5) = 3;
f(1,2) = 1;f(1,3) = 0;f(1,4) = 1;
f(2,3) = 0;f(2,5) = 1;
f(3,5) = 1;
f(4,3) = 1;f(4,5) = 0;
n = length(u);
list = [];
maxf = zeros(1,n);maxf(n) = 1;
whilemaxf(n)>0
   maxf = zeros(1,n);pred = zeros(1,n);
   list = 1;record = list;maxf(1) = M;
while (~isempty(list))&(maxf(n) = = 0)
      flag = list(1);list(1) = [];
      index1 = (find(u(flag,:)~ = 0));
      label1 = index1(find(u(flag,index1)...。
       - f(flag,index1)~ = 0));
      label1 = setdiff(label1,record);
      list = union(list,label1);
      pred(label1(find(pred(label1) = = 0))) = flag;
      maxf(label1) = min(maxf(flag),u(flag,label1)...。
       - f(flag,label1));
      record = union(record,label1);
      label2 = find(f(:,flag)~ = 0);
      label2 = label2';
      label2 = setdiff(label2,record);
      list = union(list,label2);
      pred(label2(find(pred(label2) = = 0))) = - flag;
```

```
            maxf(label2) = min(maxf(flag),f(label2,flag));
            record = union(record,label2);
    end
        if maxf(n)>0
            v2 = n;
            v1 = pred(v2);
            while v2~ = 1
              if v1>0
                    f(v1,v2) = f(v1,v2) + maxf(n);
              else
              v1 = abs(v1);
              f(v2,v1) = f(v2,v1) - maxf(n);
              end
            v2 = v1;
            v1 = pred(v2);
            end
        end
    end
f
```

习　　题

1. (管道网设计)下图表示某小区的煤气管道网络系统,每一条边上所注的数字表示该管道单位时间的最大通过能力(单位:m^3/h)。

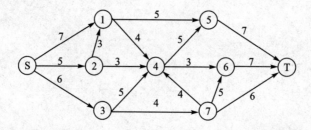

(1) 试求从 S 到 T 单位时间的最大流通量。

(2) 若有一笔资金可用于改造网络中一段管道,你认为应该投资哪一段管道才能对提高整个网络的最大流通量最为有效?

2. 某乡的乡政府 S 与它的几个村 A、B、C、D、E、F 进行信息联网,已测得各村及乡政府间的联网费用(单位:千元)如下:

	S	A	B	C	D	E	F
S		7	8	6	3	4	5
A	7		2	—	—	—	2
B	8	2		5	3.6	—	4
C	6	—	5		5	—	—

续表

	S	A	B	C	D	E	F
D	3	—	3.6	5		3	5.6
E	4	—	—	—	3		4
F	5	2	4	—	5.6	4	

"—"表示两村不能直接联网。

请设计一个最优联网方案,使各村之间与乡政府都能连通,而联网费用又最少(图示联网方案),并求出最少联网费用。

3. 一种产品由 7 个零件 S_1, S_2, $\cdots$, S_7 安装而成。一个零件只能由一个工人来安装,安装 S_i 需要时间为 t_i(单位:分钟)。某些零件必须在另一些零件安装完之后才能进行安装。各零件需先前安装的零件及安装时间 t_i 如下:

S_i	S_1	S_2	S_3	S_4	S_5	S_6	S_7
先前安装的零件	—	—	S_1	S_1, S_3	S_2, S_4	S_5, S_7	S_2
t_i	14	20	6	10	6	11	13

现此产品的零件由两个工人来安装。试建立一个图论模型,确定完成安装任务的最少时间。

第 9 章

插值与拟合方法

9.1 概　述

在工程实践与科学实验中,通过一次观测可以得到一组实验数据:$(x_i, y_i)(i=1,2,\cdots)$。它揭示了 x 与 y 的函数关系 $y=f(x)$,而 $f(x)$ 的产生根据观测数据与要求的不同有两种方法:

一是曲线拟合,主要考虑观测数据受随机误差的影响,寻求整体误差最小,且较好反映观测数据的近似函数,不一定满足 $y_i=f(x_i)$。

二是插值,要求函数在每一观测值点处满足 $y_i=f(x_i)$。

本章首先介绍几种插值方法,然后再给出拟合方法、思想、方法、技术和 MATLAB 实现。

9.1.1 函数的插值

定义 9-1-1 设函数 $y=f(x)$ 在区间 $[a,b]$ 上连续,且在 $n+1$ 个互异点
$$a \leqslant x_0, x_1, x_2, \cdots, x_n \leqslant b$$
处的值 $y_i=f(x_i)(i=0,1,2,\cdots,n)$,若有不超过 n 次的多项式
$$L_n(x)=c_0+c_1 x+c_2 x^2+\cdots+c_n x^n$$
满足 $L_n(x_i)=y_i(i=0,1,2,\cdots,n)$,则称 $L_n(x)$ 为函数 $f(x)$ 在区间 $[a,b]$ 上通过点列 $\{x_i, y_i\}_{i=0}^{n}$ 的插值多项式。

上式中,$[a,b]$ 为插值区间,$\{x_i\}_{i=0}^{n}$ 为插值节点,$f(x)$ 为被插函数,$L_n(x)$ 为插值函数,$L_n(x_i)=y_i$ 为插值条件。

注:数值插值的实质是将离散变量"连成"连续变量,用简单函数逼近一般函数,见图 9-1-1。称 $R_n(x)=f(x)-L_n(x)$ 为插值余项,只有插值余项绝对值足够小,插值才有意义。

要解决的问题:

① 插值函数的存在唯一性;

② 插值函数的构造;

③ 插值的误差估计、收敛性、数值稳定性。

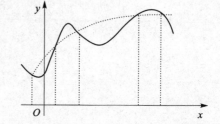

图 9-1-1　函数逼近示意图

对于插值函数的存在唯一性,我们给出如下定理:

定理 9-1-1(插值多项式的存在唯一性)　满足条件 $L_n(x_i)=y_i(i=0,1,2,\cdots,n)$ 的插值多项式 $L_n(x)$ 是存在唯一的。

例 9-1-1　求满足条件 $L_n(x_i)=y_i(i=0,1)$ 的一次多项式插值。

解　由条件 $L_n(x_i)=y_i(i=0,1)$ 可得到方程组:

$$\begin{cases} c_0 + c_1 x_0 = y_0 \\ c_0 + c_1 x_1 = y_1 \end{cases}$$

当 $x_0 \neq x_1$ 时,不难解出

$$c_0 = \frac{\begin{vmatrix} y_0 & x_0 \\ y_1 & x_1 \end{vmatrix}}{\begin{vmatrix} 1 & x_0 \\ 1 & x_1 \end{vmatrix}} = \frac{x_1 y_0 - x_0 y_1}{x_1 - x_0}, \quad c_1 = \frac{\begin{vmatrix} 1 & y_0 \\ 1 & y_1 \end{vmatrix}}{\begin{vmatrix} 1 & x_0 \\ 1 & x_1 \end{vmatrix}} = \frac{y_1 - y_0}{x_1 - x_0}$$

因而

$$L_1(x) = c_0 + c_1 x = \frac{x_1 y_0 - x_0 y_1}{x_1 - x_0} + \frac{y_1 - y_0}{x_1 - x_0} x = \frac{x - x_1}{x_0 - x_1} y_0 + \frac{x - x_0}{x_1 - x_0} y_1$$

9.1.2　离散数据的拟合

定义 9-1-2　根据一组二维数据(即平面上的点),要求确定一个函数 $y = f(x)$(即曲线)使这些点与曲线尽可能接近。这种由离散数据近似确定函数的方法称为曲线拟合。

注意:

① 插值与曲线拟合的主要区别在于:插值要求满足 $f(x_i) = y_i$,而曲线拟合只要求 $f(x_i) \approx y_i$。

② 曲线拟合要解决的两个基本问题:一是拟合函数的选择,这主要根据具体问题的性质而定,一般有多项式、三角、指数、样条等;二是拟合参数的确定,通常采用最小二乘法。我们将在本章的最后两节讨论拟合的基本方法。

9.2　插值方法

下面介绍多种插值方法。

9.2.1　Lagrange 插值法

1. 基本插值多项式(Lagrange 插值基函数)

在例 9.1.1 中,我们求得给定两个插值节点 $L_n(x_i) = y_i (i = 0, 1)$ 的一次插值多项式为

$$L_1(x) = \frac{x - x_1}{x_0 - x_1} y_0 + \frac{x - x_0}{x_1 - x_0} y_1$$

如果记为

$$l_0^{(1)}(x) = \frac{x - x_1}{x_0 - x_1}, \quad l_1^{(1)}(x) = \frac{x - x_0}{x_1 - x_0}$$

则

$$L_1(x) = l_0^{(1)}(x) y_0 + l_1^{(1)}(x) y_1$$

同样方法,可以求得给定三个插值节点 $L_n(x_i) = y_i (i = 0, 1, 2)$ 的二次插值多项式为

$$L_2(x) = \frac{(x - x_1)(x - x_2)}{(x_0 - x_1)(x_0 - x_2)} y_0 + \frac{(x - x_0)(x - x_2)}{(x_1 - x_0)(x_1 - x_2)} y_1 + \frac{(x - x_0)(x - x_1)}{(x_2 - x_0)(x_2 - x_1)} y_2$$

类似地,可以记为

$$L_2(x) = l_0^{(2)}(x)y_0 + l_1^{(2)}(x)y_1 + l_2^{(2)}(x)y_2$$

一般地,给定 $n+1$ 个插值节点 $y_i = f(x_i)(i=0,1,2,\cdots,n)$ 的插值多项式为

$$L_n(x) = l_0^{(n)}(x)y_0 + l_1^{(n)}(x)y_1 + \cdots + l_n^{(n)}(x)y_n = \sum_{i=1}^{n} l_i^{(n)}(x)y_i$$

其中 $l_k^{(n)}(x) = \dfrac{(x-x_0)\cdots(x-x_{k-1})(x-x_{k+1})\cdots(x-x_n)}{(x_k-x_0)\cdots(x_k-x_{k-1})(x_k-x_{k+1})\cdots(x_k-x_n)}(k=0,1,2,\cdots,n)$,称 $L_n(x)$ 为 Lagrange 插值多项式。

$l_k^{(n)}(x)$ 称为基本插值多项式或称为 Lagrange 插值基函数,且在节点处满足

$$l_k^{(n)}(x) = \delta_i = \begin{cases} 1, & i=k \\ 0, & i \neq k \end{cases} (\delta_i \text{ 称为 Kronecker 记号})$$

可以证明:$\sum_{k=0}^{n} l_k^{(n)}(x) \equiv 1$。

2. 插值的余项

通过 $n+1$ 个节点的 n 次插值多项式 $L_n(x)$ 只在节点处才有 $L_n(x_i) = y_i$,而在其他点上都是 $f(x)$ 近似。记

$$R_n(x) = f(x) - L_n(x)$$

称 $R_n(x)$ 为插值多项式的余项(截断误差)。

对插值余项我们给出如下定理:

定理 9-2-1 设 $f^{(n)}(x)$ 在区间 $[a,b]$ 上连续,$f^{(n+1)}(x)$ 在 (a,b) 内存在,$L_n(x)$ 是满足 $L_n(x_i) = y_i(i=0,1,2,\cdots,n)$ 的 n 次插值多项式,则对任意的 $x \in (a,b)$,插值余项为

$$R_n(x) = f(x) - L_n(x) = \frac{f^{(n+1)}(\xi)}{(n+1)!}\omega_{n+1}(x)$$

式中,

$$\omega_{n+1}(x) = (x-x_0)(x-x_1)\cdots(x-x_n) = \prod_{i=0}^{n}(x-x_i)$$

注:

① 当 $f(x)$ 本身是一个次数不超过 n 的多项式时,$R_n(x) = 0$,因而

$$f(x) = L_n(x) = \sum_{k=0}^{n} l_k^{(n)}(x)y_k$$

特别是,当 $f(x) \equiv 1$ 时,可以推得 $\sum_{k=0}^{n} l_k^{(n)}(x) \equiv 1$。

② 余项的表达式只有在 $f(x)$ 的 $n+1$ 阶导数存在时才能使用,由于 ξ 不能具体求出,因此一般常利用 $\max_{a \leqslant x \leqslant b} |f^{(n+1)}(x)| = M_{n+1}$ 求出误差限,即有

$$|R_n(x)| \leqslant \frac{M_{n+1}}{(n+1)!}|\omega_{n+1}(x)|$$

9.2.2 差商、差分及 Newton 插值多项式

Lagrange 插值多项式作为一种计算方案有它自身的一些缺点。如要确定 $f(x)$ 在某一点 x^* 处的近似值,预先不知道要选择多少个插值节点为宜,通常的办法是依次算出 $L_1(x^*)$,

$L_2(x^*)$,…,直到(根据估计)求出足够精确的 $f(x^*)$ 的近似值 $L_k(x^*)$ 为止。其中 $L_k(x)$ 为 $f(x)$ 在插值节点 $x_0,x_1,\cdots,x_k$ 的 k 次插值多项式;即使在计算 $L_k(x)$ 的过程中,每步都需要从头开始计算。我们设想给出一个构造 $L_k(x)$ 的方法,它只需对 $L_{k-1}(x)$ 作一个简单的修正即可。

考虑 $h(x)=L_k(x)-L_{k-1}(x)$,显然 $h(x)$ 是一个次数不高于 k 的多项式,且对 $j=0,1,2,\cdots,k-1$ 有

$$h(x_j)=L_k(x_j)-L_{k-1}(x_j)=f(x_j)-f(x_j)=0$$

即 $h(x)$ 有 k 个零点。因此,存在一个常数 a_k 使得

$$h(x)=a_k(x-x_0)(x-x_1)\cdots(x-x_{k-1})$$

或等价于

$$L_k(x)=L_{k-1}(x)+a_k(x-x_0)(x-x_1)\cdots(x-x_{k-1})$$

如果常数 a_k 可以确定,则可以从 $L_{k-1}(x)$ 求出 $L_k(x)$。

下面确定常数 a_k。在 $L_k(x)$ 的表达式中令 $x=x_k$,可得

$$L_k(x_k)=L_{k-1}(x_k)+a_k(x_k-x_0)(x_k-x_1)\cdots(x_k-x_{k-1})$$

则

$$
\begin{aligned}
a_k &= \frac{L_k(x_k)-L_{k-1}(x_k)}{(x_k-x_0)(x_k-x_1)\cdots(x_k-x_{k-1})} \\
&= \frac{f(x_k)-L_{k-1}(x_k)}{\displaystyle\prod_{i=0}^{k-1}(x_k-x_i)} \\
&= \frac{f(x_k)}{\displaystyle\prod_{i=0}^{k-1}(x_k-x_i)} - \frac{L_{k-1}(x_k)}{\displaystyle\prod_{i=0}^{k-1}(x_k-x_i)} \\
&= \sum_{m=0}^{k} \frac{f(x_m)}{\displaystyle\prod_{\substack{i=0 \\ i\neq m}}^{k}(x_m-x_i)}
\end{aligned}
$$

按照上式计算 a_k 仍然比较麻烦,为此,引入差商的概念。

定义 9 - 2 - 1　已知函数 $f(x)$ 在 $n+1$ 个互异节点 $x_0,x_1,\cdots,x_n$ 处的函数值为 $f(x_i)$ $(i=0,1,2,\cdots,n)$,则 $\dfrac{f(x_j)-f(x_i)}{x_j-x_i}$ 称为 $f(x)$ 关于节点 x_i,x_j 的一阶差商,简称一阶差商(或均差),记作 $f[x_i,x_j]$,即 $f[x_i,x_j]=\dfrac{f(x_j)-f(x_i)}{x_j-x_i}$。

对于一阶差商 $f[x_i,x_j]$,$f[x_j,x_k]$ 的差商称为 $f(x)$ 关于节点 x_i,x_j,x_k 的二阶差商,记作 $f[x_i,x_j,x_k]$,即 $f[x_i,x_j,x_k]=\dfrac{f[x_j,x_k]-f[x_j,x_i]}{x_k-x_i}$。

对于 $k-1$ 阶差商的差商称为关于节点 $x_0,x_1,\cdots,x_k$ 的 k 阶差商,记作 $f[x_0,x_1,\cdots,x_k]$,即

$$f[x_0,x_1,\cdots,x_k]=\frac{f[x_1,x_2,\cdots,x_k]-f[x_0,x_1,\cdots,x_{k-1}]}{x_k-x_0}。$$

约定 $f(x_i)(i=0,1,2,\cdots,n)$ 为 $f(x)$ 关于节点 x_i 的零阶差商,并记为 $f[x_i]$。

注意：

① 由差商的定义可知,若给定 $f(x)$ 在 $n+1$ 个互异节点 $x_0,x_1,\cdots,x_n$ 上的函数值,则可求出直至 n 阶的各阶差商。如给定函数表：

x	x_0	x_1	x_2	x_3
$f(x)$	$f(x_0)$	$f(x_1)$	$f(x_2)$	$f(x_3)$

则各阶差商可列于下表：

k	x_k	$f[x_k]$	$f[x_k,x_{k+1}]$	$f[x_k,x_{k+1},x_{k+2}]$	$f[x_k,x_{k+1},x_{k+2},x_{k+3}]$
0	x_0	$f[x_0]$	$f[x_0,x_1]$	$f[x_0,x_1,x_2]$	$f[x_0,x_1,x_2,x_3]$
1	x_1	$f[x_1]$	$f[x_1,x_2]$	$f[x_1,x_2,x_3]$	
2	x_2	$f[x_2]$	$f[x_2,x_3]$		
3	x_3	$f[x_3]$			

② 利用差商表计算各阶差商是很方便的,且 $f[x_0],f[x_0,x_1],f[x_0,x_1,x_2],f[x_0,x_1,x_2,x_3]$ 处于表的第一条横线上。

差商有以下重要性质：

性质 1 k 阶差商 $f[x_0,x_1,\cdots,x_k]$ 是由函数值 $f(x_i)(i=0,1,2,\cdots,n)$ 的线性组合而成,即

$$f[x_0,x_1,\cdots,x_k]=\sum_{m=0}^{k}\frac{f(x_m)}{\displaystyle\prod_{\substack{i=0\\i\neq m}}^{k}(x_m-x_i)}$$

性质 1 表明,前面我们要确定的常数 a_k 就是 k 阶差商 $f[x_0,x_1,\cdots,x_k]$,即 $a_k=f[x_0,x_1,\cdots,x_k]$。利用这一性质,我们可以将插值多项式 $L_n(x)$ 表示成：

$$L_n(x)=f[x_0]+f[x_0,x_1](x-x_0)+f[x_0,x_1,x_2](x-x_0)(x-x_1)+\cdots+$$
$$f[x_0,x_1,\cdots,x_n](x-x_0)(x-x_1)\cdots(x-x_{n-1})$$

上式右端称为 n 次 Newton 插值多项式,记为 $N_n(x)$,即

$$N_n(x)=f[x_0]+f[x_0,x_1](x-x_0)+f[x_0,x_1,x_2](x-x_0)(x-x_1)+\cdots+$$
$$f[x_0,x_1,\cdots,x_n](x-x_0)(x-x_1)\cdots(x-x_{n-1})$$

性质 2 差商具有对称性,即在 k 阶差商 $f[x_0,x_1,\cdots,x_k]$ 中任意调换两个节点的顺序,其值不变。

性质 2 说明,如果已由插值节点 $x_0,x_1,\cdots,x_m$ 求得 m 次插值多项式 $N_m(x)$,现增加一个节点 $\tilde{x}$,则只需在差商表的最后加上 $\tilde{x}$,依次计算各阶差商即可。其过程如下：

k	x_k	$f[x_k]$	$f[x_k,x_{k+1}]$	$f[x_k,x_{k+1},x_{k+2}]$	$f[x_k,x_{k+1},x_{k+2},x_{k+3}]$
0	x_0	$f[x_0]$	$f[x_0,x_1]$	$f[x_0,x_1,x_2]$	$f[x_0,x_1,x_2,\tilde{x}]$
1	x_1	$f[x_1]$	$f[x_1,x_2]$	$f[x_1,x_2,\tilde{x}]$	
2	x_2	$f[x_2]$	$f[x_2,\tilde{x}]$		
3	$\tilde{x}$	$f[\tilde{x}]$			

上面讨论的是节点任意分布的 Newton 插值多项式,但在实际应用中经常碰到等距节点

问题,即节点为

$$x_i = x_0 + ih \quad (i = 1, 2, 3, \cdots, n)$$

这里 h 称为步长,此时插值公式可以进一步简化,同时避免除法运算。为此,引进了差分的概念。

定义 9 - 2 - 2　设已知函数 $f(x)$ 在等距节点 $x_i(i = 1, 2, 3, \cdots, n)$ 上的函数值为 $f(x_i) = f_i$,称 $f_{i+1} - f_i$ 为函数 $f(x)$ 在节点 x_i 处以步长为 h 的一阶向前差分,简称一阶差分,记作 Δf_i,即

$$\Delta f_i = f_{i+1} - f_i$$

类似地,称

$$\Delta^m f_i = \Delta^{m-1} f_{i+1} - \Delta^{m-1} f_i$$

为 $f(x)$ 在节点 x_i 处以步长为 h 的 m 阶向前差分,简称 m 阶差分。

和差商的计算一样,差分也可以构造差分表计算:

x_k	f_k	Δf_k	$\Delta^2 f_k$
x_0	f_0	Δf_0	$\Delta^2 f_0$
x_1	f_1	Δf_1	
x_2	f_2		

并且可以证明,差商与差分之间有如下关系:

$$f[x_i, x_{i+1}, \cdots, x_{i+k}] = \frac{\Delta^k f_i}{k! \; h^k}$$

9.2.3　龙格现象和分段线性插值

1. 龙格(Runge)现象

前面我们讨论了多项式插值,并给出了相应的余项估计式。从中可以看出:余项的大小既与插值节点的个数有关,也与 $f(x)$ 的高阶导数有关。以 Lagrange 插值为例,如果 $f(x)$ 在区间 $[a, b]$ 上存在任意阶导数,且存在与 n 无关的常数 M 使得

$$\max_{a \leqslant x \leqslant b} |f^{(n)}(x)| \leqslant M$$

那么我们有余项估计式

$$\max_{a \leqslant x \leqslant b} |f(x) - L_n(x)| \leqslant \frac{M}{(n+1)!} (b-a)^{n+1} \to 0$$

从上式中可以看出,插值节点的个数越多,误差越小。但我们不能由此就断定插值节点数越多,误差就越小,这是因为上述的估计是有条件的:$f(x)$ 在区间 $[a, b]$ 上存在高阶导数,且高阶导数要一致有界。

例如考虑区间 $[-1, 1]$ 上的函数 $f(x) = \dfrac{1}{1 + 25x^2}$。显然 $f(x)$ 有任意阶导数,可以求得 $f^{(2k)}(0) = (-1)^k \cdot 5^{2k} \cdot (2k)!$,因此 $\max\limits_{-1 \leqslant x \leqslant 1} |f^{(2k)}(x)| \geqslant 5^{2k}(2k)!$。

如果取等距节点,把 $[-1, 1]$ 等分,则分点为 $x_j = -1 + 2j/10 (j = 0, 1, 2, \cdots, 10)$,构造 10 次插值多项式:

$$L_{10}(x) = \sum_{i=0}^{10} f(x_i) l_i(x)$$

其中

$$f(x_i) = \frac{1}{1 + 25x_i^2}, \quad l_i(x) = \prod_{\substack{j=0 \\ j \neq i}}^{10} \frac{x - x_j}{x_i - x_j}$$

通过计算我们发现,用 $L_{10}(x)$ 来近似替代 $f(x)$,只有在区间 $[-0.2, 0.2]$ 上时逼近程度最好,在其他地方则误差较大,特别是在端点附近,误差就更大。例如 $f(-0.86) = 0.051\ 31$,$L_{10}(-0.86) = 0.888\ 08$;$f(-0.96) = 0.041\ 60$,$L_{10}(-0.96) = 1.804\ 38$。对于高次插值所出现的这种现象,称为 Runge 现象,见图 $9-2-1$。

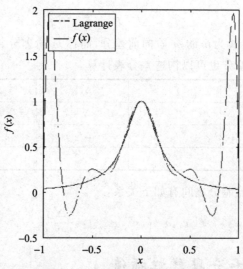

图 9 - 2 - 1　Runge 现象示意图

Runge 现象说明,插值多项式不一定都能一致收敛于被插函数 $f(x)$。由于以上原因,一般都避免使用高次插值,改进的方法较多,其中一个常用的方法就是分段低次插值。

2. 分段线性插值

给定 $f(x)$ 在 $n+1$ 个节点 $a = x_0 < x_1 < \cdots < x_n = b$ 上的数据如下:

x	x_0	x_1	...	x_{n-1}	x_n
$f(x)$	$f(x_0)$	$f(x_1)$	...	$f(x_{n-1})$	$f(x_n)$

记 $h_i = x_{i+1} - x_i$,$h = \max\limits_{0 \leqslant i \leqslant n-1} h_i$。在每个小区间 $[x_i, x_{i+1}]$ 上利用数据 $(x_i, f(x_i))$,$(x_{i+1}, f(x_{i+1}))$ 作线性插值:

$$L_{1,i}(x) = f(x_i) \frac{x - x_{i+1}}{x_i - x_{i+1}} + f(x_{i+1}) \frac{x - x_i}{x_{i+1} - x_i}$$

令

$$\tilde{L}_1(x) = \begin{cases} L_{1,0}(x) & x \in [x_0, x_1] \\ L_{1,1}(x) & x \in [x_1, x_2] \\ \quad\quad \vdots \\ L_{1,n-1}(x) & x \in [x_{n-1}, x_n] \end{cases}$$
$$= I_h(x)$$

则 $\widetilde{L}_1(x_i) = f(x_i)(i=1,2,3,\cdots,n)$，即 $\widetilde{L}_1(x)$ 满足插值条件，称为 $f(x)$ 的分段线性插值函数。其中 $a=x_0<x_1<\cdots<x_n=b$ 称为区间 $[a,b]$ 上的一个分划，x_0,x_n 称为边界点，$x_1,\cdots,$ x_{n-1} 称为内节点。

利用 $\widetilde{L}_1(x)$ 作为 $f(x)$ 的近似，其余项估计式为

$$\max_{a\leqslant x\leqslant b} |f(x)-\widetilde{L}_1(x)| = \max_{x_0\leqslant x\leqslant x_n} |f(x)-\widetilde{L}_1(x)|$$

$$= \max_{0\leqslant i\leqslant n-1} \max_{x_i\leqslant x\leqslant x_{i+1}} |f(x)-L_{1,i}(x)|$$

$$\leqslant \max_{0\leqslant i\leqslant n-1} \frac{h_i^2}{8} \max_{x_i\leqslant x\leqslant x_{i+1}} |f''(x)| \leqslant \frac{h^2}{8} \max_{a\leqslant x\leqslant b} |f''(x)|$$

该式说明，分段线性插值的余项只依赖二阶导数的界，只要 $f(x)$ 在 $[a,b]$ 上存在连续的二阶导数，当 $h\to 0$ 时就有余项一致趋于零。

9.2.4 分段 Hermite 三次插值

采用分段线性插值，虽然计算简单，且具有一致收敛性，但在节点处的导数不一定存在，因而光滑性较差。在有些实际问题中，如船体放样、机翼设计等要求有二阶光滑度，即有连续的一、二阶导数。为了克服这种缺陷，一个自然的想法是添加一阶导数插值条件。由此得到 Hermite(埃尔米特)三次插值。

首先考虑两个插值点 x_0,x_1，且 $x_0<x_1$，如果已知：

$$y_k = f(x_k), \quad m_k = f'(x_k) \qquad (k=0,1)$$

则在区间 $[x_0,x_1]$ 上满足条件

$$H(x_k) = y_k, \quad H'(x_k) = f'(x_k) \quad (k=0,1)$$

的插值多项式 $H(x)$（如果我们限制其次数不超过 3 次的话）是存在唯一的。

事实上，因 $H(x)$ 要满足 4 个插值条件，其次数不会超过 3 次，称 $H(x)$ 为 $f(x)$ 的 Hermite 三次插值，并且可以如下构造：设插值基函数 $\alpha_0(x)$、$\alpha_1(x)$、$\beta_0(x)$、$\beta_1(x)$ 为三次多项式。

$$\alpha_0(x) = \left(1+2\frac{x-x_0}{x_1-x_0}\right)\left(\frac{x-x_1}{x_0-x_1}\right)^2, \quad \beta_0(x) = (x-x_0)\left(\frac{x-x_1}{x_0-x_1}\right)^2$$

$$\alpha_1(x) = \left(1+2\frac{x-x_1}{x_0-x_1}\right)\left(\frac{x-x_0}{x_1-x_0}\right)^2, \quad \beta_1(x) = (x-x_1)\left(\frac{x-x_0}{x_1-x_0}\right)^2$$

从而，

$$H(x) = y_0\alpha_0(x) + y_1\alpha_1(x) + m_0\beta_0(x) + m_1\beta_1(x)$$

对于一般的分段 Hermite 三次插值，可如下定义：

设函数 $f(x)$ 在区间 $[a,b]$ 上连续可导，对于划分 $a=x_0<x_1<\cdots<x_n=b$，记 $y_i=f(x_i)$，$m_i=f'(x_i)(i=0,1,\cdots,n-1)$，称分段三次函数

$$H_h(x) = y_i\alpha_i(x) + y_{i+1}\alpha_{i+1}(x) + m_i\beta_i(x) + m_{i+1}\beta_{i+1}(x), \quad x\in[x_i,x_{i+1}], \quad i=0,1,\cdots,n-1$$

为 $f(x)$ 在区间 $[a,b]$ 上的 Hermite 三次插值多项式。其中

$$\alpha_i(x) = \left(1+2\frac{x-x_i}{x_{i+1}-x_i}\right)\left(\frac{x-x_{i+1}}{x_i-x_{i+1}}\right)^2, \quad \beta_i(x) = (x-x_i)\left(\frac{x-x_{i+1}}{x_i-x_{i+1}}\right)^2$$

$$\alpha_{i+1}(x) = \left(1 + 2\frac{x - x_{i+1}}{x_i - x_{i+1}}\right)\left(\frac{x - x_i}{x_{i+1} - x_i}\right)^2, \quad \beta_{i+1}(x) = (x - x_{i+1})\left(\frac{x - x_i}{x_{i+1} - x_i}\right)^2$$

可以证明，$H_h(x)$ 及 $H'_h(x)$ 在区间 $[a,b]$ 上都是连续的，并且对于具有一阶连续导数的 $f(x)$，不仅 $H_h(x)$ 一致收敛于 $f(x)$，而且 $H'_h(x)$ 一致收敛于 $f'(x)$。这一性质显然比分段线性插值更优越。

下面我们给出 Hermite 插值的程序，可以画出一个函数的 Hermite 插值与 Lagrange 插值的图形作比较。

```
% hermite.m
function y = hermite(x0,y0,y1,x)
n = length(x0);m = length(x);
for k = 1:m
    yy = 0.0;
    for i = 1:n
        h = 1.0;a = 0.0;
        for j = 1:n
            if j~ = i
                h = h * ((x(k) - x0(j))/(x0(i) - x0(j)))^2;
                a = 1/(x0(i) - x0(j)) + a;
            end
        end
        yy = yy + h * ((x0(i) - x(k)) * (2 * a * y0(i) - y1(i)) + y0(i));
    end
    y(k) = yy;
end
```

9.2.5　三次样条插值

Hermite 三次插值多项式 $H_h(x)$，只有当被插函数在所有节点处的函数值和导数值都已知时，才能使用，而且 $H_h(x)$ 在内节点处的二阶导数一般不连续。本小节介绍的三次样条插值将克服这一缺陷。通过介绍我们将会发现，它只是比 Lagrange 多两个边界条件，但却在内节点处有一阶、二阶连续导数，因而比 $H_h(x)$ 更光滑。

定义 9-2-3　在区间 $[a,b]$ 上给定一个分划：$a = x_0 < x_1 < x_2 < \cdots < x_n = b$，若函数 $s(x)$ 满足：

① $s(x_i) = f(x_i)(i = 0,1,2,\cdots,n)$；

② $s(x)$ 在每个小区间 $[x_i, x_{i+1}]$ 上是三次多项式；

③ $s(x)$ 在 $[a,b]$ 上有连续的二阶导数，

则称 $s(x)$ 为三次样条插值函数。

注意：当 $s(x)$ 是 $[x_i, x_{i+1}]$ 上的次数不超过 m 次的多项式，且 $s(x)$ 在 $[a,b]$ 上有 $m-1$ 次连续导数，则称 $s(x)$ 是区间 $[a,b]$ 上的 m 次样条插值多项式。

从三次样条插值函数的定义可知，$s(x)$ 在每个小区间 $[x_i, x_{i+1}]$ 上的表达式为

$$s(x) = a_i x^3 + b_i x^2 + c_i x + d_i, \quad x \in [x_i, x_{i+1}]$$

其中系数 a_i、b_i、c_i、d_i 待定，使它们满足：

① 插值和连续条件共 $2n$ 个

$$\begin{cases} s(x_i) = f(x_i) \\ s(x_i - 0) = s(x_i + 0) \end{cases}$$

② $n-1$ 个内节点处的一阶导数连续的条件

$$s'(x_i - 0) = s'(x_i + 0)$$

③ $n-1$ 个内节点处的二阶导数连续的条件

$$s''(x_i - 0) = s''(x_i + 0)$$

共计 $4n-2$ 个条件,而需确定 $4n$ 个系数。因此如果要唯一确定三次样条函数 $s(x)$ 还必须附加两个条件,通常的情况是,给出区间端点上的性态,称为边界条件。常用的边界条件有三种。

第一种,已知两端点的一阶导数值:$s'(x_0) = f'(x_0)$,$s'(x_n) = f'(x_n)$。

第二种,已知两端点的二阶导数值:$s''(x_0) = f''(x_0)$,$s''(x_n) = f''(x_n)$。特别是:当 $s''(x_0) = s''(x_n) = 0$ 时,称为自然边界条件。

第三种,周期条件:$s'(x_0 + 0) = s'(x_n - 0)$,$s''(x_0 + 0) = s''(x_n - 0)$。

其中,函数值的周期条件为 $s(x_0 + 0) = s(x_n - 0)$,由已知 $f(x_0) = f(x_n)$ 确定。这三种边界条件都有它们的实际背景和力学意义。

9.3　拟合方法

9.3.1　线性模型和最小二乘拟合

1. 最小二乘原理

例 9 − 3 − 1　测得铜导线在温度 t_i 时的电阻 r_i 数据如下:

i	1	2	3	4	5	6	7
$t_i / ℃$	19.1	25.0	30.1	36.0	40.0	45.1	50.0
r_i / Ω	76.30	77.80	79.25	80.80	82.35	83.90	85.10

求出电阻 r 与温度 t 的近似表达式。

解　首先将这 7 个点画在图上,可以看出它近似地在一条直线上,见图 9 − 3 − 1。

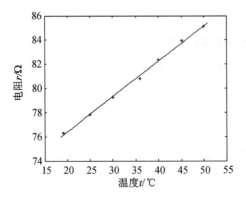

图 9 − 3 − 1　电阻温度描点图

假设直线方程为

$$r = a + bt$$

式中参数 a、b 待定。从图 $9-3-1$ 中可以看出，点 (t_i, r_i) 不会严格地落在直线 $r = a + bt$ 上，因此无论怎样选择参数 a、b，用直线 $r = a + bt$ 上相应的点来代替 r_i 所产生的误差

$$R_i = a + bt_i - r_i$$

一般都不为零。我们希望选择适当的 a、b 使 $\sum R_i^2$ 尽可能的小，即求 a^*、b^* 使

$$R = R(a, b) = \sum_{i=1}^{7} R_i^2 = \sum_{i=1}^{7} (a + bt_i - r_i)^2$$

取最小值，用这种方法求得的 a^*、b^* 的原理称为最小二乘原理，求得的函数称为拟合函数或者经验公式。

通常，所求得的拟合函数可以是不同的函数类，其中最简单的是多项式拟合。一般地，我们可以得到如下最小二乘拟合定义。

定义 $9-3-1$ 设 $\varphi_0(x), \varphi_1(x), \cdots, \varphi_n(x)$ 是连续函数空间 $C[a, b]$ 中选定的 $n+1$ 个线性无关的基函数，称具有形式

$$\varphi(x) = \alpha_0 \varphi_0(x) + \alpha_1 \varphi_1(x) + \cdots + \alpha_n \varphi_n(x) = \sum_{j=0}^{n} \alpha_j \varphi_j(x)$$

的拟合函数为线性拟合（关于待定参数 α_j 是线性的）。

若有数 $\alpha_0^*, \alpha_1^*, \cdots, \alpha_n^*$ 使得当

$$\varphi^*(x) = \sum_{j=0}^{n} \alpha_j^* \varphi_j(x)$$

时，在节点 $\{x_i\}_{i=0}^{m}$ 处满足

$$\sum_{i=0}^{m} w_i [y_i - \varphi^*(x_i)]^2 = \min_{\varphi(x)} \sum_{i=0}^{m} w_i [y_i - \varphi(x_i)]^2$$

则称 $\varphi^*(x)$ 为离散数据具有权 $\{w_i\}_{i=0}^{m}$ 的线性最小二乘拟合。

令

$$I(\alpha_0, \alpha_1, \cdots, \alpha_n) = \sum_{i=0}^{m} w_i [y_i - \varphi(x_i)]^2 = \sum_{i=0}^{m} w_i \left[y_i - \sum_{j=0}^{n} \alpha_j \varphi_j(x_i) \right]^2$$

于是求解 $\varphi^*(x)$ 等价于求 n 元二次函数 $I(\alpha_0, \alpha_1, \cdots, \alpha_n)$ 极小值点 $(\alpha_0^*, \alpha_1^*, \cdots, \alpha_n^*)$。这可以通过求偏导数来解决。

2. 正规方程和解的存在唯一性

将函数 $I(\alpha_0, \alpha_1, \cdots, \alpha_n)$ 分别对 α_k 求偏导数，得到

$$\frac{\partial I(\alpha_0, \alpha_1, \cdots, \alpha_n)}{\partial \alpha_k} = -2 \sum_{i=0}^{m} w_i \left[y_i - \sum_{j=0}^{n} \alpha_j \varphi_j(x_i) \right] \varphi_k(x_i) = 0 \quad (k = 0, 1, \cdots, n)$$

则

$$\sum_{j=0}^{n} \left[\alpha_j \sum_{i=0}^{m} w_i \varphi_j(x_i) \varphi_k(x_i) \right] = \sum_{i=0}^{m} w_i y_i \varphi_k(x_i)$$

令

$$\begin{cases} \boldsymbol{\varphi}_k = [\varphi_k(x_0), \varphi_k(x_1), \cdots, \varphi_k(x_m)]^{\mathrm{T}} \\ \boldsymbol{y} = [y_0, y_1, \cdots, y_m]^{\mathrm{T}} \end{cases}$$

按离散加权内积的定义,上面的 $n+1$ 个方程可以写成如下矩阵形式:

$$\begin{bmatrix} (\varphi_0,\varphi_0) & (\varphi_1,\varphi_0) & \cdots & (\varphi_{n-1},\varphi_0) & (\varphi_n,\varphi_0) \\ (\varphi_0,\varphi_1) & (\varphi_1,\varphi_1) & \cdots & (\varphi_{n-1},\varphi_1) & (\varphi_n,\varphi_0) \\ \vdots & \vdots & & \vdots & \vdots \\ (\varphi_0,\varphi_n) & (\varphi_1,\varphi_n) & \cdots & (\varphi_{n-1},\varphi_n) & (\varphi_n,\varphi_n) \end{bmatrix} \begin{bmatrix} \alpha_0 \\ \alpha_1 \\ \vdots \\ \alpha_{n-1} \\ \alpha_n \end{bmatrix} = \begin{bmatrix} (y,\varphi_0) \\ (y,\varphi_1) \\ \vdots \\ (y,\varphi_{n-1}) \\ (y,\varphi_n) \end{bmatrix}$$

上述方程组称为正规方程或法方程。

若记其中 $n+1$ 阶系数阵为 $\boldsymbol{G}$,$n+1$ 维列向量

$$\boldsymbol{d} = \begin{bmatrix} (y,\varphi_0) & (y,\varphi_1) & \cdots & (y,\varphi_n) \end{bmatrix}^{\mathrm{T}}, \quad \boldsymbol{\alpha} = \begin{bmatrix} \alpha_0 & \alpha_1 & \cdots & \alpha_n \end{bmatrix}^{\mathrm{T}}$$

则正规方程可简写成

$$\boldsymbol{G\alpha} = \boldsymbol{d}$$

显然,从上式可以看出,最小二乘问题存在唯一解的必要条件是正规方程的系数阵 $\boldsymbol{G}$ 非奇异。矩阵 $\boldsymbol{G}$ 称为 Gram 矩阵,它是一个对称阵。

如果取 $\varphi_i(x) = x^i (i=0,1,2,\cdots,n)$ 则称

$$\varphi(x) = \alpha_0 + \alpha_1 x + \cdots + \alpha_n x^n$$

为 n 次最小二乘拟合多项式。

例 9-3-2　求例 9-3-1 中满足最小二乘原理的一次多项式拟合。

解　设拟合函数为

$$\varphi(x) = \alpha_0 + \alpha_1 t$$

这里,$\varphi_0(x)=1$,$\varphi_1(t)=t$,则

$(\varphi_0,\varphi_0) = 7$

$(\varphi_0,\varphi_1) = (1,1,1,1,1,1,1)(19.1,25.0,30.1,36.0,40.0,45.1,50.0)^{\mathrm{T}} = 245.3$

$(\varphi_1,\varphi_1) = (19.1,25.0,30.1,36.0,40.0,45.1,50.0)(19.1,25.0,30.1,36.0,40.0,45.1,50.0)^{\mathrm{T}}$
$\qquad = 9\,325.83$

$(r,\varphi_0) = (1,1,1,1,1,1,1)(76.30,77.80,79.25,80.80,82.35,83.90,85.10)^{\mathrm{T}} = 565.5$

$(r,\varphi_1) = 20\,029.445$

正规方程组为

$$\begin{bmatrix} 7 & 245.3 \\ 245.3 & 9\,325.83 \end{bmatrix} \begin{bmatrix} \alpha_0 \\ \alpha_1 \end{bmatrix} = \begin{bmatrix} 565.5 \\ 20\,029.445 \end{bmatrix}$$

解得

$$\alpha_0 = 70.57, \quad \alpha_1 = 0.291\,5$$

所求的直线拟合方程为

$$r = 70.57 + 0.291\,5t$$

9.3.2　多项式拟合

例 9-3-3　设从某一实验中测得两个变量 x 和 y 的一组数据如下:

x	1	3	4	5	6	7	8	9	10
y	10	5	4	2	1	1	2	3	4

求一代数曲线,使其最好地拟合出这组给定的数据。

解　将给定数据在图上描出,见图 9-3-2。

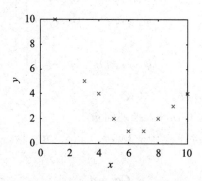

图 9-3-2　描点图

由图 9-3-2 可以看出,这些点大致在一条抛物线上。因此设拟合曲线为

$$f(x)=a+bx+cx^2$$

设 $\varphi_0(x)=1, \varphi_1(x)=x, \varphi_2(x)=x^2$,正规方程组为

$$\begin{bmatrix} (\varphi_0,\varphi_0) & (\varphi_1,\varphi_0) & (\varphi_2,\varphi_0) \\ (\varphi_0,\varphi_1) & (\varphi_1,\varphi_1) & (\varphi_2,\varphi_1) \\ (\varphi_0,\varphi_2) & (\varphi_1,\varphi_2) & (\varphi_2,\varphi_2) \end{bmatrix} \begin{bmatrix} a \\ b \\ c \end{bmatrix} = \begin{bmatrix} (\varphi_0,y) \\ (\varphi_1,y) \\ (\varphi_2,y) \end{bmatrix} \Longleftrightarrow$$

$$\begin{bmatrix} 9 & 53 & 381 \\ 53 & 381 & 3\,017 \\ 381 & 3\,017 & 25\,317 \end{bmatrix} \begin{bmatrix} a \\ b \\ c \end{bmatrix} = \begin{bmatrix} 32 \\ 147 \\ 1\,025 \end{bmatrix}$$

应用高斯列主元消去法,解得

$$a=13.460\,9, \quad b=-3.605\,85, \quad c=0.267\,616$$

所求拟合多项式为

$$f(x)=13.460\,9-3.605\,85x+0.267\,616x^2$$

9.4　插值与拟合中的 MATLAB 实践

9.4.1　插值方法

首先利用 Lagrange 方法求解例题。

例 9-4-1　下表给出了插值点,利用插值多项式求 $y(2.5)$、$y(4.5)$、$y(5.5)$ 的值。

x	1	2	3	4	5
y	0	2	1	5	3

解　代入公式,易求得插值多项式

$$L_4(x)=-0.791\,7x^4+9.25x^3-37.21x^2+60.75x-32$$

所以

$$L_4(2.5)=0.918\,0, \quad L_4(4.5)=6.132\,3, \quad L_4(5.5)=-8.963\,7$$

下面给出 Lagrange 插值多项式求插值的 MATLAB 程序,保存为 lagrange. m。

```
function y = lagrange(x0,y0,x); %(x0,y0)是已知的插值点,x 为待定点
n = length(x0);
m = length(x);
for i = 1:m
    z = x(i);
    s = 0.0;
    for k = 1:n
        p = 1.0;
        for j = 1:n
            if j ~= k
                p = p * (z - x0(j))/(x0(k) - x0(j));
            end
        end
        s = p * y0(k) + s;
    end
    y(i) = s;
end
```

在 MATLAB 的命令窗口输入:

```
>> x0 = [1:5];y0 = [0,2,1,5,3];
>> lagrange(x0,y0,[2.5,4.5,5.5])        % 求出插值多项式在 2.5,4.5,5.5 处的值
```

上面的 Lagrange 函数是自编函数,其实 MATLAB 中插值函数有很多现成的程序。例如,一维插值的调用格式是:y0 = interp1(x,y,x0,'method')。这里 x、y 是已知数据并且是长度相同的向量;x0 是包含用于插入的点;method 用于指定所使用的插值方法,y0 是相应的插值方法与 x0 对应的数据。

对于一维插值,插值的方法有以下四种:

- nearest——最近点插值法;
- linear——线性插值法;
- spline——样条插值法;
- cubic——立方插值法。

例 9 - 4 - 2　已知函数在插值点的函数值为
$$0,0.8,0.6,1,0.2,0.1,-0.2,-0.7,-0.9,-0.3$$

试利用 MATLAB 中一维插值命令,画出临近插值、线性插值、样条插值、立方插值的图形,并比较插值效果。

解　在 MATLAB 编辑窗内建立一个名为 interp1. m 的文件,其内容如下:

```
y = [0,0.8,0.6,1,0.2,0.1,-0.2,-0.7,-0.9,-0.3];
x = 1:length(y);
x1 = 0:0.1:length(y) - 1;
y1 = interp1(x,y,x1,'nearest');
y2 = interp1(x,y,x1,'linear');
y3 = interp1(x,y,x1,'spline');
y4 = interp1(x,y,x1,'cubic');
plot(x,y,'ok',x1,y1,':r',x1,y2,'- b',x1,y3,'- - m',x1,y4,'- - c')
```

三次样条插值使用广泛,在 MATLAB 中三次样条插值也有现成的函数 :

- y＝interp1(x,y,x1,'spline');
- y＝spline(x0,y0,x);
- pp＝csape(x0,y0,conds),y＝ppval(pp,x)。

其中,x0,y0 是已知数据点,x 是插值点,y 是插值点的函数值。

对于三次样条插值,我们提倡使用函数 csape。csape 的返回值是 pp 形式,要求插值点的函数值,必须调用函数 ppval。

pp＝csape(x0,y0)　使用默认的边界条件,即 Lagrange 边界条件。

pp＝csape(x0,y0,conds)中的 conds 指定插值的边界条件,其值可为:

- 'complete'　边界为一阶导数,即默认的边界条件;
- 'not-a-knot'　非扭结条件;
- 'periodic'　周期条件;
- 'second'　边界为二阶导数,二阶导数的值[0,0];
- 'variational'　设置边界的二阶导数值为[0,0]。

对于一些特殊的边界条件,可以通过 conds 的一个 1×2 矩阵来表示,conds 元素的取值为 1、2。此时,使用命令

$$pp＝csape(x0,y0\_ext,conds)$$

其中 y0_ext＝[left, y0, right],这里 left 表示左边界的取值,right 表示右边界的取值。

conds(i)＝j 的含义是给定端点 i 的 j 阶导数,即 conds 的第一个元素表示左边界的条件,第二个元素表示右边界的条件,conds＝[2,1]表示左边界是二阶导数,右边界是一阶导数,对应的值由 left 和 right 给出。

详细情况请使用帮助 help csape。

例 9 - 4 - 3(机床加工问题)

待加工零件的外形根据工艺要求由一组数据(x,y)给出(在平面情况下),用程控铣床加工时每一刀只能沿 x 方向和 y 方向走非常小的一步,这就需要从已知数据得到加工所要求的步长很小的(x,y)坐标。x,y 数据点如下:

x	0	3	5	7	9	11	12	13	14	15
y	0	1.2	1.7	2.0	2.1	2.0	1.8	1.2	1.0	1.6

x、y 数据位于机翼断面的下轮廓线上,假设需要得到 x 坐标每改变 0.1 时的 y 坐标。试完成加工所需数据,画出曲线,并求出 $x＝0$ 处的曲线斜率和 $13 \leqslant x \leqslant 15$ 范围内 y 的最小值。

要求用 Lagrange、分段线性和三次样条三种插值方法计算。

解　编写 MATLAB 程序:

```
clc,clear
x0 = [0 3　5　7　9　11 12 13 14　15];
y0 = [0 1.2 1.7 2.0 2.1 2.0 1.8 1.2 1.0 1.6];
x = 0:0.1:15;
y1 = lagrange(x0,y0,x);             % 调用前面编写的 Lagrange 插值函数
y2 = interp1(x0,y0,x);
y3 = interp1(x0,y0,x,'spline');
pp1 = csape(x0,y0); y4 = ppval(pp1,x);
```

```
pp2 = csape(x0,y0,'second'); y5 = ppval(pp2,x);
fprintf(' 比较一下不同插值方法和边界条件的结果:\n')
fprintf('x y1 y2 y3 y4 y5\n')
xianshi = [x',y1',y2',y3',y4',y5'];
fprintf('% f\t% f\t% f\t% f\t% f\t% f\n',xianshi')
subplot(2,2,1), plot(x0,y0,'+',x,y1), title('Lagrange')
subplot(2,2,2), plot(x0,y0,'+',x,y2), title('Piecewise linear')
subplot(2,2,3), plot(x0,y0,'+',x,y3), title('Spline1')
subplot(2,2,4), plot(x0,y0,'+',x,y4), title('Spline2')
dyx0 = ppval(fnder(pp1),x0(1))            % 求 x = 0 处的导数
ytemp = y3(131:151);
index = find(ytemp = = min(ytemp));
xymin = [x(130 + index),ytemp(index)]
```

运行程序可得到 4 个图,如图 9 - 4 - 1 所示。

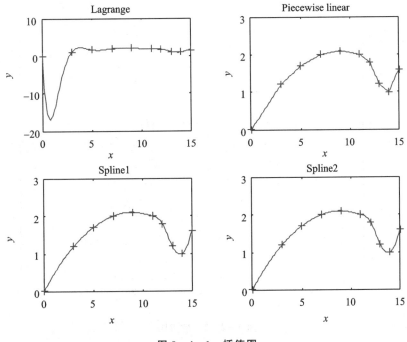

图 9 - 4 - 1　插值图

从结果可以看出,Lagrange 插值的结果根本不能应用,而分段线性(Piecewise linear)插值的光滑性较差(特别是在 $x = 14$ 附近弯曲处),最终建议选用三次样条插值的结果,最终求得最小值点的坐标为(13.8,0.98)。

9.4.2　多项式拟合方法

如果用 m 次多项式拟合给定数据,MATLAB 中有现成的函数

$$a = polyfit(x0,y0,m)$$

其中,输入参数 x0、y0 为要拟合的数据;m 为拟合多项式的次数;输出参数 a 为拟合多项式系数 $\boldsymbol{a} = [a_m,\cdots,a_1,a_0]$,幂次由高到低。

多项式在 x 处的值 y 可用下面的函数计算:

$$y = \mathrm{polyval}(a,x)$$

例 9 - 4 - 4　某乡镇企业 1990—1996 年的生产利润如下：

年　份	1990	1991	1992	1993	1994	1995	1996
利润/万元	70	122	144	152	174	196	202

试预测 1997 年和 1998 年的利润。

解　绘制已知数据的散点图，程序如下：

```
x0 = [1990 1991 1992 1993 1994 1995 1996];
y0 = [70 122 144 152 174 196 202];
plot(x0,y0,'*')
```

运行程序可得到图 9 - 4 - 2 所示散点图。

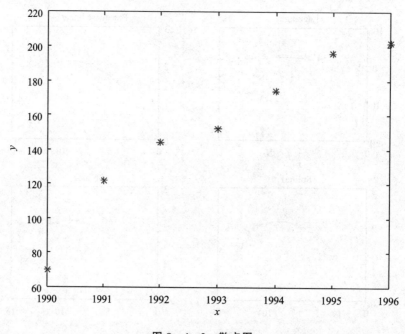

图 9 - 4 - 2　散点图

可以观察该乡镇企业的年生产利润几乎直线上升。因此，我们可以用 $y = a_1 x + a_0$ 作为拟合函数来预测该乡镇企业未来的年利润。编写 MATLAB 程序如下：

```
x0 = [1990 1991 1992 19931994 1995 1996];
y0 = [70 122 144 152 174 196 202];
a = polyfit(x0,y0,1)
y97 = polyval(a,1997)
y98 = polyval(a,1998)
```

可得 $a = [20.5, -4.070\,5 \times 10^4]$，拟合函数为 $y = 20.5x - 4.070\,5 \times 10^4$，1997 年的生产利润 $y = 233.428\,6$ 万元，1998 年的生产利润 $y = 253.928\,6$ 万元。

例 9 - 4 - 5　通过数据拟合 Malthus 人口指数增长模型中的参数。1790—1980 年美国每隔 10 年的人口记录如下：

年　份	1790	1800	1810	1820	1830	1840	1850
人口/百万	3.9	5.3	7.2	9.6	12.9	17.1	23.2
年　份	1860	1870	1880	1890	1900	1910	1920
人口/百万	31.4	38.6	50.2	62.9	76.0	92.0	106.5
年　份	1930	1940	1950	1960	1970	1980	
人口/百万	123.2	131.7	150.7	179.3	204.0	226.5	

解　Malthus 模型的基本假设如下：人口的增长率为常数记为 r，记时刻 t 的人口为 $x(t)$，且初始时的人口为 x_0，可以得到其解为 $x(t) = x_0 e^{rt}$，将等式两边取对数得到 $\ln x(t) = \ln x_0 + rt$。

编写 MATLAB 程序如下：

```
>> t = [0:19];
>> x = [3.9  5.3  7.2  9.6  12.9  17.1  23.2  31.4  38.6  50.2  62.9  76.0  92.0  106.5
123.2  131.7  150.7  179.3  204.0  226.5];
>> plot(t,x,'+')        % 画散点图
>> y = log(x); p = polyfit(t,y,1)
```

最终计算结果 $\ln x_0 = 1.721\ 3, r = 0.214\ 2$，最终可得 $x(t) = 5.591\ 8e^{0.214\ 2t}$。

9.4.3　其他拟合方法

最小二乘优化是一类比较特殊的优化问题，在处理这类问题时，MATLAB 也提供了一些强大的函数。在 MATLAB 优化工具箱中，用于求解最小二乘优化问题的函数有 lsqlin、lsqcurvefit、lsqnonlin、lsqnonneg，下面介绍这些函数的用法。

考虑求解

$$\min_x \frac{1}{2} \| \boldsymbol{C} \cdot \boldsymbol{x} - \boldsymbol{d} \|_2^2$$

$$\text{s. t.} \begin{cases} \boldsymbol{A} \cdot \boldsymbol{x} \leqslant \boldsymbol{b} \\ \text{Aeq} \cdot \boldsymbol{x} = \text{beq} \\ \text{lb} \leqslant \boldsymbol{x} \leqslant \text{ub} \end{cases}$$

式中，$\boldsymbol{C}$、$\boldsymbol{A}$、Aeq 为矩阵，$\boldsymbol{d}$、$\boldsymbol{b}$、beq、lb、ub、$\boldsymbol{x}$ 为向量。

MATLAB 中的函数为

$$x = \text{lsqlin}(C, d, A, b, \text{Aeq}, \text{beq}, \text{lb}, \text{ub}, x0)$$

例 9 - 4 - 6　电影院调查分别投放电视广告费用和报纸广告费用对每周电影院收入的影响，得到以下数据：

每周收入/万元	96	90	95	92	95	95	94	94
电视广告费用/万元	1.5	2	1.5	2.5	3.3	2.3	4.2	2.5
报纸广告费用/万元	5	2	4	2.5	3	3.5	2.5	3

试建立收入和费用间关系。

解　编写 MATLAB 程序，调用 lsqlin() 函数来解决该问题。

```
>> x1 = [1.5,2.0,1.5,2.5,3.3,2.3,4.2,2.5]';
>> x2 = [5.0,2.0,4.0,2.5,3.0,3.5,2.5,3.0]';
>> y = [96,90,95,92,95,95,94,94]';
>> M = [x1,x2,ones(size(x1))];      % 构造调用 lsqlin 函数所需的 M 矩阵
>> X = lsqlin(M,y)                   % 调用 lsqlin() 函数求解二元线性拟合问题
```

得到结果如下：

```
X = 1.298 5   2.337 2   83.211 6
```

所以拟合结果为

$$y = 83.211\,6 + 1.298\,5x_1 + 2.337\,2x_2$$

考虑另一个问题，已知函数向量 $F(\boldsymbol{x}) = [f_1(\boldsymbol{x}), \cdots, f_k(\boldsymbol{x})]^{\mathrm{T}}$，求 $\boldsymbol{x}$ 使得

$$\min_{x} \frac{1}{2} \| F(\boldsymbol{x}) \|_2^2$$

MATLAB 中使用函数：

$$x = \mathrm{lsqnonlin}(\mathrm{fun}, x0, \mathrm{lb}, \mathrm{ub}, \mathrm{options})$$

其中，fun 是定义向量函数 $F(\boldsymbol{x})$ 的 M 文件。

例 9 - 4 - 7 反应动力学中的 Hougen-Waston 模型是非线性模型的一个经典例子，其模型如下：

$$y = \frac{\beta_1 x_2 - x_3/\beta_5}{1 + \beta_2 x_1 + \beta_3 x_2 + \beta_4 x_3}$$

其中 y 为反应速率。三个决定因素分别为 x_1（氢气），x_2（n-戊烷），x_3（异戊烷），以下是一组实验数据：

氢气	470	285	470	470	470	100	100	470	100	100	100	285	285
n-戊烷	300	80	300	80	80	190	80	190	300	300	80	300	190
异戊烷	10	10	120	120	10	10	65	65	54	120	120	10	120
反应速率	8.55	3.79	4.82	0.02	2.75	14.39	2.54	4.35	13	8.5	0.05	11.32	3.13

试建立回归模型，求出未知参数 β_i。

解 编写 MATLAB 程序如下：

```
>> data = [470 285 470 470 470 100 100 470 100 100 100 285 285;300 80 300 80 80 190 80 190 300 300
80 300 190;1010 120 1201010 65 65 54 120 12010120]';       % 反应物数据
>> rate = [8.55 3.79 4.82 0.02 2.75 14.39 2.54 4.35 13 8.5 0.05 11.32 3.13]'; % 反应速率数据
>> f = @(b,x)(b(1) * x(:,2) - x(:,3)/b(5))./(1 + b(2) * x(:,1) + b(3) * x(:,2) + b(4) * x(:,3));
   % 拟合函数
>> b0 = [1;0.1;0.2;0.1;2];              % 参数求解的初始值
>> betafit = nlinfit(data,rate,f,b0)    % 调用 nlinfit 函数求解
```

得到结果如下：

```
betafit = 1.252 6   0.062 8   0.040 0   0.112 4   1.191 4
```

所以原模型为

$$y = \frac{1.252\,6x_2 - x_3/1.191\,4}{1 + 0.062\,8x_1 + 0.040\,0x_2 + 0.112\,4x_3}$$

例 9 - 4 - 8　2004 年 6 月至 7 月黄河进行了第三次调水调沙试验,特别是首次由小浪底、三门峡和万家寨三大水库联合调度,采用接力式防洪预泄放水,形成人造洪峰进行调沙,试验获得成功。整个试验期为 20 多天,小浪底从 6 月 19 日开始预泄放水,直到 7 月 13 日恢复正常供水结束。小浪底水利工程按设计拦沙量为 75.5 亿立方米,在这之前,小浪底共积泥沙达 14.15 亿吨。这次调水调沙试验一个重要目的就是由小浪底上游的三门峡和万家寨水库泄洪,在小浪底形成人造洪峰,冲刷小浪底库区沉积的泥沙,在小浪底水库开闸泄洪以后,从 6 月 27 日开始三门峡水库和万家寨水库陆续开闸放水,人造洪峰于 29 日先后到达小浪底,7 月 3 日达到最大流量 2 700 m³/s,使小浪底水库的排沙量不断地增加。下面是由小浪底观测站从 6 月 29 日到 7 月 10 日检测到的试验数据:

日　期	6 月 29 日		6 月 30 日		7 月 1 日		7 月 2 日		7 月 3 日		7 月 4 日	
时　间	8:00	20:00	8:00	20:00	8:00	20:00	8:00	20:00	8:00	20:00	8:00	20:00
水流量/$(m^3 \cdot s^{-1})$	1 800	1 900	2 100	2 200	2 300	2 400	2 500	2 600	2 650	2 700	2 720	2 650
含沙量/$(kg \cdot m^{-3})$	32	60	75	85	90	98	100	102	108	112	115	116
日　期	7 月 5 日		7 月 6 日		7 月 7 日		7 月 8 日		7 月 9 日		7 月 10 日	
时　间	8:00	20:00	8:00	20:00	8:00	20:00	8:00	20:00	8:00	20:00	8:00	20:00
水流量/$(m^3 \cdot s^{-1})$	2 600	2 500	2 300	2 200	2 000	1 850	1 820	1 800	1 750	1 500	1 000	900
含沙量/$(kg \cdot m^{-3})$	118	120	118	105	80	60	50	30	26	20	8	5

现在,根据试验数据建立数学模型研究下面的问题:

① 给出估计任意时刻的排沙量及总排沙量的方法;

② 确定排沙量与水流量的关系。

模型建立与求解

已知给定的观测时刻是等间距的,以 6 月 29 日零时开始计时,则各次观测时刻(离开始时刻 6 月 29 日零时刻的时间)分别为

$$t_i = 3\ 600(12i-4)\quad (i=1,2,\cdots,24)$$

其中计时单位为 s。第 1 次观测时刻 $t_1 = 28\ 800$,最后一次观测时刻 $t_{24} = 1\ 022\ 400$。

记第 $i(i=1,2,\cdots,24)$ 次观测时水流量为 v_i,含沙量为 c_i,则第 i 次观测时的排沙量为 $y_i = c_i v_i$。插值数据对应关系如下:

节　点	1	2	3	4	5	6	7	8
时　刻	28 800	72 000	115 200	158 400	201 600	244 800	288 000	331 200
排沙量/kg	57 600	114 000	157 500	187 000	207 000	235 200	250 000	265 200
节　点	9	10	11	12	13	14	15	16
时　刻	374 400	417 600	460 800	504 000	547 200	590 400	633 600	676 800
排沙量/kg	286 200	302 400	312 800	307 400	306 800	300 000	271 400	231 000

节　点	17	18	19	20	21	22	23	24
时　刻	720 000	763 200	806 400	849 600	892 800	936 000	979 200	1 022 400
排沙量/kg	160 000	111 000	91 000	54 000	45 500	30 000	8 000	4 500

对于问题①,根据所给问题的试验数据,要计算任意时刻的排沙量,就要确定出排沙量随时间变化的规律,可以通过插值来实现。考虑到实际中的排沙量应该是时间的连续函数,为了提高模型的精度,我们采用三次样条函数进行插值。

利用 MATLAB 函数,求出三次样条函数,得到排沙量与时间的关系 $y=y(t)$,然后进行积分,就可以得到总的排沙量

$$z = \int_{24t_1}^{t} y(t)\,\mathrm{d}t$$

最后求得总的排沙量为 1.844×10^9 t,计算的 MATLAB 程序如下:

```
clc,clear
load data.txt        % data.txt 按照原始数据格式把水流量和排沙量排成 4 行,12 列
liu = data([1,3],:);
liu = liu';liu = liu(:);
sha = data([2,4],:);
sha = sha';sha = sha(:);
y = sha. * liu;y = y';
i = 1:24;
t = (12 * i - 4) * 3600;
t1 = t(1);t2 = t(end);
pp = csape(t,y);
xsh = pp.coefs        % 求得插值多项式的系数矩阵,每一行是区间上多项式的系数
TL = quadl(@(tt)ppval(pp,tt),t1,t2)
```

对于问题②,研究排沙量与水量的关系。从试验数据可以看出,开始排沙量是随着水流量的增加而增长,而后是随着水流量的减少而减少。显然,变化规律并非是线性的关系,为此,把问题分为两部分:从开始水流量增加到最大值 2 720 $\mathrm{m^3/s}$(即增长的过程)为第一阶段,从水流量的最大值到结束为第二阶段,分别来研究水流量与排沙量的关系。画出排沙量与水流量的散点图。

绘制散点图的 MATLAB 程序如下:

```
load data.txt
liu = data([1,3],:);
liu = liu';liu = liu(:); sha = data([2,4],:);
sha = sha';sha = sha(:); y = sha. * liu;
subplot(1,2,1), plot(liu(1:11),y(1:11),'*')
subplot(1,2,2), plot(liu(12:24),y(12:24),'*')
```

由散点图 9 - 4 - 3 可以看出,第一阶段基本上是线性关系,第二阶段准备依次用二次、三次、四次曲线来拟合,看哪一个模型的剩余标准差小就选哪一个模型。

最后求得第一阶段排沙量 y 与水流量 v 之间的预测模型为

$$y = 250.565\ 5v - 373\ 384.466\ 1$$

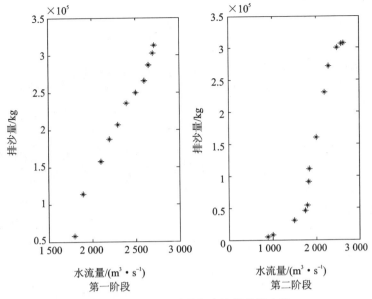

图 9-4-3 排沙量与水流量的散点图

第二阶段的预测模型为一个四次多项式：

$$y = -2.769\ 3 \times 10^{-7}\ v^4 + 0.001\ 8v^3 - 4.092v^2 +$$
$$3\ 891.044\ 1v - 1.322\ 627\ 496\ 68 \times 10^6$$

计算的 MATLAB 程序如下：

```
clc, clear
load data.txt        % data.txt 按照原始数据格式把水流量和排沙量排成 4 行, 12 列
liu = data([1,3],:); liu = liu'; liu = liu(:);
sha = data([2,4],:); sha = sha';
sha = sha(:); y = sha. * liu;
% 以下是第一阶段的拟合
format long e
nihe1_1 = polyfit(liu(1:11),y(1:11),1) % 拟合一次多项式, 系数从高次到低次
nihe1_2 = polyfit(liu(1:11),y(1:11),2)
yhat1_1 = polyval(nihe1_1,liu(1:11)); % 求预测值
yhat1_2 = polyval(nihe1_2,liu(1:11));
% 以下求误差平方和与剩余标准差
cha1_1 = sum((y(1:11) - yhat1_1).^2); rmse1_1 = sqrt(cha1_1/9)
cha1_2 = sum((y(1:11) - yhat1_2).^2);
rmse1_2 = sqrt(cha1_2/8)
% 以下是第二阶段的拟合
for j = 1:3
        str1 = char(['nihe2_' int2str(j) ' = polyfit(liu(12:24),y(12:24),' int2str(j+1) ')']);
        eval(str1)
        str2 = char(['yhat2_' int2str(j) ' = polyval(nihe2_' int2str(j) ',liu(12:24));']);
        eval(str2)
        str3 = char(['cha2_' int2str(j) ' = sum((y(12:24) - yhat2_' int2str(j) ').^2);'...
            'rmse2_' int2str(j) ' = sqrt(cha2_' int2str(j) '/(11 - j))']);
        eval(str3)
    end format
```

习　题

1. 用最小二乘法求一形如 $y=ae^{bx}$ 的经验公式拟合如下数据：

x_i	1	2	3	4	5	6	7	8
y_i	15.3	20.5	27.4	36.6	49.1	65.6	87.87	117.6

2. (水箱水流量问题)许多供水单位由于没有测量流入或流出水箱流量的设备,而只能测量水箱中的水位。试通过测得的某时刻水箱中水位的数据,估计在任意时刻 t(包括水泵灌水期间)流出水箱的流量 $f(t)$。

下面给出原始水位数据：

时间/s	水位·10^2/E	时间/s	水位·10^2/E
0	3 175	44 636	3 350
3 316	3 110	49 953	3 260
6 635	3 054	53 936	3 167
10 619	2 994	57 254	3 087
13 937	2 947	60 574	3 012
17 921	2 892	64 554	2 927
21 240	2 850	68 535	2 842
25 223	2 795	71 854	2 767
28 543	2 752	75 021	2 697
32 284	2 697	79 254	泵水
35 932	泵水	82 649	泵水
39 332	泵水	85 968	3 475
39 435	3 550	89 953	3 397
43 318	3 445	93 270	3 340

其中长度单位为 E(1 E=30.24 cm),水箱为圆柱体,其直径为 57 E。

假设：

(1) 影响水箱流量的唯一因素是该区公众对水的普通需要；

(2) 水泵的灌水速度为常数；

(3) 从水箱中流出水的最大流速小于水泵的灌水速度；

(4) 每天的用水量分布都是相似的；

(5) 水箱的流水速度可用光滑曲线来近似；

(6) 当水箱的水容量达到 514×10^3 g 时,开始泵水;达到 677.6×10^3 g 时,便停止泵水。

第 10 章
对策论与排队论方法

10.1 对策论

10.1.1 对策论概述

对策论又称为博弈论,它是研究具有对抗、竞争问题的数学理论和方法。在人类的活动中,这种对抗、竞争的场合是常见的。例如日常生活中的下棋、打扑克等;经济活动中,各国之间、企业之间的谈判、竞争等;战争中的敌我双方的较量;等等。

对策论的思想古已有之,如我国战国时期的"齐王与田忌赛马"就是一个典型的例子。最早利用数学方法来研究对策论的是数学家 E. Zermelo,他于 1912 年发表了论文《关于集合论在象棋对策中的应用》。1921 年法国数学家 E. Borel 讨论了几种对策现象,引入了"最优策略"的概念,证明了对于这些对策现象存在最优策略。1928 年,德国数学家 J. von Neumann 证明了上述结果。1944 年,J. von Neumann 和 O. Morgenstern 总结了前人关于对策论的研究成果,合著了《对策论与经济行为》一书,使得对策论的研究开始系统化和公理化,并具有了深刻的经济背景,标志着对策论的初步形成。1950 年,John Nash 提出了"纳什均衡"的概念,证明了纳什定理。1965 年,R. Selten 提出了用"子博弈完美纳什均衡"对纳什均衡作完美化精炼的思想。1967 年,J. Harsanyi 提出了不完全信息对策理论。1994 年,在对策论研究中作出突出贡献的 Nash、Harsanyi 和 Selten 获得诺贝尔经济学奖。近些年来,对策论的发展很快,应用也更加广泛。因此,学习对策论对管理工作者具有重要的意义。

1. 对策问题的三个要素

现实生活中的对策现象是很多的,但不管是什么形式的对策现象,它们的共同特点都包含下列三个内容,称为对策问题的三个要素。

① 局中人:参加对策的每一方。局中人可以是一个人,也可以是集体。在多人对策中,利益一致的伙伴关系被视为一个局中人。对策论中,对局中人有一个重要假设:每个局中人都是理智的,即对每一个局中人来说,不能存在侥幸心理,不存在希望其他局中人决策的失误来扩大自身利益的思想。我们用符号 $I=\{1,2,\cdots,n\}$ 表示局中人集合。

② 策略:局中人在对策中为争取尽量好的结果而选择的一个可行的完整的行动方案。每个局中人的策略全体称为他的策略集合。局中人 i 的策略集合用 S_i 表示。一般,每一局中人的策略集中至少应包含两个策略。如果每个局中人的策略集为有限集合,则称该对策为有限对策;否则,称为无限对策。

③ 收益(赢得)函数:一局对策所得结果的数量表示。

在一局对策中,各局中人选定的策略构成的一个策略组称为局势,用 S 表示。若在一局

对策中局中人 i 的策略为 α_i，则 n 个局中人的策略构成一个局势 $S=(\alpha_1,\alpha_2,\cdots,\alpha_n)$。局势决定本局对策的结果(收益)。显然，一旦局势确定后，各局中人会各有得失，即各局中人的得或失是局势的函数，称为局中人的收益(赢得)函数。局中人 i 的收益函数记作 $H_i=H_i(S)$。

当局中人、策略集及收益函数确定后，一个对策模型就确定了，用 $\Gamma=(I,\{S_i\}_{i\in I},\{H_i\}_{i\in I})$ 表示。

2. 对策问题的分类

对策的种类很多，可以依据不同原则来进行分类。它主要可分为动态对策和静态对策两大类。在静态对策中，又可分为结盟对策和不结盟对策。结盟对策包括联合对策和不结盟合作对策，不结盟对策包括有限对策和无限对策。

在众多对策模型中，占有重要地位的是二人有限零和对策，也称为矩阵对策。这类对策具有如下特征：局中人只有两人，两个局中人都有有限个可供选择的策略，任一局势中两个局中人的得失之和为零。矩阵对策是到目前为止理论研究和求解方法都比较完善的一类对策，虽然比较简单，但其研究思路和理论是研究其他对策模型的基础。因此，本章主要介绍矩阵对策的基本理论和方法。

10.1.2 矩阵对策的基本理论

1. 矩阵对策的数学模型

例 10-1-1(猜硬币游戏)

甲、乙两人各抛掷一枚硬币，在落地以前，以手覆之。双方约定：若两枚都是正面或反面，则甲得 1 分，乙得 -1 分；若一个正面一个反面，则甲得 -1 分，乙得 1 分；最终得分最多者为胜。

解 显然，这是一个对策问题。其中，局中人为甲(1)、乙(2)，局中人集合为 $I=\{1,2\}$；局中人 1 的策略可能有 $\alpha_1=$(出正面)，$\alpha_2=$(出反面)，局中人 2 的策略可能有 $\beta_1=$(出正面)，$\beta_2=$(出反面)，故局中人 1、2 的策略集合分别为 $S_1=\{\alpha_1,\alpha_2\}$，$S_2=\{\beta_1,\beta_2\}$。

当局中人 1、2 分别从其策略集合中选择一个策略后，就得到一个局势，因此，局势集合为

$$S_1\times S_2=\{(\alpha_1,\beta_1),(\alpha_1,\beta_2),(\alpha_2,\beta_1),(\alpha_2,\beta_2)\}$$

由双方的约定可知，局中人 1、2 在各局势下的收益分别为

$$H_1(\alpha_1,\beta_1)=1,\quad H_1(\alpha_1,\beta_2)=-1,\quad H_1(\alpha_2,\beta_1)=-1,\quad H_1(\alpha_2,\beta_2)=1$$
$$H_2(\alpha_1,\beta_1)=-1,\quad H_2(\alpha_1,\beta_2)=1,\quad H_2(\alpha_2,\beta_1)=1,\quad H_2(\alpha_2,\beta_2)=-1$$

为简明起见，我们可以将局中人 1、2 的收益用矩阵来表示。

一般地，在矩阵对策中，有两个局中人 $I=\{1,2\}$，每个局中人的策略集合为有限集：$S_1=\{\alpha_1,\alpha_2,\cdots,\alpha_m\}$，$S_2=\{\beta_1,\beta_2,\cdots,\beta_n\}$，$m,n<+\infty$。两个局中人的收益函数 H_1、H_2 满足 $H_1+H_2=0$。显然，局势集合为 $S_1\times S_2=\{(\alpha_i,\beta_j)|i=1,2,3,\cdots,m,j=1,2,3,\cdots,n\}$，且 $|S_1\times S_2|=mn$。

设 $H_1(\alpha_i,\beta_j)=a_{ij}$，则由 $H_1+H_2=0$ 可知，$H_2(\alpha_i,\beta_j)=-a_{ij}$，$i=1,2,3,\cdots,m$，$j=1,2,3,\cdots,n$。局中人 1 的收益矩阵为 $A=(a_{ij})_{m\times n}$，其中 $a_{ij}=H_1(\alpha_i,\beta_j)$，$i=1,2,3,\cdots,m$，$j=1,2,3,\cdots,n$。

由收益矩阵的定义知，A 的第 i 行各元素分别为局中人 1 出策略 α_i，局中人 2 出策略 β_1，

$\beta_2,\cdots,\beta_n$ 时对应的局势下局中人 1 的收益;A 的第 j 列各元素分别为局中人 2 出策略 β_j,局中人 1 出策略 $\alpha_1,\alpha_2,\cdots,\alpha_n$ 时对应的局势下局中人 2 的收益。

显然,给定矩阵对策,就可确定一个收益矩阵;反之,给定一个矩阵 $A=(a_{ij})_{m\times n}$,若令 $|S_1|=m,|S_2|=n,H_1(\alpha_i,\beta_j)=a_{ij},H_2(\alpha_i,\beta_j)=-a_{ij}$,则可确定一个矩阵对策。如此,矩阵对策和矩阵存在着一一对应关系,记作 $\Gamma=(S_1,S_2,A)$。

在矩阵对策中,A 为局中人 1 的收益矩阵(赢得矩阵),$-A$ 为局中人 2 的收益矩阵。

易见,猜硬币游戏即为一个矩阵对策 $\Gamma=(S_1,S_2,A)$,其中局中人集合为 $I=\{1,2\}$,局中人 1、2 的策略集合分别为 $S_1=\{\alpha_1,\alpha_2\}$,$S_2=\{\beta_1,\beta_2\}$,局中人 1、2 的收益矩阵分别为

$$A=\begin{bmatrix} 1 & -1 \\ -1 & 1 \end{bmatrix}, \quad -A=\begin{bmatrix} -1 & 1 \\ 1 & -1 \end{bmatrix}$$

例 10 - 1 - 2(齐王与田忌赛马)　战国时期,齐王与大将田忌赛马,分别挑选出上、中、下三个等级的马各一匹进行比赛。齐王的马比同一等级的田忌的马强,而又比田忌的上一等级的马差。双方约定:每赛一局,胜者得千金。

解　易见,此对策问题为一个矩阵对策 $\Gamma=(S_1,S_2,A)$,其中,局中人为齐王(1)、田忌(2),局中人集合为 $I=\{1,2\}$;局中人 1 的策略共有 6 个:$\alpha_1=$(上,中,下),$\alpha_2=$(上,下,中),$\alpha_3=$(中,上,下),$\alpha_4=$(中,下,上),$\alpha_5=$(下,中,上),$\alpha_6=$(下,上,中);局中人 2 的策略也有 6 个:$\beta_1=$(上,中,下),$\beta_2=$(上,下,中),$\beta_3=$(中,上,下),$\beta_4=$(中,下,上),$\beta_5=$(下,中,上),$\beta_6=$(下,上,中)。局中人 1、2 的策略集合分别为 $S_1=\{\alpha_1,\alpha_2,\alpha_3,\alpha_4,\alpha_5,\alpha_6\}$,$S_2=\{\beta_1,\beta_2,\beta_3,\beta_4,\beta_5,\beta_6\}$。齐王的收益矩阵为

$$A=\begin{bmatrix} 3 & 1 & 1 & 1 & 1 & -1 \\ 1 & 3 & 1 & 1 & -1 & 1 \\ 1 & -1 & 3 & 1 & 1 & 1 \\ -1 & 1 & 1 & 3 & 1 & 1 \\ 1 & 1 & -1 & 1 & 3 & 1 \\ 1 & 1 & 1 & -1 & 1 & 3 \end{bmatrix}$$

2. 最优纯策略

当矩阵对策模型确定后,各局中人首先要考虑的问题是:应该选择什么样的策略最好。下面通过举例来说明最优纯策略的概念和求解思路。

给定矩阵对策 $\Gamma=(S_1,S_2,A)$,其中 $S_1=\{\alpha_1,\alpha_2,\alpha_3\}$,$S_2=\{\beta_1,\beta_2,\beta_3\}$,$A=\begin{bmatrix} -1 & 3 & -2 \\ 4 & 3 & 2 \\ 6 & 1 & -8 \end{bmatrix}$,从收益矩阵 A 可见,局中人 1 的最大收益为 6,故"聪明的"局中人 1 为获得此收益,应出策略 α_3;但"聪明的"局中人 2 虑及局中人 1 的此种心理,会出策略 β_3,致使局中人 1 在局势 (α_3,β_3) 下,获得收益 -8;同样,局中人 1 也会虑及局中人 2 的上述心理而出策略 α_2,获得收益 2;同样,局中人 2 也会虑及局中人 1 的上述心理而出策略 β_3,获得收益 -2(局中人 1 的收益为 2)。

在上述"角逐"中,最终局中人 1、2 在局势 (α_2,β_3) 下分别获得了最大收益 $H_1(\alpha_2,\beta_3)=a_{23}=2$,$H_2(\alpha_2,\beta_3)=-a_{23}=-2$。故局中人 1、2 的最优策略分别为 α_2、β_3。

显然,上述寻找局中人的最优策略的"角逐"方法未免过于烦琐,那么是否有其他方法呢?

答案是肯定的。可以利用决策论之求解不确定性决策问题的悲观主义原则:选取最小收益中的最大者对应的策略为自己的最优策略。

先利用悲观主义原则来求局中人 1 的最优策略:

由 $\max\{\min\{-1,3,-2\},\min\{4,3,2\},\min\{6,1,-8\}\}=\max\{-2,2,-8\}=2=a_{23}$ 知,局中人 1 的最优策略为 α_2,最优收益为 $H_1(\alpha_2,\beta_3)=a_{23}=2$。

再利用悲观主义原则来求局中人 2 的最优策略:

由局中人 1 的收益矩阵 $\boldsymbol{A}$ 知,局中人 2 的收益矩阵为

$$-\boldsymbol{A}=\begin{bmatrix} 1 & -3 & 2 \\ -4 & -3 & -2 \\ -6 & -1 & 8 \end{bmatrix}$$

由 $\max\{\min\{1,-4,-6\},\min\{-3,-3,-1\},\min\{2,-2,8\}\}=\max\{-6,-3,-2\}=-2$ 知,局中人 2 的最优策略为 β_3,最优收益为 $H_2(\alpha_2,\beta_3)=-a_{23}=-2$。

事实上,亦可直接由局中人 1 的收益矩阵 $\boldsymbol{A}$ 来求局中人 2 的最优策略:

由 $\min\{\max\{-1,4,6\},\max\{3,3,1\},\max\{-2,2,-8\}\}=\min\{6,3,2\}=2=a_{23}$ 知,局中人 2 的最优策略为 β_3,最优收益为 $H_2(\alpha_2,\beta_3)=-a_{23}=-2$。

如此,在局势 (α_2,β_3) 下,局中人 1 获得最优收益 2,局中人 2 获得最优收益 -2,局中人 1 的最优策略为 α_2,局中人 2 的最优策略为 β_3,且 $\max\limits_i\min\limits_j\{a_{ij}\}=\min\limits_j\max\limits_i\{a_{ij}\}=a_{23}$。

非常巧,当分别利用悲观主义原则求得的局中人 1、2 的最优收益在某一个局势下达到一致时,即得局中人 1、2 的最优策略,而此最优策略竟然与利用"角逐"式方法达到的最优策略是相同的。这里,道理在于:当两个局中人的最优收益在悲观主义原则下的同一个局势下达到一致时,即分别得到最优策略。

显然,a_{23} 作为局中人 1 的最优收益,满足 $a_{i3}\leqslant a_{23}\leqslant a_{2j}(i=1,2,3;j=1,2,3)$,且

$$\max\limits_i\min\limits_j\{a_{ij}\}=\min\limits_j\max\limits_i\{a_{ij}\}=a_{23}$$

定义 10-1-1　设矩阵对策 $\varGamma=(S_1,S_2,\boldsymbol{A})$,若存在局势 $(\alpha_{i^*},\beta_{j^*})\in S_1\times S_2$,使得对于任意的 $i=1,2,\cdots,m,j=1,2,\cdots,n$,都有 $a_{ij^*}\leqslant a_{i^*j^*}\leqslant a_{i^*j}$,则称 $(\alpha_{i^*},\beta_{j^*})$ 为 $\varGamma$ 的策略解(鞍点),称 α_{i^*}、β_{j^*} 分别为局中人 1、2 的最优纯策略,称 $a_{i^*j^*}$ 为 $\varGamma$ 的值,记作 $v(\varGamma)=a_{i^*j^*}$。

定理 10-1-1　矩阵对策 $\varGamma=(S_1,S_2,\boldsymbol{A})$ 存在纯策略解的充要条件是

$$\max\limits_i\min\limits_j\{a_{ij}\}=\min\limits_j\max\limits_i\{a_{ij}\}$$

注:一个直观的解释:若两个局中人无侥幸心理,仅虑及对方会设法使自己的收益最小,则应当选取最小收益中的最大者对应的策略为自己的最优策略(悲观主义原则)。当两个局中人 1、2 分别利用悲观主义原则找到自己的最优策略 $\max\limits_i\min\limits_j\{a_{ij}\}$,$\max\limits_j\min\limits_i\{-a_{ij}\}=\min\limits_j\max\limits_i\{a_{ij}\}$ 时,若 $\max\limits_i\min\limits_j\{a_{ij}\}=\min\limits_j\max\limits_i\{a_{ij}\}=a_{i^*j^*}$,则 $(\alpha_{i^*},\beta_{j^*})$ 即为矩阵对策 $\varGamma=(S_1,S_2,\boldsymbol{A})$ 的策略解。

推论　若矩阵对策 $\varGamma=(S_1,S_2,\boldsymbol{A})$ 中,$\max\limits_i\min\limits_j\{a_{ij}\}=\min\limits_j\max\limits_i\{a_{ij}\}=a_{i^*j^*}$,则 $(\alpha_{i^*},\beta_{j^*})$ 是 $\varGamma$ 的最优策略,α_{i^*}、β_{j^*} 分别为局中人 1、2 的最优策略,且 $v(\varGamma)=a_{i^*j^*}$。

例 10-1-3　求解矩阵对策 $\varGamma=(S_1,S_2,\boldsymbol{A})$,其中 $S_1=\{\alpha_1,\alpha_2,\alpha_3\}$,$S_2=\{\beta_1,\beta_2,\beta_3\}$,

$$\boldsymbol{A}=\begin{bmatrix} 4 & 1 & 2 \\ -3 & 0 & 4 \\ 3 & -1 & 0 \end{bmatrix}$$

解　因为

$$\max_i \min_j \{a_{ij}\} = \max\{\min_j\{a_{1j}\}, \min_j\{a_{2j}\}, \min_j\{a_{3j}\}\}$$

$$= \max\{\min\{4,1,2\}, \min\{-3,0,4\}, \min\{3,-1,0\}\} = \max\{1,-3,-1\} = 1$$

$$\min_j \max_i \{a_{ij}\} = \min\{\max_i\{a_{i1}\}, \max_i\{a_{i2}\}, \max_i\{a_{i2}\}\}$$

$$= \min\{\max\{4,-3,3\}, \max\{1,0,-1\}, \max\{2,4,0\}\} = \min\{4,1,4\} = 1$$

$$\max_i \min_j \{a_{ij}\} = \min_j \max_i \{a_{ij}\} = 1 = a_{12}$$

所以，Γ 的策略解为 (α_1, β_2)，局中人 1、2 的最优纯策略分别为 α_1、β_2，且 $v(\Gamma) = 1$。

例 10 - 1 - 4　求解矩阵对策 $\Gamma = (S_1, S_2, \boldsymbol{A})$，其中 $S_1 = \{\alpha_1, \alpha_2, \alpha_3, \alpha_4\}$，$S_2 = \{\beta_1, \beta_2, \beta_3, $

$\beta_4\}$，$\boldsymbol{A} = \begin{bmatrix} 6 & 5 & 6 & 5 \\ 1 & 4 & 2 & -1 \\ 8 & 5 & 7 & 5 \\ 0 & 2 & 6 & 2 \end{bmatrix}$。

解　易求得 (α_1, β_2)，(α_1, β_4)，(α_3, β_2)，(α_3, β_4) 都是 Γ 的策略解，且 $v(\Gamma) = 5$。

注：矩阵对策的最优策略可能不唯一，但值是相等的。

例 10 - 1 - 5　两个小孩玩"剪子、包袱、锤"游戏，剪子可裁包袱，包袱可包锤，锤可砸剪子。双方约定：胜者得 1 分，输者失 1 分，平局时各得 0 分。问：此对策问题有无最优策略？

易见，此对策问题为一个矩阵对策 $\Gamma = (S_1, S_2, \boldsymbol{A})$，其中 $S_1 = S_2 = \{$剪子，包袱，锤$\}$，

$\boldsymbol{A} = \begin{bmatrix} 0 & 1 & -1 \\ -1 & 0 & 1 \\ 1 & -1 & 0 \end{bmatrix}$。

解　因为

$$\max_i \min_j \{a_{ij}\} = \max\{\min\{0,1,-1\}, \min\{-1,0,1\}, \min\{1,-1,0\}\}$$

$$= \max\{-1,-1,-1\} = -1$$

$$\min_j \max_i \{a_{ij}\} = \min\{\max\{0,-1,1\}, \max\{1,0,-1\}, \max\{-1,1,0\}\} = \min\{1,1,1\} = 1$$

$$\max_i \min_j \{a_{ij}\} \neq \min_j \max_i \{a_{ij}\}$$

所以，Γ 无策略解，当然也无最优策略。

注：本题目中由计算得到的结果与我们的生活常识（没有最优策略，只能随机出手）是一致的，同时表明并非所有矩阵对策都有最优策略。

例 10 - 1 - 6　某病人可能患有 β_1、β_2、β_3 三种疾病，医生可开的药有 α_1、α_2 两种。两种药物对不同疾病的治愈率如下：

	β_1	β_2	β_3
α_1	0.5	0.4	0.6
α_2	0.7	0.1	0.8

问医生应开哪种药最为稳妥？

解　此为一个对策问题，其中局中人分别为医生（1），病人（2），局中人集合为 $I = \{1,2\}$，局中人 1、2 的策略集合分别为 $S_1 = \{\alpha_1, \alpha_2\}$，$S_2 = \{\beta_1, \beta_2, \beta_3\}$，收益矩阵为 $\boldsymbol{A} =$

$\begin{bmatrix} 0.5 & 0.4 & 0.6 \\ 0.7 & 0.1 & 0.8 \end{bmatrix}$。于是,得矩阵对策 $\Gamma = (S_1, S_2, \boldsymbol{A})$。因为

$$\max_i \min_j \{a_{ij}\} = \max\{\min\{0.5, 0.6, 0.4\}, \min\{0.7, 0.1, 0.8\}\} = \max\{0.4, 0.1\} = 0.4$$

$$\min_j \max_i \{a_{ij}\} = \min\{\max\{0.5, 0.7\}, \max\{0.4, 0.1\}, \max\{0.6, 0.8\}\}$$
$$= \min\{0.5, 0.4, 0.8\} = 0.4$$

$$\max_i \min_j \{a_{ij}\} = \min_j \max_i \{a_{ij}\} = 0.4 = a_{12}$$

所以,Γ 的策略解为 (α_1, β_2),局中人 1 的最优策略为 α_1。故医生给病人开药 α_1 最为稳妥。

注:本题目中由计算得到的结果与我们的生活常识("悲观主义",劣中选优)是一致的。

3. 矩阵对策的混合策略与混合扩充

我们发现,并不是所有的矩阵对策问题都存在最优策略。在这种情况下,矩阵对策中的局中人应怎样选择自己的最优策略呢?一个很自然的想法是:每个局中人都以某种概率分布来选择其各个策略。

我们把每个局中人以一定的概率选取纯策略来参加的对策称为混合策略。

对于矩阵对策 $\Gamma = (S_1, S_2, \boldsymbol{A})$,局中人 1 的混合策略集合为

$$S_1^* = \left\{ X = (x_1, x_2, \cdots, x_m) \,\middle|\, \sum_{i=1}^m x_i = 1, x_i \geqslant 0, i = 1, 2, \cdots, m \right\}$$

局中人 2 的混合策略集合为

$$S_2^* = \left\{ Y = (y_1, y_2, \cdots, y_m) \,\middle|\, \sum_{j=1}^n y_j = 1, y_j \geqslant 0, j = 1, 2, \cdots, n \right\}$$

在混合局势 (X, Y) 下,局中人 1 的收益函数为 $E(X, Y) = \sum_{i=1}^m \sum_{j=1}^n a_{ij} x_i y_j$,局中人 2 的收益函数为 $-E(X, Y)$。

给定一个矩阵对策 $\Gamma = (S_1, S_2, \boldsymbol{A})$,称 $\Gamma^* = (S_1^*, S_2^*, E)$ 为 Γ 的混合扩充。

矩阵对策 $\Gamma = (S_1, S_2, \boldsymbol{A})$ 的混合扩充为 $\Gamma^* = (S_1^*, S_2^*, E)$,如果存在一个混合局势 (X^*, Y^*),使得

$$\max_{X \in S_1^*} \min_{y \in S_2^*} E(XY) = \min_{y \in S_2^*} \max_{X \in S_1^*} E(XY) = E(X^*, Y^*)$$

成立,则称 (X^*, Y^*) 是 Γ^* 的一个混合策略解,X^*、Y^* 分别为局中人 1、2 的最优混合策略,$E(X^*, Y^*)$ 为 Γ^* 的值,记作 $V(\Gamma^*) = E(X^*, Y^*)$。

下面不加证明介绍一个对策的基本定理。

定理 10-1-2 任何一个矩阵对策在它的混合扩充中一定存在混合策略解。

下面介绍利用简化矩阵对策的收益矩阵的特殊方法求混合策略解。

设矩阵对策的收益矩阵是

$$\begin{bmatrix} 1 & -2 & 0 \\ 0 & 1 & -1 \\ 2 & -1 & 1 \end{bmatrix}$$

如果决策双方都很理智的话,那么在选取对策时总是选对自己有利的策略,明显对自己不利的策略肯定不会选。容易看出,局中人 1 的第三个策略肯定比第一个好,这是因为不论局中

人 2 选择什么策略,局中人 1 的第三个策略的收益总比第一个策略的收益大,因而可以将矩阵的第一行去掉,得到

$$\begin{bmatrix} 0 & 1 & -1 \\ 2 & -1 & 1 \end{bmatrix}$$

同理,对于局中人 2 来说,第三个策略肯定比第一个好,因而可以将上面这个矩阵的第一列去掉,得到

$$\begin{bmatrix} 1 & -1 \\ -1 & 1 \end{bmatrix}$$

容易验证它的最优策略解是 $x^* = \left(\dfrac{1}{2}, \dfrac{1}{2}\right)$, $y^* = \left(\dfrac{1}{2}, \dfrac{1}{2}\right)$。再回到原来的矩阵对策,其最优策略解是 $x^* = \left(0, \dfrac{1}{2}, \dfrac{1}{2}\right)$, $y^* = \left(0, \dfrac{1}{2}, \dfrac{1}{2}\right)$, $V = 0$。

对于最简单的二人对策,且局中人每人只有两个纯策略时,矩阵对策的解可以运用上面的特殊解法。当处理一般矩阵对策问题时,可以应用更具一般性的线性规划求解方法。

10.2　排队论

排队是日常生活中常见的现象,如顾客到商店购买物品,用户到银行办理业务,旅客到售票处购买车票,学生去食堂就餐,等等,可以说排队现象不可避免。

出现了排队现象,如果增添服务设备,就要增加投资,然后可能会发生设备空闲导致浪费;如果服务设备太少,排队现象就会严重,给顾客会带来不良影响。因此,就要考虑如何在两者之间取得平衡,恰当地解决顾客排队时间长与设备费用大小这对矛盾,既保证一定的服务质量指标,又使设备费用经济合理。排队论(Queuing Theory)就是为解决这类问题而发展起来的一门学科,它是在研究各种排队系统概率规律性的基础上,解决相应排队系统的最优设计和最优控制问题。由于顾客到达和需要服务的时间具有随机性,所以也称此理论为随机服务系统理论(Random Service System Theory)。

10.2.1　基本概念

1. 排队系统的表示

排队论的研究对象是平稳状态时的排队系统。一般的排队系统可以用图 10-2-1 来加以描述。

图 10-2-1　排队系统

排队过程如图 10-2-1 所示,顾客源(总体)出发,到达服务机构(服务台、服务员)排队等

候接受服务,服务完了后就离去。

排队规则和服务规则:顾客在排队系统中按怎样的规则、次序接受服务。"顾客""服务员"是广义的,可以是人,也可以是非生物。

队列可以是具体的排列,也可以是无形的。

顾客可走向服务机构,也可以相反(送货上门),表 10 - 2 - 1 是几种排队的例子。

表 10 - 2 - 1 几种排队的例子

到达的顾客	要求服务的内容	服务机构
1. 不能运转的机器	修理	修理工
2. 病人	诊断或手术	医生
3. 电话呼唤	通话	交换台
4. 到达机场上空的飞机	降落	跑道

2. 排队系统的组成和特征

一个排队系统由输入、排队规则、服务规则、排队结构、服务机构和输出构成。

(1) 输 入

输入指顾客到达排队系统。

① 顾客总体的组成是有限的,如停机维修的机器;也可能是无限的,如上游河水流入水库。当顾客总体所包含的元素数量充分大时,就可以把顾客总体有限的情况近似看成是顾客总体无限的情况来处理。

② 顾客到来的方式可能是一个一个的,也可能是成批的。例如到餐厅就餐的顾客,有单个到来,也有成批到来参加宴会的。在排队系统中,总是假设在同一时间只能有一个顾客到达,同时到达的一批顾客只能看成是一个顾客。

③ 顾客相继到达的间隔时间可以是确定的,也可以是随机的。例如自动装配线上装配的部件按确定的时间间隔到达装配点;定期的班车、轮班、航班也是;但到商厦购物的客人、到医院看病的病人、通过路口的车辆,到达是随机的。对于随机的情形,我们必须了解单位时间的顾客到达数或相继到达的时间间隔的概率分布。

④ 顾客到达可以是相互独立的,即以前到达的情况对以后顾客的到来没有影响,也可以是关联的。在此只讨论独立的情形。

⑤ 输入过程可以是平稳的(即描述相继到达的间隔时间分布和所含参数(期望值,方差)与时间无关),否则是非平稳的。

(2) 排队规则和服务规则

排队规则有损失制、等待制和混合制三种。

① 损失制:是指如果顾客到达排队系统时,所有服务台都已被先来的顾客占用,那么他们就自动离开系统永不再来。典型例子是,如电话拨号后出现忙音,顾客不愿等待而自动挂断电话,如要再打,就需重新拨号,这种服务规则即为损失制。

② 等待制:是指当顾客来到系统时,所有服务台都不空,顾客加入排队行列等待服务。例如,排队等待售票,故障设备等待维修等。等待制中,服务台在选择顾客进行服务时,常有如下四种规则:

• 先到先服务。按顾客到达的先后顺序对顾客进行服务,这是最普遍的情形。

- 后到先服务。仓库中放的钢材,后放上去的都先被领走,就属于这种情况。
- 随机服务。即当服务台空闲时,不按照排队序列而随意指定某个顾客去接受服务,如电话交换台接通呼叫电话就是一例。
- 优先权服务。到达的顾客按照重要性进行分类,优先对重要性级别高的顾客服务,在级别相同的顾客中按到达先后次序排队。如老人、儿童先进车站;危重病员先就诊;遇到重要数据需要处理,计算机立即中断其他数据的处理等,均属于此种服务规则。

③ 混合制:是等待制与损失制相结合的一种服务规则,一般是指允许排队,但又不允许队列无限长。具体来说,大致有三种:

- 队长有限。当排队等待服务的顾客人数超过规定数量时,后来的顾客就自动离去,另求服务,即系统的等待空间是有限的。例如,最多只能容纳 K 个顾客在系统中,当新顾客到达时,若系统中的顾客数(又称为队长)小于 K,则可进入系统排队或接受服务;否则,便离开系统,并不再回来。如水库的库容是有限的,旅馆的床位是有限的一样。
- 等待时间有限。即顾客在系统中的等待时间不超过某一给定的长度 T,当等待时间超过 T 时,顾客将自动离去,并且不再回来。如易损坏的电子元器件的库存问题,超过一定存储时间的元器件被自动认为失效。又如顾客到饭馆就餐,等了一定时间后不愿再等而自动离去另找饭店用餐。
- 逗留时间(等待时间与服务时间之和)有限。例如用高射炮射击敌机,当敌机飞越高射炮射击有效区域的时间为 t 时,若在这个时间内未被击落,也就不可能再被击落了。

不难注意到,损失制和等待制可看成是混合制的特殊情形,如果记 s 为系统中服务台的个数,则当 $K=s$ 时,混合制即成为损失制;当 $K=\infty$ 时,混合制即成为等待制。

(3) 排队结构和服务机构

排队结构:从占有空间看,有的队列是具体的,有的是抽象的。有的系统要规定容量的最大限制,有的则认为容量可以是无限的。从队列的数目看,可以是单列,也可以是多列。

服务机构:指服务设施的个数、排列形式及服务方式。按服务设施的个数,有一个或多个;按排列的形式,有串联和并联之分;按服务方式,有单独顾客、成批顾客(公共汽车对站台上的顾客成批服务)。

服务时间:确定型、随机型。

服务时间的分布:平稳的,即分布的期望、方差不受时间的影响。

(4) 输　　出

输出是指顾客从得到服务到离开服务系统的情况,由于一结束服务顾客即刻离开服务系统,所以输出是通过服务时间来加以描述的。

3. 排队模型的描述符号与分类

为了区别各种排队系统,根据输入过程、排队规则和服务机制的变化对排队模型进行描述或分类,因此可给出很多排队模型。为了方便对众多模型的描述,1971 年在关于排队论符号的标准化会议上扩充了 1953 年肯道尔(D. G. Kendall)提出的 $X/Y/Z$ 模型,成为目前在排队论中被广泛采用的"Kendall 记号"。完整的表达方式通常用到 6 个符号并取如下固定格式:

$$X/Y/Z/A/B/C$$

各符号的意义如下:

X——顾客相继到达间隔时间的分布,常用下列符号:

- M　　到达过程为泊松过程或负指数分布；
- D　　确定型，表示定长输入；
- E_k　　k 阶 Erlang 分布；
- G　　一般服务时间的分布；
- GI　　一般相互独立的时间间隔的分布。

Y——服务时间分布，所用符号与表示顾客到达间隔时间分布相同。

Z——服务台(员)个数。"1"表示单个服务台，$s(s>1)$ 表示多个服务台。

A——系统中顾客容量限额，或称等待空间容量。如系统有 K 个等待位子，则 $0<K<\infty$。当 $K=0$ 时，说明系统不允许等待，即为损失制；当 $K=\infty$ 时，为等待制系统，此时 ∞ 一般省略不写；当 K 为有限整数时，为混合制系统。

B——顾客源限额，分有限与无限两种。∞ 表示顾客源无限，一般 ∞ 也可省略不写。

C——服务规则，常用下列符号：

- FCFS　先到先服务的排队规则；
- LCFS　后到先服务的排队规则；
- PR　优先权服务的排队规则。

例如：某排队问题为 $M/M/S/\infty/\infty/FCFS$，表示顾客到达间隔时间为负指数分布(泊松流)，服务时间为负指数分布，有 $s(s>1)$ 个服务台，系统等待空间容量无限(等待制)，顾客源无限，因此采用先到先服务规则。

某些情况下，排队问题仅用上述表达形式中的前 3 个、4 个、5 个符号。如果不特别说明，则均理解为系统等待空间容量无限；顾客源无限，先到先服务，单个服务的等待制系统。

4. 排队问题的求解

一个特定的模型可能会有多种假设，同时也需要通过多种数量指标来加以描述。由于受所处环境的影响，我们只需要选择那些起关键作用的指标作为模型求解的对象。环境不同，选择的指标也会不同，例如，我们有时关心的是顾客平均等待的时间，有时关心的是服务台的利用率。

尽管人们希望得到关于系统行为的详细信息，但研究中所能够给出的一切结果都只能是一个稳定指标。稳定指标并不意味着系统以某种固定的方式有规律地运转，它们所提供的仅仅是这个系统经历长期运转所反映出的数学期望值。

① 系统中顾客数量为 n 的概率 P_n　　无论什么样的排队模型，都以 P_n 代表稳定状态下系统中包含 n 个顾客的概率，n 的取值可以从 0 一直到系统容量 N。

② 系统中顾客数量期望值(即系统状态 L_S)

系统中顾客数量既包括正在接受服务的顾客，也包括排队等待的顾客。

③ 队列中顾客数量期望值(即队长 L_q)　　系统中等待服务的顾客数量，它等于系统状态减去正在接受服务的顾客数。

④ 顾客在系统中的平均逗留时间 W_S 和平均等待的时间 W_q　　顾客在系统中的平均逗留时间包括顾客平均接受服务的时间和顾客排队平均等待的时间 W_q。

若用 c 表示并联服务台的数量，那么 $p_c+p_{c+1}+p_{c+2}+\cdots$ 代表所有服务台均被占用的概率或顾客被迫排队的概率。被占用服务台的个数是一个与系统状态密切相关的随机变量，当 $n<c$ 时有 n 个服务台被占用，当 $n>c$ 时有 c 个服务台被占用。这也就是说，在全部的服务台被占满之前,n 个服务台被占用同系统中有 n 个顾客是等价的。

如果用 q_i 表示有 i 个顾客在队列中的概率,那么

$$q_0 = p_0 + p_1 + \cdots + p_c \tag{10.1}$$

$$q_i = p_{c+i} \quad (i > 0) \tag{10.2}$$

系统状态 L_S 是系统中顾客数量期望值,因此与系统顾客数量的概率分布 P_n 有如下关系:

$$L_S = \sum_i i \cdot p_i \tag{10.3}$$

用 B 表示被占用服务台数量的期望值,则

$$B = \sum_{i=0}^{c} i \cdot p_i + \sum_{i=c+1}^{+\infty} c \cdot p_i \tag{10.4}$$

L_q 是队长,代表队列中顾客数量的期望值,则

$$L_q = \sum_i i \cdot q_i \tag{10.5}$$

于是

$$L_S = L_q + B \tag{10.6}$$

即系统中顾客数量期望值等于队列中顾客数量期望值与被占用服务台数量的期望值之和。

如果用 $\dfrac{1}{\mu}$ 代表服务时间期望值,则有

$$W = W_q + \frac{1}{\mu} \tag{10.7}$$

用 U 代表服务台利用率期望值,由于各服务台的利用率不尽相同,所以 U 是所有服务台综合的利用率期望值。服务台利用率期望值应该等于被占用服务台数量的期望值与总服务台数之比,即

$$U = \frac{B}{c} \tag{10.8}$$

如果 $c=1$,则上式可简化为 $U=B=1-p_0$。

10.2.2　到达间隔时间的分布和服务时间的分布

1. 泊松流

定义 10-2-1　在一个排队系统中,设 $N(t)$ 表示在时间区间 $[t_1, t_2]$,$t = t_2 - t_1 > 0$ 内到达的顾客数 n,$N(t)$ 为一随机变量。若 $N(t)$ 服从泊松分布,即

$$P_n(t) = P\{N(t) = n\} = \frac{(\lambda t)^n}{n!} e^{-\lambda t} \quad (n = 0,1,2,\cdots)$$

则称该排队系统的输入为泊松流(也称最简单流)。

由泊松分布可知,$E(N(t)) = D(N(t)) = \lambda t$,其中 λt 表示 t 时间段内到达顾客的平均数,λ 代表单位时间里到达顾客的平均数,那么 $\dfrac{1}{\lambda}$ 自然代表平均的顾客到达时间间隔。

由于最简单流与实际顾客到达流的近似性,更是由于最简单流假设极大地简化了问题的分析与计算,因此排队论所研究的问题普遍是最简单流问题。

什么样的排队系统才是最简单流呢？我们可以通过以下三个标准来加以判断：

① 平稳性。平稳性是指在一定的时间间隔内，来到服务系统的顾客数量只与这段时间间隔的长短有关，而与这段时间间隔的起始时刻无关。

② 独立性。独立性是指顾客的到达率与系统的状态无关，无论系统中有多少顾客，顾客的到达率都不变。

③ 唯一性。唯一性是指在一个充分小的时间间隔里不可能有两个或两个以上的顾客到达，只能有一个顾客到达。

例 10 - 2 - 1　某天上午，10:30—11:47 每隔 20 秒记录一次到某长途汽车站的乘客数，共记录 230 个数据，整理后得到如表 10 - 2 - 2 所列的统计结果。

表 10 - 2 - 2　乘客分布数

乘客数	0	1	2	3	4
频　数	100	81	34	9	6

试用泊松过程描述此车站乘客的到达过程，并具体写出它的概率分布。

解　只要求出 λ 的值即可。

先求出 20 秒内到达的顾客平均数：

$$\hat{\lambda} = \frac{1}{230}(0 \times 100 + 1 \times 81 + 2 \times 34 + 3 \times 9 + 4 \times 67) \approx 0.87$$

每分钟平均到达的顾客数为

$$\lambda = 3 \times 0.87 = 2.61$$

因此概率分布为

$$P\{N(t)=k\} = \frac{(2.61t)^k}{k!} e^{-2.61t}$$

例 10 - 2 - 2　在某个交叉路口观察了 25 辆向北行驶的汽车到达路口的时刻，数据(开始观察时刻为 0，单位:秒)记录如下：

1	8	12	15	17	19	27	43	58	64	70	72	73
91	92	101	102	103	105	109	122	123	124	135	137	

试用泊松过程来描述该车流到达过程。

解　该车流是一个最简单流，因此汽车相继到达的时间间隔 $T_n(n=1,2,\cdots)$ 相互独立，服从同一分布，即负指数分布。现在估计负指数分布的参数 λ。汽车相继到达路口的时间间隔如下：

1	7	4	3	2	2	8	16	15	6	6	2	1
18	1	9	1	1	2	4	13	1	1	11	2	

它们的和为 137，故平均间隔 $\frac{1}{\lambda}$ 的估计值为

$$\frac{137}{25} = 5.48(秒)$$

从而，$\lambda = 0.1825(辆/秒)$

所以,服从如下分布的独立同分布随机变量族$\{T_n, n=1,2,\cdots\}$描述了该车流:

$$P\{N(t)=k\}=\frac{(0.182\,5t)^k}{k!}\mathrm{e}^{-0.182\,5t} \quad (k=0,1,2,\cdots)$$

2. 负指数分布

在概率论中学过,负指数分布具有如下的概率密度函数和分布函数:

$$f(t)=\begin{cases}\lambda\mathrm{e}^{-\lambda t}, & t\geqslant 0 \\ 0, & t<0\end{cases}, \quad F(t)=\begin{cases}1-\mathrm{e}^{-\lambda t}, & t\geqslant 0 \\ 0, & t<0\end{cases} \tag{10.9}$$

满足无记忆性

$$P(T>t+s\,|\,T>s)=P(T>s)$$

(1) 到达间隔时间 T 的分布

当输入过程是泊松流时,研究两顾客相继到达的间隔时间的概率分布。设 T 的分布函数为 $F_T(t)$,则

$$F_T(t)=P(T\leqslant t) \tag{10.10}$$

$P(T\leqslant t)$ 即为在 $[0,t]$ 区间内至少有一个顾客到达的概率。

由于 $P_0(t)=\mathrm{e}^{-\lambda t}$,所以

$$F_T(t)=P(T\leqslant t)=1-P_0(t)=1-\mathrm{e}^{-\lambda t}, \quad t>0 \tag{10.11}$$

概率密度为

$$f_T(t)=\frac{\mathrm{d}F_T(t)}{\mathrm{d}t}=\lambda\mathrm{e}^{-\lambda t}, \quad t>0 \tag{10.12}$$

即到达间隔时间 T 服从负指数分布。

它的期望和方差分别为 $E(T)=\dfrac{1}{\lambda}$,$D(T)=\dfrac{1}{\lambda^2}$。其中 $\dfrac{1}{\lambda}$ 表示顾客到达间隔时间的平均数。因此,如果顾客到达是泊松流,那么到达间隔时间必为负指数分布,两者是等价的。

(2) 服务时间 V 的分布

对一顾客的服务时间也就是在忙期相继离开系统的两顾客的间隔时间,一般地,也服从负指数分布。设它的分布函数和密度函数分别为

$$F_V(t)=1-\mathrm{e}^{-\mu t}, \quad f_V(t)=\mu\mathrm{e}^{-\mu t} \tag{10.13}$$

式中,μ 为单位时间能服务完的顾客数,称为平均服务率。$1/\mu=E[V]$,为顾客的平均服务时间;$\rho=\dfrac{\lambda}{\mu}$,为服务强度,即相同时间区间内到达的顾客平均数与能服务完的顾客平均数之比。

假设服务台对顾客的服务时间 t 服从负指数分布,即 $f(t)=\mu\mathrm{e}^{-\mu t}$,那么对于每一位顾客的平均服务时间为 $\dfrac{1}{\mu}$,而 μ 自然代表服务率。这一点可以通过如下式子加以证明:

$$E(t)=\int_0^{+\infty}tf(t)\mathrm{d}t=\int_0^{+\infty}t\mu\mathrm{e}^{-\mu t}\mathrm{d}t=-\int_0^{+\infty}t\mathrm{d}(\mathrm{e}^{-\mu t})$$

$$=-\frac{1}{\mu}\int_0^{+\infty}\mathrm{e}^{-\mu t}\mathrm{d}(-\mu t)=\frac{1}{\mu}$$

3. 爱尔朗(Erlang)分布

设 $v_1, v_2, \cdots, v_k$ 是 k 个相互独立的随机变量,服从相同参数 $k\mu$ 的负指数分布,令

$$T = v_1 + v_2 + \cdots + v_k$$

则 T 的概率密度为

$$bk(t) = \frac{\mu k (\mu k t)^{k-1}}{(k-1)!} \mathrm{e}^{-\mu k t}, \quad t > 0 \tag{10.14}$$

称 T 为服从 k 阶 Erlang 分布,且

$$E(T) = \frac{1}{\mu}, \quad D(T) = \frac{1}{k\mu^2}$$

当 $k=1$ 时,即为负指数分布。

例如:串列 k 个服务台,每台服务时间相互独立,服从相同的负指数分布,那么一位顾客走完 k 个服务台总共所需服务时间就服从上述 k 阶 Erlang 分布。

10.2.3 泊松排队系统的分析

定义 10-2-2 一个排队系统,若其输入过程为泊松(Poisson)流,服务时间为负指数分布,则称其为泊松排队系统。下面我们主要介绍 $M/M/1$ 和 $M/M/c$ 系统的稳态分析内容。

1. $M/M/1/\infty/\infty$ 模型

$M/M/1/\infty/\infty$ 模型指:

① 输入过程:顾客源无限,顾客单个到来,相互独立,一定时间的到达数服从泊松分布,到达过程是平稳的。

② 排队规则:单队、队长无限制,先到先服务。

③ 服务机构:单服务台,各顾客的服务时间相互独立,服从相同的负指数分布。

到达间隔时间和服务时间相互独立。

设单位时间到达系统的顾客数为 λ,单位时间被服务完的顾客数为 μ。由于是单服务台,且顾客源无限,所以,系统在稳态的情况下状态转移图如图 $10-2-2$ 所示。

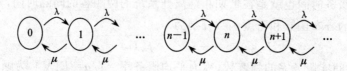

图 10-2-2 系统在稳态的情况下状态转移图

(1) 系统中顾客数量为 n 的状态概率 p_n

根据以上状态转移图,可以得出如下平衡方程:

$$\lambda p_0 = \mu p_1$$
$$\lambda p_{n-1} + \mu p_{n+1} = (\lambda + \mu) p_n \quad (n=1,2,3,\cdots)$$

联合求解得

$$p_1 = \frac{\lambda}{\mu} p_0$$

$$p_2 = \left(\frac{\lambda}{\mu}\right)^2 p_0$$

$$\vdots$$

$$p_n = \left(\frac{\lambda}{\mu}\right)^n p_0$$

设 $\rho = \dfrac{\lambda}{\mu} < 1$，有

$$p_1 = \rho p_0$$

$$p_2 = \rho^2 p_0$$

$$\vdots$$

$$p_n = \rho^n p_0$$

由 $\displaystyle\sum_{n=0}^{\infty} p_n = 1$，有

$$p_0 = 1 - \rho \tag{10.15}$$

$$p_n = (1 - \rho)\rho^n \quad (n \geqslant 1, \rho < 1) \tag{10.16}$$

（2）系统中顾客数量期望值，即系统状态 L_s

$$L_s = \sum_{n=0}^{\infty} n p_n = \sum_{n=1}^{\infty} n(1-\rho)\rho^n = \sum_{n=1}^{\infty} n\rho^n - \sum_{n=1}^{\infty} n\rho^{n+1}$$

$$= (\rho + 2\rho^2 + 3\rho^3 + \cdots) - (\rho^2 + 2\rho^3 + 3\rho^4 + \cdots)$$

$$= \rho + \rho^2 + \cdots = \frac{\rho}{1-\rho} \tag{10.17}$$

或

$$L_s = \frac{\rho}{1-\rho} = \frac{\dfrac{\lambda}{\mu}}{\lambda - \dfrac{\lambda}{\mu}} = \frac{\lambda}{\mu - \lambda} \tag{10.18}$$

（3）队列中顾客数量期望值，即队长 L_q

系统中等待服务的顾客数量，等于系统状态减去正在接受服务的顾客数。

由于是单服务台，所以当系统中有 1 位顾客时，队列中无人等待；有 2 位顾客时，有 1 人等待；有 3 位顾客时，有 2 人等待；……故有

$$L_q = \sum_{n=1}^{\infty} (n-1) p_n = \sum_{n=1}^{\infty} n p_n - \sum_{n=1}^{\infty} p_n$$

$$= L_s - \sum_{n=1}^{\infty} (1-\rho)\rho^n = L_s - (1-\rho)\sum_{n=1}^{\infty} \rho^n$$

$$= L_s - (1-\rho) \cdot \frac{\rho}{1-\rho} = L_s - \rho$$

$$= \frac{\rho}{1-\rho} - \rho = \frac{\rho^2}{1-\rho} = \frac{\rho\lambda}{\mu - \lambda} \tag{10.19}$$

（4）顾客在系统中的平均逗留时间 W_S

顾客在系统中的平均逗留时间，包括顾客平均接受服务的时间，也包括顾客排队平均等待时间 W_q。

顾客在系统中的逗留时间：

$$W_S = W_q + 服务时间$$

假设一位顾客进入系统时，发现他前面已有 n 位顾客，则他的平均等待时间 W_q 就是这 n 个顾客的平均服务时间的总和。

$$W_q = E\{进入系统的顾客等待时间\}$$

$$= \sum_{n=1}^{\infty} E\{进入系统的顾客等待时间 \mid X = n\} \cdot P\{X = n\}$$

$$= \sum_{n=1}^{\infty} (1-\rho)\rho^n \cdot \frac{n}{\mu} = \frac{\rho(1-\rho)}{\mu} \sum_{n=1}^{\infty} n\rho^{n-1}$$

$$= \frac{\rho(1-\rho)}{\mu} \Big(\sum_{n=0}^{\infty} \rho^n\Big)' = \frac{\rho(1-\rho)}{\mu} \Big(\frac{1}{1-\rho}\Big)'$$

$$= \frac{\rho(1-\rho)}{\mu} \frac{1}{(1-\rho)^2} = \frac{\rho}{\mu(1-\rho)} = \frac{\rho}{\mu - \lambda} = \frac{L_S}{\lambda}$$

$$W_S = W_q + \frac{1}{\mu} = \frac{\rho}{\mu(1-\rho)} + \frac{1}{\mu} = \frac{1}{\mu - \lambda}$$

综上所述，得到如下关系式：

$$L_S = \frac{\lambda}{\mu - \lambda} \tag{10.20}$$

$$L_q = \frac{\rho\lambda}{\mu - \lambda} \tag{10.21}$$

$$W_S = \frac{1}{\mu - \lambda} \tag{10.22}$$

$$W_q = \frac{\rho}{\mu - \lambda} \tag{10.23}$$

相互关系为

$$L_S = \lambda W_S \tag{10.24}$$

$$L_q = \lambda W_q \tag{10.25}$$

$$W_S = W_q + \frac{1}{\mu} \tag{10.26}$$

$$L_S = L_q + \frac{\lambda}{\mu} \tag{10.27}$$

式（10.24）～式（10.27）称为李特（Little）公式，在 $M/M/c$、$M/G/1$ 等排队模型中均成立。李特公式有非常直观的含义：若系统处于稳态，那么系统中的平均人数就等于顾客在系统中平均逗留时间乘以系统的平均到达率。试想有一个顾客刚刚到达系统并排队等候服务，当他开始接受服务时，留在系统中的顾客正好是他在系统中等待期间到达的；当接受服务离开系统时，系统中的顾客正好是他在系统中逗留期间到达的。因此，顾客数目应等于相应的时间长度乘以到达率。

例 10 - 2 - 3　某医院经统计,得到患者到达数服从参数为 2.1 的泊松分布,手术时间服从参数为 2.5 的负指数分布,求

① 在病房中的患者数(期望值);

② 排队等待的患者数(期望值);

③ 患者在病房中的逗留时间;

④ 患者排队等待时间。

解　① $L_s = \dfrac{\lambda}{\mu - \lambda} = \dfrac{2.1}{2.5 - 2.1} = 5.25(人)$

② $L_q = \dfrac{\rho\lambda}{\mu - \lambda} = \rho L_s = \dfrac{2.1}{2.5} \times 5.25 = 4.41(人)$

③ $W_s = \dfrac{1}{\mu - \lambda} = \dfrac{1}{2.5 - 2.1} = 2.5(小时)$

④ $W_q = \dfrac{\rho}{\mu - \lambda} = \dfrac{0.84}{2.5 - 2.1} = 2.1(小时)$

由于 $\rho = \dfrac{\lambda}{\mu} = \dfrac{2.1}{2.5} = 0.84$,说明服务机构有 84% 的时间是繁忙的(被利用的),有 16% 的时间是空闲的。

例 10 - 2 - 4　为估计某邮局服务系统的效能,现以 3 分钟为一个时段,统计了 100 个时段中,顾客到达的情况及对 100 位顾客的服务时间,有关数据如表 10 - 2 - 3 和表 10 - 2 - 4 所列。

表 10 - 2 - 3　人数与时段表

到达人数	0	1	2	3	4	5	6
时段数	14	27	27	18	9	4	1

表 10 - 2 - 4　服务时间与人数表

服务时间/秒	(0,12)	(12,24)	(24,36)	(36,48)	(48,60)	(60,72)	(72,84)
顾客人数	33	22	15	10	6	4	3
服务时间/秒	(84,96)	(96,108)	(108,120)	(120,150)	(150,180)	(180,200)	
顾客人数	2	1	1	1	1	1	

设此服务系统为 $M/M/1$ 排队模型,求系统有关的数量指标。

解　先求出每时段内到达顾客的平均数:

$$\frac{0 \times 14 + 1 \times 27 + 2 \times 27 + 3 \times 18 + 4 \times 9 + 5 \times 4 + 6 \times 1}{100} = 1.97$$

故顾客的平均到达率为

$$\lambda = \frac{1.97}{3} \approx 0.657(人/分钟)$$

再计算每位顾客所需的平均服务时间,采用表 10 - 2 - 4 中时间区间的中值进行计算,可得

$$\frac{1}{\mu} = \frac{1}{100}\left[6 \times 33 + 18 \times 22 + 30 \times 15 + 42 \times 10 + 54 \times 6 + \cdots\right]$$

$$= 31.72(秒)(相当于 0.53(分钟／人))$$

所以此排队系统的服务率为

$$\mu = 1.89(人／分钟)$$

于是,服务台服务强度为

$$\rho = \frac{\lambda}{\mu} = 0.348$$

系统的空闲系数为

$$P_0 = 1 - \rho = 0.652$$

顾客需要等待的概率为

$$D = 1 - P_0 = 0.348$$

系统中平均队伍长度和平均等待队伍长度分别为

$$L = \frac{\lambda}{\mu - \lambda} = 0.533(人)$$

$$L_q = \frac{\lambda^2}{\mu(\mu - \lambda)} = 0.186(人)$$

顾客平均逗留时间和平均等待时间分别为

$$W_S = \frac{1}{\mu - \lambda} = 0.811(分钟)$$

$$W_q = \frac{\lambda}{\mu(\mu - \lambda)} = 0.186(分钟)$$

服务台忙期的平均长度

$$W_S = 0.811(分钟)$$

例 10 - 2 - 5　设某医生的私人诊所平均每隔 20 分钟有一位病人前来就诊,医生给每位病人诊断的时间平均需要 15 分钟。现设它为一个 $M/M/1$ 排队模型。医生希望有足够的座位给来就诊的病人坐,使到达就诊的病人站着的概率不超过 0.01。试问至少应为病人准备多少个座位(包括医生诊时病人就座的一个座位)?

解　设 k 为需要的座位数,则到达的病人站着的概率为

$$P_k + P_{k+1} + \cdots \leqslant 0.01$$

于是,应要求

$$\sum_{j=0}^{k-1} P_j = (1 - \rho) \sum_{j=0}^{k-1} \rho_j = 1 - \rho^k \geqslant 0.99$$

即要求

$$\rho^k \leqslant 0.01$$
$$k \lg \rho \leqslant \lg 0.01 = -2$$

现在 $\frac{1}{\lambda} = 20, \frac{1}{\mu} = 15, \rho = \frac{15}{20} = 0.75, \lg 0.75 = -0.124\,9$,故 k 满足

$$k \geqslant \frac{2}{0.124\,9} \approx 16$$

即至少应为病人准备 16 个座位。

2. $M/M/c/\infty/\infty$ 模型

$M/M/c/\infty/\infty$ 模型指：

① 输入过程：顾客源无限，顾客单个到来，相互独立，一定时间的到达数服从泊松分布，到达过程是平稳的。

② 排队规则：单队、队长无限制，先到先服务。

③ 服务机构：多服务台，各服务台工作相互独立，各顾客的服务时间相互独立，服从相同的负指数分布。

到达间隔时间和服务时间相互独立。

该排队系统的示意图如图 10-2-3 所示。

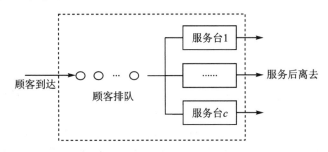

图 10-2-3 排除系统示意图

设单位时间到达系统的顾客数为 λ，每个服务台单位时间服务完的顾客数为 μ。由于顾客到达为泊松过程，且顾客源无限，因此，系统在各种状态的情况下，系统的顾客达到率等于 λ。由于是多台服务，系统的服务率与系统中的顾客数 n 以及服务台数有关：当 $n<c$ 时，系统服务率为 $n\mu$；当 $n\geqslant c$ 时，系统服务率为 $c\mu$。所以，系统在稳态的情况下，状态转移图如图 10-2-4 所示。

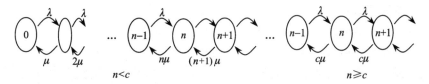

图 10-2-4 状态转移图

根据该状态转移图，有如下平衡方程：

$$\lambda P_0 = \mu P_1$$
$$\lambda P_{n-1} + (n+1)\mu P_{n+1} = n\mu P_n + \lambda P_n$$
$$\lambda P_{n-1} + c\mu P_{n+1} = (c\mu + \lambda)P_n$$

由上述方程可解得如下系统指标：

$$P_0 = \cfrac{1}{\sum_{n=0}^{c-1} \cfrac{(\lambda/\mu)^n}{n!} + \cfrac{(\lambda/\mu)^c}{c!} \cdot \cfrac{c\mu}{c\mu - \lambda}} \tag{10.28}$$

$$P_n = \begin{cases} \dfrac{(\lambda/\mu)^n}{n!} P_0, & n < c \\[3mm] \dfrac{(\lambda/\mu)^n}{c! \ c^{n-c}} P_0, & n \geqslant c \end{cases} \tag{10.29}$$

$$P_w = \frac{1}{c!} \left(\frac{\lambda}{\mu}\right)^c \left(\frac{c\mu}{c\mu - \lambda}\right) P_0 \tag{10.30}$$

$$L_q = \frac{(\lambda/\mu)^c \lambda\mu}{(c-1)! \ (c\mu - \lambda)^2} P_0 \tag{10.31}$$

$$L_s = L_q + \frac{\lambda}{\mu} \tag{10.32}$$

$$W_q = \frac{L_q}{\lambda} \tag{10.33}$$

$$W_s = W_q + \frac{1}{\mu} \tag{10.34}$$

例 10 - 2 - 6 某储蓄所只有一个工作台，服务的平均时间为 3.231 分钟，客人到达数服从参数为 2.22 的泊松分布。为提高服务水平，储蓄所决定增加一个服务台。所增加的服务台的工作效率与原工作台效率相同。为说明单队和多队的不同，这里采用两种方法计算。①顾客排成两队，并假定顾客一旦排好队，就不再换到另一个队列（如另设一个服务点）。②排成一个单一队列，即本模型所要求的排队规则。

解 ①此时系统的服务率未变，而到达率由于分流，只有原来的一半，即 $\lambda = \dfrac{2.22}{2} = 1.11$，这相当于将原系统变为两个独立系统。用 $M/M/1$ 模型的计算公式计算，结果如下：

系统中没有顾客的概率： $\qquad P_0 = 0.6565$

平均排队的顾客数： $\qquad L_q = 0.1798$（人）

系统中平均顾客数： $\qquad L_s = 0.5233$（人）

一位顾客平均排队时间： $\qquad W_q = 0.162$（10 分钟）

一位顾客平均逗留时间： $\qquad W_s = 0.4715$（10 分钟）

顾客到达系统必须等待排队的概率： $\qquad P_w = 0.3434$

系统中有 5 人及以上的概率： $\qquad 0.00048$

② 单队 2 台，用 $M/M/2$ 模型计算，此时系统的到达率仍然为 $\lambda = 2.22$，单台服务率为 $\mu = 3.231$。用 $M/M/2$ 模型的计算公式计算，结果如下：

系统中没有顾客的概率： $\qquad P_0 = 0.4886$

平均排队的顾客数： $\qquad L_q = 0.0919$（人）

系统中平均顾客数： $\qquad L_s = 0.779$（人）

一位顾客平均排队时间： $\qquad W_q = 0.0414$（10 分钟）

一位顾客平均逗留时间： $\qquad W_s = 0.3509$（10 分钟）

顾客到达系统必须等待排队的概率： $\qquad P_w = 0.1757$

从上述两计算结果可知，增加服务台，储蓄所的服务水平有了很大的提高。但两种计算方法的结果仍然有较大的区别。从中可以看出，$M/M/2$ 模型较 $M/M/1$ 模型的服务水平更高，即顾客在系统中排队等待的时间与逗留更少，顾客到达系统要等待的概率更小。这是因为，单队可使服务台利用率更高。

例 10-2-7　某超级市场,顾客从货架上挑选各类商品,出门前到柜台付款。现有两个收款柜台,若都不空闲,顾客就排成一队;否则,顾客可在任一个柜台付款。设此服务系统是 $M/M/2$ 排队模型。为了估计该系统的效能,在柜台前作了统计:以 2 分钟作为一个时段,依次记下各个时段里来的顾客数,并记下这些顾客在柜台付款所花费的时间。

① 在相继的 26 个时段里,依次来到柜台付款的顾客数:1,3,0,1,0,0,1,1,2,1,0,1,3,2,5,1,2,2,1,0,0,1,0,3,3,1。

② 付款时间(分:秒):4:35,3:02,5:27,4:33,2:35,1:45,0:15,3:45,0:15,4:20,2:39,4:51,5:45,0:23,2:30,3:26,1:48,1:16,1:24,4:17,3:07,1:40,5:53,2:31,3:28,0:54,0:38,6:55,1:33,6:20,0:59,2:03,1:29,5:24,3:50。

试估计该系统的效能。

解　由已知数据可知,每时段(2 分钟)平均到来顾客 $\dfrac{35}{26}=1.346$,从而,该泊松流的参数

$$\lambda = 0.673(人/分钟)$$

顾客的平均服务时间

$$\frac{1}{\mu} = \frac{105.58}{35} = 3.017(分钟)$$

于是,该负指数分布的参数

$$\mu = 0.331(人/分钟)$$

本问题为 $M/M/2$ 排队模型,所以

$$\rho = \frac{0.673}{2 \times 0.331} = 1.017 > 1$$

它表明这一系统运营一段时间后,系统中的顾客队伍长度会趋于无穷大。

为了使系统趋于稳定,现增设一个付款柜台,于是,问题成为 $M/M/3$ 排队模型,因此有

$$\rho = \frac{0.673}{3 \times 0.331} = 0.678$$

由式(10.28)和式(10.29)知:

$$P_0 = \cfrac{1}{1 + \cfrac{(1 \times 0.678)^1}{1!} + \cfrac{(2 \times 0.678)^2}{2!} + \cfrac{(3 \times 0.678)^3}{3!} \cdot \cfrac{1}{1 - 0.678}} = 0.106$$

$$P_1 = \frac{(3 \times 0.678)^1}{1!} \times 0.106 = 0.216$$

$$P_2 = \frac{(3 \times 0.678)^2}{2!} \times 0.106 = 0.219$$

$$P_3 = \frac{(3 \times 0.678)^3}{3!} \times 0.106 = 0.148$$

顾客到达系统后必须等待的概率

$$D = 1 - \sum_{j=0}^{2} P_j = 1 - 0.106 - 0.216 - 0.219 = 0.459$$

系统中顾客平均等待队长

$$L_q = \frac{0.678}{(1-0.678)^2} \times 0.148 = 0.968(人)$$

系统中顾客平均队长

$$L = L_q + S\rho = 0.968 + 3 \times 0.678 = 3.002(人)$$

顾客平均等待时间

$$W_q = \frac{L_q}{\lambda} = \frac{0.968}{0.673} = 1.438(分钟)$$

顾客平均逗留时间

$$W = W_q + \frac{1}{\mu} = 1.438 + 3.017 = 4.455(分钟)$$

柜台的利用率为 0.678,系统的空闲系数为 0.106。

3. $M/M/c/N/\infty$ 模型

$M/M/c/N/\infty$ 模型指:

模型符号中的 $N(\geqslant c)$ 表示系统容量有限制。当系统中顾客数 n 已达到 N(即排队等待的顾客数已达到 $N-c$)时,再来的顾客即被拒绝,因此,该模型是一种损失制排队模型。

设系统的顾客平均到达率为 λ,服务台的平均服务率为 μ。由于是损失制,因此不再要求 $\lambda < c\mu$。若令 $\rho = \frac{\lambda}{c\mu}$,系统的数量指标计算公式为

$$P_0 = \frac{1}{\sum\limits_{k=0}^{c} \dfrac{(c\rho)^k}{k!} + \dfrac{c^c}{c!} \cdot \dfrac{\rho(\rho^c - \rho^N)}{1-\rho}} \quad (\rho \neq 1)$$

$$P_n = \begin{cases} \dfrac{(c\rho)^n}{n!} P_0, & 0 \leqslant n \leqslant c \\[3mm] \dfrac{c^c}{c!} \rho^n P_0, & c \leqslant n \leqslant N \end{cases}$$

$$P_0 = \cdots = P_n = \frac{1}{N+1} \quad (\rho = 1)$$

$$L_q = \frac{P_0 \rho(c\rho)^c}{c! \ (1-\rho)^2} [1 - \rho^{N-c} - (N-c)\rho^{N-c}(1-\rho)]$$

$$L_S = L_q + c\rho(1-p_N)$$

$$W_q = \frac{L_q}{\lambda(1-p_N)}$$

$$W_S = W_q + \frac{1}{\mu}$$

当 $N=c$ 时,即顾客一看到服务台被占用了,随即离开不会排队等待。例如,街头的停车场、旅馆的客房等就是这种情况。由于损失制,因此不存在排队顾客的数目、排队时间等,而只需要给出系统里有几个顾客的概率以及在系统里的平均顾客数,即

$$P_n = \frac{(\lambda/\mu)^n / n!}{\sum\limits_{k=0}^{c} (\lambda/\mu)^k / k!} \quad (n \leqslant c)$$

$$L_S = \frac{\lambda}{\mu}(1 - P_c)$$

式中,P_c 为系统中正好有 c 个顾客的概率。

当 $c=1$ 时,模型为 $M/M/1/N/\infty$,有

$$\begin{cases} P_0 = \dfrac{1-\rho}{1-\rho^{N+1}} \\ P_n = \dfrac{1-\rho}{1-\rho^{N+1}}\rho^n \end{cases}$$

$$L_S = \frac{\rho}{1-\rho} - \frac{(N+1)\rho^{N+1}}{1-\rho^{N+1}}$$

$$L_q = L_S - \frac{\rho(1-\rho^N)}{1-\rho^{N+1}}$$

$$W_S = \frac{L_S}{\mu(1-P_0)}$$

$$W_q = W_S - \frac{1}{\mu}$$

例 10 - 2 - 8　单人理发馆有 6 把椅子接待人们排队等待理发。当 6 把椅子都坐满时,后到的顾客不进店就离开。顾客平均到达率为 3 人/小时,理发需要时间平均为 15 分钟。

① 求某顾客一到店就能理发的概率,此时相当于理发馆内无顾客;

② 求需要等待的顾客数的期望值;

③ 求有效到达率;

④ 求一顾客在理发馆内逗留的期望时间;

⑤ 在可能到来的顾客中,有百分之几的顾客不等待就离开?

解　$N=7$ 为系统中最大的顾客数;$\lambda=3$(人/小时),$\mu=4$(人/小时)。

① $P_0 = \dfrac{1-\rho}{1-\rho^8} = \dfrac{1-3/4}{1-(3/4)^8} = 0.2778$

② $L_S = \dfrac{\rho}{1-\rho} - \dfrac{(N+1)\rho^{N+1}}{1-\rho^{N+1}} = \dfrac{\dfrac{3}{4}}{1-\dfrac{3}{4}} - \dfrac{8\times(3/4)^8}{1-(3/4)^8} = 2.11$

$L_q = L_S - (1-P_0) = 2.11 - (1-0.2778) = 1.39$

③ $\lambda_e = \mu(1-P_0) = 4\times(1-0.2778) = 2.89$(人/小时)

④ $W_S = \dfrac{L_S}{\lambda_S} = \dfrac{2.11}{2.89} = 0.73$(小时),即 43.8(分钟)

⑤ 这相当于系统中有 7 个顾客的概率:

$$P_7 = \frac{1-\rho}{1-\rho^8} \cdot \rho^7 = \left(\frac{\lambda}{\mu}\right)^7 \cdot \frac{1-\dfrac{\lambda}{\mu}}{1-\left(\dfrac{\lambda}{\mu}\right)^8}$$

$$= \left(\frac{3}{4}\right)^7 \cdot \frac{1-\dfrac{3}{4}}{1-\left(\dfrac{3}{4}\right)^8} = 3.7\%$$

例 10 - 2 - 9　某汽车加油站只有一台加油泵，且场地至多只能容纳 3 辆车，当站内场地占满车时，到达的汽车只能去别处加油。输入为最简单流，每 8 分钟一辆；服务为负指数分布，每 4 分钟一辆。加油站有机会租毗邻的一块空地，以供多停放一辆前来加油的车，租地费用每周 120 元，从每个顾客那里期望净收益 10 元。设该站每天开放 10 小时，问租借场地是否有利？

解　本问题为 $M/M/1/3$ 排队模型。现在已知 $\dfrac{1}{\lambda}=8$（分钟/辆），即 $\dfrac{2}{15}$（小时/辆）；$\dfrac{1}{\mu}=4$（分钟/辆），即 $=\dfrac{1}{15}$（小时/辆），因此，$\rho=0.5$。于是，到达顾客损失率

$$P_3 = \frac{(1-\rho)\rho^3}{1-\rho^4} = \frac{(1-0.5)\times 0.5^3}{1-0.5^4} = 0.067$$

若租借场地，则问题成为 $M/M/1/4$ 排队模型，这时到达顾客损失率

$$P_4 = \frac{(1-\rho)\rho^4}{1-\rho^5} = \frac{(1-0.5)\times 0.5^4}{1-0.5^5} = 0.032$$

从而，租借场地后加油站每周可增加的服务车辆数为

$$\lambda(P_3 - P_4)\times 10（小时 / 天）\times 7（天 / 周）$$
$$= 7.5 \times (0.067 - 0.032) \times 10 \times 7 = 18.34$$

于是，每周将增加收入

$$10 \times 18.34 = 183.4 > 120（元）$$

所以，租借场地是合算的。

例 10 - 2 - 10　现有 $M/M/1/2$ 服务系统，其平均到达率 $\lambda=10$（人/小时），平均服务率 $\mu=30$（人/小时）。管理者想增加收益，拟采用两个方案，方案 A 为增加等待空间，取 $k=3$；方案 B 为提高平均服务率，取 $\mu=40$ 人/小时。设对每个顾客服务的平均收益不变，问哪一个方案将获得更大的收益？当 λ 增加到每小时 30 人时，又应采用哪一个方案？

解　由于对每个顾客服务的平均收益不变，因此，服务机构单位时间的平均收益与单位时间实际进入系统的顾客平均数 λe 成正比。所以本问题即为比较两个方案的有效到达率 λe。

① 方案 A 为 $M/M/1/3$ 排队模型：由于 $\lambda=10$（人/小时），$\mu=30$（人/小时），$\rho=\dfrac{1}{3}$，故

$$\lambda e = \mu(1-P_0) = 30 \times \left[1 - \frac{1-\dfrac{1}{3}}{1-\left(\dfrac{1}{3}\right)^4}\right] = 9.75$$

方案 B 为 $M/M/1/2$ 排队模型：由 $\lambda=10$（人/小时），$\mu=40$（人/小时），$\rho=\dfrac{1}{4}$，故

$$\lambda e = \mu(1-P_0) = 40 \times \left[1 - \frac{1-\dfrac{1}{4}}{1-\left(\dfrac{1}{4}\right)^3}\right] = 9.5$$

可见,采用方案 A 能获得更多的收益。

② 若 $\lambda = 30$(人/小时),对方案 A 来说,此时 $\rho = 1$,因此

$$\lambda_e = \mu(1 - P_0) = 30 \times \left(1 - \frac{1}{3+1}\right) = 22.5$$

对方案 B 来说,此时 $\rho = \frac{3}{4}$,因此

$$\lambda_e = \mu(1 - P_0) = 40 \times \left[1 - \frac{1 - \frac{3}{4}}{1 - \left(\frac{3}{4}\right)^3}\right] = 22.7$$

可见,当 $\lambda = 30$(人/小时)时,应采用方案 B。

4. $M/M/1/\infty/m$ 模型

模型符号 m 表示该类排队系统的顾客源是有限的。机器因故障停机待修的问题就是典型的这类问题。设共有 m 台机器(顾客总体),机器因故障停机表示到达,待修的机器形成排队的顾客,机器修理工人就是服务台。每个"顾客"经过服务后,仍然回到原来的总体,因而还会再来。模型符号中的第 4 项"∞"表示对系统的容量没有限制,但实际上永远不会超过 m,所以模型的符号形式也可以写成 $M/M/1/m/m$。

当顾客源为无限时,顾客的到达率是按总体考虑的。而在顾客源有限的情况下,顾客的到达率必须按个体考虑,即本模型中的到达率为单个顾客的到达率(即各顾客单位时间到达的次数),仍然用符号 λ 表示。服务台的服务率意义与其他模型相同,仍然用符号 μ 表示。该类系统的数量指标计算公式如下:

$$P_0 = \frac{1}{\sum_{n=0}^{m} \frac{m!}{(m-n)!}\left(\frac{\lambda}{\mu}\right)^n}$$

$$P_n = \frac{m!}{(m-n)!}\left(\frac{\lambda}{\mu}\right)^n P_0 \quad (0 \leqslant n \leqslant m)$$

$$L_q = m - \frac{\lambda + \mu}{\lambda}(1 - P_0)$$

$$L_s = L_q + (1 - P_0)$$

$$W_q = \frac{L_q}{(m - L_s)\lambda}$$

$$W_s = W_q + \frac{1}{\mu}$$

例 10 - 2 - 11 一个机修工人负责 3 台机器的维修工作,设每台机器在维修之后平均可运行 5 天,而平均修理一台机器的时间为 2 天。试求稳态下的各种状态概率和各运行指标。

解 由题意有:$\lambda = \frac{1}{5}$(台/天),$\mu = \frac{1}{2}$(台/天),$m = 3$,$\frac{\lambda}{\mu} = \frac{2}{5}$。代入上述计算公式,得

$$P_0 = \frac{1}{\left(\frac{2}{5}\right)^0 \frac{3!}{3!} + \left(\frac{2}{5}\right)^1 \frac{3!}{2!} + \left(\frac{2}{5}\right)^2 \frac{3!}{1!} + \left(\frac{2}{5}\right)^3 \frac{3!}{0!}} = 0.282$$

$$P_1 = \frac{2}{5} \times \frac{3!}{2!} P_0 = 0.339$$

$$P_2 = \left(\frac{2}{5}\right)^2 \times \frac{3!}{1!} P_0 = 0.271$$

$$P_3 = \left(\frac{2}{5}\right)^3 \times \frac{3!}{0!} P_0 = 0.108$$

$$L_q = m - \frac{\lambda + \mu}{\lambda}(1 - P_0) = 3 - \frac{1/5 + 1/2}{1/5}(1 - 0.282) = 0.487 (台)$$

$$L_S = L_q + (1 - P_0) = 0.487 + (1 - 0.282) = 1.205 (台)$$

$$W_q = \frac{L_q}{(m - L_s)\lambda} = \frac{0.487}{(3 - 1.205) \times 1/5} = 1.36 (天)$$

$$W_S = W_q + \frac{1}{\mu} = 1.36 + \frac{1}{1/2} = 3.36 (天)$$

10.3 排队论中模拟的 MATLAB 实践

在模拟一个带有随机因素的实际系统时,究竟用什么样的概率分布描述问题中的随机变量,是要碰到的一个问题。下面简单介绍确定分布的常用方法:

① 根据一般知识和经验,可以假定其概率分布的形式,如顾客到达间隔服从指数分布 $\exp(\lambda)$;产品需求量服从正态分布 $N(\mu, \sigma^2)$;订票后但未能按时前往机场登机的人数服从二项分布 $B(n, p)$。然后由实际数据估计分布的参数 λ、μ、σ 等,参数估计可使用极大似然估计、矩估计等方法。

② 直接由大量的实际数据作直方图,得到经验分布,再通过假设检验,拟合分布函数,可用 χ^2 检验等方法。

③ 当既缺少先验知识,又缺少数据时,对区间 (a, b) 内变化的随机变量,可选用 Beta 分布。先根据经验确定随机变量的均值 μ 和频率最高时的数值(即密度函数的最大值点)m,则 Beta 分布中的参数 α_1, α_2 可由以下关系求出:

$$\mu = a + \frac{\alpha_1(b - a)}{\alpha_1 + \alpha_2}, \quad m = a + \frac{(\alpha_1 - 1)(b - a)}{\alpha_1 - \alpha_2 - 2}$$

当排队系统的到达间隔时间和服务时间的概率分布很复杂时,或不能用公式给出时,就不能用解析法求解,但可以用随机模拟法求解,下面举例说明。

例 10 - 3 - 1 设某仓库前有一卸货场,货车一般是夜间到达,白天卸货,每天只能卸货 2 车。若一天内到达数超过 2 车,那么就推迟到次日卸货,并且货车到达数的概率分布(相对频率)平均为 1.5 车/天。根据以下数据,求每天推迟卸货的平均车数。

到达车数	0	1	2	3	4	5	≥6
概　率	0.23	0.30	0.30	0.1	0.05	0.02	0.00

解 这是单服务台的排队系统,可验证到达车数不服从泊松分布,服务时间也不服从指数分布(这是定长服务时间)。

随机模拟法首先要求事件能按历史的概率分布规律出现。模拟时产生的随机数与事件的对应关系如表 10-3-1 所列。

表 10-3-1　到达车数的概率及其对应的随机数

到达车数	概　率	累积概率	对应的随机数
0	0.23	0.23	$0 \leqslant x < 0.23$
1	0.30	0.53	$0.23 \leqslant x < 0.53$
2	0.30	0.83	$0.53 \leqslant x < 0.83$
3	0.1	0.93	$0.83 \leqslant x < 0.93$
4	0.05	0.98	$0.93 \leqslant x < 0.98$
5	0.02	1.00	$0.98 \leqslant x \leqslant 1.00$

我们用 a1 表示产生的随机数, a2 表示到达的车数, a3 表示需要卸货车数, a4 表示实际卸货车数, a5 表示推迟卸货车数。编写 MATLAB 程序如下:

```
clear
rand('state',sum(100 * clock));
n = 50000;
m = 2
a1 = rand(n,1);
a2 = a1；ﾟa2 初始化
a2(find(a1<0.23)) = 0;
a2(find(0.23< = a1&a1<0.53)) = 1;
a2(find(0.53< = a1&a1<0.83)) = 2;
a2(find(0.83< = a1&a1<0.93),1) = 3;
a2(find(0.93< = a1&a1<0.98),1) = 4;
a2(find(a1> = 0.98)) = 5;
a3 = zeros(n,1);a4 = zeros(n,1);a5 = zeros(n,1)；ﾟa2 初始化
a3(1) = a2(1);
if a3(1)< = m
    a4(1) = a3(1);a5(1) = 0;
else
    a4(1) = m;a5(1) = a2(1) - m;
end
for i = 2:n
    a3(i) = a2(i) + a5(i - 1);
    if a3(i)< = m
        a4(i) = a3(i);a5(i) = 0;
    else
        a4(i) = m;a5(i) = a3(i) - m;
    end
end
a = [a1,a2,a3,a4,a5];
sum(a)/n
```

例 10-3-2　银行计划安置自动取款机, 已知 A 型机的价格是 B 型机的 2 倍, 而 A 型机的性能-平均服务率也是 B 型机的 2 倍。问应该购置 1 台 A 型机还是 2 台 B 型机?

分析　为了通过模拟回答这类问题, 作如下具体假设:顾客平均每分钟到达 1 位, A 型机的平均服务时间为 0.9 分钟, B 型机为 1.8 分钟, 顾客到达间隔和服务时间都服从指数分布,

2 台 B 型机采取 $M/M/2$ 模型（排一队），用前 100 名顾客（第 1 位顾客到达时取款机前为空）的平均等待时间为指标，对 A 型机和 B 型机分别作 1 000 次模拟，进行比较。

理论上已经得到，A 型机和 B 型机前 100 名顾客的平均等待时间分别为 $\mu_1(100)=4.13$，$\mu_2(100)=3.70$，即 B 型机优。

对于 $M/M/1$ 模型，记第 k 位顾客的到达时刻为 c_k，离开时刻为 g_k，等待时间为 w_k，它们很容易根据已有的到达间隔 i_k 和服务时间 s_k 按照以下的递推关系得到

$$w_1=0, \quad c_k=c_{k-1}+i_k, \quad g_k=\max(c_k,g_{k-1})+s_k$$
$$w_k=\max(0,g_{k-1}-c_k) \quad (k=2,3,\cdots)$$

在模拟 A 型机时，我们用 cspan 表示到达间隔时间，sspan 表示服务时间，ctime 表示到达时间，gtime 表示离开时间，wtime 表示等待时间。我们总共模拟了 m 次，每次 n 个顾客。编写 MATLAB 程序如下：

```
tic
rand('state',sum(100 * clock));
n = 100;m = 1000;mu1 = 1;mu2 = 0.9;
for j = 1:m
    cspan = exprnd(mu1,1,n);sspan = exprnd(mu2,1,n);
    ctime(1) = cspan(1);
    gtime(1) = ctime(1) + sspan(1);
    wtime(1) = 0;
    for i = 2:n
        ctime(i) = ctime(i - 1) + cspan(i);
        gtime(i) = max(ctime(i),gtime(i - 1)) + sspan(i);
        wtime(i) = max(0,gtime(i - 1) - ctime(i));
    end
        result1(j) = sum(wtime)/n;
    end
    result_1 = sum(result1)/m
toc
```

类似地，模拟 B 型机的程序如下：

```
tic
rand('state',sum(100 * clock));
n = 100;m = 1000;mu1 = 1;mu2 = 1.8;
for j = 1:m
    cspan = exprnd(mu1,1,n);sspan = exprnd(mu2,1,n);
    ctime(1) = cspan(1);ctime(2) = ctime(1) + cspan(2);
    gtime(1:2) = ctime(1:2) + sspan(1:2);
    wtime(1:2) = 0;flag = gtime(1:2);

  for i = 3:n
    ctime(i) = ctime(i - 1) + cspan(i);
    gtime(i) = max(ctime(i),min(flag)) + sspan(i);
    wtime(i) = max(0,min(flag) - ctime(i));
    flag = [max(flag),gtime(i)];
  end
  result2(j) = sum(wtime)/n;
end
result_2 = sum(result2)/m
  toc
```

可以用下面的程序与上面的程序比较了解编程的效率问题。

```
tic
clear
rand('state',sum(100 * clock));
n = 100;m = 1000;mu1 = 1;mu2 = 0.9;
for j = 1:m
    ctime(1) = exprnd(mu1);
    gtime(1) = ctime(1) + exprnd(mu2);
    wtime(1) = 0;
for i = 2:n
    ctime(i) = ctime(i - 1) + exprnd(mu1);
    gtime(i) = max(ctime(i),gtime(i - 1)) + exprnd(mu2);
    wtime(i) = max(0,gtime(i - 1) - ctime(i));
    end
    result(j) = sum(wtime)/n;
end
result = sum(result)/m
toc
```

习　题

1. (储煤问题)某单位计划在秋季购买一批煤炭,以供冬季取暖之用。根据往年经验知,在较暖、正常、较冷气温条件下,消耗煤的数量分别为 10 吨、15 吨、20 吨。在秋季时,煤价为 100 元/吨;在冬季时,煤价会随气温的变化而变化,较暖、正常、较冷气温条件下的煤价分别为 100 元/吨、100 元/吨、200 元/吨。问:在没有当年冬季准确的气温预报的情况下,该单位应在秋季购煤多少,才能使冬季取暖费用最少?

2. 某大学图书馆一个借书柜台的顾客流服从泊松流,平均每小时 50 人,为顾客服务时间服从负指数分布,平均每小时可服务 80 人,试求:

(1) 顾客来借书不必等待的概率;

(2) 柜台前平均顾客数;

(3) 顾客在柜台前平均逗留时间;

(4) 顾客在柜台前平均等候时间。

3. 某个体劳动者经营的家用电器装修服务部,每天有效工作时间为 8 小时,平均每天承揽两件业务,平均每件业务需要有效工作时间 3 小时。假设该服务部为 $M/M/1/\infty$ 系统,试求:

(1) 服务部每天空闲的平均有效工作时间;

(2) 四项主要工作指标;

(3) 未干或未干完的业务多于 3 件的概率;

(4) 任一件业务从承揽至干完的有效时间多于 6 小时的概率。

第11章

存贮论方法

物资的存贮是工业生产和经济运转的必然现象。为了使生产和经营有条不紊地进行,一般的工商企业总需要一定数量的贮备物资来支持。存贮物资需要占用大量的资金、人力、物力,如果物资存贮过多,不但积压流动资金,而且还占用仓储空间,增加保管费用。如果存贮的物资是过时的或陈旧的,会给企业带来巨大经济损失;反之,若物资存贮过少,企业就会失去销售机会而减少利润,或由于缺少原材料而被迫停产,或由于缺货需要临时增加人力和费用。寻求合理的存贮量、订货量和订货时间,以保持合理的存贮水平,使总的损失费用达到最小,便是存贮论研究的主要问题。

存贮论(Inventory Theory)是研究存贮系统的性质、运行规律以及最优运营的一门学科,它是运筹学的一个分支。存贮论又称库存理论,早在1915年,哈里斯(F. Harris)针对银行货币的储备问题进行了详细的研究,建立了一个确定性的存贮费用模型,并求得了最优解,即最佳批量公式。1934年,威尔逊(R. H. Wilson)重新得出了这个公式,后来人们称这个公式为经济订购批量公式(EQQ公式)。20世纪50年代以后,存贮论成为运筹学的一个独立分支。

本章将探讨一些最基本的存贮模型,揭示存贮系统因素之间的联系,建立一些基本的存贮模型,并不是要为解决实际问题提供直接可用的结论或计算公式。研究这些基本模型是为了从中获取对存贮系统的认识与理解,从而获得针对具体系统开发具体模型的能力,更好地解决存贮实际问题。

11.1 存贮模型

1. 存贮系统

存贮系统是由补充、存贮和需求三个基本要素所构成的资源动态系统,并且以存贮为中心环节,其一般结构如图11-1-1所示。由于生产或销售等的需求,从存贮点(仓库)取出一定期数量的库存货物,这就是存贮的输出;对存贮点货物的补充,这就是存贮的输入。任一存贮系统都有补充、存贮、需求三个组成部分。

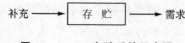

图11-1-1 存贮系统示意图

(1) 需 求

存贮的目的是为了满足需求。由于需求,从存贮中取出一定数量,这将使存贮数量减少,这就是存贮的输出。有的需求是间断的,例如铸造车间每隔一段时间提供一定数量的铸件给加工车间;有的需求是均匀连续的,例如在自动装配线上每分钟装配若干件产品或部件;有的需求是确定的,例如公交公司每天发出数量确定的公交车;有的需求是随机的,例如商场每天卖出商品的品种和数量。有的需求是常量,有的需求是非平稳的,总之存贮量因需求的满足而减少。

（2）补　充

存贮因需求而减少，必须进行补充，否则会终因存贮不足无法满足需求。补充的办法可以是企业外采购，也可以是企业内生产。若是企业外采购，从订货到货物进入"存贮"往往需要一定的时间，这一滞后时间称为采购时间。从另一个角度看，为了使存贮在某一时刻能得到补充，由于滞后时间的存在必须提前订货，那么这段提前的时间称为提前期。

（3）存贮（inventory）

企业的生产经营活动总是要消耗一定的资源，由于资源供给与需求在时间和空间上的矛盾，使企业贮存一定数量的资源成为必然，这些为满足后续生产经营需要而贮存下来的资源就称为存贮。它随时间的推移所发生的盘点数量的变化，称为存贮状态。存贮状态随需求过程而减少，随补充过程而增大。

2. 存贮策略

存贮论主要解决的问题就是：存贮系统多长时间补充一次，每次补充的数量是多少？对于这一问题的回答便构成了所谓的存贮策略。显然，存贮策略依赖于当时的库存量。下面是一些比较常见的存贮策略。

① T 循环策略：补充过程是每隔时段 T 补充一次，每次补充一个批量 Q，且每次补充可以瞬时完成，或补充过程极短，补充时间可不考虑。这就是 T 循环策略。

② (T, S) 策略：每隔一定时间 T 盘点一次，并及时补充，每次补充到库存水平 S，因此每次补充量 Q_i 为一变量，即 $Q_i = S - Y_i$，式中 Y_i 为库存量。

③ (s, S) 策略：每当发现库存量小于保险库存量 s 时，就补充到库存水平 S。即当 $Y_i < s$ 时，补充 $S - Y_i$；当 $Y_i \geqslant s$ 时，不予补充。

④ (T, s, S) 策略：每隔一定时间 T 盘点一次，当发现库存量小于保险库存量 s 时，就补充到库存水平 S。即当 $Y_i < s$ 时，补充 $S - Y_i$；当 $Y_i \geqslant s$ 时，不予补充。

3. 存贮费用

存贮策略的衡量标准是考虑费用的问题，所以必须对有关的费用进行详细分析，存贮系统中的费用通常包括买价（生产费）、订货费、存贮费、缺货费及其他相关的费用。

① 买价（生产费）：如果库存不足需要补充，可选外购或自行生产。外购时需支付买价；自行生产时，要考虑装备费用、与生产产品数量有关的费用，如直接材料、直接人工、变动的制造费用。

② 订货费（生产准备费）：当补充库存外购时，订货费是订购一次货物所需的订购费（如手续费、差旅费、最低起运费等），它是仅与订货次数有关的一种固定费用；另一项是成本费，它与订购数量有关。如单位货价为 c 元，数量为 Q，订购费为 a，则订货费为 $C_0 = a + cQ$。

③ 存贮费：包括仓库保管费、货物维修费、保险费、积压资金所造成的损失（利息、资金占用费等），以及存贮物资变坏、陈旧、变质、损耗、降价等造成的损失费。

④ 缺货费：指当存贮不能满足需求而造成的损失费。如停工待料造成的生产损失、因货物脱销而造成的机会损失（少得的收益）、延期付货所支付的罚金以及因商誉降低所造成的无形损失等。

若商品的价格及需求量完全由市场决定，在确定最优策略时，可以忽略不计销售收入。但当商品的库存量不能满足需求时，由此导致的损失（或延付）的销售收入应考虑包含在缺货费中；当商品的库存量超过需求量时，剩余商品通过降价出售（或退货）的方式得到的收入，其损失应考虑包含在存贮费中，此时应考虑货币的时间价值等费用。

确定存贮策略时，首先是把实际问题抽象为数学模型。在形成模型过程中，对一些复杂的条件尽量加以简化，只要模型能反映问题的本质就可以了；然后用数学的方法对模型进行求解，得出数量的结论。这一结论是否正确，还要到实践中加以检验。如果结论不符合实际，则要对模型加以修改，重新建立、求解、检验，直到满意为止。

在存贮模型中，目标函数是选择最优策略的准则。常见的目标函数是关于总费用或平均费用或折扣费用（或利润）的。最优策略的选择应使费用最小或利润最大。

存贮模型根据存贮系统输入和输出的状态大致分为两类：备运期和需求量都是确定的，为确定性模型；备运期和需求量都是随机的，为随机性模型。

综上所述，一个存贮系统的完整描述需要知道需求、供货滞后时间、缺货处理方式、费用结构、目标函数以及所采用的存贮策略。决策者通过何时订货、订多少货来对系统实施控制。

接下来介绍具有连续确定性需求，采用 T 循环策略的存贮系统的四种基本模型。它们都是在一些假设条件下建立的，因此实际应用时首先必须检查真实系统是否与这些假设相符或相近。

11.1.1　模型Ⅰ——不允许缺货，即时供货模型

假设：

① 缺货损失费为无穷大，即不允许缺货；

② 需求连续均匀，需求速度为一常数 R，T 时间的需求量为 RT；

③ 当库存降至零时，可以立即得到补充，即一订货就交货，每次进货能在瞬间全部入库，可称为即时供货；

④ 在每一运营周期 T 的初始时刻进行补充，每期进货批量相同，均为 Q；

⑤ 单位存贮费用不变。

存贮量变化情况用图 11 - 1 - 2 表示。

不允许缺货情况下的存贮状态图见图 11 - 1 - 2。根据上述条件可知：

在 $[0,T]$ 周期内，存贮量不断变化，是时间 t 的函数：$y = Q - Rt, t \in [0, T]$。当存贮量降到零时，应立即补充。T 时间的需求量为 RT，故最大存贮量也为 $Q = RT$。

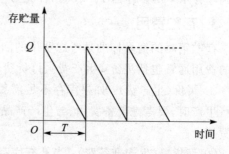

图 11 - 1 - 2　不允许缺货，即时供货存贮状态图

由图 11 - 1 - 2 可知，在 $[0,T]$ 时段内的平均存贮量为

$$\frac{1}{T}\int_0^T (Q - R\tau)\,\mathrm{d}\tau = \frac{1}{T}\left(QT - \frac{1}{2}RT^2\right) = \frac{1}{2}RT$$

而单位时间内单位货物的存贮费用为 h。因此，在一个运营周期 T 内的平均存贮费为

$$C_H = \frac{1}{2}RTh$$

而在一个运营周期 T 内的平均订货费为

$$\frac{C_0}{T} = \frac{a + cQ}{T} = \frac{a}{T} + cR$$

由于不允许缺货，无缺货费用，故一个周期 T 内的平均运营费用 C_T 只包括上述两项，为

$$C_T = \frac{1}{2}RTh + \frac{a}{T} + cR$$

式中，T 是决策变量。

为了求得 C_T 的极小点，由一阶导数为 0 可得

$$C'_T = \frac{1}{2}Rh - \frac{a}{T^2} = 0$$

解得驻点

$$T = \sqrt{\frac{2a}{Rh}} \tag{11.1}$$

又因二阶导数 $C'_T = \frac{2a}{T^3} > 0$ 可知：$T = \sqrt{\frac{2a}{Rh}}$ 是 C_T 的唯一最小点，是最佳运营周期。

最佳订货量为

$$Q = RT = \sqrt{\frac{2aR}{h}} \tag{11.2}$$

最优值（最小平均运营费用）为

$$C_T = \sqrt{2ahR} + cR \tag{11.3}$$

式(11.2)即经典经济批量公式，也称为哈里斯-威尔逊公式。

例 11-1-1　为了报刊发行的需要，报社必须关心适时补充新闻纸库存的问题。假设这种新闻纸以"卷"为单位进货，印刷需求的速度是每周 32 卷。补充费用（包括簿记费、交易费和经销费等）是每次 25 元。纸张的存贮费（包括租用库存费、保险费和占用资金的利息等）是每卷每周 1 元。试求这家报社这种新闻纸的经济采购批量和补充的时间间隔。

解　$R = 32$ 卷/周，$a = 25$ 元/次，$h = 1$ 元/(卷·周)，由式(11.2)、式(11.1)得出：

$$Q = \sqrt{\frac{2aR}{h}} = \sqrt{\frac{2 \times 25 \times 32}{1}} = 40$$

$$T = \sqrt{\frac{2a}{Rh}} = \sqrt{\frac{2 \times 25}{32 \times 1}} = 1.25$$

故这家报社新闻纸的经济采购批量为 40 卷，采购的间隔时间为 1.25 周。

例 11-1-2　某电器厂平均每个月需要购入某种电子元件 100 件，每件电子元件的价格为 4 元，每批货物的订购费为 5 元。每次货物到达后先存入仓库，则平均每月每件电子元件的存储费用为 0.4 元。试求电器厂对该电子元件的最佳订购批量、每月的最佳订货次数、每月的费用。

解　由已知条件，$a = 5$ 元，$c = 4$ 元/件，$R = 100$ 件/月，$h = 0.4$ 元/(月·件)，由式(11.1)、式(11.2)、式(11.3)得出：

最佳订货周期 $T = \sqrt{\frac{2a}{hR}} = \sqrt{\frac{2 \times 5}{0.4 \times 100}} 0.5$（月）；

最佳订购批量 $Q = \sqrt{\frac{2aR}{h}} = \sqrt{\frac{2 \times 5 \times 100}{0.4}} 50$（件）；

最小平均费用 $C_T = \sqrt{2ahR} + cR = \sqrt{2 \times 5 \times 0.4 \times 100} + 4 \times 100 = 420$(元/月)；

每月最佳订货次数为 2 次。

11.1.2 模型Ⅱ——不允许缺货,非即时补充的经济批量模型

模型Ⅰ有个前提条件,即每次进货能在瞬间全部入库,可称为即时补充。许多实际存贮系统并非即时补充,例如订购的货物很多,不能一次运到,需要一段时间陆续入库;又如工业企业通过内部生产来实现补充时,也往往需要一段时间陆续生产出所需批量的零部件,等等。在这种情况下,假定除了进货时间大于 0 外,模型Ⅰ的其余假设条件均成立。设

t_1——进货周期,即每次进货的时间($0 < t_1 < T$);

p——进货速率,即单位时间内入库的货物数量($p > R$)。

又设在每一运营周期 T 的初始时刻开始进货,且每期开始与结束时刻存贮状态均为 0。

根据上述假设条件,可以画出该系统的存贮状态图(见图 11-1-3)。

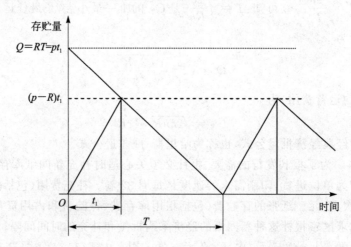

图 11-1-3 不允许缺货,非即时补充存贮状态图

由图 11-1-3 可见,一个周期 $[0,T]$ 被分为两段:$[0,t_1]$ 时段内,存贮状态从 0 开始以 $p-R$ 的速率增加到 t_1 时刻达到最高水平 $(p-R)t_1$,这时停止进货,而 pt_1 就是一个周期 T 内的总进货量 Q,即有 $Q = pt_1 = RT$;在 $[t_1,T]$ 时段内,存贮状态从最高水平 $(p-R)t_1$ 以速率 R 减少,到时刻 T 降为 0。

综上可知,在 $[0,T]$ 时段内的存贮状态为

$$y(t) = \begin{cases} (p-R)t, & t \in [0,t_1) \\ R(T-t), & t \in [t_1,T] \end{cases}$$

由图 11-1-3 可知,在 $[0,T]$ 时段内的平均存贮量为

$$\frac{1}{T}\int_0^T y(t)\,\mathrm{d}t = \frac{1}{T}\Big[\int_0^{t_1}(p-R)t\,\mathrm{d}t + \int_{t_1}^T R(T-t)\,\mathrm{d}t\Big] = \frac{1}{2}RT - \frac{1}{2}Rt_1$$

由于 $pt_1 = RT$,有 $t_1 = \dfrac{RT}{p}$,所以

$$\frac{1}{T}\int_0^T y(t)\,\mathrm{d}t = \frac{1}{2}RT - \frac{R^2 T}{2p}$$

而单位时间内单位货物的存贮费用为 h。因此,在一个运营周期 T 内的平均存贮费为

$$C_H = \left(\frac{1}{2}RT - \frac{R^2 T}{2p}\right)h$$

而在一个运营周期 T 内的平均订货费为

$$\frac{C_0}{T} = \frac{a + cQ}{T} = \frac{a}{T} + cR$$

由于不允许缺货,无缺货费用,故一个周期 T 内的平均运营费用 C_T 只包括上述两项,即

$$C_T = \left(\frac{1}{2}RT - \frac{R^2 T}{2p}\right)h + \frac{a}{T} + cR$$

式中,T 是决策变量。

为了求得 C_T 的极小点,由一阶导数为 0 可得

$$C'_T = \left(\frac{1}{2}R - \frac{R^2}{2p}\right)h - \frac{a}{T^2} = 0$$

解得驻点

$$T = \sqrt{\frac{2ap}{Rh(p-R)}} \tag{11.4}$$

又因二阶导数 $C''_T = \frac{2a}{T^3} > 0$,可知 $T = \sqrt{\frac{2ap}{Rh(p-R)}}$ 是 C_T 的唯一最小点,即最佳运营周期。

最佳订货量为

$$Q = RT = \sqrt{\frac{2aRp}{h(p-R)}} \tag{11.5}$$

最优值(最小平均运营费用)为

$$C_T = \sqrt{2ahR\frac{p-R}{p}} + cR \tag{11.6}$$

最佳进货时间

$$t_1 = \frac{RT}{P} = \sqrt{\frac{2aR}{ph(p-R)}} \tag{11.7}$$

将式(11.4)与式(11.1)、式(11.5)与式(11.2)相比较,即知它们只相差一个因子 $\sqrt{\frac{p}{p-R}}$,当 p 远远大于 R 时,$\sqrt{\frac{p}{p-R}}$ 趋近于 1,两组公式(11.4)、(11.5)与公式(11.1)、(11.2)就一致了。

例 11 - 1 - 3　某加工车间计划加工一种零件,这种零件需要先在车床上加工,每月可加工 500 件,然后在铣床上加工,每月加工 100 件,组织一次车加工的准备费为 5 元,车加工后的制品保管费为每月每件 0.5 元,要求铣加工连续生产。试求车加工的最优生产计划(不计生产成本)。

解　铣加工连续生产意为不允许缺货。已知 $p = 500, R = 100, h = 0.5, a = 5$,由式(11.4)～式(11.7)得车床上加工最佳时间

$$t_1 = \sqrt{\frac{2aR}{ph(p-R)}} = \sqrt{\frac{2 \times 5 \times 100}{500 \times 0.5 \times 400}} = 0.1(月),即\ 3(天)$$

最佳生产加工周期

$$T = \sqrt{\frac{2ap}{Rh(p-R)}} = \sqrt{\frac{2 \times 5 \times 500}{100 \times 0.5 \times 400}} = 0.5(月),即\ 15(天)$$

最佳加工零件数量

$$Q = \sqrt{\frac{2aRp}{h(p-R)}} = 50(件)$$

最小平均生产费用

$$C_T = \sqrt{2ahR\frac{p-R}{p}} = 20(元)$$

即车加工的最优生产计划是每月 15 天组织一次生产,产量为 50 件。

在上例中,若每次准备费用改为 50 元,则生产间隔期为 47 天,说明准备费用增加后,生产次数要减少。

例 11-1-4 某电视机厂自行生产扬声器用以装配本厂生产的电视机,该厂每天装配 100 部电视机,而扬声器生产车间每天可以生产 5 000 个,已知该厂每批电视机装备的生产准备费为 5000 元,而每个扬声器在一天内的存贮保管费为 0.02 元。试确定该厂扬声器的最佳生产批量、生产时间和电视机的安装周期。

解 此存贮模型显然是一个不允许缺货、边生产边装配的模型,且

$$R = 100, \quad p = 5\ 000, \quad h = 0.02, \quad a = 5\ 000$$

所以由公式(11.5)和公式(11.4)得

$$Q = \sqrt{\frac{2aRp}{h(p-R)}} = \sqrt{\frac{2 \times 5\ 000 \times 100 \times 5\ 000}{0.02 \times 4\ 900}} \approx 7\ 140$$

$$T = \sqrt{\frac{2ap}{Rh(p-R)}} = \sqrt{\frac{2 \times 5\ 000 \times 5\ 000}{100 \times 0.02 \times 4\ 900}} \approx 71$$

$$t_1 = \frac{Q}{p} = \frac{7\ 140}{5\ 000} \approx 1.43$$

所以该厂的扬声器最佳生产批量是 7 140 个,生产时间是 1.43 天,电视机的安装周期是 71 天。

11.1.3 模型Ⅲ——允许缺货,即时供货模型

模型Ⅰ的假设条件之一为不允许缺货,现在考虑放宽这一条件而允许缺货的存贮模型,除此以外,其余假设同模型Ⅰ一致。

由于允许缺货,所以当存贮告罄时不急于补充,而是过一段时间再补充。这样,虽须支付一些缺货费,但可少付一些订货费和存贮费,因而运营费用或许能够减少。假设在时段 $[0,T]$ 内,开始存贮状态为最高水平 Q_1,它可以供应 $t_1 \in (0,T)$ 时段内的需求;在 $[t_1,T]$ 时段内,存贮状态持续为 0,并发生缺货,最大缺货量为 W。假设这时本系统采取"缺货后补"的办法,即先对需求者进行予售登记,待订货一到立即全部付清。

根据上述假设条件,可以画出该系统的存贮状态图(见图 11-1-4)。

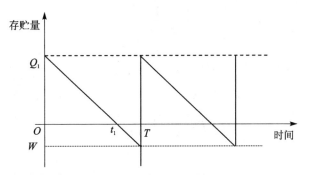

图 11 - 1 - 4　允许缺货，即时供货存贮状态图

综上可知，$Q_1 = Rt_1$，$W = R(T - t_1)$。

由图 11 - 1 - 4 可知，在 $[0, T]$ 时段内的存贮状态为

$$y(t) = \begin{cases} R(t_1 - t), & t \in [0, t_1) \\ 0, & t \in [t_1, T] \end{cases}$$

在 $[0, T]$ 时段内的平均存贮量为

$$\frac{1}{T}\int_0^T y(t)\mathrm{d}t = \frac{1}{T}\int_0^{t_1} R(t_1 - t)\mathrm{d}t = \frac{Rt_1^2}{2T}$$

而单位时间内单位货物的存贮费用为 h。因此，在一个运营周期 T 内的平均存贮费为

$$C_H = \frac{Rt_1^2}{2T}h$$

而在 $[0, T]$ 时段内的平均缺货量为

$$\left|\frac{1}{T}\int_{t_1}^T y(t)\mathrm{d}t\right| = \left|\frac{1}{T}\int_{t_1}^T R(t_1 - t)\mathrm{d}t\right| = \frac{R}{2T}(T - t_1)^2$$

假设单位时间内单位货物的缺货费为 s，则 $[0, T]$ 时段内的缺货费用为

$$C_s = \frac{R}{2T}(T - t_1)^2 s$$

而在一个运营周期 T 内的平均订货费用为

$$\frac{C_0}{T} = \frac{a + cQ}{T} = \frac{a}{T} + cR$$

则 $[0, T]$ 时段内的运营费用为

$$C_T = \frac{Rt_1^2}{2T}h + \frac{R}{2T}(T - t_1)^2 s + \frac{a}{T} + cR$$

其中的决策变量为 t_1、T，其极小点的一阶条件为

$$\begin{cases} \dfrac{\partial C}{\partial t_1} = \dfrac{Rt_1}{T}h - \dfrac{R}{T}(T - t_1)s = 0 \\ \dfrac{\partial C}{\partial T} = -\dfrac{Rt_1^2}{2T^2}h - \dfrac{R}{2T^2}(T - t_1)^2 s + \dfrac{R}{T}(T - t_1)s - \dfrac{a}{T^2} = 0 \end{cases}$$

解得

$$\begin{cases} t_1 = \dfrac{sT}{s+h} \\ T = \sqrt{\dfrac{2a(s+h)}{shR}} \end{cases}$$

由此,运营周期:

$$T = \sqrt{\frac{2a(s+h)}{shR}} \tag{11.8}$$

生产时间:

$$t_1 = \frac{Ts}{h+s} = \sqrt{\frac{2a(s+h)}{shR}}\,\frac{s}{s+h} = \sqrt{\frac{2as}{(s+h)hR}} \tag{11.9}$$

最佳进货量:

$$Q = RT = \sqrt{\frac{2aR(s+h)}{sh}} \tag{11.10}$$

最大存贮量:

$$Q_1 = Rt_1 = \sqrt{\frac{2asR}{(s+h)h}} \tag{11.11}$$

最大缺货量:

$$W = Q - Q_1 = \sqrt{\frac{2aR(s+h)}{sh}} - \sqrt{\frac{2asR}{(s+h)h}} = \sqrt{\frac{2aR}{h}}\left(\sqrt{\frac{s+h}{s}} - \sqrt{\frac{s}{s+h}}\right)$$

$$= \sqrt{\frac{2aR}{h}} \cdot \frac{h}{\sqrt{s(s+h)}} = \sqrt{\frac{2aRh}{s(s+h)}} \tag{11.12}$$

将式(11.8)、式(11.9)代入 $C_T = \dfrac{Rt_1^2}{2T}h + \dfrac{R}{2T}(T-t_1)^2 s + \dfrac{a}{T} + cR$,可得平均运营费用:

$$C_T = \sqrt{\frac{2ahsR}{h+s}} + cR \tag{11.13}$$

若不允许缺货,则 $s \to \infty$, $\dfrac{s}{h+s} \to 1$,易见这时模型Ⅲ就成了模型Ⅰ了。

例 11-1-5 某工厂按照合同每月向外单位供货 100 件,每次生产准备结束费用为 5 元,每件年存贮费为 4.8 元,每件生产成本为 20 元,若不能按期交货则每件每月罚款 0.5 元(不计其他损失)。试求总费用最小的生产方案。

解 计划期为一个月,$R = 100$(件/月),$a = 5$(元),$h = \dfrac{4.8}{12} = 0.4$ [元/(件・月)],$c = 20$(元),$s = 0.5$ [元/(件・月)],利用式(11.8)～式(11.13)可得

$$T = \sqrt{\frac{2a(s+h)}{shR}} = \sqrt{\frac{2 \times 5 \times (0.5+0.4)}{0.5 \times 0.4 \times 100}} \approx 0.67\,(月) \approx 20\,(天)$$

$$t_1 = \frac{Ts}{h+s} = \frac{0.67 \times 0.5}{0.4+0.5} \approx 0.37\,(月) \approx 11\,(天)$$

$$Q = RT = 100 \times 0.67 = 67\,(件)$$

$$Q_1 = Rt_1 = 100 \times 0.37 = 37\,(件)$$

$$W = Q - Q_1 = 67 - 37 = 30(件)$$

$$C_T = \sqrt{\frac{2ahsR}{h+s}} + cR = \sqrt{\frac{2 \times 5 \times 0.4 \times 0.5 \times 100}{0.4 + 0.5}} + 20 \times 100 \approx 2\,015(元)$$

即工厂每隔 20 天组织一次生产,产量为 67 件,最大存贮量为 37 件,最大缺货量为 30 件,费用为 2 015 元。

11.1.4　模型Ⅳ——允许缺货(需补足缺货),非即时供货模型

对本模型假设如下:

① 单位存贮费为 h;

② 需求是连续的、均匀的,需求速度为 R(单位时间的需求量)的常数;

③ 允许缺货,缺货费为 s(单位缺货损失);

④ 缺货需要补足,进货有一定时间,进货速度是连续的、均匀的、速度为 P(单位时间的进货量)的常数;

⑤ 每次进货的订购费为 a。

该模型的存贮变化如图 11-1-5 所示。其中 Q_1 为最大存贮量,Q_2 为最大缺货量,一个周期为 T。

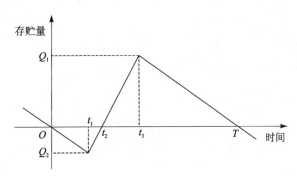

图 11-1-5　允许缺货,非即时供货存贮状态图

从存贮量降为零开始,到缺货,进货,再到存贮量降为零,取这样一个周期进行讨论。其中 t_1 为进货时刻,t_2 为缺货为零(开始有存贮量)时刻,t_3 为进货截止时刻(存贮量达到最大时刻)。

在一个周期内,货物的存贮状态为

$$y(t) = \begin{cases} (p-R)(t-t_2), & t \in [t_2, t_3) \\ -R(t-T), & t \in [t_3, T] \end{cases}$$

平均存贮量:

$$C_1 = \frac{1}{T}\left[\int_{t_2}^{t_3}(p-R)(t-t_2)\mathrm{d}t + \int_{t_3}^{T}-R(t-T)\mathrm{d}t\right] = \frac{1}{2T}(p-R)(t_3-t_2)(T-t_2)$$

由于 $(p-R)(t_3-t_2) = R(T-t_3)$,所以有 $t_3 = \dfrac{RT}{p} + \dfrac{p-R}{p}t_2$,代入上式得

$$C_1 = \frac{1}{2T}(p-R)\left(\frac{RT}{p} + \frac{p-R}{p}t_2 - t_2\right)(T-t_2) = \frac{1}{2T}(p-R)\frac{R}{p}(T-t_2)^2$$

在一个周期内,缺货状态为

$$z(t) = \begin{cases} -Rt, & t \in [0, t_1) \\ (p-R)(t-t_2), & t \in [t_1, t_2] \end{cases}$$

平均缺货量：

$$C_2 = \left| \frac{1}{T} \left[\int_0^{t_1} -Rt \, dt + \int_{t_1}^{t_2} (p-R)(t-t_2) \, dt \right] \right| = \frac{1}{2T} R t_1 t_2$$

由于 $Rt_1 = (P-R)(t_2-t_1)$，所以有 $t_1 = \dfrac{p-R}{p} t_2$，代入上式得

$$C_2 = \frac{1}{2T} R \frac{p-R}{p} t_2 \cdot t_2 = \frac{1}{2T} R \frac{p-R}{p} t_2^2$$

在 $[0, T]$ 时段内的平均订购费为 $\dfrac{a}{T}$。

在 $[0, T]$ 时段内的总平均费用（不含货物成本费）为

$$C_T = \frac{h}{2T}(p-R) \frac{R}{p}(T-t_2)^2 + \frac{s}{2T} R \frac{p-R}{p} t_2^2 + \frac{a}{T}$$

$$= \frac{R(p-R)}{2p} \left[hT - 2ht_2 + (h+s) \frac{t_2^2}{T} \right] + \frac{a}{T}$$

其中 T、t_2 是独立的决策变量。为使得 C_T 达到最小，分别对 T、t_2 求偏导，令其为 0，可得

$$\begin{cases} \dfrac{\partial C_T}{\partial T} = \dfrac{R(P-R)}{2P} \left[h - (h+s) \dfrac{t_2^2}{T^2} \right] - \dfrac{a}{T^2} = 0 \\ \dfrac{\partial C_T}{\partial t_2} = \dfrac{R(P-R)}{2P} \left[-2h + 2(h+s) \dfrac{t_2}{T} \right] = 0 \end{cases}$$

解得

$$\begin{cases} T = \sqrt{\dfrac{2pa(h+s)}{Rhs(p-R)}} \\ t_2 = \dfrac{hT}{h+s} \end{cases} \tag{11.14}$$

$$t_1 = \frac{P-R}{P} t_2 \tag{11.15}$$

$$t_3 = \frac{RT}{p} + \frac{p-R}{p} t_2 \tag{11.16}$$

最大存贮量：

$$Q_1 = R(T-t_3) \tag{11.17}$$

最大缺货量：

$$Q_2 = Rt_1 \tag{11.18}$$

例 11 - 1 - 6 某车间每年能生产本厂日常所需的某种零件 80 000 个，全厂每年均匀地需要这种零件约 20 000 个。已知每个零件存贮一个月所需的存贮费是 0.1 元，每批零件生产前所需的安装费是 350 元。当供货不足时，每个零件缺货的损失费为 0.2 元/月。所缺的货到货后要补足。试问应采取怎样的存贮策略最合适？

解 已知：$a = 350$（元），$R = 20\,000/12$，$p = 80\,000/12$，$h = 0.1$（元），$s = 0.2$（元），则代入式（11.14）～式（11.18），得

$$T = \sqrt{\frac{2ap(h+s)}{hsR(p-R)}} = \sqrt{\frac{2a(h+s)}{hsR\left(1-\dfrac{R}{p}\right)}} = \sqrt{\frac{2 \times 350(0.1+0.2)}{0.1 \times 0.2 \times \dfrac{20\,000}{12} \times \left(1-\dfrac{20\,000}{80\,000}\right)}} \approx 2.9(月)$$

$$t_2 = \frac{hT}{h+s} = \frac{0.1 \times 2.9}{0.1+0.2} = 0.97(月)$$

$$t_1 = \frac{p-R}{p}t_2 = \frac{\dfrac{80\,000}{12} - \dfrac{20\,000}{12}}{\dfrac{80\,000}{12}} \times 0.97 = \frac{3}{4} \times 0.97 = 0.73(月)$$

$$t_3 = \frac{RT}{p} + \frac{p-R}{p}t_2 = \frac{1}{4} \times 2.9 + \frac{3}{4} \times 0.97 = 1.455(月)$$

进货量：

$$Q = RT = \frac{20\,000}{12} \times 2.9 = 4\,833(个)$$

最大存贮量：

$$Q_1 = R(T-t_3) = \frac{20\,000}{12} \times (2.9-1.455) = 2\,416(个)$$

最大缺货量：

$$Q_2 = Rt_1 = \frac{20\,000}{12} \times 0.73 = 1\,216(个)$$

11.2　存贮模型的上机实践

对于存贮模型而言，重心要放在模型如何建立，涉及的运算是一些微积分等基本运算，代入公式利用 MATLAB 基本微积分运算方法即可。

如果涉及规划等其他知识，需要结合其他模型方法。下面针对带有约束的经济订购批量存贮模型的实践加以说明。现在考虑多物品、带有约束的情况。设有 m 种物品，采用下列记号：

① D_i、Q_i、K_i($i=1,2,\cdots,m$)分别表示第 i 种物品的单位需求量、每次订货的批量和物品的单价；

② C_D 表示实施一次订货的订货费，即无论物品是否相同，订货费总是相同的；

③ C_{P_i}($i=1,2,\cdots,m$)表示第 i 种产品的单位存贮费；

④ J、W_T 分别表示每次订货可占用资金和库存总容量；

⑤ w_i($i=1,2,\cdots,m$)表示单位第 i 种物品占用的库容量。

对于第 i($i=1,2,\cdots,m$)种物品，当每次订货的订货量为 Q_i 时，单位时间总平均费用为

$$C_i = \frac{1}{2}C_{P_i}Q_i + \frac{C_D D_i}{Q_i}$$

每种物品的单价为 K_i，每次的订货量为 Q_i，则 K_iQ_i 是该种物品占用的资金。因此，资金约束为

$$\sum_{i=1}^{m} K_iQ_i \leqslant J$$

综上所述,得到具有资金约束的模型:

$$\min \sum_{i=1}^{m} \left(\frac{1}{2} C_{P_i} Q_i + \frac{C_D D_i}{Q_i} \right)$$

$$\text{s. t.} \begin{cases} \sum_{i=1}^{m} K_i Q_i \leqslant J \\ Q_i \geqslant 0, \ i = 1, 2, \cdots, m \end{cases}$$

加入库容量要求。设单位第 i 种物品占用的库容量是 w_i,因此,$w_i Q_i$ 是该种物品占用的总的库容量。结合上面的分析,得到具有库容约束的模型:

$$\min \sum_{i=1}^{m} \left(\frac{1}{2} C_{P_i} Q_i + \frac{C_D D_i}{Q_i} \right)$$

$$\text{s. t.} \begin{cases} \sum_{i=1}^{m} w_i Q_i \leqslant W_T \\ Q_i \geqslant 0, \ i = 1, 2, \cdots, m \end{cases}$$

加入资金与库容约束的最佳批量模型。结合上述两种模型,得到兼有资金与库容约束的最佳批量模型:

$$\min \sum_{i=1}^{m} \left(\frac{1}{2} C_{P_i} Q_i + \frac{C_D D_i}{Q_i} \right)$$

$$\text{s. t.} \begin{cases} \sum_{i=1}^{m} K_i Q_i \leqslant J \\ \sum_{i=1}^{m} w_i Q_i \leqslant W_T \\ Q_i \geqslant 0, i = 1, 2, \cdots, m \end{cases}$$

对于上面的模型,可以用软件进行求解。

例 11 - 2 - 1 某公司需要 5 种物资,其供应与存贮模式为确定性、周期补充、均匀消耗和不允许缺货模型。设该公司的最大库容量(W_T)为 1 500m³,一次订货占用流动资金的上限(J)为 40 万元,订货费(C_D)为 1 000 元。5 种物资的年需求量 D_i、物资单价 K_i、物资的存贮费 C_{P_i}、单位占用库容 w_i 如表 11 - 2 - 1 所列。试求各种物品的订货次数、订货量和总的存贮费用。

表 11 - 2 - 1   物资需求、单价、存贮费和单位占用库容情况表

物资 i	D_i	$K_i/(元 \cdot 件^{-1})$	$C_{P_i}/[元/(件 \cdot 年)^{-1}]$	$W_i/(m^3 \cdot 件^{-1})$
1	600	300	60	1.0
2	900	1 000	200	1.5
3	2 400	500	100	0.5
4	12 000	500	100	2.0
5	18 000	100	20	1.0

解 设 n_i 是第 $i(i = 1, 2, 3, 4, 5)$ 种物资的年订货次数,按照带有资金与库容约束的最佳批量模型,写出相应的整数规划模型:

$$\min \sum_{i=1}^{5} \left(\frac{1}{2} C_{P_i} Q_i + \frac{C_D D_i}{Q_i} \right)$$

$$\text{s. t.} \begin{cases} \sum_{i=1}^{5} K_i Q_i \leqslant J \\ \sum_{i=1}^{5} w_i Q_i \leqslant W_{\text{T}} \\ Q_i \geqslant 0, \ i = 1,2,\cdots 5 \\ n_i = \dfrac{D_i}{Q_i}, \ n_i \in \mathbb{Z}, \ i = 1,2,\cdots,5 \end{cases}$$

这是一个非线性整数规划问题,可以编写 MATLAB 程序借助蒙特卡洛方法求解。求解结果有随机性,不是很理想。

实际上借助 LINGO 软件可以更方便求解,编写 LINGO 程序如下:

```
model:
sets:kinds/1..5/:C_P,D,K,W,Q,N;
endsets
min = @sum(kinds:0.5 * C_P * Q + C_D * D/Q);
@sum(kinds:K * Q)<J;
@sum(kinds:W * Q)<W_T;
@for(kinds:N = D/Q;@gin(n));
data:
C_D = 1000;
D = 600 900 2400 12000 18000;
K = 300 1000 500 500 100;
C_P = 60 200 100 100 20;
W = 1.0 1.5 0.5 2.0 1.0;
J = 400000;
W_T = 1500;
enddata
end
```

求得总的存储费用为 142 272.8 元,订货资金还余 7 271.694 元,库存余 4.035 621 m^3,其余,计算物资的订货次数与订货量结果整理如下:

序　号	订货次数	订货量/件
1	7	85.714 29
2	13	69.230 77
3	14	171.428 6
4	40	300.000 0
5	29	620.689 7

上述计算采用整数规划,如果不计算年订货次数,而只有年订货周期,则不需要整数约束。由于整数规划的计算较慢,因此,在有可能的情况下,应尽量避免求解整数规划问题。

习　题

1. 企业生产某种产品,正常生产条件下每天可生产 10 件。根据供货合同,需按 7 件/天供货。存贮费 0.13 元/(天·件),缺货费 0.5 元/(天·件),每次生产准备费用(装配费)为 80 元,求最优存贮策略。

2. 某个食品批发站,用经济订货批量模型处理某品牌啤酒的存贮策略,当存贮每箱啤酒一年的费用为每箱啤酒价格的 22%,即每年存贮成本率为 22% 时,该批发站确定的经济订货批量 $Q^* =8\ 000$ 箱。由于银行贷款利息的增长,每年存贮成本率增长为 27%。请问:

(1) 这时其经济订货批量应为多少?

(2) 当每年存贮成本率从 i 增长到 i' 时,请推出经济订货批量变化的一般表达式。

3. 某出版社要出版一本工具书,估计其每年的需求率为常量,每年需求 18 000 套,每套的成本为 150 元,每年的存贮成本率为 18%。其每次生产准备费为 1 600 元,印制该书的设备生产率为每年 30 000 套。假设该出版社每年 250 个工作日,要组织一次生产的准备时间为 10 天。请使用不允许缺货的经济生产批量的模型,求出:

(1) 最优经济生产批量;

(2) 每年组织生产的次数;

(3) 两次生产间隔时间;

(4) 每次生产所需时间;

(5) 最大存贮水平;

(6) 生产和存贮的全年总成本;

(7) 再订货点。

4. 某公司生产某种商品,其生产率与需求率都为常量,年生产率为 50 000 件/年。年需求率为 30 000 件/年;生产准备费用每次为 1 000 元,每件产品的成本为 130 元,而每年的存贮成本率为 21%。假设该公司每年工作日为 250 天,要组织一次生产的准备时间为 5 天。请用不允许缺货的经济生产批量的模型,求出:

(1) 最优经济生产批量;

(2) 每年组织生产的次数;

(3) 两次生产间隔时间;

(4) 每次生产所需时间;

(5) 最大存贮水平;

(6) 生产和存贮的全年总成本;

(7)再订货点。

5. 某公司经理一贯采用不允许缺货的经济订货批量公式确定订货批量,他认为缺货虽然随后补上但总不是好事。由于竞争激烈,他不得不考虑采用允许缺货的策略。已知该公司所销售产品的需求为 800 件/年,每次的订货费用为 150 元,存贮费为 3 元/(件·年),发生缺货时的损失为 20 元/(件·年)。试分析:

(1) 计算采用允许缺货的策略比以前不允许缺货的策略节约了多少费用。

(2) 该公司为了保持一定的服务水平,规定缺货随后补上的数量不超过总量的 15%;任何一名顾客因供应不及时,需要等下批货到达,补上的时间不得超过 3 周。在这种情况下,是否应该采用允许缺货的政策?

第 12 章

目标规划方法

一般线性规划问题都只有一个目标函数,我们只需对单一目标的优化问题(如最大利润或最小成本等)作出决策或计划安排;但在实际的管理决策中,决策者要实现的目标往往不止一个,而且这些目标常常是相互矛盾的。这就给解决多目标问题的传统方法带来了一定的困难。目标规划正是为了解决这一问题而提出的一种方法。

目标规划是数学规划的一个重要分支,是建立在线性规划的基础上的,主要用于解决带有多个目标的决策问题。相关概念和数学模型最早是在 1961 年由美国的查恩斯(A. Charnes)和库伯(W. W. Cooper)在《管理模型及线性规划的工业应用》一书中提出的;1965 年,爱吉利(Y. Ijiri)引入了赋予各目标一个优先因子和权系数等概念,建立了目标规划的单纯形法,进一步完善了目标规划模型;后来杰斯基莱恩(U. Jashekilaineu)又对目标规划的表达和求解方法进行了研究,最后形成了现在的目标规划的理论和方法。

12.1　目标规划的数学模型

12.1.1　目标规划问题的提出

为了便于理解目标规划数学模型的特征及建模思路,我们首先举一个简单的例子来说明。

例 12-1-1　某工厂生产 A、B 两种产品,已知生产每种产品资源消耗数、现有资源拥有量(限制数)及可获得的利润如下:

	A	B	拥有量
原材料/公斤	2	1	11
设备/台时数	1	2	10
利润/(元·件$^{-1}$)	8	10	

工厂决策者在制订生产计划时,根据经济管理的需要,考虑了一些其他因素:

① 根据市场产品销售情况,产品 A 的销售量有下降的趋势,决定产品 A 的产量应不大于产品 B;

② 原材料超计划使用时,需要高价采购,会使成本增加;

③ 要尽可能充分利用设备有效台时数,不加班;

④ 应尽可能达到并超过计划利润指标 56 元。

综合考虑各项指标,工厂的决策者认为产品 B 的产量不低于产品 A 的产量重要,应首先考虑;其次是应充分利用设备有效台时数,不加班;第三是利润额应不小于 56 元。问如何制订生产计划?

解　这类决策问题是考虑对资源的合理利用问题。如果只考虑利润目标的实现,显然这是一个单目标的线性规划问题。用 x_1、x_2 分别表示 A、B 两种产品的产量,可以很容易建立起线性规划模型:

$$\max z = 8x_1 + 10x_2$$

$$\text{s. t.} \begin{cases} 2x_1 + x_2 \leqslant 11 \\ x_1 + 2x_2 \leqslant 10 \\ x_1, x_2 \geqslant 0 \end{cases}$$

但问题的着眼点并没有完全放在利润收益上,而是要考虑多项指标的实现,并且允许目标实现有一定的误差。对于这样的决策问题,如果用线性规划方法求解,把各项要求作为线性规划的约束,大多数情况是不存在可行域的,也就无可行解,更没有最优解,因为这些要求往往是矛盾的。有些方面的要求在线性规划模型中是无法表示的,是无法建立线性规划模型来求解的。比如,允许目标实现有一定的误差,这在线性规划模型中无法表示。

这样的多目标决策问题,在我们现实的经营管理中是很多的,可以用目标规划方法来分析决策。下面我们结合例 12-1-1 介绍目标规划模型。

12.1.2　目标规划模型的基本概念

目标规划模型与线性规划模型有些不同,增加了一些新的概念。在目标规划中有以下一些基本概念。

1. 目标值、决策值、正负偏差变量(d^+、d^-)

目标值:指预先给定的某个目标的一个期望值。

决策值(实现值、实际值):指当决策变量确定后,目标实现达到的值。

决策值和目标值之间有一定的误差,但这种误差是一个不确定的值,用变量表示,称为偏差变量;在目标规划中,变量有两种,即决策变量和偏差变量。偏差变量又分为正偏差变量和负偏差变量。

正偏差变量:指决策值超过目标值的部分,记 d^+,且 $d^+ > 0$;

负偏差变量:指决策值低于目标值的部分,记 d^-,且 $d^- > 0$。

比如,例 12-1-1 中要求达到或超过的利润指标值 56 元即为目标值,而在工厂安排产品 A、B 生产后,可能实现的利润值即为决策值,这两者之间一定有误差,这个误差可用偏差变量表示。

正偏差变量 d^+ 和负偏差变量 d^- 之间的关系有以下几种情况:

① 决策值超过目标值,则有 $d^+ > 0, d^- = 0$;

② 决策值没有达到目标值,则有 $d^+ = 0, d^- > 0$;

③ 决策值等于目标值,则有 $d^+ = 0, d^- = 0$。

2. 绝对约束和目标约束

在目标规划中有两类约束条件,分别是绝对约束和目标约束。

绝对约束(系统约束、硬约束、刚性约束):指必须严格满足的等式和不等式约束。目标规划中的绝对约束同线性规划问题中的所有约束条件的形式一样,不满足这些约束条件的解称为非可行解,所以又称为硬约束、刚性约束。

目标约束(软约束):目标规划特有的约束条件,在目标规划中,对于所要达到的目标,是作为约束条件来处理的。它是将所要达到的目标式子加上负偏差变量 d^-，然后减去正偏差变量 d^+ 并取等于目标值，所构成的约束条件。由于允许目标实现可以有一定的误差，并不严格要求达到目标值，所以称为软约束。

线性规划问题的目标函数和约束条件，在给定了目标值，引入正、负偏差变量后，都可以转化为目标约束。

例如在例 $12-1-1$ 中，约束条件转化为目标约束：$x_1+2x_2+d_2^- -d_2^+=10$；目标函数转化为目标约束：$8x_1+10x_2+d_3^- -d_3^+=56$。

在目标规划中，绝对约束不含正、负偏差变量，目标约束含有正、负偏差变量。

3. 优先因子(优先等级)和权系数

在目标规划中，各个目标的重要性对决策者来说是有主次之分的，决策者在实现目标时是区别对待的，我们用优先因子(或等级)来表示各个目标实现的优先次序和重要性，记为 P_1，P_2，$\cdots$，并规定 $P_k \gg P_{k+1}$，即 P_k 比 P_{k+1} 有更大的优先权。也就是说，在决策时首先要保证 P_1 级目标的实现，这时可以不考虑次级目标；而 P_2 级目标的实现不能破坏 P_1 级目标，要在 P_1 级目标的基础上考虑 P_2 级目标的实现。

如果有两个或多个目标重要程度相同，可以赋以它们相同的优先等级。对于具有相同优先级的多个目标，还可以赋以不同的权系数 ω_j 以表示它们重要程度的不同。

4. 目标规划的目标函数

由于目标规划追求的是使各项目标的实现值与目标值之间的偏差为最小，越小越好，所以，目标规划的目标函数是以求所有目标的偏差极小值的函数，即 $\min z=f(d^+,d^-)$。

在目标规划的目标函数中，由于每一目标控制偏差的性质不同，所以，有以下三种情形之一：

① 要求目标实现值恰好达到目标值，即正、负偏差都应尽可能的小，即
$$\min z=f(d^+,d^-)$$

② 要求目标实现值不超过目标值，即正偏差都应尽可能的小，即
$$\min z=f(d^+)$$

③ 要求目标实现值超过目标值，即负偏差都应尽可能的小，即
$$\min z=f(d^-)$$

具体构造目标函数时，首先，应由决策者根据各个目标的重要性确定优先等级和权系数以及要求控制的偏差变量；然后再组成一个由优先因子和权系数以及相应的偏差变量构成的，使总偏差为最小的目标函数。

5. 满意解

目标规划的求解是分级进行的，首先求满足 P_1 级目标的解，然后在保证 P_1 级目标不被破坏的前提下，再求满足 P_2 级目标的解，以此类推。分级求出的解，对于前面的目标可以保证实现或部分实现，但对后面的目标就不能保证实现或部分实现，所以最后求出的解，可能是可行解，也可能是非可行解，就不是通常意义上的最优解，称为满意解。

目标规划与线性规划在求解思想上存在差别，线性规划立足于求最优解，目标规划着眼于求满意解，目标规划的求解结果可以是非可行解。

有了目标规划的基本概念，下面对例 $12-1-1$ 的目标规划模型进行分析：

建立目标规划模型时,首先要严格区分绝对约束和目标约束。在目标约束中,一般要同时加减正偏差变量和负偏差变量,并且要根据问题的要求确定要控制的偏差变量的性质(正或负或两者同时控制),再根据程度确定的各个目标的优先级和权系数,正确构造目标函数。

设 x_1、x_2 分别表示 A、B 两种产品的产量,d_k^+、d_k^- 分别为第 k 个目标约束的正、负偏差变量;决策者要实现的目标如下:

① 产品 B 的产量不低于产品 A 的产量,加上负偏差,减去正偏差,得到目标约束 $\min(d_1^+)$,即

$$x_1 - x_2 + d_1^- - d_1^+ = 0$$

② 要充分利用设备有效台时数,不加班,生产这两种产品所消耗的台时数为 $x_1 + 2x_2$,目标值为 10,加上负偏差,减去正偏差,得到目标约束 $\min(d_2^- + d_2^+)$,即

$$x_1 + 2x_2 + d_2^- - d_2^+ = 10$$

③ 利润额不低于 56 元,生产这两种产品的利润为 $8x_1 + 10x_2$,目标值为 56 元,实现起来可能有正、负偏差,得到目标约束 $\min(d_3^-)$,即

$$8x_1 + 10x_2 + d_3^- - d_3^+ = 56$$

④ 严格控制原材料的使用量,也就是要满足以下绝对约束条件,即

$$2x_1 + x_2 \leqslant 11$$

再根据确定的各目标的优先等级和权系数,构造一个由优先等级、权系数以及各目标要控制的偏差量组成的,使总偏差量为最小的目标函数。

各目标的优先等级(没有权系数)如下:

P_1 级:产品乙的产量不低于产品甲的产量;

P_2 级:要充分利用设备有效台时数,不加班;

P_3 级:利润额不低于 56 元。

因此,要使总偏差量为最小,目标规划模型为

$$\min z = P_1 d_1^+ + P_2 (d_2^- + d_2^+) + P_3 d_3^-$$

$$\text{s.t.} \begin{cases} 2x_1 + x_2 \leqslant 11 \\ x_1 - x_2 + d_1^- - d_1^+ = 0 \\ x_1 + 2x_2 + d_2^- - d_2^+ = 10 \\ 8x_1 + 10x_2 + d_3^- - d_3^+ = 56 \\ x_1, x_2, d_k^-, d_k^+ \geqslant 0, k = 1, 2, 3 \end{cases}$$

例 12 - 1 - 2 某打印机厂装配喷墨打印机和激光打印机,每装配一台需占用装配线 1 小时,装配线每周计划开动 40 小时。预计市场每周激光打印机的销量是 24 台,每台可获利 80 元;喷墨打印机的销量是 30 台,每台可获利 40 元。该厂确定的目标为:

第一优先级:充分利用装配线每周计划开动 40 小时。

第二优先级:允许装配线加班,但加班时间每周尽量不超过 10 小时。

第三优先级:装配激光打印机和喷墨打印机的数量尽量满足市场需要。因激光打印机的利润高,取其权系数为 2。

试确定该厂为满足上面目标应制订的每周生产计划,要求建立目标规划模型。

解 设 x_1、x_2 分别表示每周装配激光打印机、喷墨打印机的台数。

题目中所给出的要求都有确定的优先级,所以均为目标约束。具体如下:

① 充分利用装配线每周计划开动 40 小时。每装配一台喷墨打印机和激光打印机需要占用装配线各 1 小时,占用装配线的小时数为 $x_1 + x_2$,充分利用 40 小时(实际上,应不小于 40 小时),允许有偏差,加减正、负偏差,则有下列目标约束,$\min(d_1^-)$,即

$$x_1 + x_2 + d_1^- - d_1^+ = 40$$

② 允许装配线加班,但加班时间每周尽量不超过 10 小时。即装配线工作时间可以是 50 小时,但不能超过 50 小时,允许有偏差,加减正、负偏差,则有下列目标约束,$\min(d_2^+)$,即

$$x_1 + x_2 + d_2^- - d_2^+ = 50$$

③ 激光打印机和喷墨打印机的数量应尽量满足市场需要。激光打印机的市场需求是 24 台,喷墨打印机的市场需求是 30 台,都不应少于这个数量,所以有下列目标约束,$\min(d_3^-)$ 和 $\min(d_4^-)$,即

$$x_1 + d_3^- - d_3^+ = 24$$

$$x_2 + d_4^- - d_4^+ = 30$$

再结合各目标的优先等级和权系数,使得各目标的偏差最小,该厂每周生产计划目标规划模型为

$$\min z = P_1 d_1^- + P_2 d_2^+ + P_3(2d_3^- + d_4^-)$$

$$\text{s. t.} \begin{cases} x_1 + x_2 + d_1^- - d_1^+ = 40 \\ x_1 + x_2 + d_2^- - d_2^+ = 50 \\ x_1 + d_3^- - d_3^+ = 24 \\ x_2 + d_4^- - d_4^+ = 30 \\ x_1, x_2, d_k^-, d_k^+ \geqslant 0, k = 1, 2, 3, 4 \end{cases}$$

12.1.3　目标规划的图解法

同线性规划的图解法一样,图解法只适用于两个决策变量的目标规划问题,但其求解简便,原理一目了然,且有助于理解目标规划问题的求解原理和过程。

图解法的求解步骤:

① 将绝对约束和目标约束(暂不考虑正负偏差变量)在坐标平面上绘制出来,确定可行域。由于有非负约束要求,所以,只需在第一象限绘制,各约束条件以直线形式绘制出来。如果没有绝对约束,则以变量非负条件确定可行域。

② 在目标约束所表示的直线上,用箭头标出正、负偏差变量值增大的方向。标注有 d^- 方向的区域,表示实现值没有达到目标值的区域;标注有 d^+ 方向的区域,表示实现值超过目标值的区域。直线的法线方向就是 d^+ 方向,负法线方向就是 d^- 方向。

③ 分级求解。先求满足最高优先级目标的解(绝对约束比目标约束优先级高),在不破坏所有上一级较高优先级目标的前提下,再求出该优先级目标解。

④ 重复进行,直至所有优先级目标都求解完,确定满意解。

用图解法求解例 12-1-1 的目标规划问题,具体说明图解法步骤。

$$\min z = P_1 d_1^+ + P_2(d_2^- + d_2^+) + P_3 d_3^-$$

$$\text{s. t. } \begin{cases} 2x_1 + x_2 \leqslant 11 \\ x_1 - x_2 + d_1^- - d_1^+ = 0 \\ x_1 + 2x_2 + d_2^- - d_2^+ = 10 \\ 8x_1 + 10x_2 + d_3^- - d_3^+ = 56 \\ x_1, x_2, d_k^-, d_k^+ \geqslant 0, \ k = 1, 2, 3 \end{cases}$$

解 以决策变量 x_1 和 x_2 分别表示两个坐标轴,绘制直角坐标平面。在坐标平面上,将每一个约束条件用直线表示出来。对于目标约束,先不考虑每个约束的正、负偏差变量,由绝对约束和变量非负条件,可确定出可行域,可行域为 $\triangle OAB$。用两个箭头分别表示各个目标约束中的正、负偏差变量 d^- 和 d^+:d^+ 方向代表直线的法线方向,d^- 方向代表直线的负法线方向,如图 $12-1-1$ 所示。

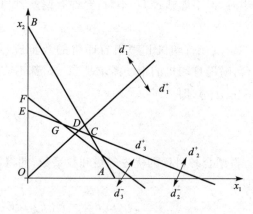

图 $12-1-1$　图解法

接下来,再根据目标函数中的优先级分级求解。P_1 优先级目标的要求是 $\min(d_1^+)$,要满足这个目标,必须使 $d_1^+ = 0$ 为最小(否则不满足要求),则在 $\triangle OBC$ 内的点以及 OC 边上的点都满足这个要求。

P_2 优先级目标的要求是 $\min(d_2^- + d_2^+)$,要满足这个目标,必须使 $d_2^- = d_2^+ = 0$,而又不破坏 P_1 优先级目标的要求,就只能在直线 ED 上取值。

P_3 优先级目标的要求是 $\min(d_3^-)$,要满足这个目标,必须使 $d_3^- = 0$,而又不破坏 P_1 和 P_2 优先级目标的要求,就只能在 GD 线段上取值。

所以,GD 线上的点即为这个问题的解(满意解),而且有无穷多个解。

这个问题的满意解,全部满足了约束条件(绝对约束和目标约束)$d_1^+ = 0$、$d_2^- = d_2^+ = 0$ 和 $d_3^- = 0$,因而是可行解。但也有些问题得出的满意解,并不能全部满足约束条件,是非可行解,这一点与线性规划不同。

12.1.4 目标规划的单纯形法

1. 目标规划单纯形法的特点

目标规划模型与线性规划模型在结构形式上基本相同,只是它的目标不止一个,因此,可以利用线性规划单纯形法来求解目标规划的满意解。但在利用单纯形法求解目标规划满意解时,要注意下面几个特点:

① 由于目标规划的满意解是按照优先级高低由高向低逐级求解的,所以,在目标规划单纯形表中检验数行是按照优先级高低分行列出的。

② 最优性检验是按照目标优先级的次序依次检验各个非基变量最优性的;非基变量检验数的正负首先取决于 P_1 级系数的正负,若 P_1 级的系数为 0,则取决于 P_2 级系数的正负,以此类推。

③ 在目标规划单纯形表中,决策变量系数为 0,偏差变量系数为优先因子和权系数,但数量级不同。

2. 目标规划单纯形法的步骤

用单纯形法求解目标规划的步骤如下：

① 建立目标规划的初始单纯形表。首先将目标规划模型标准化，构造一个初始可行基，对绝对约束添加松弛变量(人工变量或剩余变量)，初始基由所有负偏差变量或松弛变量的列向量构成，在列表时应将偏差变量视为与决策变量相同的变量。优先因子在检验数行分行列出，并计算每个变量的检验数，检验数的计算方法同线性规划。

② 进行最优性检验。在检验数行时，按照优先级高低，分行依次检查各个非基变量的最优性，有以下几种情况：

- 如果对应于非基变量所有优先级所在行的检验数全为非负(因为目标规划是求极小化问题)，则停止计算，得到满意解；
- 如果存在某非基变量某一优先级所在行有负检验数，但该非基变量检验数前几行优先级对应的检验数不为 0，为正数，则停止计算，得到满意解；
- 如果存在某非基变量某一优先级所在行有负检验数，而且该检验数前几行优先级对应的检验数为 0，则取该负检验数(或其中最小的负检验数)所对应的非变量为换入变量，转步骤③。

③ 根据最小比值规则，确定换出变量。当有两个或两个以上相同的最小比值时，选取具有较高优先级的变量为换出变量。

④ 迭代(旋转计算)，得到新的单纯形表。

⑤ 重复步骤②～④，直至求出满意解。

12.2　目标规划的 MATLAB 实践

对于多目标线性规划求解，借助软件编程有多种方法，下面综合多种方法介绍并实践。

12.2.1　多目标线性规划模型

多目标线性规划有着两个或两个以上的目标函数，且目标函数和约束条件全是线性函数，其数学模型为

$$\max \begin{cases} z_1 = c_{11}x_1 + c_{12}x_2 + \cdots + c_{1n}x_n \\ z_2 = c_{21}x_1 + c_{22}x_2 + \cdots + c_{2n}x_n \\ \qquad\qquad\vdots \\ z_r = c_{r1}x_1 + c_{r2}x_2 + \cdots + c_{rn}x_n \end{cases} \tag{12.1}$$

约束条件为

$$\begin{cases} a_{11}x_1 + a_{12}x_2 + \cdots + a_{1n}x_n \leqslant b_1 \\ a_{21}x_1 + a_{22}x_2 + \cdots + a_{2n}x_n \leqslant b_2 \\ \qquad\qquad\vdots \\ a_{m1}x_1 + a_{m2}x_2 + \cdots + a_{mn}x_n \leqslant b_m \\ x_1, x_2, \cdots, x_n \geqslant 0 \end{cases} \tag{12.2}$$

若式(12.1)中只有一个 $z_i = c_{i1}x_1 + c_{i2}x_2 + \cdots + c_{in}x_n$，则该问题为典型的单目标线性

规划。

我们记：$A = (a_{ij})_{m \times n}$，$C = (c_{ij})_{r \times n}$，$b = (b_1, b_2, \cdots, b_m)^T$，$x = (x_1, x_2, \cdots, x_n)^T$，$Z = (Z_1, Z_2, \cdots, Z_r)^T$。则上述多目标线性规划可用矩阵形式表示：

$$\begin{cases} \max Z = Cx \\ \text{s. t. } Ax \leqslant b \\ \quad\quad x \geqslant 0 \end{cases} \tag{12.3}$$

12.2.2   MATLAB 优化工具箱常用函数

在 MATLAB 软件中，有几个专门求解最优化问题的函数，如求线性规划问题的 linprog，求有约束非线性函数的 fmincon，求最大最小化问题的 fminimax。对于求多目标达到问题，常用 fgoalattain，方法如下：

[x, fval] = fgoalattain(fun, x0, goal, weight, A, b, Aeq, beq, lb, ub)

其中，fun 为目标函数的 M 函数；x0 为初值；goal 变量为目标函数希望达到的向量值；wight 参数指定目标函数间的权重；A、b 为不等式约束的系数；Aeq、beq 为等式约束系数；lb、ub 为 x 的下限和上限；fval 为求解的 x 所对应的值。

12.2.3   多目标线性规划的求解方法及 MATLAB 实现

1. 理想点法

在式(12.3)中，先求解 r 个单目标问题：$\min\limits_{x \in D} Z_j(x)$，$j = 1, 2, \cdots, r$。设其最优值为 Z_j^*，称 $Z^* = (Z_1^*, Z_2^*, \cdots, Z_r^*)$ 为值域中的一个理想点，因为一般很难达到。于是，在期望的某种度量之下，寻求距离 Z^* 最近的 Z 作为近似值。一种最直接的方法是最短距离理想点法，构造评价函数

$$\varphi(Z) = \sqrt{\sum_{i=1}^{r} \left[Z_i - Z_i^* \right]^2}$$

然后极小化 $\varphi[Z(x)]$，即求解

$$\min_{x \in D} \varphi[Z(x)] = \sqrt{\sum_{i=1}^{r} \left[Z_i(x) - Z_i^* \right]^2}$$

并将它的最优解 x^* 作为式(12.3)在这种意义下的"最优解"。

例 12-2-1   利用理想点法求解：

$$\max f_1(x) = -3x_1 + 2x_2$$
$$\max f_2(x) = 4x_1 + 3x_2$$
$$\text{s. t. } \begin{cases} 2x_1 + 3x_2 \leqslant 18 \\ 2x_1 + x_2 \leqslant 10 \\ x_1, x_2 \geqslant 0 \end{cases}$$

解   先分别对单目标求解。

① 求解 $f_1(x)$ 最优解的 MATLAB 程序如下：

```
>> f = [3; -2]; A = [2,3;2,1]; b = [18;10]; lb = [0;0];
>> [x,fval] = linprog(f,A,b,[],[],lb)
```

结果输出：

```
x = 0.0000    6.0000
fval = - 12.0000
```

即最优解为 12。

② 求解 $f_2(x)$ 最优解的 MATLAB 程序如下：

```
>> f = [- 4; - 3]; A = [2,3;2,1]; b = [18;10]; lb = [0;0];
>> [x,fval] = linprog(f,A,b,[],[],lb)
```

结果输出：

```
x = 3.0000    4.0000
fval = - 24.0000
```

即最优解为 24。

于是得到理想点 (12,24)，然后求如下模型的最优解：

$$\begin{cases} \min_{x \in D} \varphi[f(x)] = \sqrt{[f_1(x) - 12]^2 + [f_2(x) - 24]^2} \\ \text{s. t.} \quad 2x_1 + 3x_2 \leqslant 18 \\ \qquad\quad 2x_1 + x_2 \leqslant 10 \\ \qquad\quad x_1, x_2 \geqslant 0 \end{cases}$$

MATLAB 程序如下：

```
>> A = [2,3;2,1]; b = [18;10]; x0 = [1;1]; lb = [0;0];
>> x = fmincon('((- 3 * x(1) + 2 * x(2) - 12)^2 + (4 * x(1) + 3 * x(2) - 24)^2)^(1/2)',x0,A,b,[],[],
lb,[])
```

结果输出：

```
x = 0.5268    5.6488
```

则对应的目标值分别为 $f_1(x) = 9.717\ 2, f_2(x) = 19.053\ 6$。

2. 线性加权和法

在具有多个指标的问题中，人们总希望对那些相对重要的指标给予较大的权系数，因而将多目标向量问题转化为所有目标的加权求和的标量问题。基于这个现实，构造如下评价函数，即

$$\min_{x \in D} Z(x) = \sum_{i=1}^{r} \omega_i Z_i(x)$$

将它的最优解 x^* 作为式 (12.3) 在线性加权和意义下的"最优解"。其中 ω_i 为加权因子，其选取的方法很多，有专家打分法、容限法和加权因子分解法等。

例 12 - 2 - 2　对例 12 - 2 - 1 进行线性加权和法求解。（权系数分别取 $\omega_1 = 0.5, \omega_2 = 0.5$）

解　构造评价函数，即求如下模型的最优解。

$$\min \{0.5 \times (3x_1 - 2x_2) + 0.5 \times (- 4x_1 - 3x_2)\}$$

$$\text{s. t.} \begin{cases} 2x_1 + 3x_2 \leqslant 18 \\ 2x_1 + x_2 \leqslant 10 \\ x_1, x_2 \geqslant 0 \end{cases}$$

MATLAB 程序如下：

```
>> f = [ - 0.5; - 2.5; A = [2,3;2,1]; b = [18;10]; lb = [0;0];
>> x = linprog(f,A,b,[],[],lb)
```

结果输出：

```
x = 0.0000   6.0000
```

对应的目标值分别为 $f_1(x) = 12, f_2(x) = 18$。

3. 最大最小法

在决策的时候，采取保守策略是稳妥的，即在最坏的情况下，寻求最好的结果。按照此想法，可以构造如下评价函数：

$$\varphi(Z) = \max_{1 \leqslant i \leqslant r} Z_i$$

然后求解

$$\min_{x \in D} \varphi[Z(x)] = \min_{x \in D} \max_{1 \leqslant i \leqslant r} Z_i(x)$$

并将它的最优解 x^* 作为式(12.3)在最大最小意义下的"最优解"。

例 12 - 2 - 3   对例 12 - 2 - 1 进行最大最小法求解。

解   编写 MATLAB 程序，首先编写目标函数的 M 文件：

```
function f = myfun12(x)
f(1) = 3 * x(1) - 2 * x(2);
f(2) = - 4 * x(1) - 3 * x(2);
>> x0 = [1;1];A = [2,3;2,1];b = [18;10];lb = zeros(2,1);
>> [x,fval] = fminimax('myfun12',x0,A,b,[],[],lb,[])
```

结果输出：

```
x = 0.0000   6.0000
fval = - 12    - 18
```

对应的目标值分别为 $f_1(x) = 12, f_2(x) = 18$。

4. 目标规划法

$$\underset{x \in D}{\text{Appr}} Z(x) \to Z^0 \tag{12.4}$$

并把原多目标线性规划(12.3) $\max_{x \in D} Z(x)$ 称为和目标规划(12.4)相对应的多目标线性规划。

为了用数量来描述目标规划(12.4)，我们在目标空间 E^r 中引入点 $Z(x)$ 与 Z^0 之间的某种"距离"：

$$D[Z(x),Z^0] = \Big[\sum_{i=1}^{r} \lambda_i (Z_i(x) - Z_i^*)^2 \Big]^{1/2}$$

这样目标规划(12.4)便可以用单目标 $\min_{x \in D} D[Z(x),Z^0]$ 来描述了。

例 12 - 2 - 4   对例 12 - 2 - 1 用目标规划法求解。

解   编写 MATLAB 程序，首先编写目标函数的 M 文件：

```
function f = myfun3(x)
f(1) = 3 * x(1) - 2 * x(2);
f(2) = - 4 * x(1) - 3 * x(2);
>> goal = [18,10]; weight = [18,10]; x0 = [1,1]; A = [2,3;2,1]; b = [18,10]; lb = zeros(2,1);
>> [x,fval] = fgoalattain('myfun3',x0,goal,weight,A,b,[],[],lb,[])
```

结果输出：

```
x  =      0.0000      6.0000
fval  =      -12        -18
```

则对应的目标值分别为 $f_1(x) = 12, f_2(x) = 18$。

5. 模糊数学求解方法

由于多目标线性规划的目标函数不止一个，要想求得某一个点作 x^*，使得所有的目标函数都达到各自的最大值，这样的绝对最优解通常是不存在的。因此，在具体求解时，需要采取折中的方案，使各目标函数都尽可能的大。模糊数学规划方法可对其各目标函数进行模糊化处理，将多目标问题转化为单目标问题，从而求得该问题的模糊最优解。

具体方法如下：先求在约束条件 $\begin{cases} Ax \leqslant b \\ x \geqslant 0 \end{cases}$ 下各个单目标 $Z_i(i=1,2,\cdots,r)$ 的最大值 Z_i^* 和最小值 Z_i^-，伸缩因子为 $d_i = Z_i^* - Z_i^-, i=1,2,\cdots,r$。由此得到

$$\begin{cases} \max Z = \lambda \\ \text{s.t. } \sum_{j=1}^{n} c_{ij} x_j - d_i \lambda \geqslant Z_i^* - d_i, i=1,2,\cdots,r \\ \quad\quad \sum_{j=1}^{n} a_{kj} x_j \leqslant b_k, k=1,2,\cdots,m \\ \quad\quad \lambda \geqslant 0, x_1, x_2, \cdots, x_n \geqslant 0 \end{cases} \tag{12.5}$$

式(12.5)是一个简单的单目标线性规划问题。

最后求得模糊最优解为 $Z^{**} = C(x_1^*, \cdots, x_n^*)^{\mathrm{T}}$。

利用式(12.5)来求解的关键是确定伸缩指标 d_i。d_i 是我们选择的一些常数。在多目标线性规划中，各子目标难以同时达到最大值 Z_i^*，但是可以确定各子目标的取值范围，它满足 $Z_i^- \leqslant Z_i \leqslant Z_i^*$；所以，伸缩因子 d_i 可以按如下取值：$d_i = Z_i^* - Z_i^-$。

例 12 - 2 - 5　对例 12 - 2 - 1 进行模糊数学方法求解。

解　①分别求得 $f_1(x)$、$f_2(x)$ 在约束条件下的最大值：$Z^* = (12,24)$。

② 分别求得 $f_1(x)$、$f_2(x)$ 在约束条件下的最小值：$Z^- = (-15,0)$。伸缩因子为 $d_i = (27,24)$。然后求如下模型的最优解：

$$\max Z = \lambda$$

$$\text{s.t.} \begin{cases} -3x_1 + 2x_2 - 27\lambda \geqslant -15 \\ 4x_1 + 3x_2 - 24\lambda \geqslant 0 \\ 2x_1 + 3x_2 \leqslant 18 \\ 2x_1 + x_2 \leqslant 10 \\ x_1, x_2, \lambda \geqslant 0 \end{cases}$$

MATLAB 程序如下：

```
>> f = [0;0;-1]; A = [3,-2,27;-4,-3,24;2,3,0;2,1,0]; b = [15;0;18;10]; lb = [0;0;0]
>> [x,fval] = linprog(f,A,b,[],[],lb)
```

结果输出：

```
x = 1.0253    5.3165    0.8354
fval = -0.8354
```

于是原多目标规划问题的模糊最优值为 $Z^{**} = (7.557\ 1, 20.050\ 7)$。

习　题

1. 用图解法和单纯形法求解下面目标规划问题：
$$\min z = P_1(d_1^- + d_2^+) + P_2 d_3^-$$
$$\text{s.t.} \begin{cases} x_1 - d_1^+ + d_1^- = 10 \\ 2x_1 + x_2 - d_2^+ + d_2^- = 40 \\ 3x_1 + 2x_2 - d_3^+ + d_3^- = 100 \\ x_1, x_2, d_k^-, d_k^+ \geqslant 0,\ k = 1,2,3 \end{cases}$$

2. 某电子厂生产录音机和电视机两种产品，分别由甲、乙两个车间生产。已知除外购件外，生产一台录音机需甲车间加工 2 小时、乙车间装配 1 小时；生产一台电视机需甲车间加工 1 小时、乙车间装配 3 小时。这两种产品生产出来后均需经检验、销售等环节。已知每台录音机检验、销售费用需 50 元；每台电视机检验、销售费用需 30 元。又知甲车间每月可用的生产工时为 120 小时，车间管理费用每小时为 80 元；乙车间每月可用的生产工时为 150 小时，车间管理费用每小时为 20 元。估计每台录音机利润为 100 元，每台电视机利润为 75 元，又估计下一年度内每月可销售录音机 50 台，电视机 80 台。工厂确定制订月度生产计划的目标如下：

第一优先级：检验和销售费用每月不超过 4 600 元；

第二优先级：每月售出录音机不少于 50 台；

第三优先级：甲、乙两个车间的生产工时要得到充分利用（重要性权系数按两个车间每小时管理费用的比例确定）；

第四优先级：甲车间加班不超过 20 小时；

第五优先级：每月售出电视机不少于 80 台；

第六优先级：两个车间加班总时间要有控制（权系数分配与第三优先级相同）。

试确定该厂为达到以上目标的最优月度生产计划数字。

第 **13** 章

动态规划（Dynamic Programming）是 20 世纪 50 年代由美国数学家贝尔曼（Richard Bellman）和他的学生们一同建立和发展起来的一种解多阶段决策问题的优化方法。

自动态规划问世以来，在工程技术、经济管理、生产调度、最优控制，以及军事等领域得到了广泛应用。例如最短路线、库存管理、资源分配、生产调度、设备更新、排序、装载等问题，用动态规划方法比用其他方法求解更方便，而且许多问题用动态规划方法去处理，也比线性规划或非线性规划更有成效。

13.1 多阶段决策问题

动态规划所研究的对象是多阶段决策问题。所谓多阶段决策问题是指一类活动过程，它可按时间或空间把问题分为若干个相互联系的阶段。在每一阶段都要作出选择（决策），这个决策不仅仅决定这一阶段的效益，而且决定下一阶段的初始状态，从而决定整个过程的走向（因而称为动态规划）。每当一阶段的决策一一确定之后，就得到一个决策序列，称为策略。所谓多阶段决策问题就是求一个策略，使各个阶段的效益总和达到最优。

下面是几个多阶段决策问题的例子。

例 13 - 1 - 1(最短路问题)

如图 13 - 1 - 1 所示，从 A 地向 F 地铺设一条输油管道，各点间连线上的数字表示距离。如果两点之间没有连线，则表示这两点之间不能铺设管道，问选择哪条路线可使总距离最短？

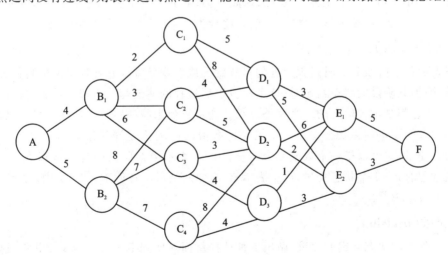

图 13 - 1 - 1　输油管道图

分析　可以看出，这是一个多阶段决策问题：从 A 到 F 可以分为 5 个阶段。从 A 出发到

B_1 或 B_2 为第一阶段,这时有两个选择:走到 B_1 或走到 B_2,若我们决定选择走到 B_1,则 B_1 就是下一个阶段的起始点。在下一阶段,我们从 B_1 出发,这时有一个可供选择的决策集合$\{C_1,$ $C_2,C_3\}$。很明显,前面各阶段的决策如何选,直接影响着之后各阶段的行进路线。我们的目的就是在每个阶段做出一个选择,使得总路程最短。

例 13 - 1 - 2(生产计划问题)

工厂生产某种产品,每单位(千件)的成本为 1(千元),每次开工的固定成本为 3(千元),工厂每季度的最大生产能力为 6(千件)。经调查,市场对该产品的需求量第一、二、三、四季度分别为 2、3、2、4(千件)。如果工厂在第一、二季度将全年的需求都生产出来,自然可以降低成本(少付固定成本费),但是对于第三、四季度才能上市的产品需付存储费,每季度每千件的存储费为 0.5(千元)。另外,还规定年初和年末这种产品均无库存。试制订一个生产计划,即安排每个季度的产量,使一年的总费用(生产成本和存储费)最少。

分析 这是一个明显的多阶段问题,可以按照计划时间自然划分阶段。

根据过程的时间变量是离散的还是连续的,多阶段决策问题可分为离散时间决策问题和连续时间决策问题;根据过程的演变是确定的还是随机的,又可分为确定性决策问题和随机性决策问题,其中应用最广的是确定性多阶段决策问题。

13.2 动态规划问题的基本概念和最优化原理

13.2.1 动态规划模型的基本概念

1. 阶段(stage)

阶段是对整个过程的自然划分。通常根据时间顺序或空间特征来划分阶段,以便按阶段的次序解优化问题。描述阶段的变量称为阶段变量,常用 k 表示。如在例 13 - 1 - 1 中,由 A 出发为 $k=1$,由 $B_i(i=1,2)$ 出发为 $k=2$,如此下去,从 $E_i(i=1,2)$ 出发为 $k=5$,共 $n=5$ 个阶段。在例 13 - 1 - 2 中,按照第一、二、三、四季度分为 $k=1,2,3,4$,共四个阶段。

2. 状态(state)

状态表示每个阶段开始时过程所处的自然状况或客观条件。它描述过程的特征并且具有无后效性,即当某阶段的状态给定时,这个阶段以后过程的演变与该阶段以前各阶段的状态无关,即每个状态都是过去历史的一个完整总结。通常还要求状态是直接或间接可以观测的。

描述状态的变量称为状态变量。变量允许取值的范围称允许状态集合。用 s_k 表示第 k 阶段的状态变量,它可以是一个数或一个向量;用 S_k 表示第 k 阶段的允许状态集合。n 个阶段的决策过程有 $n+1$ 个状态变量,s_{n+1} 表示 s_n 演变的结果。在例 13 - 1 - 1 中,s_2 可取 B_1 或 B_2,而 $S_2=\{B_1,B_2\}$。

3. 决策(decision)

当一个阶段的状态确定后,可以做出各种选择从而演变到下一阶段的某个状态,这种选择手段称为决策。

描述决策的变量称为决策变量,决策变量允许取值的范围称为允许决策集合,用 x_k 表示第 k 阶段的决策变量,它是状态变量 s_k 的函数,即 $x_k=x_k(s_k)$;用 $D_k(s_k)$ 表示第 k 阶段状态为 s_k 时的允许决策集合。在例 $13-1-1$ 中，$x_2(B_1)$ 可取 C_1、C_2 或 C_3，而 $D_2(B_1)=\{B_1,B_2,B_3\}$。

4. 策略（policy）

动态规划问题各个阶段的决策组成的序列称为策略。对于 n 个阶段的动态规划问题，由初始状态 s_1 开始的全过程的策略记作 $p_{1n}(s_1)$，即

$$p_{1n}(s_1)=\{x_1(s_1),x_2(s_2),\cdots,x_n(s_n)\}$$

由第 k 阶段的状态 s_k 开始到终止状态的后部子过程的策略称为子策略，记作 $p_{kn}(s_k)$，即

$$p_{kn}(s_k)=\{x_k(s_k),x_{k+1}(s_{k+1}),\cdots,x_n(s_n)\}$$

对于每个阶段 k 的某一给定的状态 s_k，可供选择的策略有一定的范围，称为允许策略集合。动态规划就是在允许策略集合中选最优策略。

5. 状态转移方程

在确定性过程中，一旦已知某阶段的状态和决策，下阶段的状态便完全确定。用状态转移方程表示这种演变规律，写作

$$s_{k+1}=T_k[s_k,x_k(s_k)],\quad k=1,2,\cdots,n$$

或简写为

$$s_{k+1}=T_k(s_k,x_k),\quad k=1,2,\cdots,n$$

如例 $13-1-1$ 中，易知状态转移方程为 $s_{k+1}=x_k$。以后我们将会看到，这是建立动态规划数学模型的难点之一。

6. 指标函数

指标函数（objective function）是衡量所选定策略优劣的数量指标，它是关于策略的数量函数。系统用某一策略而产生的效益用数量表示，根据不同的实际，效益可以是利润、距离、产量或资源的消耗量等。指标函数分阶段指标函数和过程指标函数。阶段指标函数是指第 k 阶段，从状态 s_k 出发，采用决策 x_k 时的效益，用 $r_k(s_k,x_k)$ 表示。过程指标函数是指从状态 $s_k(k=1,2,\cdots,n)$ 出发直至过程终止，当采取某种子策略时，得到的效益值可以表示为状态 x_k 和策略 p_{kn} 的函数，记作

$$V_{kn}(x_k,p_{kn}(s_k))$$

过程指标函数又是它所包含的各阶段指标函数的函数，按问题的性质，它可以是各阶段指标函数的和、积或其他函数形式。

在 s_k 给定时，过程指标函数 V_{kn} 对 p_{kn} 的最优值称为最优指标函数，即从第 k 阶段状态 s_k 采用最优策略到过程终止时的最佳效益值，记作 $f_k(s_k)$。通常 $f_k(s_k)$ 可写为以下形式：

$$f_k(s_k)=\text{opt}\{r_k(s_k,x_k)\otimes r_{k+1}(s_{k+1},x_{k+1})\otimes\cdots\otimes r_n(s_n,x_n)\}$$

其中，$\otimes$ 表示某种运算，可以是加、乘或其他运算；符号 opt 代表最优化，可根据问题的性质取 max 或 min。

13.2.2　动态规划的基本定理和基本方程

1. 最优化原理

作为整个过程的最优策略具有如下性质：不论过去状态和决策如何，对前面的决策所形成的状态而言，余下的诸决策必须构成最优子策略。简而言之，一个最优化策略的子策略总是最优的。例如，对最短路问题来说，即为从最短路上的任一点到终点的部分道路（最短路上的子

路)也一定是从该点到终点的最短路(最短子路)。

2. 动态规划的基本方程

根据最优化原理导出的动态规划基本方程是解决一切动态规划问题的基本方法。

如下方程称为动态规划的基本方程:

$$
\begin{cases}
f_k(s_k) = \operatorname*{opt}_{x_k \in D_k(s_k)} \{r_k(s_k,x_k) \otimes f_{k+1}(s_{k+1})\} , & k=n,n-1,\cdots,2,1 \\
f_{n+1}(s_{n+1}) = 0 \text{ 或 } 1
\end{cases}
$$

在上述方程中,当$\otimes$为加法时,取$f_{n+1}(s_{n+1})=0$;当$\otimes$为乘法时,取$f_{n+1}(s_{n+1})=1$,称为边界条件。

综上所述,如果一个问题能用动态规划方法求解,那么,我们可以按下列步骤建立动态规划的数学模型。

① 将过程划分为恰当的阶段。

② 正确选择状态变量s_k,使它既能描述过程的状态,又满足无后效性,同时确定允许状态集合S_k。

③ 选择决策变量x_k,确定允许决策集合$D_k(s_k)$。

④ 写出状态转移方程。

⑤ 确定阶段指标函数$r_k(s_k,x_k)$及最优指标函数$f_k(s_k)$的形式。

⑥ 写出动态规划的基本方程(包括边界条件)。

动态规划的主要难点在于理论上的设计,一旦设计完成,实现部分就会非常简单。根据动态规划的基本方程,可以直接递归计算最优值。

13.3　动态规划模型及求解方法

动态规划问题的求解有两种基本方法:逆序解法与顺序解法。所谓逆序解法,是从问题的最后一个阶段开始,逆多阶段决策的实际过程反向寻优。顺序解法,是从问题的最初阶段开始,同多阶段决策的实际过程顺序寻优。动态规划中,较多采用的是逆序解法。

采用逆序解法时,状态转移方程和动态规划的基本方程分别为

$$s_{k+1} = T_k(s_k,x_k), \quad k=1,2,\cdots,n$$

$$
\begin{cases}
f_k(s_k) = \operatorname*{opt}_{x_k \in D_k(s_k)} \{r_k(s_k,x_k) \otimes f_{k+1}(s_{k+1})\} , & k=n,n-1,\cdots,2,1 \\
f_{n+1}(s_{n+1}) = 0 \text{ 或 } 1
\end{cases}
$$

采用顺序解法时,状态转移方程和动态规划的基本方程分别为

$$s_{k-1} = T_k(s_k,x_k), \quad k=1,2,\cdots,n$$

$$
\begin{cases}
f_k(s_k) = \operatorname*{opt}_{x_k \in D_k(s_k)} \{r_k(s_k,x_k) \otimes f_{k-1}(s_{k-1})\} , & k=1,2,\cdots,n \\
f_0(s_0) = 0 \text{ 或 } 1
\end{cases}
$$

例 13-3-1　分别用逆序解法和顺序解法求解例 13-1-1(最短路问题)。

解　将问题分成五个阶段,阶段变量为$k(k=1,2,3,4,5)$。

方法一　逆序解法

第k阶段到达的具体位置用状态变量s_k表示,这里状态变量取字符值而不是数值。各阶

段决策变量 x_k 为到达下一站所选择的路径,状态转移方程为 $s_{k+1}=x_k$,阶段指标函数为相邻两段状态间的距离,用 $d(s_k,x_k)$ 表示。最优指标函数 $f_k(s_k)$ 是从 s_k 出发到终点的最短距离。动态规划基本方程为

$$\begin{cases} f_k(s_k)=\min_{x_k}\{d(s_k,x_k)+f_{k+1}(s_{k+1})\},\ k=5,4,3,2,1 \\ f_6(s_6)=0 \end{cases}$$

下面分 5 步来解决问题:

① 当 $k=5$ 时,允许状态集 $S_5=\{E_1,E_2\}$,故分情况讨论。

若最佳路径从 A 出发通过 E_1 的话,由 E_1 到终点 F 的最短距离为

$$f_5(E_1)=5$$

同理, $f_5(E_2)=3$ 。故最优决策为

$$x_5^*(E_1)=F,\quad x_5^*(E_2)=F$$

② 当 $k=4$ 时,

$$f_4(D_1)=\min\begin{cases}d(D_1,E_1)+f_5(E_1)\\d(D_1,E_2)+f_5(E_2)\end{cases}=\min\begin{cases}3+4\\5+3\end{cases}=7,\quad x_4^*(D_1)=E_1$$

$$f_4(D_2)=\min\begin{cases}d(D_2,E_1)+f_5(E_1)\\d(D_2,E_2)+f_5(E_2)\end{cases}=\min\begin{cases}6+4\\2+3\end{cases}=5,\quad x_4^*(D_2)=E_2$$

$$f_4(D_3)=\min\begin{cases}d(D_3,E_1)+f_5(E_1)\\d(D_3,E_2)+f_5(E_2)\end{cases}=\min\begin{cases}1+4\\3+3\end{cases}=5,\quad x_4^*(D_3)=E_1$$

② 当 $k=3$ 时,

$$f_3(C_1)=\min\begin{cases}d(C_1,D_1)+f_4(D_1)\\d(C_1,D_2)+f_4(D_2)\end{cases}=\min\begin{cases}5+7\\8+5\end{cases}=12,\quad x_3^*(C_1)=D_1$$

同理,

$$f_3(C_2)=10,\quad x_3^*(C_2)=D_2$$
$$f_3(C_3)=8,\quad x_3^*(C_3)=D_2$$
$$f_3(C_4)=9,\quad x_3^*(C_4)=D_3$$

④ 当 $k=2$ 时,

$$f_2(B_1)=\min\begin{cases}d(B_1,C_1)+f_3(C_1)\\d(B_1,C_2)+f_3(C_2)\\d(B_1,C_3)+f_3(C_3)\end{cases}=\min\begin{cases}2+12\\3+10\\6+8\end{cases}=13,\quad x_2^*(B_1)=C_2$$

同理,

$$f_2(B_2)=15,\quad x_2^*(B_2)=C_3$$

⑤ 当 $k=1$ 时,

$$f_1(A)=\min\begin{cases}d(A,B_1)+f_2(B_1)\\d(A,B_2)+f_2(B_2)\end{cases}=\min\begin{cases}4+13\\5+15\end{cases}=17,\quad x_1^*(A)=B_1$$

再按计算顺序的反推,可得最优策略:

$$x_1^*(A)=B_1,\quad x_2^*(B_1)=C_2,\quad x_3^*(C_2)=D_2,\quad x_4^*(D_2)=E_2,\quad x_5^*(E_2)=F$$

从而得最优路径:

$$A\!-\!B_1\!-\!C_2\!-\!D_2\!-\!E_2\!-\!F$$

最短距离为

$$f_1(A) = 17$$

方法二　顺序解法

阶段变量、状态变量、决策变量及指标函数同逆序解法，状态转移方程为 $s_{k+1} = x_k$，动态规划基本方程为

$$\begin{cases} f_k(s_k) = \min\limits_{x_k} \{d(s_k, x_k) + f_{k-1}(s_{k-1})\}, & k = 1,2,3,4,5 \\ f_0(s_0) = 0 \end{cases}$$

① 当 $k = 1$ 时，$f_0(A) = 0$，此为初始条件。若最短路径经过 B_1，最短距离为 $f_1(B_1) = 4$，此时路径（或最优决策）是唯一的：$x_1^*(B_1) = A$。记

$$\begin{cases} f_1(B_1) = 4 \\ x_1^*(B_1) = A \end{cases}$$

同理，

$$\begin{cases} f_1(B_2) = 5 \\ x_1^*(B_2) = A \end{cases}$$

② 当 $k = 2$ 时，

$$f_2(C_1) = d(B_1, C_1) + f_1(B_1) = 2 + 4 = 6, \quad x_2^*(C_1) = B_1$$

$$f_2(C_2) = \min \begin{Bmatrix} d(B_1, C_2) + f_1(B_1) \\ d(B_2, C_2) + f_1(B_2) \end{Bmatrix} = \min \begin{Bmatrix} 3 + 4 \\ 8 + 5 \end{Bmatrix} = 7, \quad x_2^*(C_2) = B_1$$

$$f_2(C_3) = \min \begin{Bmatrix} d(B_1, C_3) + f_1(B_1) \\ d(B_2, C_3) + f_1(B_2) \end{Bmatrix} = \min \begin{Bmatrix} 6 + 4 \\ 7 + 5 \end{Bmatrix} = 10, \quad x_2^*(C_3) = B_1$$

$$f_2(C_4) = d(B_1, C_1) + f_1(B_1) = 2 + 4 = 6, \quad x_2^*(C_4) = B_2$$

③ 当 $k = 3$ 时，

$$f_3(D_1) = \min \begin{Bmatrix} d(C_1, D_1) + f_2(C_1) \\ d(C_2, D_1) + f_2(C_2) \end{Bmatrix} = \min \begin{Bmatrix} 5 + 6 \\ 4 + 7 \end{Bmatrix} = 11, \quad x_3^*(D_1) = C_1 \text{ 或 } C_2$$

类似的有

$$\begin{cases} f_3(D_2) = 12 \\ x_3^*(D_2) = C_2 \end{cases}, \quad \begin{cases} f_3(D_3) = 14 \\ x_3^*(D_3) = C_3 \end{cases}$$

同理，

$$\begin{cases} f_4(E_1) = 14 \\ x_4^*(E_1) = D_1 \end{cases}, \quad \begin{cases} f_4(E_2) = 14 \\ x_4^*(E_2) = D_2 \end{cases}$$

最后

$$\begin{cases} f_5(F) = 17 \\ x_5^*(F) = E_2 \end{cases}$$

逆推得最优策略：

$$A - B_1 - C_2 - D_2 - E_2 - F$$

与前面结果相同。

一般来说，当初始状态给定时，用逆序解法；当终止状态给定时，用顺序解法。若既给定了初始状态又给定了终止状态，则两种方法均可使用。

例 13－3－2 有资金 4 万元,投资 A、B、C 三个项目,每个项目的投资效益与投入该项目的资金有关。三个项目 A、B、C 的投资效益(万吨)和投入资金(万元)的关系见下表:

投入资金/万元	投资效益/万吨		
	项目 A	项目 B	项目 C
1	15	13	11
2	28	29	30
3	40	43	45
4	51	55	58

求对三个项目的最优投资分配,使总投资效益最大。

解 阶段 k:每投资一个项目作为一个阶段($k=1,2,3$);

状态变量 s_k:投资第 k 个项目前的资金数;

决策变量 x_k:第 k 个项目的投资;

决策允许集合:$0 \leqslant x_k \leqslant s_k$;

状态转移方程:$s_{k+1}=s_k-x_k$;

阶段指标函数:$r_k(s_k,x_k)$ 为相应投资的效益;

动态规划基本方程为

$$\begin{cases} f_k(s_k)=\min_{x_k}\{r_k(s_k,x_k)+f_{k+1}(s_{k+1})\}, \; k=3,2,1 \\ f_4(s_4)=0 \end{cases}$$

以下用逆序法求解。

当 $k=3$ 时,$0 \leqslant x_3 \leqslant s_3$,$s_4=s_3-x_3$,用 * 表示最优决策,计算过程见下表:

x_3	$D_3(x_3)$	x_4	$r_3(s_3,x_3)$	$r_3(s_3,x_3)+f_4(s_4)$	$f_3(s_3)$	x_3^*
0	0	0	0	0＋0＝0	0	0
1	0	1	0	0＋0＝0	11	1
	1	0	11	11＋0＝11 *		
2	0	2	0	0＋0＝0	30	2
	1	1	11	11＋0＝11		
	2	0	30	30＋0＝30 *		
3	0	3	0	0＋0＝0	45	3
	1	2	11	11＋0＝11		
	2	1	30	30＋0＝30		
	3	0	45	45＋0＝45 *		
4	0	4	0	0＋0＝0	58	4
	1	3	11	11＋0＝11		
	2	2	30	30＋0＝30		
	3	1	45	45＋0＝45		
	4	0	58	58＋0＝58 *		

当 $k=2$ 时，$0 \leqslant x_2 \leqslant s_2$，$s_3 = s_2 - x_2$，用 * 表示最优决策，计算过程见下表：

x_2	$D_2(x_2)$	x_3	$r_2(x_2,d_2)$	$v_2(x_2,d_2)+f_3(s_3)$	$f_2(s_2)$	x_2^*
0	0	0	0	0+0=0	0	0
1	0	1	0	0+11=11	13	1
	1	0	13	13+0=13 *		
2	0	2	0	0+30=30 *	30	0
	1	1	13	13+11=24		
	2	0	29	29+0=29		
3	0	3	0	0+45=45 *	45	0
	1	2	13	13+30=43		
	2	1	29	29+11=40		
	3	0	43	43+0=43		
4	0	4	0	0+58=58	59	2
	1	3	13	13+45=58		
	2	2	29	29+30=59 *		
	3	1	43	43+11=54		
	4	0	55	55+0=55		

当 $k=1$ 时，$0 \leqslant x_1 \leqslant s_1$，$s_2 = s_1 - x_1$，用 * 表示最优决策，计算过程见下表：

x_1	$D_1(x_1)$	x_2	$r_1(x_1,d_1)$	$r_1(s_1,x_1)+f_2(s_2)$	$f_1(s_1)$	x_1^*
4	0	4	0	0+59=59	60	1
	1	3	15	15+45=60 *		
	2	2	28	28+30=58		
	3	1	40	40+13=53		
	4	0	51	51+0=51		

最优解为 $s_1=4$，$x_1^*=1$，$s_2=s_1-x_1=3$，$x_2^*=0$，$s_3=s_2-x_2^*=3$，$x_3^*=3$，即项目 A 投资 1 万元，项目 B 投资 0 万元，项目 C 投资 3 万元，最大效益为 60 万吨。

例 13 - 3 - 3(机器负荷分配问题)

某机器可以在高、低两种不同的负荷下进行生产。高负荷下生产时，产品年产量 $s_1 = 8x_1$，x_1 为投入生产的机器数量；机器的年折损率为 $a=0.7$，即年初完好的机器数量为 x_1，年终就只剩下 $0.7x_1$ 台是完好的，其余均需维修或报废。在低负荷下生产，产品年产量 $s_2 = 5x_2$，x_2 为投入生产的机器数量；机器的年折损率为 1 000 台，要求制订一个五年计划，在每年开始时决定如何重新分配好机器在两种不同负荷下工作的数量，使产品五年的总产量最高。

解 设阶段变量 k 表示年度，状态变量 s_k 是第 k 年初拥有的完好机器数量。它也是 $k-1$ 年度末的完好机器数量，决策变量 x_k 规定为第 k 年度中分配在高负荷下生产的机器数量。于是 $s_k - x_k$ 是该年度分配在低负荷下生产的机器数量。这里与前面几个例子不同的是，s_k、x_k 的非整数值可以这样来理解：例如 $s_k=0.6$ 表示一台机器在该年度正常工作时间只占

60%；$x_k=0.3$ 表示一台机器在该年度的 3/10 时间里在高负荷下工作，此时状态转移方程为

$$s_{k+1}=0.7x_k+0.9(s_k-x_k),\quad k=1,2,3,4,5$$

k 阶段的允许决策集合是

$$D_k(s_k)=\{x_k\mid 0\leqslant x_k\leqslant s_k\}$$

阶段指标函数为第 k 年度产品产量

$$r_k(s_k,x_k)=8x_k+5(s_k-x_k)$$

最优指标函数 $f_k(x_k)$ 为第 k 年初从 x_k 出发到第 5 年度结束产品产量的最大值。

状态转移方程为

$$f_k(s_k)=\max_{x_k\in D_k(s_k)}\{8x_k+5(s_k-x_k)+f_{k+1}[0.7x_k+0.9(s_k-x_k)]\}$$

边界条件是 $f_6(s_6)=0$。计算过程如下：

当 $k=5$ 时，

$$f_5(s_5)=\max_{0\leqslant x_5\leqslant s_5}\{8x_5+5(s_5-x_5)+f_6[0.7x_5+0.9(s_5-x_5)]\}$$
$$=\max_{0\leqslant x_5\leqslant s_5}\{8x_5+5(s_5-x_5)\}$$
$$=\max_{0\leqslant x_5\leqslant s_5}\{3x_5+5s_5\}$$

因为 f_5 的表示式是 x_5 的单调函数，所以最优决策 $x_5^*=s_5$，$f_5(s_5)=8s_5$。

当 $k=4$ 时，

$$f_4(s_4)=\max_{0\leqslant x_4\leqslant s_4}\{8x_4+5(s_4-x_4)+f_5[0.7x_4+0.9(s_4-x_4)]\}$$
$$=\max_{0\leqslant x_4\leqslant s_4}\{8x_4+5(s_4-x_4)+8[0.7x_4+0.9(s_4-x_4)]\}$$
$$=\max_{0\leqslant x_4\leqslant s_4}\{1.4x_4+12.2s_4\}$$

同理，最优决策 $x_4^*=s_4$，$f_4(x_4)=13.6x_4$，所以依次可以

$$x_3^*=s_3,\quad f_3(s_3)=17.6s_3$$
$$x_2^*=0,\quad f_2(s_2)=20.8s_2$$
$$x_1^*=0,\quad f_1(s_1)=23.7s_1$$

因为 $s_1=1\,000$，所以 $f_1(s_1)=23\,700$（台）。

从上面的计算可知，最优策略是前两年将全部完好机器投入低负荷生产，后三年将全部机器投入高负荷生产，最高产量是 23 700 台。

在一般情况下，如果计划是 n 年度，在高、低负荷下生产的产量函数分别是 $s_1=cx_1$，$s_2=dx_2$，$c>0$，$d>0$，$c>d$，年折损率分别是 a 和 b，$0<a<b<1$，则应用与上例相似的办法可以求出最优策略：前若干年全部投入低负荷下生产。由此还可以看出，应用动态规划可以在不求出数量值解的情况下确定最优策略的结构。

最后讨论一下动态规划与静态规划（线性和非线性规划等）的关系。各种规划研究的对象，本质上都是在若干约束条件下的函数极值问题。很多情况下，原则上可以相互转换。

动态规划可以视为求决策 $x_1,x_2,\cdots,x_n$ 使指标函数达到最优（最大或最小）的极值问题，状态转移方程、端点条件以及允许状态集、允许决策集等是约束条件，原则上可以用非线性规划方法求解。

一些静态规划只要适当引入阶段变量、状态、决策等就可以用动态规划方法求解。下面用

例子说明。

例 13-3-4　某公司有资金 10 万元，若投资于项目 $i(i=1,2,3)$ 的投资额为 x_i，其收益分别为 $g_1(x_1)=4x_1$，$g_2(x_2)=9x_2$，$g_3(x_3)=2x_3^2$。问如何分配投资数额才能使总收益最大？

分析　此问题可建立非线性规划模型（静态模型）：

$$\max z = 4x_1 + 9x_2 + 2x_3^2$$

$$\text{s. t.} \begin{cases} x_1 + x_2 + x_3 = 10 \\ x_i \geqslant 0, \ i=1,2,3 \end{cases}$$

下面用动态规划的方法求解。

解　将项目序号作为阶段，阶段变量为 $k(k=1,2,3)$。

状态变量 s_k：可投资于第 k 个项目至最后项目的总资金。

决策变量 x_k：决定给第 k 个项目的投资的资金。

状态转移方程 $s_{k+1}=s_k-x_k$。

指标函数 $r_k(s_k,x_k)=g_k(x_k)$。

动态规划基本方程为

$$\begin{cases} f_k(s_k) = \max_{0 \leqslant x_k \leqslant s_k} \{g_k(x_k) + f_{k+1}(s_{k+1})\} \\ f_4(s_4) = 0, \quad k=3,2,1 \end{cases}$$

下面用逆序法解投资问题。

当 $k=3$ 时，

$$f_3(s_3) = \max_{0 \leqslant x_3 \leqslant s_3} \{2x_3^2\} \Rightarrow x_3 = s_3 \Rightarrow f_3(s_3) = 2s_3^2$$

当 $k=2$ 时，

$$f_2(s_2) = \max_{0 \leqslant x_2 \leqslant s_2} \{9x_2 + f_3(s_3)\} = \max_{0 \leqslant x_2 \leqslant s_2} \{9x_2 + 2(s_2-x_2)^2\}$$

令 $y = 9x_2 + 2(s_2-x_2)^2$，$y'_{x_2}=0$，得 $x_2 = s_2 - \dfrac{9}{4}$；又 $y''_{x_2}=4>0$，是极小值点，非所求。

所以最大值只可能在端点上取到。

计算端点值 $f_2(0)=2s_2^2$，$f_2(s_2)=9s_2$。

① 对 $f_2(0)=f_2(s_2) \to 2s_2^2-9s_2=0 \to s_2=\dfrac{9}{2}$（0 舍），所以 x_2^* 可取 0 或 $s_2=\dfrac{9}{2}$，$f_2(0)=2s_2^2$ 或 $f_2(s_2)=9s_2$。

② 对 $s_2 > \dfrac{9}{2}$，有 $f_2(0)>f_2(s_2)$，故 $x_2^*=0$，$f_2(0)=2s_2^2$。

③ 对 $s_2 < \dfrac{9}{2}$，有 $f_2(0)<f_2(s_2)$，故 $x_2^*=s_2$，$f_2(s_2)=9s_2$。

当 $k=1$ 时，$f_1(s_1) = \max_{0 \leqslant x_1 \leqslant 10} \{4x_1 + f_2(s_2)\}$。

对于 $s_2 \leqslant \dfrac{9}{2}$，有 $f_2(s_2)=9s_2$，所以

$$f_1(10) = \max_{0 \leqslant x_1 \leqslant 10} \{4x_1 + 9s_1 - 9x_1\} = \max_{0 \leqslant x_1 \leqslant 10} \{9s_1 - 5x_1\} = 9s_1$$

但此时，$s_2 = s_1 - x_1 = 10 - 0 > 9/2$，矛盾，故舍去。

对于 $s_2 > \dfrac{9}{2}$, 有 $f_1(s_1) = 2s_1^2$, 所以

$$f_1(10) = \max_{0 \leqslant x_1 \leqslant 10} \{4x_1 + 2(s_1 - x_1)^2\}$$

令 $y = 4x_1 + 2 \cdot (s_1 - x_1)^2$ 及 $y'_{x_1} = 0$, 得 $x_1 = s_1 - 1$; 又 $y''_{x_1} = 4 > 0$, 是极小值点, 非所求。所以最大值只可能在端点上取到。

在 $[0, 10]$ 上比较:

当 $x_1 = 0$ 时, 代入 $f_1(10) = \max_{0 \leqslant x_1 \leqslant 10} \{4x_1 + 2 \cdot (s_1 - x_1)^2\}$ 得 $f_1(10) = 200$。

当 $x_1 = 10$ 时, 有 $f_1(10) = 40$。

所以

$$x_1^* = 0 \quad (\text{表示第 1 项不投资})$$

从而

$$s_2 = s_1 - x_1^* = 10 - 0 = 10$$

因为

$$s_2 > \frac{9}{2}$$

所以

$$x_2^* = 0, \quad s_3 = s_2 - x_2^* = 10 - 0 = 10$$

所以

$$x_3^* = s_3 = 10$$

最优投资方案为全部资金投于第 3 个项目, 可获 200 万元。

与静态规划相比, 动态规划的优越性在于:

① 能够得到全局最优解。由于约束条件确定的约束集合往往很复杂, 即使指标函数较简单, 用非线性规划方法也很难求出全局最优解; 而动态规划方法把全过程化为一系列结构相似的子问题, 每个子问题的变量个数大大减少, 约束集合也简单得多, 易于得到全局最优解。特别是对于约束集合、状态转移和指标函数不能用分析形式给出的优化问题, 可以对每个子过程用枚举法求解, 而约束条件越多, 决策的搜索范围越小, 求解也越容易。对于这类问题, 动态规划通常是求全局最优解的唯一方法。

② 可以得到一族最优解。与非线性规划只能得到全过程的一个最优解不同, 动态规划得到的是全过程及所有后部子过程各个状态的一族最优解。有些实际问题需要这样的解族, 即使不需要, 它们在分析最优策略和最优值对状态的稳定性时也是很有用的。当最优策略由于某些原因不能实现时, 这样的解族可以用来寻找次优策略。

③ 能够利用经验提高求解效率。如果实际问题本身就是动态的, 由于动态规划方法反映了过程逐段演变的前后联系和动态特征, 那么在计算中可以利用实际知识和经验来提高求解效率。如在策略迭代法中, 实际经验能够帮助选择较好的初始策略, 提高收敛速度。

动态规划的主要缺点是: 没有统一的标准模型, 也没有构造模型的通用方法, 甚至还没有一个判断问题能否构造动态规划模型的准则。这样就只能对每类问题进行具体分析, 构造具体的模型。对于较复杂的问题, 在选择状态、决策、确定状态转移规律等方面需要丰富的想象力和灵活的技巧性, 这就带来了应用上的局限性。

13.4 动态规划的 MATLAB 实践

例 13 - 4 - 1 某厂为扩大生产能力,拟订购某种成套设备 4~6 套,以分配给其所辖一、二、三个分厂使用。预计各分厂分得不同套数的设备后,每年创造的利润(万元)见下表:

分　厂	利润/万元						
	0 套	1 套	2 套	3 套	4 套	5 套	6 套
一分厂	0	3	5	6	7	6	5
二分厂	0	4	6	7	8	9	10
三分厂	0	2	5	9	8	8	7

该厂应订购几套设备并如何分配,才能使每年预计创利总额最大?

首先将问题转换为动态规划问题,要解决的问题:要对三个公司进行设备分配,共分为两个求最优决策的阶段。其次确定指标函数:给每个厂分配相应数量所得到的收益。

状态变量:每个厂分配到的设备的数量。

决策变量:每一阶段进行决策改变时该厂所分配到的设备。

由此可以首先推导出每次做出决策后的状态转移方程。求设备收益的最大化,即是求在两个阶段中做出的所有决策,进而得到各阶段最优的目标函数,最后得到最优策略和最优值。据此已算成功将原问题转换为动态规划问题。针对该问题决定采用倒推穷举法,利用 MATLAB 编程得到最优策略与最优解。

在使用 MATLAB 求解中,首先利用嵌套循环语句筛选出第一阶段和第二阶段的最优决策,并利用选择语句得到此时的对应状态变量。

① 当可分配设备数为 4 时,最终得到最优决策为 (0,1,3),即一分厂不分配设备,二分厂分配 1 套设备,三分厂分配 3 套设备,得到最优解为 13 万元。

② 当可分配设备数为 5 时,最终得到最优决策为 (1,1,3),即一分厂分配 1 套设备,二分厂分配 1 套设备,三分厂分配 3 套设备,得到最优解为 16 万元。

③ 当可分配设备数为 6 时,最终得到最优决策为 (1,2,3) 或者 (2,1,3),即一分厂分配 1 套设备,二分厂分配 2 套设备,三分厂分配 3 套设备或者一分厂分配 2 套设备,二分厂分配 1 套设备,三分厂分配 3 套设备,得到最优解为 18 万元。

编写 MATLAB 程序如下:

```
a = zeros(1,5);    %建立一个 1×5 的空矩阵用于储存 f1(x) + g2(4 - x)的结果
f1 = [0 3 5 6 7 6 5]
f2 = [0 4 6 7 8 9 10]
f3 = [0 2 5 9 8 8 7]            %输入
s1 = zeros(1,5);
s2 = zeros(1,5);               %分别建立两个 1×5 空矩阵储存 f2(x) + f3(x)以及 min(g2)
i = 0;
s = 0;
z = 0;
s3 = [0,0,0];                  %建立一个 1×3 空矩阵用于记录每一状态的最佳决策
while (i < = 4)                %利用两个循环语句计算出 min(g2)再与 f1(x)相加
```

```
j = 4 - i;
while(j>= 0)
k = 4 - i - j;
s1(j + 1) = f2(j + 1) + f3(k + 1)
if s1(j + 1)>z          % 利用 if 语句找到 g2 最小时对应的给二、三分厂分配的设备数
          z = s1(j + 1)
          s3(2) = j
          s3(3) = k
end
j = j - 1;
end
s2(i + 1) = max(s1)
if s2(i + 1)>s          % 同理,利用 if 语句找到 f1(x)的最佳决策
s = s2(i + 1);
s3(1) = i;
end
s1 = zeros(1,5);          % 将 s1 置零记录下一次的 g2 值
a(i + 1) = f1(i + 1) + s2(i + 1)
i = i + 1;
end
a
s3
```

习　题

1. 一家著名的快餐店计划在某城市建立 5 个分店,这个城市有三个区,分别用 1、2、3 表示。由于每个区的地理位置、交通状况及居民的构成等诸多因素的差异,将对各分店的经营状况产生直接的影响。经营者通过市场调查及咨询后,建立了下表:

分店数	1	2	3	4	5
1 小区	3	7	12	14	15
2 小区	5	10	14	14	16
3 小区	4	7	9	10	11

该表表明了各个区建立不同数目的分店时的利润估计,确定各区建店数目使,以总利润最大。

2. 有 4 个工人,要指派他们分别完成 4 项工作,每人做各项工作所耗费的时间见下表:

工　人	工作 A	工作 B	工作 C	工作 D
工人甲	15	18	21	24
工人乙	19	23	22	18
工人丙	26	17	16	19
工人丁	19	21	23	17

问指派哪个工人去完成哪项工作,可使总的耗费时间为最小? 试对此问题用动态规划方法求解。

3. 某公司有资金 400 万元,向 A、B、C 三个项目追加投资,三个项目可以有不同的投资额度,相应的效益值见下表:

项　目	投资 0	投资 1	投资 2	投资 3	投资 4
项目 A	47	51	59	71	76
项目 B	49	52	61	71	78
项目 C	46	70	76	88	88

问如何分配资金才能使总效益最大?

4. 一个工厂生产某种产品,1 月份到 7 月份生产成本和产品需求量的变化情况见下表:

	1 月	2 月	3 月	4 月	5 月	6 月	7 月
生产成本 c_k	11	18	13	17	20	10	15
需求量 r_k	0	8	5	3	2	7	4

为了调节生产和需求,工厂设有一个产品仓库,库容量 $H=9$。已知期初库存量为 2,要求期末(7 月底)库存量为 0。每个月生产的产品在月末入库,月初根据当月需求发货。求这 7 个月的生产量,使其能满足各月的需求,并使生产成本最低。

5. 为保证某一设备的正常运转,需备有三种不同的零件 E_1、E_2、E_3。若增加备用零件的数量,则可提高设备正常运转的可靠性,但费用增加了,而投资额仅为 8 000 元。已知备用零件数与它的可靠性和费用的关系如下表:

备件数	增加的可靠性			设备的费用/元		
	E_1	E_2	E_3	E_1	E_2	E_3
$z=1$	0.3	0.2	0.1	1 000	3 000	2 000
$z=2$	0.4	0.5	0.2	2 000	5 000	3 000
$z=3$	0.5	0.9	0.7	3 000	6 000	4 000

现要求在既不超出投资额的限制,又能尽量提高设备运转可靠性的条件下,各种零件的备件数量应是多少为好?

第 **14** 章

启发式算法的 MATLAB 实践

本章介绍一些启发式算法,比如模拟退火、遗传算法、禁忌搜索、神经网络等,这些算法或理论都有一些共同的特征(比如模拟自然过程),在解决一些复杂的工程问题时大有用武之地。

14.1 模拟退火算法

14.1.1 模拟退火算法简介

模拟退火算法来源于固体退火原理,是一种基于概率的算法。其原理是将固体加温至充分高,再让其缓慢冷却;加温时,固体内部粒子随温升变为无序状,内能增大,而缓慢冷却时粒子渐趋有序,在每个温度都达到平衡态,最后在常温时达到基态,内能减为最小。

如果用粒子的能量定义材料的状态,模拟退火算法用一个简单的数学模型描述了退火过程。假设材料在状态 i 之下的能量为 $E(i)$,那么材料在温度 T 时从状态 i 进入状态 j 就遵循如下规律:

① 如果 $E(j) \leqslant E(i)$,则接受该状态被转换。

② 如果 $E(j) > E(i)$,则状态转换以如下概率被接受:

$$e^{\frac{E(i)-E(j)}{KT}}$$

其中,K 是物理学中的玻耳兹曼常数,T 是材料温度。

在某个特定温度下,进行了充分的转换之后,材料将达到热平衡。这时材料处于状态 i 的概率满足玻耳兹曼分布:

$$P_T(X=i) = \frac{e^{-\frac{E(i)}{KT}}}{\sum_{j \in S} e^{-\frac{E(j)}{KT}}}$$

式中,X 表示材料当前状态的随机变量,S 表示状态空间集合。显然

$$\lim_{T \to \infty} \frac{e^{-\frac{E(i)}{KT}}}{\sum_{j \in S} e^{-\frac{E(j)}{KT}}} = \frac{1}{|S|}$$

式中,$|S|$ 表示集合 S 中状态的数量。这表明所有状态在高温下具有相同的概率。

当温度下降时,

$$\lim_{T \to 0} \frac{e^{-\frac{E(i)-E_{min}}{KT}}}{\sum_{j \in S} e^{-\frac{E(j)-E_{min}}{KT}}}$$

$$= \lim_{T \to 0} \frac{e^{-\frac{E(i)-E_{\min}}{KT}}}{\sum\limits_{j \in S_{\min}} e^{-\frac{E(j)-E_{\min}}{KT}} + \sum\limits_{j \notin S_{\min}} e^{-\frac{E(j)-E_{\min}}{KT}}}$$

$$= \lim_{T \to 0} \frac{e^{-\frac{E(i)-E_{\min}}{KT}}}{\sum\limits_{j \in S_{\min}} e^{-\frac{E(j)-E_{\min}}{KT}}} = \begin{cases} \dfrac{1}{|S_{\min}|}, & i \in S_{\min} \\ 0, & \text{其他} \end{cases}$$

式中, $E_{\min} = \min\limits_{j \in S} E(j)$ 且 $S_{\min} = \{i \,|\, E(i) = E_{\min}\}$。

上式表明,当温度降至很低时,材料会以很大概率进入最小能量状态。

假定要解决的问题是一个寻找最小值的优化问题,将物理学中模拟退火的思想应用于优化问题就可以得到模拟退火寻优方法。

考虑这样一个组合优化问题:优化函数为 $f: x \to R^+$,其中 $x \in S$,它表示优化问题的一个可行解,$R^+ = \{y \,|\, y \in R, y \geqslant 0\}$,$S$ 表示函数的定义域。$N(x) \subseteq S$ 表示 x 的一个邻域集合。

首先给定一个初始温度 T_0 和该优化问题的一个初始解 $x(0)$,并由 $x(0)$ 生成下一个解 $x' \in N(x(0))$,是否接受 x' 作为一个新解 $x(1)$ 依赖于下面的概率:

$$P(x(0) \to x') = \begin{cases} 1, & f(x') < f(x(0)) \\ e^{-\frac{f(x')-f(x(0))}{T_0}}, & \text{其他} \end{cases}$$

泛泛地说,对于某一个温度 T_i 和该优化问题的一个解 $x(k)$,可以生成 x'。接受 x' 作为下一个新解 $x(k+1)$ 的概率为

$$P(x(k) \to x') = \begin{cases} 1, & f(x') < f(x(k)) \\ e^{-\frac{f(x')-f(x(k))}{T_i}}, & \text{其他} \end{cases} \tag{14.1}$$

在温度 T_i 下,经过很多次的转移之后,降低温度 T_i,得到 $T_{i+1} < T_i$。在 T_{i+1} 下重复上述过程。因此整个优化过程就是不断寻找新解和缓慢降温的交替过程。最终的解是对该问题寻优的结果。

注意到在每个 T_i 下,所得到的一个新状态 $x(k+1)$ 完全依赖于前一个状态 $x(k)$,和前面的状态 $x(0), x(1), \cdots, x(k-1)$ 无关,因此这是一个马尔可夫过程。使用马尔可夫过程对上述模拟退火的步骤进行分析,结果表明,从任何一个状态 $x(k)$ 生成 x' 的概率,在 $N(x(k))$ 中是均匀分布的,且新状态 x' 被接受的概率满足式(14.1),那么经过有限次的转换,在温度 T_i 下的平衡态 x_i 的分布由下式给出:

$$P_i(T_i) = \frac{e^{-\frac{f(x_i)}{T_i}}}{\sum\limits_{j \in S} e^{-\frac{f(x_j)}{T_i}}}$$

当温度 T 降为 0 时,x_i 的分布为

$$P_i^* = \begin{cases} \dfrac{1}{|S_{\min}|}, & x_i \in S_{\min} \\ 0, & \text{其他} \end{cases}$$

并且

$$\sum_{x_i \in S_{\min}} P_i^* = 1$$

该式说明,如果温度下降十分缓慢,而在每个温度都有足够多次的状态转移,使之在每一个温度下达到热平衡,则全局最优解将以概率 1 被找到。因此可以说,模拟退火算法可以找到全局最优解。

模拟退火算法新解的产生和接受有如下四个步骤:

① 由一个产生函数从当前解产生一个位于解空间的新解。为便于后续的计算和接受,减少算法耗时,通常选择由当前新解经过简单变换即可产生新解的方法,如对构成新解的全部或部分元素进行置换、互换等。注意到产生新解的变换方法决定了当前新解的邻域结构,因而对冷却进度表的选取有一定的影响。

② 计算与新解所对应的目标函数差。因为目标函数差仅由变换部分产生,所以目标函数差的计算最好按增量计算。事实表明,对大多数应用而言,这是计算目标函数差的最快方法。

③ 判断新解是否被接受,判断依据是一个接受准则,最常用的接受准则是 Metropolis准则。

④ 当新解被确定接受时,用新解代替当前解,这只需将当前解中对应于产生新解时的变换部分予以实现,同时修正目标函数值即可。此时,当前解实现了一次迭代,可在此基础上开始下一轮试验;当新解被判定为舍弃时,在原当前解的基础上继续下一轮试验。

模拟退火算法与初始值无关,算法求得的解与初始解状态 S(是算法迭代的起点)无关;模拟退火算法具有渐近收敛性,已在理论上被证明是一种以概率 1 收敛于全局最优解的全局优化算法;模拟退火算法具有并行性。

模拟退火算法作为一种通用的随机搜索算法,现已广泛用于 VLSI 设计、图像识别和神经网计算机的研究。模拟退火算法的应用如下:

① 模拟退火算法在 VLSI 设计中的应用。利用模拟退火算法进行 VLSI 的最优设计,是目前模拟退火算法最成功的应用实例之一。用模拟退火算法几乎可以很好地完成所有优化的 VLSI 设计工作,如全局布线、布板、布局和逻辑最小化等。

② 模拟退火算法在神经网络计算机中的应用。模拟退火算法具有跳出局部最优陷阱的能力。在 Boltzmann 机中,即使系统落入了局部最优的陷阱,经过一段时间后,它还能再跳出来,使系统最终向全局最优值方向收敛。

③ 模拟退火算法在图像处理中的应用。模拟退火算法可用来进行图像恢复等工作,即把一幅被污染的图像重新恢复成清晰的原图,滤掉其中被畸变的部分。因此它在图像处理方面的应用前景是广阔的。

④ 模拟退火算法的其他应用。除了上述应用外,模拟退火算法还应用于其他各种组合优化问题,如 TSP 和 Knapsack 问题等。大量的模拟实验表明,模拟退火算法在求解这些问题时能产生令人满意的近似最优解,而且所用的时间也不很长。

14.1.2　应用举例

例 14 - 1 - 1　已知 100 个目标的经度、纬度如表 14 - 1 - 1 所列。

表 14 - 1 - 1　经度、纬度数据表

经度/(°)	纬度/(°)	经度/(°)	纬度/(°)	经度/(°)	纬度/(°)	经度/(°)	纬度/(°)
53.712 1	15.304 6	51.175 8	0.032 2	46.325 3	28.275 3	30.331 3	6.934 8
56.543 2	21.418 8	10.819 8	16.252 9	22.789 1	23.104 5	10.158 4	12.481 9
20.105	15.456 2	1.945 1	0.205 7	26.495 1	22.122 1	31.484 7	8.964
26.241 8	18.176	44.035 6	13.540 1	28.983 6	25.987 9	38.472 2	20.173 1
28.269 4	29.001 1	32.191	5.869 9	36.486 3	29.728 4	0.971 8	28.147 7
8.958 6	24.663 5	16.561 8	23.614 3	10.559 7	15.117 8	50.211 1	10.294 4
8.151 9	9.532 5	22.107 5	18.556 9	0.121 5	18.872 6	48.207 7	16.888 9
31.949 9	17.630 9	0.773 2	0.465 1	47.413 4	23.778 3	41.867 1	3.566 7
43.547 4	3.906 1	53.352 4	26.725 6	30.816 5	13.459 5	27.713 3	5.070 6
23.922 2	7.630 6	51.961 2	22.851 1	12.793 8	15.730 7	4.956 8	8.366 9
21.505 1	24.090 9	15.254 8	27.211 1	6.207	5.144 2	49.243	16.704 4
17.116 8	20.035 4	34.168 8	22.757 1	9.440 2	3.92	11.581 2	14.567 7
52.118 1	0.408 8	9.555 9	11.421 9	24.450 9	6.563 4	26.721 3	28.566 7
37.584 8	16.847 4	35.661 9	9.933 3	24.465 4	3.164 4	0.777 5	6.957 6
14.470 3	13.636 8	19.866	15.122 4	3.161 6	4.242 8	18.524 5	14.359 8
58.684 9	27.148 5	39.516 5	16.937 1	56.508 9	13.709	52.521 1	15.795 7
38.43	8.464 8	51.818 1	23.015 9	8.998 3	23.644	50.115 6	23.781 6
13.790 9	1.951	34.057 4	23.396	23.062 4	8.431 9	19.985 7	5.790 2
40.880 1	14.297 8	58.828 9	14.522 9	18.663 5	6.743 6	52.842 3	27.288
39.949 4	29.511 4	47.509 9	24.066 4	10.112 1	27.266 2	28.781 2	27.665 9
8.083 1	27.670 5	9.155 6	14.130 4	53.798 9	0.219 9	33.649	0.398
1.349 6	16.835 9	49.981 6	6.082 8	19.363 5	17.662 2	36.954 5	23.026 5
15.732	19.569 7	11.511 8	17.388 1	44.039 8	16.263 5	39.713 9	28.420 3
6.990 9	23.180 4	38.339 2	19.995	24.654 3	19.605 7	36.998	24.399 2
4.159 1	3.185 3	40.14	20.303	23.987 6	9.403	41.108 4	27.714 9

　　我方有一个基地,经度和纬度为(70°,40°)。假设我方飞机的速度为 1 000 公里/小时。我方派一架飞机从基地出发,侦察完所有目标,再返回原基地。在每一目标点的侦察时间不计,求该架飞机所花费的时间(假设我方飞机巡航时间可以充分长)。

　　解　这是一个旅行商问题。给我方基地编号为 1,目标依次编号为 $2,3,\cdots,101$,最后我方基地再重复编号为 102(这样便于程序中计算)。距离矩阵 $\boldsymbol{D}=(d_{ij})_{102\times102}$,其中 d_{ij} 表示 i,j 两点的距离,$i,j=1,2,\cdots,102$,这里 $\boldsymbol{D}$ 为实对称矩阵。问题是求一个从点 1 出发,走遍所有中间点,到达点 102 的一个最短路径。

　　已知给定的是地理坐标(经度和纬度),必须求两点间的实际距离。设 A、B 两点的地理坐标分别为 (x_1,y_1)、(x_2,y_2),过 A、B 两点的大圆的劣弧长即为两点的实际距离。以地心为

坐标原点 O，以赤道平面为 XOY 平面，以 $0°$ 经线圈所在的平面为 XOZ 平面建立三维直角坐标系。

则 A、B 两点的直角坐标分别为

$$A(R\cos x_1\cos y_1, R\sin x_1\cos y_1, R\sin y_1)$$
$$B(R\cos x_2\cos y_2, R\sin x_2\cos y_2, R\sin y_2)$$

其中 $R = 6\,370$ 为地球半径。A、B 两点的实际距离为

$$d = R\arccos\left(\frac{\overrightarrow{OA}\cdot\overrightarrow{OB}}{|\overrightarrow{OA}|\cdot|\overrightarrow{OB}|}\right)$$

化简得

$$d = R\arccos[\cos(x_1 - x_2)\cos y_1\cos y_2 + \sin y_1\sin y_2]$$

求解的模拟退火算法描述如下：

① 解空间。解空间 S 可表示为 $\{1,2,\cdots,101,102\}$ 的所有固定起点和终点的循环排列集合，即

$$S = \{(\pi_1,\cdots,\pi_{102})\mid\pi_1 = 1,(\pi_2,\cdots,\pi_{101})\text{为}\{2,3,\cdots,101\}\text{的循环排列},\pi_{102} = 102\}$$

其中，每一个循环排列表示侦察 100 个目标的一个回路，$p_i = j$ 表示在第 $i-1$ 次侦察目标 j，初始解可选为 $(1,2,\cdots,102)$，本文中我们先使用 Monte Carlo（蒙特卡洛）方法求得一个较好的初始解。

② 目标函数。目标函数（或称代价函数）为侦察所有目标的路径长度。要求

$$\min f(p_1,p_2,\cdots,p_{102}) = \sum_{i=1}^{101} d_{p_i p_{i+1}}$$

而一次迭代由下面三步构成。

③ 新解的产生。设上一步迭代的解为

$$p_1\cdots p_{u-1}p_u p_{u+1}\cdots p_{v-1}p_v p_{v+1}\cdots p_{w-1}p_w p_{w+1}\cdots p_{102}$$

2 变换法：任选序号 u、v，交换 u 与 v 之间的顺序，变成逆序，此时的新路径为

$$p_1\cdots p_{u-1}p_v p_{v-1}\cdots p_{u+1}p_u p_{v+1}\cdots p_{102}$$

3 变换法：任选序号 u、v、w，将 u 和 v 之间的路径插到 w 之后，对应的新路径为

$$p_1\cdots p_{u-1}p_{v+1}\cdots p_w p_u\cdots p_v p_{w+1}\cdots p_{102}$$

④ 代价函数差

对于 2 变换法，路径差可表示为

$$\Delta f = (d_{p_{u-1}p_v} + d_{p_u p_{v+1}}) - (d_{p_{u-1}p_u} + d_{p_v p_{v+1}})$$

⑤ 接受准则

$$P = \begin{cases} 1, & \Delta f < 0 \\ \exp(-\Delta f/T), & \Delta f \geqslant 0 \end{cases}$$

如果 $\Delta f < 0$，则接受新的路径；否则，以概率 $\exp(-\Delta f/T)$ 接受新的路径，即用计算机产生一个 $[0,1]$ 区间上均匀分布的随机数 rand，若 rand $\leqslant\exp(-\Delta f/T)$ 则接受。

⑥ 降温。利用选定的降温系数 α 进行降温，取新的温度 αT（T 为上一步迭代的温度），这里选定 $\alpha = 0.999$。

⑦ 结束条件。用选定的终止温度 $e = 10^{-30}$，判断退火过程是否结束。若 $T < e$，则算法结

束,输出当前状态。

编写 MATLAB 程序如下：

```
clc, clear
sj0 = load('sj.txt');        % 加载 100 个目标的数据,数据保存在文件 sj.txt 中
x = sj0(:,[1:2:8]);x = x(:);
y = sj0(:,[2:2:8]);y = y(:);
sj = [x y]; d1 = [70,40];
sj = [d1;sj;d1]; sj = sj * pi/180;        % 角度化成弧度
d = zeros(102);                            % 距离矩阵 d 初始化
for i = 1:101
    for j = i + 1:102
d(i,j) = 6370 * acos(cos(sj(i,1) - sj(j,1)) * cos(sj(i,2)) * cos(sj(j,2)) + sin(sj(i,2)) * sin(sj
(j,2)));
    end
end
d = d + d';
path = [];long = inf;                      % 巡航路径及长度初始化
rand('state',sum(clock));                  % 初始化随机数发生器
for j = 1:1000   % 求较好的初始解
    path0 = [1 1 + randperm(100),102]; temp = 0;
    for i = 1:101
        temp = temp + d(path0(i),path0(i + 1));
    end
    if temp<long
        path = path0; long = temp;
    end
end
e = 0.1^30;L = 20000;at = 0.999;T = 1;
for k = 1:L                                % 退火过程
c = 2 + floor(100 * rand(1,2));            % 产生新解
c = sort(c); c1 = c(1);c2 = c(2);
    % 计算代价函数值的增量
df = d(path(c1 - 1),path(c2)) + d(path(c1),path(c2 + 1)) - d(path(c1 - 1),path(c1)) - d(path(c2),
path(c2 + 1));
    if df<0                                % 接受准则
    path = [path(1:c1 - 1),path(c2: - 1:c1),path(c2 + 1:102)]; long = long + df;
    elseif exp( - df/T)>rand
    path = [path(1:c1 - 1),path(c2: - 1:c1),path(c2 + 1:102)]; long = long + df;
    end
    T = T * at;
    if T<e
        break;
    end
end
path, long                                 % 输出巡航路径及路径长度
xx = sj(path,1);yy = sj(path,2);
plot(xx,yy,' - * ')                         % 画出巡航路径
```

其中的一个巡航路径如图 14 - 1 - 1 所示。

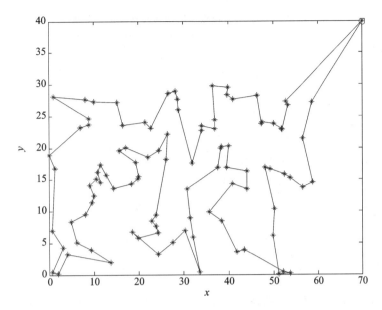

图 14 - 1 - 1　模拟退火算法求得的巡航路径示意图

14.2　遗传算法

14.2.1　遗传算法简介

遗传算法（Genetic Algorithm）是一类借鉴生物进化规律（适者生存,优胜劣汰遗传机制）演化而来的随机化搜索方法。它是由美国的 Holland J. 教授 1975 年首先提出的,其主要特点是直接对结构对象进行操作,不存在求导和函数连续性的限定;具有内在的并行性和更好的全局寻优能力;采用概率化的寻优方法,能自动获取和指导优化的搜索空间,自适应调整搜索方向,不需要确定的规则。遗传算法的这些性质,已被人们广泛地应用于组合优化、机器学习、信号处理、自适应控制和人工生命等领域。它是现代有关智能计算中的关键技术。

遗传算法是模拟达尔文生物进化论的自然选择和遗传学机理的生物进化过程的计算模型,是一种通过模拟自然进化过程搜索最优解的方法。遗传算法是从代表问题可能潜在的解集的一个种群（population）开始的,而一个种群则由经过基因（gene）编码的一定数目的个体（individual）组成。每个个体实际上是染色体（chromosome）带有特征的实体。染色体作为遗传物质的主要载体,即多个基因的集合,其内部表现（即基因型）是某种基因组合,决定了个体的形状及外部表现。一开始,需要实现从表现型到基因型的映射,即编码工作。由于仿照基因编码的工作很复杂,我们往往进行简化,如二进制编码,初代种群产生之后,按照适者生存和优胜劣汰的规律,逐代（generation）演化产生出越来越好的近似解。在每一代,根据问题域中个体的适应度（fitness）大小选择（selection）个体,并借助于自然遗传学的遗传算子（genetic operators）进行组合交叉（crossover）和变异（mutation）,产生出代表新的解集的种群。表 14 - 2 - 1 列出了生物遗传概念在遗传算法中的对应关系。

表 14 - 2 - 1　生物遗传概念在遗传算法中的对应关系

生物遗传概念	遗传算法中的作用
适者生存	算法停止时,最优目标值的可行解最大可能会被留住
个体	可行解
染色体	可行解的编码
基因	可行解中每一分量的特征
适应性	适应度函数值
种群	根据适应度函数值选取的一组可行解
交配	通过交配原则产生一组新可行解的过程
变异	编码的某一分量发生变化的过程

14.2.2　模型及算法

例 14 - 2 - 1　用遗传算法研究例 14 - 1 - 1 的问题。

求解的遗传算法的参数设定如下:

- 种群大小 $M = 50$;
- 最大代数 $G = 1\,000$;
- 交叉率 $p_c = 1$,交叉概率为 1 能保证种群的充分进化;
- 变异率 $p_m = 0.1$,一般而言,变异发生的可能性较小。

① 编码策略。采用十进制编码,用随机数列 $w_1 w_2 \cdots w_{102}$ 作为染色体,其中 $0 \leqslant w_i \leqslant 1$ ($i = 2, 3, \cdots, 101$),$w_1 = 0$,$w_{102} = 1$;每个随机序列都与种群中的个体相对应,例如一个 9 目标问题的一个染色体为

$$[0.23, 0.82, 0.45, 0.74, 0.87, 0.11, 0.56, 0.69, 0.78]$$

其中,编码位置 i 代表目标 i,位置 i 的随机数表示目标 i 在巡回中的顺序,将这些随机数按升序排列,可得到如下巡回:

$$6 - 1 - 3 - 7 - 8 - 4 - 9 - 2 - 5$$

② 初始种群。先利用经典的近似算法——改良圈算法,求得一个较好的初始种群。

对于随机产生的初始圈

$$C = p_1 \cdots p_{u-1} p_u p_{u+1} \cdots p_{v-1} p_v p_{v+1} \cdots p_{102}$$
$$2 \leqslant u < v \leqslant 101, \quad 2 \leqslant p_u < p_v \leqslant 101$$

交换 u 与 v 之间的顺序,此时的新路径为

$$p_1 \cdots p_{u-1} p_v p_{v-1} \cdots p_{u+1} p_u p_{v+1} \cdots p_{102}$$

记 $\Delta f = (d_{p_{u-1} p_v} + d_{p_u p_{v+1}}) - (d_{p_{u-1} p_u} + d_{p_v p_{v+1}})$,若 $\Delta f < 0$,则以新路径修改旧路径,直到不能修改为止,就得到一个比较好的可行解。

直到产生 M 个可行解,并把这 M 个可行解转换成染色体编码。

③ 目标函数。目标函数为侦察所有目标的路径长度,适应度函数就取为目标函数。我们要求

$$\min f(p_1, p_2, \cdots, p_{102}) = \sum_{i=1}^{101} d_{p_i p_{i+1}}$$

④ 交叉操作。交叉操作采用单点交叉。设计如下：对于选定的两个父代个体 $f_1 = w_1 w_2 \cdots w_{102}$，$f_2 = \omega'_1 \omega'_2 \cdots \omega'_{102}$，我们随机地选取第 t 个基因处为交叉点，则经过交叉运算后得到的子代个体为 s_1 和 s_2，s_1 的基因由 f_1 的前 t 个基因和 f_2 的后 $102-t$ 个基因构成，s_2 的基因由 f_2 的前 t 个基因和 f_1 的后 $102-t$ 个基因构成。

例如

$$f_1 = \begin{bmatrix} 0 & 0.14 & 0.25 & 0.27 & 0.29 & 0.54 & \cdots & 0.19 & 1 \end{bmatrix}$$

$$f_2 = \begin{bmatrix} 0 & 0.23 & 0.44 & 0.56 & 0.74 & 0.21 & \cdots & 0.24 & 1 \end{bmatrix}$$

设交叉点为第四个基因处，则

$$s_1 = \begin{bmatrix} 0 & 0.14 & 0.25 & 0.27 & 0.74 & 0.21 & \cdots & 0.24 & 1 \end{bmatrix}$$

$$s_2 = \begin{bmatrix} 0 & 0.23 & 0.44 & 0.56 & 0.29 & 0.54 & \cdots & 0.19 & 1 \end{bmatrix}$$

交叉操作的方式有很多种选择，应该尽可能选取好的交叉方式，保证子代能继承父代的优良特性。同时这里的交叉操作也蕴含了变异操作。

⑤ 变异操作。变异也是实现群体多样性的一种手段，同时也是全局寻优的保证。具体设计如下，按照给定的变异率，对选定变异的个体，随机地取三个整数，满足 $1 < u < v < w < 102$，把 u、v（包括 u 和 v）之间的基因段插到 w 后面。

⑥ 选择。采用确定性的选择策略，也就是说，在父代种群和子代种群中选择目标函数值最小的 M 个个体进化到下一代，这样可以保证父代的优良特性被保存下来。

编写 MATLAB 程序如下：

```
clc,clear
sj0 = load('sj.txt');                    % 加载 100 个目标的数据
x = sj0(:,1:2:8); x = x(:);
y = sj0(:,2:2:8); y = y(:);
sj = [x y]; d1 = [70,40];
sj = [d1;sj;d1]; sj = sj * pi/180;       % 单位化成弧度
d = zeros(102);                          % 距离矩阵 d 的初始值
for i = 1:101
   for j = i + 1:102
       d(i,j) = 6370 * acos(cos(sj(i,1) - sj(j,1)) * cos(sj(i,2)) * cos(sj(j,2))...
               + sin(sj(i,2)) * sin(sj(j,2)));
   end
end
d = d + d'; w = 50; g = 100;             % w 为种群的个数,g 为进化的代数
rand('state',sum(clock));                % 初始化随机数发生器
for k = 1:w                              % 通过改良圈算法选取初始种群
    c = randperm(100);                   % 产生 1,2,…,100 的一个全排列
    c1 = [1,c + 1,102];                  % 生成初始解
    for t = 1:102                        % 该层循环是修改圈
        flag = 0;                        % 修改圈退出标志
    for m = 1:100
       for n = m + 2:101
```

```
            if d(c1(m),c1(n)) + d(c1(m + 1),c1(n + 1))<d(c1(m),c1(m + 1)) + d(c1(n),c1(n + 1))
                c1(m + 1:n) = c1(n: - 1:m + 1);   flag = 1;  %修改圈
            end
        end
      end
    if flag = = 0
        J(k,c1) = 1:102; break  %记录下较好的解并退出当前层循环
      end
    end
  end
J(:,1) = 0; J = J/102;          %把整数序列转换成[0,1]区间上的实数,即转换成染色体编码
for k = 1:g                     %该层循环进行遗传算法的操作
    A = J;                      %交配产生子代 B 的初始染色体
    c = randperm(w);            %产生下面交叉操作的染色体对
    for i = 1:2:w
        F = 2 + floor(100 * rand(1));         %产生交叉操作的地址
        temp = A(c(i),[F:102]);               %中间变量的保存值
        A(c(i),[F:102]) = A(c(i + 1),[F:102]); %交叉操作
        A(c(i + 1),F:102) = temp;
    end
    by = [];   %为了防止下面产生空地址,这里先初始化
while ~length(by)
    by = find(rand(1,w)<0.1);                 %产生变异操作的地址
end
B = A(by,:);                                  %产生变异操作的初始染色体
for j = 1:length(by)
  bw = sort(2 + floor(100 * rand(1,3)));  %产生变异操作的3个地址
  B(j,:) = B(j,[1:bw(1) - 1,bw(2) + 1:bw(3),bw(1):bw(2),bw(3) + 1:102]);     %交换位置
end
    G = [J;A;B];                              %父代和子代种群合在一起
    [SG,ind1] = sort(G,2);                    %把染色体翻译成1,2,…,102 的序列 ind1
    num = size(G,1); long = zeros(1,num);     %路径长度的初始值
    for j = 1:num
        for i = 1:101
            long(j) = long(j) + d(ind1(j,i),ind1(j,i + 1));      %计算每条路径长度
        end
    end
    [slong,ind2] = sort(long);                %对路径长度按照从小到大排序
    J = G(ind2(1:w),:);                       %精选前 w 个较短的路径对应的染色体
end
path = ind1(ind2(1),:), flong = slong(1)      %解的路径及路径长度
xx = sj(path,1);yy = sj(path,2);
plot(xx,yy,'- o')                             %画出路径
```

计算结果为 40 小时左右。其中的一个巡航路径如图 14 - 2 - 1 所示。

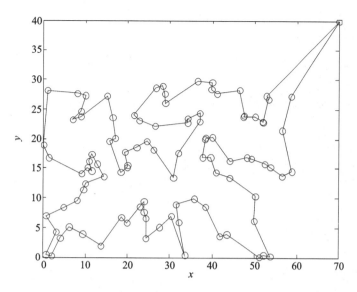

图 14 - 2 - 1　遗传算法求得的巡航路径示意图

14. 2. 3　改进的遗传算法

遗传算法有很多种改进方法,这里介绍一种。思路如下:首先将变异操作从交叉操作中分离出来,使其成为独立的并列于交叉的寻优操作,在具体遗传操作中,将混沌与遗传操作联系在一起;在交叉操作中,以"门当户对"原则进行个体的配对,利用混沌序列确定交叉点,实行强度最弱的单点交叉,以确保算法收敛精度,削弱和避免寻优抖振问题;在变异操作中,利用混沌序列对染色体中多个基因进行变异,以避免算法早熟。

与标准的遗传算法相比,这种改进的遗传算法做了如下两点改进。

1. 交叉操作

交叉操作采用改进型交叉。具体设计如下:首先以"门当户对"原则对父代个体进行配对,即对父代以适应度函数(目标函数)值进行排序,目标函数小的与小的配对,目标函数大的与大的配对。然后利用混沌序列确定交叉点的位置,最后对确定的交叉项进行交叉。

例如 (Ω_1, Ω_2) 配对,它们的染色体分别是 $\Omega_1 = \omega_1^1 \omega_2^1 \cdots \omega_{102}^1$,$\Omega_2 = \omega_1^2 \omega_2^2 \cdots \omega_{102}^2$,采用 Logistic 混沌序列 $x(n+1) = 4x(n)(1-x(n))$ 产生一个 2~101 之间的正整数。具体步骤如下:

取一个 $(0,1)$ 随机初始值,然后利用 $x(n+1) = 4x(n)[1-x(n)]$ 迭代一次产生一个 $(0,1)$ 上的混沌值,保存以上混沌值作为产生下一代交叉项的混沌迭代初值,再把这个值分别乘以 100 并加上 2,最后取整即可。假如这个数为 33,那么对 (Ω_1, Ω_2) 染色体中相应的基因进行交叉,得到新的染色体 (Ω'_1, Ω'_2),其中

$$\Omega'_1 = \omega_1^1 \omega_2^1 \cdots \omega_{32}^1 \omega_{33}^2 \omega_{34}^1 \cdots \omega_{60}^1 \omega_{61}^1 \cdots$$

$$\Omega'_2 = \omega_1^2 \omega_2^2 \cdots \omega_{32}^2 \omega_{33}^1 \omega_{34}^2 \cdots \omega_{60}^2 \omega_{61}^2 \cdots$$

很明显,这种单点交叉对原来的解改动很小,这可以削弱避免遗传算法在组合优化应用中产生的寻优抖振问题,可以提高算法收敛精度。

2. 变异操作

变异也是实现群体多样性的一种手段,是跳出局部最优,全局寻优的重要保证。变异算子

设计如下：首先，根据给定的变异率(本文选为 0.02)随机地取两个在 2～101 之间的整数，然后对这两个数对应位置的基因进行变异。具体变异是以当前的基因值为初值利用混沌序列 $x(n+1)=4x(n)[1-x(n)]$ 进行适当次数的迭代，得到变异后新的基因值，从而得到新的染色体。

针对例 14-1-1，可以用改进的遗传算法求解。编写求解 MATLAB 程序如下：

```
tic
clc,clear
load sj.txt %加载敌方 100 个目标的数据
x = sj(:,1:2:8);x = x(:);
y = sj(:,2:2:8);y = y(:);
sj = [x y];
d1 = [70,40];
sj = [d1;sj;d1];
%距离矩阵 d
sj = sj * pi/180;
d = zeros(102);
for i = 1:101
    for j = i + 1:102
        temp = cos(sj(i,1) - sj(j,1)) * cos(sj(i,2)) * cos(sj(j,2))...
            + sin(sj(i,2)) * sin(sj(j,2));
        d(i,j) = 6370 * acos(temp);
    end
end
d = d + d';L = 102;w = 50;dai = 100;
%通过改良圈算法选取优良父代 A
for k = 1:w
    c = randperm(100);
    c1 = [1,c + 1,102];
    flag = 1;
    while flag>0
        flag = 0;
    for m = 1:L - 3
        for n = m + 2:L - 1
            if d(c1(m),c1(n)) + d(c1(m + 1),c1(n + 1))<d(c1(m),c1(m + 1)) + d(c1(n),c1(n + 1))
            flag = 1;
            c1(m + 1:n) = c1(n: - 1:m + 1);
            end
        end
    end
end
J(k,c1) = 1:102;
end
J = J/102;
J(:,1) = 0;J(:,102) = 1;
rand('state',sum(clock));
%遗传算法实现过程
A = J;
```

```
for k = 1:dai  % 产生 0~1 间随机数列进行编码
    B = A;
    % 交配产生子代 B
    for i = 1:2:w
        ch0 = rand;ch(1) = 4 * ch0 * (1 - ch0);
        for j = 2:50
            ch(j) = 4 * ch(j - 1) * (1 - ch(j - 1));
        end
        ch = 2 + floor(100 * ch);
        temp = B(i,ch);
        B(i,ch) = B(i + 1,ch);
        B(i + 1,ch) = temp;
    end
    % 变异产生子代 C
    by = find(rand(1,w)<0.1);
    if length(by) = = 0
        by = floor(w * rand(1)) + 1;
    end
    C = A(by,:);
    L3 = length(by);
    for j = 1:L3
        bw = 2 + floor(100 * rand(1,3));
        bw = sort(bw);
        C(j,:) = C(j,[1:bw(1) - 1,bw(2) + 1:bw(3),bw(1):bw(2),bw(3) + 1:102]);
    end
    G = [A;B;C];
    TL = size(G,1);
    % 在父代和子代中选择优良品种作为新的父代
    [dd,IX] = sort(G,2);temp(1:TL) = 0;
    for j = 1:TL
        for i = 1:101
            temp(j) = temp(j) + d(IX(j,i),IX(j,i + 1));
        end
    end
    [DZ,IZ] = sort(temp);
    A = G(IZ(1:w),:);
end
path = IX(IZ(1),:) % 解的路径及路径长度
long = DZ(1)
toc
```

由以上程序可知,从算法结构到具体的遗传操作都进行了改进,其中变异操作从交叉操作中分离出来,使得遗传算法也可以通过并行计算实现,提高了算法实现效率。除此之外,改进后的算法,分别采用了变化强度不同的交叉操作和变异操作,其中交叉操作采用强度最弱的单点交叉,保证了算法收敛精度,削弱和避免了算法因交叉强度大而产生的寻优抖振问题。当然,单一的单点交叉很容易使算法早熟,采用较大强度的多个基因变异正好解决早熟问题。

14.3　神经网络

人工神经网络(Artificial Neural Network,ANN)是从信息处理角度对人脑神经元网络进行抽象,建立某种简单模型,然后按不同的连接方式组成不同网络的,是 20 世纪 80 年代以来人工智能领域兴起的研究热点。

神经网络是一种运算模型,由大量的节点(或称神经元)之间相互连接构成。随着对人工神经网络的深入研究,神经网络在模式识别、智能机器人、自动控制、生物、医学、经济等领域已成功地解决了许多现代计算机难以解决的实际问题,表现出了良好的智能特性。下面简单介绍反向传播(Back Propagation,BP)神经网络和径向基函数(Radial Basis Function,RBF)神经网络的原理及其在预测中的应用。

14.3.1　BP 神经网络

1. BP 神经网络拓扑结构

BP(Back Propagation)神经网络通常采用基于 BP 神经元的多层前向神经网络的结构形式。一个典型的 BP 网络结构如图 14-3-1 所示。理论证明,具有图 14-3-1 所示结构的 BP 神经网络,当隐层神经元数目足够多时,可以以任意精度逼近任何一个具有有限间断点的非线性函数。

BP 神经网络的学习规则,即权值和阈值的调节规则采用的是误差反向传播算法(BP 算法)。BP 算法实际上是 Widrow-Hoff 算法在多层前向神经网络中的推广。与 Widrow-Hoff 算法类似,在 BP 算法中,网络的权值和阈值通常是沿着网络误差变化的负梯度方向进行调节的,最终使网络误差达到极小值或最小值,即在这一点误差梯度为零。限于梯度下降算法的固有缺陷,标准的 BP 学习算法通常具有收敛速度慢、易陷入局部极小值等特点,因此出现了许多改进算法。其中最常用的有动量法和学习率自适应调整的方法,从而提高了学习速度并增加了算法的可靠性。

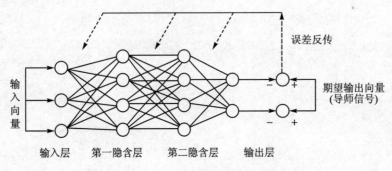

图 14-3-1　BP 神经网络模型结构

2. BP 神经网络训练

为了使 BP 神经网络具有某种功能,完成某项任务,必须调整层间连接权值和节点阈值,使所有样品的实际输出和期望输出之间的误差稳定在一个较小的值以内。

一般地,BP 神经网络的学习算法步骤描述如下:

① 初始化网络及学习参数,如设置网络初始权矩阵,连接函数等。

② 提供训练模式、训练网络,直到满足学习要求。

③ 前向传播过程:对给定训练模式输入,计算网络的输出模式,并与期望模式比较。若有误差,执行步骤④;否则,返回步骤②。

④ 反向传播过程:计算同一层单元的误差,修正权值和阈值,返回步骤②。

网络的学习是用给定的训练集训练而实现的。通常用网络的均方差误差来定量地反映学习的性能。一般地,当网络的均方差误差低于给定值时,表明对给定训练集学习已满足了要求。

14.3.2 RBF 神经网络

RBF(Radial Basis Function)神经网络是以函数逼近理论为基础而构造的一类前向网络,这类网络的学习等价于在多维空间中寻找训练数据的最佳拟合平面。RBF 神经网络的每个隐含层神经元激活函数都构成了拟合平面的一个基函数,网络也由此得名。RBF 神经网络是一种局部逼近网络,即对于输入空间的某一个局部区域只存在少数神经元用于决定网络的输出。而 BP 神经网络则是典型的全局逼近网络,即对每一个输入/输出数据对,网络的所有参数均要调整。由于二者的构造本质不同,RBF 神经网络与 BP 神经网络相比,其规模通常较大,学习速度较快,并且网络的函数逼近能力、模式识别与分类能力都优于后者。

一个典型的 RBF 神经网络包括两层,即隐含层和输出层。由模式识别理论可知,在低维空间非线性可分的问题总可映射到一个高维空间,使其在此高维空间中为线性可分。在 RBF 神经网络中,输入到隐含层的映射为非线性的(隐含单元的激活函数是非线性函数),而隐含层到输出则是线性的。可把输出单元部分视为一个单层感知器,这样,只要合理选择隐含单元数(高维空间的维数)及其激活函数,就可以把原问题映射为一个线性可分问题,最后用一个线性单元来解决问题。最常用的 RBF 形式是高斯函数,它的可调参数有两个,即中心位置和方差(函数的宽度参数)。用这类函数时整个网络的可调参数(待训练的参数)有三组,即各基函数的中心位置、方差和输出单元的权值。

RBF 神经网络具有很好的通用性。已经证明,只要有足够多的隐含层神经元,RBF 神经网络能以任意精度近似任何连续函数。更重要的是,RBF 神经网络克服了传统前馈神经网络的很多缺点,其训练速度相当快,并且在训练时不会发生振荡和陷入局部极小。但是,在进行测试时,RBF 神经网络的速度却比较慢,这是由于待判别示例几乎要与每个隐含层神经元的中心向量进行比较才能得到结果。虽然可以通过对隐含层神经元进行聚类来提高判别速度,但这样就使得训练时间大幅增加,从而失去了 RBF 神经网络最基本的优势。另外,通过引入非线性优化技术,可以在一定程度上提高学习精度,但也带来了一些缺陷,如局部极小、训练时间长等。

例 14-3-1 现有某水库实测年径流量和相应的前期 4 个预报因子实测数据见表 14-3-1。其中,4 个预报因子分别为水库上一年 11—12 月的总降雨量 x_1(单位:mm);当年 1 月、2 月、3 月的总降雨量为 x_2、x_3、x_4。在本例应用中,将这 4 个预报因子作为输入,年径流量 y(单位:m^3/s)为输出,构成 4 个输入 1 个输出的网络;将前 19 个实测数据作为训练样本集,后 1 个实测数据作为预测检验样本。

表 14 - 3 - 1　某水库实测年径流量与因子特征值

序　号	x_1	x_2	x_2	x_2	y
1	15.6	5.6	3.5	25.5	22.9
2	27.8	4.3	1.0	7.7	23.4
3	35.2	3.0	38.1	3.7	36.8
4	10.2	3.4	3.5	7.4	22.0
5	29.1	33.2	1.6	24.0	6.4
6	10.2	11.6	2.2	26.7	29.4
7	35.4	4.1	1.3	7.0	26.2
8	8.7	3.5	7.5	5.0	20.9
9	25.4	0.7	22.2	35.4	26.5
10	15.3	6.0	2.0	17.5	37.3
11	25.9	1.2	9.0	3.3	22.8
12	64.3	3.7	4.6	4.8	19.8
13	55.9	2.9	0.3	5.2	19.6
14	19.6	10.5	10.7	10.3	28.5
15	35.6	2.4	6.6	24.6	22.8
16	10.9	9.4	0.8	7.1	18.2
17	24.7	8.2	7.7	14.4	23.8
18	22.6	11.2	9.9	18.5	17.3
19	21.5	2.9	1.6	4.5	21.9
20	54.7	3.3	3.7	11.6	32.8

试判别最后一行的年径流量是否准确。

① 原始数据的预处理

分别对样本的输入、输出数据进行规格化处理：

$$\tilde{t} = \frac{2(t - t_{\min})}{t_{\max} - t_{\min}} - 1$$

式中，t 为规格化前的变量；$t_{\max}$ 和 $t_{\min}$ 分别为 t 的最大值和最小值；$\tilde{t}$ 为规格化后的变量。

MATLAB 中提供了对数据进行归一化处理的函数：

[tn, ps]＝mapminmax(t)

相应的逆处理函数：

t＝mapminmax('reverse', tn, ps)

执行的算法是

$$t = 0.5(\tilde{t} + 1) \cdot (t_{\max} - t_{\min}) + t_{\min}$$

② 网络的训练

利用的 MATLAB 提供神经网络工具箱实现人工神经网络的功能十分方便。由于年径流预报中自变量有 4 个，因变量有 1 个，所以输入神经元的个数取为 4，输出神经元的个数取为 1；中间隐含层神经元的个数，BP 神经网络需要根据经验取定，RBF 神经网络会在训练过程中自适应地取定。

BP 神经网络存在一些缺点,如收敛速度慢,网络易陷于局部极小,学习过程常常发生振荡。对于本案例的预测,当 BP 神经网络隐含层神经元个数取为 4 时,计算结果相对稳定;当隐含层神经元个数取为其他值时,运行结果特别不稳定,每一次的运行结果相差很大。

编写 MATLAB 程序如下:

```
clc, clear
a = load('jingliu.txt');  % 第 2 列到第 6 列的数据保存到文件 jingliu.txt 中
a = a';  % 注意神经网络的数据格式,不要把矩阵搞转置了。
P = a([1:4],[1:end-1]);  [PN,PS1] = mapminmax(P);  % 自变量数据规格化到[-1,1]
T = a(5,[1:end-1]);  [TN,PS2] = mapminmax(T);  % 因变量数据规格化到[-1,1]
net1 = newrb(PN,TN)  % 训练 RBF 网络
x = a([1:4],end); xn = mapminmax('apply',x,PS1);  % 预测样本点自变量规格化
yn1 = sim(net1,xn); y1 = mapminmax('reverse',yn1,PS2)  % 求预测值,并把数据还原
delta1 = abs(a(5,20) - y1)/a(5,20)  % 计算 RBF 网络预测的相对误差
net2 = feedforwardnet(4);  % 初始化 BP 网络,隐含层的神经元取为 4 个(多次试验)
net2 = train(net2,PN,TN);  % 训练 BP 网络
yn2 = net2(xn); y2 = mapminmax('reverse',yn2,PS2)  % 求预测值,并把数据还原
```

③ 结果分析

求得对于第 20 个样本点,RBF 神经网络的预测值为 26.769 3,相对误差为 18.39%,BP 神经网络的运行结果每次都有很大的不同,通过计算结果可以看出,RBF 神经网络模型的预测结果要好于 BP 神经网络模型的预测结果。

14.3.3 newff 函数

在 MATLAB 中还内置 newff 函数,可用于训练前馈网络。利用 newff 命令建立网络对象,newff 函数的格式如下:

net＝newff(PR,[S1 S2 … SN],{TF1 TF2… TFN},BTF,BLF,PF)

函数 newff 建立一个可训练的前馈网络。

输入参数说明:

PR——R×2 的矩阵以定义 R 个输入向量的最小值和最大值;

Si——第 i 层神经元个数;

TFi——第 i 层的传递函数,默认函数为 tansig 函数,还可以是 logsig 函数;

BTF——训练函数,默认函数为 trainlm 函数;

BLF——权值/阈值学习函数,默认函数为 learngdm 函数;

PF——性能函数,默认函数为 mse 函数。

例 14-3-2(蠓虫分类问题)

蠓虫分类问题可概括叙述如下:生物学家试图对两种蠓虫(Af 与 Apf)进行鉴别,依据的资料是触角和翅膀的长度,已经测得了 9 支 Af 和 6 支 Apf 的数据如下:

Af:(1.24,1.27),(1.36,1.74),(1.38,1.64),(1.38,1.82),(1.38,1.90),(1.40,1.70),(1.48,1.82),(1.54,1.82),(1.56,2.08)。

Apf:(1.14,1.82),(1.18,1.96),(1.20,1.86),(1.26,2.00),(1.28,2.00),(1.30,1.96)。

现在的问题是：根据如上资料，如何制定一种方法以正确区分两类蠓虫。对触角和翼长分别为 $(1.24,1.80)$、$(1.28,1.84)$、$(1.40,2.04)$ 的 3 个标本，用所得到的方法加以识别。

解　利用 BP 神经网络，编写 MATLAB 程序如下：

```
p1 = [1.24,1.27;1.36,1.74;1.38,1.64;1.38,1.82;1.38,1.90;1.40,1.70;1.48,1.82;1.54,1.82;
1.56,2.08];
p2 = [1.14,1.82;1.18,1.96;1.20,1.86;1.26,2.00;1.28,2.00;1.30,1.96];
p = [p1;p2]';                              % 导入数据
pr = minmax(p);
% 数据分类,用(1,0)和(0,1)标识
goal = [ones(1,9),zeros(1,6);zeros(1,9),ones(1,6)];
% 初始化 BP 神经网络,隐含层的神经元取为 3 个(多次尝试),输出变量神经元 2 个
net = newff(pr,[3,2],{'logsig','logsig'});           % 传递函数 logsig 函数
net.trainParam.show = 10;                            % 显示中间结果的周期
net.trainParam.lr = 0.05;                            % 学习率
net.trainParam.goal = 1e - 10;                       % 神经网络训练的目标误差
net.trainParam.epochs = 50000;                       % 最大迭代次数
net = train(net,p,goal);                             % 训练网络
x = [1.24 1.80;1.28 1.84;1.40 2.04]';                % 待确定的变量
y = sim(net,x)                                       % 求解
```

习　题

1. 简述遗传算法的实现步骤。
2. 简述 BP 神经网络的算法步骤。

第 15 章

综合评价方法

　　评价是人类社会中一项经常性的、极重要的认识活动,是决策中的基础性工作。在实际问题的解决过程中,经常遇到有关综合评价问题,如医疗质量的综合评价问题、环境质量的综合评价问题等。它是根据一个复杂系统同时受到多种因素影响的特点,在综合考察多个有关因素时,依据多个有关指标对复杂系统进行总评价的方法。

15.1 综合评价概述

　　综合评价的要点:

　　① 有多个评价指标,这些指标是可测量的或可量化的;

　　② 有一个或多个评价对象,这些对象可以是人、单位、方案、标书、科研成果等;

　　③ 根据多指标信息计算一个综合指标,把多维空间问题简化为一维空间问题予以解决,可以依据综合指标值大小对评价对象优劣程度进行排序。

　　综合评价的一般步骤:

　　① 根据评价目的选择恰当的评价指标。这些指标具有很好的代表性,区别性强,而且往往可以测量。筛选评价指标主要依据专业知识,即根据有关的专业理论和实践来分析各评价指标对结果的影响,挑选那些代表性、确定性好,有一定区别能力又互相独立的指标组成评价指标体系。

　　② 根据评价目的,确定各评价指标在对某事物评价中的相对重要性,或各指标的权重。

　　③ 合理确定各单个指标的评价等级及其界限。

　　④ 根据评价目的、数据特征,选择适当的综合评价方法,并根据已掌握的历史资料,建立综合评价模型。

　　⑤ 确定多指标综合评价的等级数量界限,在对同类事物综合评价的应用实践中,对选用的评价模型进行考察,并不断修改补充,使之具有一定的科学性、实用性及先进性,然后推广应用。

　　评价方法的分类:

　　① 专家评价法:专家打分法。

　　② 运筹学等数学方法:AHP、DEA、模糊综合评判法。

　　③ 新型评价法:人工神经网络(BP)、灰色评价等方法。

　　④ 混合方法:AHP-模糊综合评价法、模糊综合评判法。

　　评价方法筛选原则:

　　① 选择评价者最熟悉的评价方法。

　　② 所选择的方法必须有坚实的理论基础,能为人们所信服。

　　③ 所选择的方法必须简洁明了,尽量降低算法的复杂性。

④ 所选择的方法必须能够正确地反映评价对象和评价目的。

综合评价方法的指标赋权：

① 主观赋权法。简单地说，主观赋权法就是用来将决策者定性的认识和判断进行定量化的一类方法。目前，主观赋权法有多种，研究也比较成熟。评价研究者(一般为专家)根据自己的经验和对实际的判断主观给出评价指标的权重系数，认为某一指标越重要，则赋予它越大的权重系数。任何一种能够将自己对权重分配的定性判断量化出来的方法，都可称为主观赋权法。比较成熟的几个方法有德尔菲法、层次分析法、序关系分析法、直接赋权法等。

② 客观赋权法。客观赋权法没有任何的主观色彩，其权数的确定完全从实际数据中得出。这些数据是指所有评价对象各指标的得分值或测量值。其核心思想是，以"分辨信息"来衡量指标的"重要性程度"。如果某评价指标在各评价对象之间所表现出来的差异程度越大，则说明该指标中的"分辨信息"越多，从而赋予较大的权重。

现在已有的客观赋权法，有熵值法、变异系数法、离差法、方差法、均方差法等。变异系数法、离差法、方差法、均方差法比较容易理解，分别是将各个指标的变异系数、最大离差、方差、均方差进行归一化处理后得到赋权。另外，有人从因子分析法、主成分分析法等所得公式中将权数专门剥离出来，也归纳为客观赋权法的一种。

15.2　赋权方法

15.2.1　主观赋权

1. 德尔菲法

德尔菲法(Delphi 法)是在 20 世纪 40 年代由 O·赫尔姆和 N·达尔克首创，经过 T·J·戈尔登和兰德公司进一步发展而成的。依据若干专家的知识、智慧、经验、信息和价值观，对已拟出的评价指标进行分析、判断、权衡并赋予相应权值。一般需经过多轮匿名调查，在专家意见较一致的基础上经组织者对专家意见进行数据处理，检验专家意见的集中程度、离散程度和协调程度；达到要求之后得到各评价指标的初始权重向量，然后经过归一化处理获得各评价指标的权重向量。

参考德尔菲法的基本步骤：

① 选择专家。这是很重要的一步，选得好不好将直接影响到结果的准确性。一般情况下，选本专业领域中既有实际工作经验又有较深理论修养的专家 10～30 人左右，并须征得专家本人的同意。

② 将待定权重的 p 个指标、有关资料以及统一的确定权重的规则发给选定的各位专家，请他们独立地给出各指标的权值。

③ 回收结果并计算各指标权值的均值和标准差。

④ 将计算的结果及补充资料返还给各位专家，要求所有专家在新的基础上确定权值。

⑤ 重复第③和第④步，直至各指标权值与其均值的离差不超过预先给定的标准为止。也就是说，各专家的意见基本趋于一致，以此时各指标权值的均值作为该指标的权重。

为了使判断更加准确，令评价者了解已确定的权值把握性大小，还可以运用"带有信任度的德尔菲法"。该方法需要在上述第⑤步每位专家最后给出权值的同时，标出各自所给权值的信任度。这样,当某一指标权值的信任度较高时,就可以有较大的把握使用它;反之,只能暂时使用或设法改进。

2. 层次分析法

层次分析法(Analytical Hierarchy Process, AHP)是 20 世纪 70 年代提出的一种系统分析方法。它综合定性与定量分析,模拟人的决策思维过程,对多因素复杂系统,特别是难以定量描述的社会系统进行分析。目前,AHP 是分析多目标、多准则的复杂公共管理问题的有力工具。它具有思路清晰、方法简便、适用面广、系统性强等特点,便于普及推广,可成为人们工作和生活中思考问题、解决问题的一种方法。

应用 AHP 解决问题的思路是,首先,把要解决的问题分层次系列化,将问题分解为不同的组成因素,按照因素之间的相互影响和隶属关系将其分层聚类组合,形成一个递阶的、有序的层次结构模型。然后,对模型中每一层次因素的相对重要性,依据人们对客观现实的判断给予定量表示,再利用数学方法确定每一层次全部因素相对重要性次序的权值。最后,通过综合计算各层因素相对重要性的权值,得到最低层针对总目标的组合权值,以此作为评价和选择方案的依据。

AHP 将人们的思维过程和主观判断数学化,不仅简化了系统分析与计算工作,而且有助于决策者保持其思维过程和决策原则的一致性;对于那些难以全部量化处理的复杂的问题,能得到比较满意的决策结果。因此,它在能源政策分析、产业结构研究、科技成果评价、发展战略规划、人才考核评价以及发展目标分析等许多方面得到了广泛的应用。

下面介绍层次分析法计算权重的步骤和基本原理。

为了说明 AHP 的基本原理,首先分析下面这个简单的事实。不妨对 n 个西瓜的重量视为权重说明。假定已知 n 个西瓜的每个重量分别为 $w_1, w_2, \cdots, w_n$,且总和为 1,即 $\sum_{i=1}^{n} w_i = 1$。把这些西瓜两两比较(相除),很容易得到表示 n 个西瓜相对重量关系的比较矩阵(下文中称为判断矩阵):

$$
\begin{pmatrix}
\dfrac{W_1}{W_1} & \dfrac{W_1}{W_2} & \cdots & \dfrac{W_1}{W_n} \\[2ex]
\dfrac{W_2}{W_1} & \dfrac{W_2}{W_2} & \cdots & \dfrac{W_2}{W_n} \\[2ex]
\vdots & \vdots & & \vdots \\[1ex]
\dfrac{W_n}{W_1} & \dfrac{W_n}{W_2} & \cdots & \dfrac{W_n}{W_n}
\end{pmatrix} = (a_{ij})_{n \times n}
$$

显然 $a_{ii} = 1$,$a_{ij} = \dfrac{1}{a_{ji}}$,$a_{ij} = \dfrac{a_{ik}}{a_{jk}}$,$i, j, k = 1, 2, \cdots, n$。

对于矩阵 $(a_{ij})_{n \times n}$,如果满足关系 $a_{ij} = \dfrac{a_{ik}}{a_{jk}}$($i, j, k = 1, 2, \cdots, n$),则称矩阵具有完全一致性。可以证明具有完全一致性的矩阵 $\boldsymbol{A} = (a_{ij})_{n \times n}$ 有以下性质:

① $\boldsymbol{A}$ 的转置也是一致阵。

② 矩阵 $\boldsymbol{A}$ 的最大特征根 $\lambda_{\max} = n$,其余特征根均为零。

③ 设 $\boldsymbol{u} = (u_1, u_2, \cdots, u_n)^{\mathrm{T}}$ 是 $\boldsymbol{A}$ 对应 $\lambda_{\max}$ 的特征向量,则 $a_{ij} = \dfrac{u_i}{u_j}$,$i, j = 1, 2, \cdots, n$。

若记

$$A = \begin{bmatrix} \dfrac{W_1}{W_1} & \dfrac{W_1}{W_2} & \cdots & \dfrac{W_1}{W_n} \\ \dfrac{W_2}{W_1} & \dfrac{W_2}{W_2} & \cdots & \dfrac{W_2}{W_n} \\ \vdots & \vdots & & \vdots \\ \dfrac{W_n}{W_1} & \dfrac{W_n}{W_2} & \cdots & \dfrac{W_n}{W_n} \end{bmatrix}, \quad W = \begin{bmatrix} W_1 \\ W_2 \\ \vdots \\ W_n \end{bmatrix}$$

则矩阵 A 是完全一致的矩阵,且有

$$AW = \begin{bmatrix} \dfrac{W_1}{W_1} & \dfrac{W_1}{W_2} & \cdots & \dfrac{W_1}{W_n} \\ \dfrac{W_2}{W_1} & \dfrac{W_2}{W_2} & \cdots & \dfrac{W_2}{W_n} \\ \vdots & \vdots & & \vdots \\ \dfrac{W_n}{W_1} & \dfrac{W_n}{W_2} & \cdots & \dfrac{W_n}{W_n} \end{bmatrix} \begin{bmatrix} W_1 \\ W_2 \\ \vdots \\ W_n \end{bmatrix} = \begin{bmatrix} nW_1 \\ nW_2 \\ \vdots \\ nW_n \end{bmatrix} = nW$$

即 n 是 n 个西瓜相对重量关系的判断矩阵 A 的一个特征根,每个西瓜的重量对应于矩阵 A 特征根为 n 的特征向量 W 的各个分量。

在判断矩阵具有完全一致的条件下,我们可以通过解特征值问题

$$AW = \lambda_{\max} W$$

求出正规化特征向量(假设西瓜总重量为1),从而得到 n 个西瓜的相对重量。同样,对于复杂的社会公共管理问题,通过建立层次分析结构模型,构造出判断矩阵,利用特征值方法即可确定各种方案和措施的重要性排序权值,以供决策者参考。

对于 AHP,判断矩阵的一致性是十分重要的。此时矩阵的最大特征根 $\lambda_{\max} = n$,其余特征根均为零。在一般情况下,可以证明判断矩阵的最大特征根为单根,且 $\lambda_{\max} \geqslant n$。当判断矩阵具有满意的一致性时,最大的矩阵的特征值为 n,其余特征根接近于 0。这时,基于 AHP 得出的结论才基本合理。

由于客观事物的复杂性和人们认识上的多样性,要求判断矩阵都具有完全一致性是不可能的,但我们要求一定程度上的一致,因此对构造的判断矩阵需要进行一致性检验。

为了检验矩阵的一致性,需要计算它的一致性指标 CI。CI 的定义为

$$CI = \frac{\lambda_{\max} - n}{n - 1}$$

显然,当判断矩阵具有完全一致性时,CI=0。$\lambda_{\max} - n$ 越大,CI 越大,判断矩阵的一致性越差。注意到,矩阵 A 的 n 个特征值之和恰好等于 n,所以 CI 相当于除 $\lambda_{\max}$ 外其余 $n-1$ 个特征根的平均值。为了检验判断矩阵是否具有满意的一致性,需要找出衡量矩阵 A 的一致性指标 CI 的标准,故引入了随机一致性指标:

阶　数	1	2	3	4	5	6	7	8	9
RI	0	0	0.58	0.9	1.12	1.24	1.32	1.41	1.45

对于 1 阶、2 阶判断矩阵,RI 只是形式上的。按照我们对判断矩阵所下的定义,1 阶、2 阶

判断矩阵总是完全一致的。当阶数大于 2 时,判断矩阵的一致性指标 CI 与同阶平均随机一致性的指标 RI 之比 $\dfrac{\mathrm{CI}}{\mathrm{RI}}$ 称为判断矩阵的随机一致性比率,记为 CR。当 $\mathrm{CR}=\dfrac{\mathrm{CI}}{\mathrm{RI}}<0.1$ 时,判断矩阵具有满意的一致性,否则需要对判断矩阵进行调整。

15.2.2　客观赋权

1. 熵值法

根据指标的离散程度确定权重,对指标的差异性评价,通过对各指标熵值的计算,可以衡量出指标信息量的大小,从而确保建立的指标能反映绝大部分的原始信息。

对于数据矩阵:

$$A = \begin{bmatrix} X_{11} & \cdots & X_{1m} \\ \vdots & & \vdots \\ X_{n1} & \cdots & X_{nm} \end{bmatrix}$$

由于熵值法计算采用的是各个方案某一指标占同一指标值总和的比值,因此不存在量纲的影响,不需要进行标准化处理。若数据中有负数,就需要对数据进行非负化处理。此外,为了避免求熵值时无法求对数,需要进行数据平移。

对于越大越好的指标:

$$X'_{ij} = \frac{X_{ij} - \min(X_{1j}, X_{2j}, \cdots, X_{nj})}{\max(X_{1j}, X_{2j}, \cdots, X_{nj}) - \min(X_{1j}, X_{2j}, \cdots, X_{nj})} + 1$$
$$(i = 1, 2, \cdots, n; j = 1, 2, \cdots, m)$$

对于越小越好的指标:

$$X'_{ij} = \frac{\max(X_{1j}, X_{2j}, \cdots, X_{nj}) - X_{ij}}{\max(X_{1j}, X_{2j}, \cdots, X_{nj}) - \min(X_{1j}, X_{2j}, \cdots, X_{nj})} + 1$$
$$(i = 1, 2, \cdots, n; j = 1, 2, \cdots, m)$$

① 计算第 j 项指标下第 i 个方案占该指标的比重

$$P_{ij} = \frac{X_{ij}}{\sum_{i=1}^{n} X_{ij}} \quad (j = 1, 2, \cdots, m)$$

② 计算第 j 项指标的熵值

$$e_j = -k * \sum_{i=1}^{n} P_{ij} \ln P_{ij}$$

式中,$k>0$,ln 为自然对数,$e_j \geqslant 0$,一般取 $k = \dfrac{1}{\ln m}$。

③ 计算第 j 项指标的差异系数

$$g_j = 1 - e_j \quad (g_j \text{ 越大指标越重要})$$

对于第 j 项指标,指标值 X_{ij} 的差异越大,对方案评价的作用越大,熵值就越小。

④ 求权重

$$W_j = \frac{g_j}{\sum_{j=1}^{m} g_j} \quad (j = 1, 2, \cdots, m)$$

2. 均方差权值法

均方差权值法衡量数据的偏离程度,例如,对第 j 个指标来说,均方差越大表明了该指标在不同城市间的变异程度越大,其提供的信息量也越大,则其权重也应越大;反之,则其权重越小。

第一步,计算 Y_j 的均方差 $\delta(G_j)$ 。

$$\delta(G_j) = \sqrt{\frac{1}{n-1} \sum_{i=1}^{n} (y_{ij} - \overline{y_j})^2}$$

第二步,计算 Y_j 相对于各子系统的权重 w_j 。

$$w_j = \frac{\delta(G_j)}{\sum_{j=1}^{m} \delta(G_j)}$$

式中,m 为经济发展、社会发展和生态环境三大维度下所包含的指标数。

第三步,计算各指标基于权重系数与属性值乘积的得分 F_{ij} 。

$$F_{ij} = w_j Y_{ij}$$

第四步,计算第 i 个城市新型城镇化发展水平的综合得分 Z_i 。

$$Z_i = \sum_{j=1}^{m} F_{ij}$$

3. 主成分分析法

主成分分析(Principal Component Analysis,PCA),又叫主分量分析,是多元统计分析中的一种重要方法。它是通过原始变量的线性组合,把多个原始指标简化为有代表意义的少数几个指标,以使原始指标能更集中、更典型地表明研究对象特征的一种统计方法。简而言之,就是从 p 个指标出发,综合样本数据的信息,得到 m 个综合指标,在降维的同时,消除各指标间较严重的相关关系,但又尽可能保留原指标信息,然后利用 m 个综合指标计算综合评价值。

此外,如何将多指标综合为一个统一的评价值,这实质上就是怎样科学地确定各个指标的权重问题。主成分分析法正是在这两个方面显示了其独特的作用。

第一步,设由 n 个指标 m 个样本构成评级指标体系,其原始数据矩阵记作 $L = (l_{ij})_{m \times n}$,即

$$L = \begin{bmatrix} l_{11} & \cdots & l_{1n} \\ \vdots & & \vdots \\ l_{m1} & \cdots & l_{mn} \end{bmatrix}$$

第二步,计算 n 个指标相关系数矩阵 $R = (r_{ij})_{n \times n}$,即

$$r_{ij} = \frac{\sum\limits_{k=1}^{m} (l_{ki} - \overline{l_i})(l_{kj} - \overline{l_j})}{\sqrt{\sum\limits_{k=1}^{m} (l_{ki} - \overline{l_i})^2 \sum\limits_{k=1}^{m} (l_{kj} - \overline{l_j})^2}}$$

其中

$$\overline{l_i} = \frac{\sum\limits_{k=1}^{m} l_{ki}}{m}, \quad \overline{l_j} = \frac{\sum\limits_{k=1}^{m} l_{kj}}{m} \quad (i, j = 1, 2, \cdots, n)$$

第三步,计算相关系数矩阵 R 的特征根及对应的特征向量,即求解方程

$$|R - \lambda I| = 0$$

方程有 n 个根,记作 $\lambda_1, \lambda_2, \cdots, \lambda_n$,对应的 n 个单位特征向量记为 $e_1, e_2, \cdots, e_n$。依据累计贡献原则——累计方差贡献率大于 85%,选择前 $h(h<n)$ 个特征根及其对应的特征向量。

第四步,确定主成分权数。若第一主成分的累计方差贡献率大于 85%,那么此时对第一主成分的系数进行归一化处理后即可作为权数。若是选用多个主成分,那么此时有 $w = \lambda_1 e_1 + \lambda_2 e_2 + \cdots + \lambda_h e_h$,即

$$\begin{bmatrix} w_1 \\ w_2 \\ \vdots \\ w_n \end{bmatrix} = \lambda_1 \begin{bmatrix} e_{11} \\ e_{21} \\ \vdots \\ e_{n1} \end{bmatrix} + \lambda_2 \begin{bmatrix} e_{12} \\ e_{22} \\ \vdots \\ e_{n2} \end{bmatrix} + \cdots + \lambda_h \begin{bmatrix} e_{1h} \\ e_{2h} \\ \vdots \\ e_{nh} \end{bmatrix}$$

对 w 进行归一化处理,即可得到信息量化比重权数。

15.3　模糊综合评价

模糊综合评价是以模糊数学为基础,应用模糊关系合成的原理,将一些边界不清、不易定量的因素定量化,进行综合评价的一种方法。

模糊综合评价是通过构造等级模糊子集把反映被评事物的模糊指标进行量化(即确定隶属度),然后利用模糊变换原理对各指标综合。评价步骤如下:

(1) 确定评价对象的因素论域(有 p 个评价指标)

$$u = \{u_1, u_2, \cdots, u_p\}$$

(2) 确定评语等级论域

$$v = \{v_1, v_2, \cdots, v_p\}$$

即等级集合。每一个等级可对应一个模糊子集。

(3) 建立模糊关系矩阵 R

在构造了等级模糊子集后,要逐个对被评事物从每个因素 $u_i (i=1,2,\cdots,p)$ 上进行量化,即确定从单因素来看被评事物对等级模糊子集的隶属度($R|u_i$),进而得到模糊关系矩阵:

$$R = \begin{bmatrix} R|u_1 \\ R|u_2 \\ \vdots \\ R|u_p \end{bmatrix} = \begin{bmatrix} r_{11} & r_{12} & \cdots & r_{1m} \\ r_{21} & r_{22} & \cdots & r_{2m} \\ \vdots & \vdots & & \vdots \\ r_{p1} & r_{p2} & \cdots & r_{pm} \end{bmatrix}$$

矩阵 R 中第 i 行第 j 列元素 r_{ij},表示某个被评事物从因素 u_i 来看对 v_j 等级模糊子集的隶属度。一个被评事物在某个因素 u_i 方面的表现,是通过模糊向量 $(R|u_i) = (r_{i1}, r_{i2}, \cdots, r_{im})$ 来刻画的,而在其他评价方法中多是由一个指标实际值来刻画的,因此,从这个角度讲模糊综合评价要求更多的信息。

(4) 确定评价因素的权向量

在模糊综合评价中,确定评价因素的权向量:$A = (a_1, a_2, \cdots, a_p)$。权向量 A 中的元素 a_i 本质上是因素 u_i 对模糊子集{对被评事物重要的因素}的隶属度。本文使用层次分析法确定

评价指标间的相对重要性次序，从而确定权系数，然后在合成之前归一化。

$$\sum_{i=1}^{p} a_i = 1, \quad a_i \geqslant 0, \quad i = 1, 2, \cdots, n$$

（5）合成模糊综合评价结果向量

利用合适的算子将 A 与各被评事物的 R 进行合成，得到各被评事物的模糊综合评价结果向量 B。

$$A \circ R = (a_1 \quad a_2 \quad \cdots \quad a_p) \circ \begin{bmatrix} r_{11} & r_{12} & \cdots & r_{1m} \\ r_{21} & r_{22} & \cdots & r_{2m} \\ \vdots & \vdots & & \vdots \\ r_{p1} & r_{p2} & \cdots & r_{pm} \end{bmatrix} = (b_1 \quad b_2 \quad \cdots \quad b_m) = B$$

式中，b_1 是由 A 与 R 的第 1 列运算得到的，它表示被评事物从整体上看对 v_1 等级模糊子集的隶属程度。

（6）对模糊综合评价结果向量进行分析

实际中，最常用的方法是最大隶属度原则，但在某些情况下使用会很勉强，损失信息很多，甚至得出不合理的评价结果。使用加权平均求隶属等级的方法，对于多个被评事物，可以依据其等级位置进行排序。

15.4 综合评价的 MATLAB 实践：校园环境的多级模糊综合评价指标

15.4.1 问题的提出

以某大学的校园环境质量评价为例，采用问卷法收集数据。校园环境质量评价指标体系共由 6 个一级指标（含总印象）、19 个二级指标构成。根据语义学标度，可分为 4 个测量等级：好、良好、一般、差。为了便于计算，将主观评价的语义学标度进行量化，并依次赋值为 4、3、2、1。所设计的评价定量标准见表 15-4-1。

表 15-4-1 评价定量分级标准

评价值	评 语	等 级
$x_i > 3.5$	好	E1
$2.5 < x_i \leqslant 3.5$	良好	E2
$1.5 < x_i \leqslant 2.5$	一般	E3
$x_i \leqslant 1.5$	差	E4

借助抽样调查数据，从校园总体环境品质、绿化和景观、交通体系、建筑品质、照明设施、科研园区和大型公共设施考虑，设定 6 个一级评价指标和 19 个二级环境评价指标构成体系。所构成的环境指标体系见表 15-4-2。

表 15 - 4 - 2　校园环境质量两级评价指标及打分统计表

综合指标	评价指标	打分统计 （好、良好、一般、差）			
A 总体环境品质	a_1　校园的环境气氛；	0.154	0.404	0.410	0.032
	a_2　校园的总体布局和分区；	0.006	0.272	0.500	0.223
	a_3　校园环境的吸引力；	0.053	0.756	0.191	0.000
	a_4　校园的安静程度；	0.107	0.368	0.354	0.170
	a_5　校园的大气质量；	0.373	0.408	0.189	0.030
	a_6　校园的卫生状况	0.164	0.436	0.313	0.087
B 绿化和景观	b_1　校园的景观度；	0.058	0.277	0.556	0.110
	b_2　校园绿化的总体印象；	0.160	0.489	0.310	0.041
	b_3　校园的标志物及广场的印象等；	0.040	0.328	0.466	0.167
	b_4　校园的周边环境	0.041	0.225	0.499	0.236
C 交通体系	c　校内交通体系的总体情况评价	0.035	0.370	0.511	0.084
D 建筑品质	d_1　教学建筑的美观度；	0.049	0.417	0.441	0.093
	d_2　教学建筑的实用性；	0.024	0.224	0.483	0.270
	d_3　食堂、宿舍的适用性；	0.034	0.203	0.532	0.231
	d_4　文娱活动场所的适用性	0.025	0.296	0.543	0.137
E 照明设施	e_1　校园路灯布局的美观度和实用性,灯具配置的合理性；	0.022	0.277	0.493	0.208
	e_2　校园大型建筑物的照明用电情况及能源消耗	0.031	0.320	0.499	0.150
F 科研园区和大型公共设施	f_1　读书公园的基本建设的合理性；	0.036	0.349	0.524	0.091
	f_2　科研园区的布局安排的合理性及实用性	0.008	0.143	0.406	0.444

15.4.2　指标权重求解的层次分析法步骤

1. 确定评价对象集

$$P＝校园环境质量$$

2. 构造评价因子集

$$u＝\{u_1,u_2,u_3,u_4,u_5,u_6\}$$

$\{$总体环境品质,绿化和景观,交通体系,建筑品质,照明设施,科研园区和大型公共设施$\}$

3. 确定评语等级论域

确定评语等级论域（即建立评价集 v）：

$$v＝\{v_1,v_2,v_3,v_4\}＝\{好,良好,一般,差\}$$

4. 一级指标权重的计算

6 个一级指标因子权重,采用层次分析的方法求出指标权重。构造判断矩阵 $S＝$

$(u_{ij})_{p\times p}$，即

$$S = \begin{bmatrix} 1 & \dfrac{4}{3} & \dfrac{5}{4} & 1 & \dfrac{9}{5} & \dfrac{6}{5} \\[2mm] \dfrac{3}{4} & 1 & \dfrac{9}{10} & \dfrac{8}{9} & \dfrac{7}{5} & \dfrac{8}{9} \\[2mm] \dfrac{4}{5} & \dfrac{10}{9} & 1 & \dfrac{4}{5} & \dfrac{3}{2} & 1 \\[2mm] 1 & \dfrac{9}{8} & \dfrac{5}{4} & 1 & 2 & \dfrac{5}{4} \\[2mm] \dfrac{5}{9} & \dfrac{5}{7} & \dfrac{2}{3} & \dfrac{1}{2} & 1 & \dfrac{4}{6} \\[2mm] \dfrac{5}{4} & \dfrac{9}{8} & 1 & \dfrac{4}{5} & \dfrac{6}{4} & 1 \end{bmatrix}$$

计算判断矩阵 S 的最大特征根，得 $\lambda_{\max}=6.005\ 89$。为进行判断矩阵的一致性检验，需计算一致性指标：

$$\mathrm{CI} = \frac{\lambda_{\max} - n}{n-1} = \frac{6.005\ 89 - 6}{6-1} = 0.001\ 178$$

平均随机一致性指标 $\mathrm{RI}=1.24$。随机一致性比率：

$$\mathrm{CR} = \frac{\mathrm{CI}}{\mathrm{RI}} = \frac{0.0011\ 78}{1.24} = 0.000\ 95 < 0.10$$

层次分析法的 MATLAB 程序如下：

```
S = [.....]                    %输入判断矩阵 S
[V,D] = eig(S)
w = V(:,1)/ sum(V(:,1))        %归一化特征向量
lambda = max(eig(Z))
n = sum(eig(Z))
CI = (lambda - n)./(n - 1)
RI = 1.24  %查表
CR = CI./RI
if CR > = 0.1
error('Z 不通过一致性检验');
else 'pass text'
end
```

因此认为层次分析排序的结果满足一致性，即权系数的分配是非常合理的。其对应的特征向量为

$$A_0 = (1.213\ 72 \quad 0.935\ 715 \quad 0.991\ 1 \quad 1.211\ 38 \quad 0.634\ 379 \quad 1.0)$$

再做归一化处理，得

$$A = (0.202 \quad 0.156 \quad 0.165 \quad 0.202 \quad 0.109 \quad 0.166)$$

5. 计算二级指标权重

同理，采用层次分析法求出指标权重，分别对各个二级指标构造其各自的判断矩阵，得出合理的权系数。

校园总体环境品质五个指标的权重，其特征向量为

　　　　　(1.726 69　1.202 73　1.973 86　1.642 37　1.873 83　1.0)

归一化得:(0.183　0.128　0.210　0.174　0.199　0.106)。

绿化和景观指标的权重:(0.213　0.321　0.285　0.181)。

建筑品质指标的权重:(0.217　0.285　0.246　0.252)。

照明设施指标的权重:(0.474　0.526)。

科研园区和大型公共设施指标的权重:(0.429　0.571)。

15.4.3　校园环境的多级模糊综合评价

1. 校园环境的加权平均模糊合成综合评价

利用加权平均模糊合成算子将 **A** 与 **R** 合成得到模糊综合评价结果向量 **B**。模糊综合评价中常用的取大、取小算法,在因素较多时,每一因素所分得的权重常常很小。在模糊合成运算中,信息丢失较多,常导致结果不易分辨和不合理(即模型失效)的情况。所以,针对上述问题,这里采用加权平均型的模糊合成算子。计算公式为

$$b_i = \sum_{i=1}^{p}(a_i \cdot r_{ij}) = \min\left(1, \sum_{i=1}^{p} a_i \cdot r_{ij}\right) \quad (j=1,2,\cdots,m)$$

式中,b_i、a_i、r_{ij} 分别为隶属于第 j 等级的隶属度、第 i 个评价指标的权重和第 i 个评价指标隶属于第 j 等级的隶属度。

2. 多级模糊综合评价结果向量

将来源于抽样调查的统计数据代入建立的模型中,计算各级模糊综合评价的向量。

(1) 总体环境品质的评价向量

$A_1 = a \circ R$

$$= (0.183\ \ 0.128\ \ 0.210\ \ 0.174\ \ 0.199\ \ 0.106) \circ \begin{bmatrix} 0.154 & 0.404 & 0.410 & 0.032 \\ 0.006 & 0.272 & 0.500 & 0.223 \\ 0.053 & 0.756 & 0.191 & 0.000 \\ 0.107 & 0.368 & 0.354 & 0.170 \\ 0.373 & 0.408 & 0.189 & 0.030 \\ 0.164 & 0.436 & 0.313 & 0.087 \end{bmatrix}$$

$= (0.150\ 309\ \ 0.458\ 948\ \ 0.311\ 525\ \ 0.079\ 172)$

归一化后的综合评价向量:(0.150　0.459　0.312　0.079)。

(2) 绿化和景观的评价向量

$$B_1 = (0.213\ \ 0.321\ \ 0.285\ \ 0.181) \circ \begin{bmatrix} 0.058 & 0.277 & 0.556 & 0.110 \\ 0.160 & 0.489 & 0.310 & 0.041 \\ 0.040 & 0.328 & 0.466 & 0.167 \\ 0.041 & 0.225 & 0.499 & 0.236 \end{bmatrix}$$

$= (0.082\ 535\ \ 0.225\ 865\ \ 0.498\ 879\ \ 0.197\ 111)$

归一化得:(0.084　0.226　0.499　0.197)。

(3) 交通体系的评价向量

$$C_1 = (0.035\ \ 0.370\ \ 0.511\ \ 0.084)$$

（4）建筑品质的评价向量

$$\boldsymbol{D}_1 = (0.217 \quad 0.285 \quad 0.246 \quad 0.252) \cdot \begin{bmatrix} 0.049 & 0.417 & 0.441 & 0.093 \\ 0.024 & 0.224 & 0.483 & 0.270 \\ 0.034 & 0.203 & 0.532 & 0.231 \\ 0.025 & 0.296 & 0.543 & 0.137 \end{bmatrix}$$

$$= (0.032\,137 \quad 0.278\,859 \quad 0.501\,06 \quad 0.188\,481)$$

归一化得：$(0.032 \quad 0.279 \quad 0.501 \quad 0.188)$。

（5）照明设施的评价向量

$$\boldsymbol{E}_1 = (0.474 \quad 0.526) \cdot \begin{bmatrix} 0.022 & 0.277 & 0.493 & 0.208 \\ 0.031 & 0.320 & 0.499 & 0.150 \end{bmatrix}$$

$$= (0.026\,734 \quad 0.299\,618 \quad 0.496\,156 \quad 0.177\,492)$$

归一化得：$(0.027 \quad 0.300 \quad 0.496 \quad 0.177)$。

（6）科研园区和大型公共设施的评价向量

$$\boldsymbol{F}_1 = (0.429 \quad 0.571) \cdot \begin{bmatrix} 0.036 & 0.349 & 0.524 & 0.091 \\ 0.008 & 0.143 & 0.406 & 0.444 \end{bmatrix}$$

$$= (0.020\,012 \quad 0.231\,374 \quad 0.456\,622 \quad 0.292\,563)$$

归一化得：$(0.020 \quad 0.231 \quad 0.457 \quad 0.292)$。

（7）综合评价向量

$$\boldsymbol{A} = (0.202 \quad 0.156 \quad 0.165 \quad 0.202 \quad 0.109 \quad 0.166) \cdot \begin{bmatrix} 0.150 & 0.459 & 0.312 & 0.079 \\ 0.048 & 0.226 & 0.499 & 0.197 \\ 0.035 & 0.370 & 0.511 & 0.084 \\ 0.032 & 0.279 & 0.501 & 0.188 \\ 0.027 & 0.300 & 0.496 & 0.177 \\ 0.020 & 0.231 & 0.457 & 0.292 \end{bmatrix}$$

$$= (0.056\,29 \quad 0.316\,428 \quad 0.456\,311 \quad 0.166\,291)$$

归一化得：$\boldsymbol{A}' = (0.057 \quad 0.318 \quad 0.458 \quad 0.167)$。

（8）对综合评分值进行等级评定

$$V_A = 4 \times 0.150 + 3 \times 0.459 + 2 \times 0.312 + 1 \times 0.079 = 2.68$$
$$V_B = 4 \times 0.084 + 3 \times 0.226 + 2 \times 0.499 + 1 \times 0.197 = 2.09$$
$$V_C = 4 \times 0.035 + 3 \times 0.370 + 2 \times 0.511 + 1 \times 0.084 = 2.356$$
$$V_D = 4 \times 0.032 + 3 \times 0.279 + 2 \times 0.501 + 1 \times 0.188 = 2.155$$
$$V_E = 4 \times 0.027 + 3 \times 0.300 + 2 \times 0.496 + 1 \times 0.177 = 2.177$$
$$V_F = 4 \times 0.020 + 3 \times 0.231 + 2 \times 0.457 + 1 \times 0.292 = 1.979$$

由上述计算可知，对照表 15 - 4 - 1 的评价分级标准可得"校园总体环境品质"评价指标的评价结果为"良好"属于 E2 级，其他 5 个指标的评价结果均为"一般"，属于 E3 级。按照各个指标的评分等级的大小可以对其排序，其中"绿化和景观""科研园区和大型公共设施"的评价要比其他指标都要低一点。而对总体的综合评判分值为

$$V = 4 \times 0.057 + 3 \times 0.318 + 2 \times 0.458 + 1 \times 0.167 = 2.65$$

说明校园总体质量为"良好"，属于 E2 级。

　　实际中最常用的方法是最大隶属度原则,但此方法的使用是有条件的,存在有效性问题,可能会得出不合理的评价结果。根据此问题提出用加权平均原则求隶属等级的方法,采用加权平均原则对上述各级评价指标的评价结果进行分析,得出的结果与最大隶属度原则方法得到的结果有点出入,但此结果较符合实际情况。

习　　题

1. 简述层次分析法的步骤。
2. 简述模糊综合评价的步骤。

第 **16** 章

数学建模论文写作

16.1 写作规划

数学建模完成后,就是撰写论文了,本章简要说明一下科技论文写作的基本方法。

16.1.1 科技论文写作规范

国家标准 BG 7713—87 针对发表量最大的学术论文、学位论文以及科学技术报告规定了标准的写作格式,统一要求按照以下 8 个基本部分撰写论文与报告。

1. 题名(Title,Tonic,又称题目或标题)

- 是一篇论文给出的涉及论文范围与水平的第一个重要信息;
- 是为选定关键词和编制题录、索引等二次文献所必须考虑的、特定的实用信号。

对论文题目的要求:既要准确表达论文内容,恰当反映所研究的范围和深度,又要尽可能概括、精练,力求题目的字数少,一般希望论文题目字数不要超出 20 个字。

例如:

- 关于工厂生产计划的数学模型
- 工厂生产计划的数学模型
- 关于工厂计划的模型
- 工厂生产任务安排模型
- 关于生产计划的模型
- 生产计划的优化模型

分析:①"关于""工厂"等对论文内容而言是非本质的词语;②"模型"太空泛,应改为"优化模型"更准确;③题目"生产计划的优化模型"给人印象显得过大。

故可选:"一类生产计划优化模型"或"生产计划的一个优化模型"。

2. 论文作者的姓名和单位

作用:一是为表明文责自负;二是肯定作者的劳动;三是便于读者与作者的联系以及文献检索(作者索引)。

对于多位作者合作的论文的署名顺序,应坚持实事求是的态度,以贡献最大的列为第一作者,按贡献大小顺次排为第二、第三作者,其余类推。

3. 摘要(Abstract)

作用:即使读者未阅读论文全文也能获得必要的信息,并吸引读者产生浓厚的兴趣。

概括地讲,应包括三要素:

- 解决什么问题 从事这一研究的目的和重要性;

- 应用什么方法　研究的主要内容,应用了何种方法(试验处理、数学分析等);
- 得到什么结论　指明完成了哪些工作,获得的基本结论和研究成果、结论或成果的意义。

注意:

① 论文摘要既要充分反映三要素所含内容,也需充分概括,故文字必须十分简练,其字数一般不超过论文总字数的 5%。

② 论文摘要中不要列举例证,不讲研究过程,不用图表,不给化学结果式。

③ 论文摘要应突出论文的成果性:新见解、新方法和特色,但陈述一定要客观,不要写自我评价语言。

常见的毛病:一是照搬论文正文中的小标题(目录)或论文结论部分的文字;二是内容不够浓缩、概括,以致篇幅过长。

4. 关键词(Key words)

主题词是用来描述文献资料主题和给出文献资料的一种新型的情报检索语言词汇,便于情报检索的计算机化(计算机检索)。

关键词属于主题词中的一类。

关键词应置于摘要之后,标示文献关键主题内容。

一般论文可选取 3~8 个词作为关键词。

5. 引言(Introduction,又称前言)

是整篇论文的引论部分,起到吸引读者和继续阅读的铺垫作用。内容包括:研究的理由、目的、背景、前人的工作和现在的知识空白、理论依据和实验基础、预期的结果及其在相关领域里的地位、作用和意义。

引言的基本目的是要吸引读者读下去,所以文字不可冗长,内容选择不要过于分散、琐碎,措辞要精练。

完整的结论将在文章的主体部分给出,在那里将概括研究工作的整体结果及其意义,在对结果进行分析的基础上提供合理建议及解决方案等。

通过阅读标题、内容目录、摘要、引言和结论代替阅读整篇文章,实际上这是一条了解文章内容的捷径。因为部分读者会认为只得到论文中的结论和建议就足够了。

6. 正文(Main body)

正文是一篇论文的主要部分,它占据了论文的最大篇幅,作者的创造性成果或新的研究结果都将在这一部分得到反映。

要求:

① 内容充实,论据充分、可靠,论证有力,主题明确。

② 为做到层次分明、脉络清晰,将正文部分分成几个大的段落,使整篇论文的结构更清晰。这些段落称为逻辑段,一个逻辑段可以包含几个自然段。每个逻辑段可以冠以适当的标题(分标题或小标题)。

③ 对文章中的章、节、目等各级标题的层次,以及图、表、公式进行序码的编排,要做到整篇文章一致,达到文章各部分间的相互参照。

④ 排版要合理,每张插图或表格应占单独的一段,并加上明确的标题,以产生较好的视觉

效果及阅读效果。

避免：

① 尽量避免使用过长语句(30 个字以上的句子)，不要用生僻的语句。

② 避免出现大段段落，大段文字会让人望而生畏。

③ 避免语法及词语错误(Word 有检查功能)。

④ 避免整篇论文中量纲或单位不一致。

建议：

① 对特定变量或参数采用本专业领域内"习惯"符号，自制或常用的缩写词给予解释。

② 论文中借用的数据、结论等应标明出处。

③ 为保持文章阅读的流畅，将占较大篇幅的求解、推理、证明等放入附录内，文章正文部分仍需给出简短说明，并指明阅读路径。

7. 结论(Conclusion)

结论是整篇论文的结局，不是某一个局部问题或某一分支问题的结论，不是正文中各段小结的简单重复。结论体现了作者更深层的认识，是从全篇论文的全部材料出发，经过推理、判断、归纳等逻辑分析过程而得到的新的学术总观点、整体见解。一般应包含以下几个方面：

① 本文研究结果说明了什么问题，得出了什么规律，解决了什么理论或实际问题；

② 对前人有关工作做了哪些修正、补充、发展、证实或否定；

③ 本文研究的不足之处或遗留未解决的问题，以及解决这些问题的可能的关键点和方向。

结论部分的写作要求：

① 措辞严谨，逻辑严密，文字具体，像写法律条文一样，按 1、2、3……顺序列成条文。

② 用词确切，且只能有一种准确阐述，不能模棱两可、含糊其词。

③ 文字上不应夸大，对尚不能完全肯定的内容应注意留有余地。

8. 参考文献(Reference)

作用：

① 反映出真实的科学依据；

② 体现严肃的科学态度，分清是自己的观点或成果还是别人的观点或成果；

③ 对前人的科学成果表示尊重，同时也指明引用资料出处，便于检索。

在正文中提及或直接引用的材料、原始数据等来自公开刊物，可将这些刊物列在"参考文献"中。需标明刊物著者的姓名、刊物名称、卷次、页码和出版日期等。只需要列出最重要和最关键的文献资料即可。

16.1.2　论文的整体构思

为什么写作难？

人们脑子里装着许多材料，有许多思想，已经形成很有价值的观点，却无法流畅地写出自己的想法，无从下手。这种"写作难"的主要原因是不了解如何入手写论文，不清楚应从何种角度、用什么方式进行表达。这是一个有关论文的整体构思问题。

一篇学术论文要传递的思想是作者的学术观点或学术见解，也就是论文的主题。构思要围绕主题展开,让主题贯穿全文,这样才可以做到使论文条理清晰、脉络分明。构思的另一个要点是对读者的分析,他们是作者思想传递的对象。应该想到:他们已了解些什么,他们想知道些什么等问题。一般来说,读者可分为专业读者、非专业读者、主管领导或科技管理机构负责人等,他们对科技文章的要求与评价标准各不相同。如何引起某类读者的兴趣是论文构思的一个重点。

提高论文构思能力,首先得学会理清自己的思路并拟制写作提纲,其作用如下:

① 可以帮助作者勾画出全篇论文的框架或轮廓,体现作者经过对材料的消化与进行逻辑思维后形成的初步设想。

② 可事先计划先写什么、后写什么,前后如何表述一致,重点应放在哪里,哪里还需要进一步加以注释或解释。

③ 按照计划写作,可使论文层次清晰、前后照应、内容连贯、表达严密。

④ 提纲写成以后,再从总体上加以仔细推敲,若发现结构欠妥,可随手修改,调整提纲要比不写提纲而当全文写好以后再进行调整要轻松得多。

⑤ 方便繁忙的作者和合作写作的作者。前者,因为工作忙,时而中断写作过程,在重新写作时可借助于提纲尽快恢复原来的思路。后者,可帮助合作撰稿人按照提纲进行分工与协调,避免由于各自为战可能引起的重复与疏漏。

论文的整体构思还应包含:写作时间的整体安排,包括思考、计划、写作、检查和修改的时间。这在完成有时间限制的科研任务或多作者合作时尤为重要。

注意:实际上,写作工作贯穿研究的全过程。每一部分工作都应该作详细记录,以作为论文写作第一手的原始资料。写作提纲的拟制应建立在工作提纲的基础上,因为通过检查工作提纲才能清楚已完成的工作和得到的成果,以免遗漏。

16.1.3　论文的检查

应特别重视论文的检查。

首先,应依据写作提纲做如下检查:

- 层次结构是否分明、清晰简洁?
- 论文中是否充分强调了重点内容?
- 关键性段落是否有遗漏?
- 段落的先后顺序是否合适?
- 标题是否醒目、准确?
- 讨论问题的深度是否适当?
- 论文或材料是否完备无缺?
- 多余部分是否已删除?
- 实例的来源是否很清楚?

然后,针对完成的初稿,浏览全文并仔细考虑以下问题:

- 是否已阐述清楚问题?
- 内容是否明确、富有建设性?
- 摘要是否清楚、简练、准确?
- 整篇文章是否文从字顺、通达流畅?

- 结论的推导是否有逻辑上的谬误？
- 是否遗漏了可能的解答结果？
- 文中各种符号是否恰当,是否保持前后一致？
- 文中是否有意思含混的语句？
- 实例、数值、计划和插图是否正确？
- 是否有逻辑或拼写错误？

如果以上问题的答案不能令人满意,应仔细修改到满意为止。

之后是打印稿校对,由于录入和排版的错误是很难避免的,要特别注意对关键语句、公式、概念和结论部分的检查,这些部分的错误将会导致整篇论文的失败。

16.2　优秀论文一

编者:选自《兰州铁道学院学报》的一篇建模论文(作者:刘振、杨文青、何新宇)。文章综合利用了概率、组合优化和图论的知识,体现了数学建模的综合能力。

锁具装箱问题的数学模型

摘要　利用概率、组合优化和图论等知识,建立了七个模型;解决了计算一批锁具的数量、估计团体顾客的抱怨程度等问题,并在考虑工厂连续生产、合理销售的前提下,提出了较为优化的装箱销售方案及其改进方案。

锁厂生产的弹子锁的钥匙有 5 个槽,其槽高可以从$\{1,2,\cdots,6\}$六个数中任取一个数,可见每个槽的高度都有为$1,2,\cdots,6$的可能。由于工艺及其他原因对制造锁具有两个限制条件:

(1) 至少有 3 个不同的槽高;

(2) 相邻两槽高度之差不能为 5。

又指出,由于当前工艺条件,一批锁具中若有两者相对应的 5 个槽中有 4 个槽高相同,另一个相差为 1,则两者可能互开。在此条件下,要求建立模型解决以下问题:

(1) 一批锁具的数量和装箱数目。

(2) 提供一种销售方案,包括装箱、标记以及如何出售,使团体顾客不再或减少抱怨。

(3) 采用该方案,团体顾客的购买量不超过多少箱,就可以保证定不会出现互开情形。

(4) 按原来的装箱方法,定量地衡量团体顾客抱怨互开的程度(并对购买一、二箱者给出具体结果)。

16.2.1　问题分析

锁具装箱问题是一个很有实际价值的问题。合理有效的装箱方案、锁售方案能提高工厂的信任度、扩大销售额、增加利润。为了达到此目的,本文首先用排列组合的有关知识建立模型 Ⅰ(1),并用 BASIC 语言编程求出结果,又用一种便于手算的组合计算方法建立模型 Ⅰ(2);然后用 FORTRAN 语言编程进行特征参数的求解,并用 FOXBASE 进行数据分析,在综合考虑生产实际与模型理论化的前提下,从大量方案比选中,择选出装箱、销售较优,标记较合理的方案,并据此建立模型 Ⅱ(1)和 Ⅱ(2);为解决问题(4),本文最后从图论[1-2]及古典概率[3-4]的角度建立模型 Ⅲ 和 Ⅳ,采用数学期望的原始意义建立模型 Ⅸ。

16.2.2　模型假设及符号说明

1. 模型假设

① 两把锁具的 5 个槽中,如果有 4 个槽高度对应相同,另一个槽的高度差为 1,则两锁必能互开(按最坏情况考虑)。

② 随机装箱对锁具来说是等可能概率。

③ 工厂生产锁具能按规格生产,团体顾客的抱怨程度只取决于买到互开锁的对数。

④ 生产线只有一条,即任两把锁都不是同时生产,且该锁具的锁槽配制为所有配制中的任意一个。

⑤ 工厂生产锁具时按批连续生产。

2. 符号说明

n——一批锁具中各槽可取高度个数(本题中 $n=6$);

m——一把钥匙的槽的个数($m=5$);

b_i——一批锁具中各钥匙槽的可取高度值;

X——一批锁具中锁具的总数;

W——一箱锁具中锁具的总数($W=60$);

Y——一批锁具所装箱数。

16.2.3　模型设计

1. 计算模型

1)求一批锁具的数量 X,根据已知条件建立模型 Ⅰ(1):

$$X=(C_n^1)^m-A(m,n)$$

式中,$A(m,n)$ 为限制条件下应除去的组合数。则一批锁具可装的箱数为

$$Y=\frac{X}{W}$$

对于这类问题,可用全枚举法求解,其运算通用框图如图 16-2-1 所示。

对于本题 $m=5,n=6$,限制条件为 $A(5,6)$,即

① 至少有 3 个不同的数;

② 相邻两槽的高度之差不能为 5。

利用计算机进行求解,得如下结果:

$$X=5\,580$$

则

$$Y=\frac{X}{W}=\frac{5\,580}{60}=93(箱)$$

程序略。

2)为了便于手算,我们利用组合计算方法建立模型 Ⅰ(2)。

设 A_1 为满足至少出现 3 个不同数的组合,A_2 为满足相邻两槽高度差不等于 5 的所有组合,设 B_i 为槽高为 1、6 相邻的组合,即第 i 与第 $i+1$ 槽的高度分别为 1、6 或 6、1($1\leqslant i\leqslant 6$),N 表示满足 A_1 及 A_2 的组合数,则

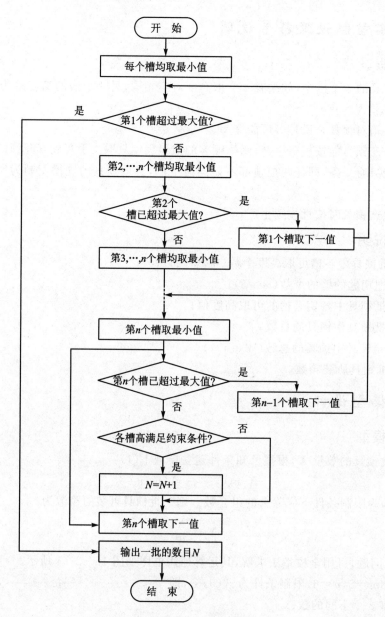

图 16-2-1　通用框图

$$N = \mid A_1 \bigcap A_2 \mid \tag{16.1}$$

$$\mid A_1 \mid = (C_6^1)^5 - C_6^1 - C_6^2 [(C_2^1)^5 - C_2^1] = 7\,320$$

$$\mid \bar{A}_2 \mid = \mid \bigcup_{i=1}^4 B_i \mid$$

$$= \sum_{i=1}^4 \mid B_i \mid - \sum_{1 \leqslant i < j \leqslant 4} \mid B_i \bigcap B_j \mid + \sum_{1 \leqslant i < j < k \leqslant 4} \mid B_i \bigcap B_j \bigcap B_k \mid - \\ \mid B_1 \bigcap B_2 \bigcap B_3 \bigcap B_4 \mid$$

$$|B_i| = C_2^1 (C_6^1)^3$$

$$|B_i \cap B_{i+1}| = C_2^1 (C_6^1)^2 \quad (1 \leqslant i \leqslant 3)$$

$$|B_i \cap B_j| = 2C_2^1 \cdot (C_6^1)^2 \quad (1 \leqslant i < j-1 \leqslant 3)$$

$$|B_i \cap B_{i+1} \cap B_{i+2}| = C_2^1 C_6^1 \quad (1 \leqslant i \leqslant 2)$$

$$|B_1 \cap B_3 \cap B_4| = |B_1 \cap B_2 \cap B_4| = 2C_2^1$$

$$|B_1 \cap B_2 \cap B_3 \cap B_4| = C_2^1$$

$$|\bar{A}_1 \cap \bar{A}_2| = 2C_6^2$$

则有

$$|\bar{A}_2| = 1\,470$$

$$|A_1 \cup A_2| = |\overline{\bar{A}_1 \cap \bar{A}_2}| = (C_6^1)^5 - |\bar{A}_1 \cap \bar{A}_2| = 7\,746$$

$$|A_2| = (C_6^1)^5 - |\bar{A}_2| = 6\,306$$

将以上结果代入式(16.1)得

$$N = |A_1 \cap A_2| = |A_1| + |A_2| - |A_1 \cup A_2| = 5\,880$$

2. 装箱销售模型

1）设一批锁具中第 i 把钥匙从一端开始顺次各槽的高度值组成一个向量，记为 $\boldsymbol{B}_i$，即

$$\boldsymbol{B}_i = (b_1^i \quad b_2^i \quad \cdots \quad b_m^i)$$

并定义其模为 $|\boldsymbol{B}_i| = \sum_{j=1}^m b_j^{(i)}$。

结论 1　两把锁 $\boldsymbol{B}_i$ 和 $\boldsymbol{B}_j$，若 $\left| |\boldsymbol{B}_i| - |\boldsymbol{B}_j| \right| \neq 1$，则 $\boldsymbol{B}_i$ 与 $\boldsymbol{B}_j$ 必不能互开。

推论 1　要使团体顾客不再或减少抱怨，必须使 $\left| |\boldsymbol{B}_i| - |\boldsymbol{B}_j| \right| = 1$ 的两互开锁装入编号相距尽可能大的箱中。

推论 2　模同为偶数的锁具间不能互开；模同为奇数的锁具间不能互开；模相等的锁具间不能互开。

综上分析，我们可提出如下装箱方案：将模为偶数的锁具装入前 i 箱，将模为奇数的锁具装入后 j 箱，且分别从前至后按从小到大模的顺序依次装箱（$i+j=Y$）。在考虑使团体顾客不再或减少抱怨的前提下，兼顾销售方便，我们拟采用连续数字作为箱的标志的方案，销售时按箱子的编号连续销售，并据此建立模型Ⅱ(1)。

记模为 $|\boldsymbol{B}_i|$ 的所有锁具数为 $\alpha(|\boldsymbol{B}_i|)$。

本文使用 FORTRAN 对不同 $|\boldsymbol{B}_i|$ 对应的 $\alpha(|\boldsymbol{B}_i|)$ 进行统计，结果如下：

$$\alpha(8)=10, \quad \alpha(9)=50, \quad \alpha(10)=120, \quad \alpha(11)=162$$

$$\alpha(12)=10, \quad \alpha(13)=50, \quad \alpha(14)=120, \quad \alpha(15)=162$$

$$\alpha(16)=10, \quad \alpha(17)=50, \quad \alpha(18)=120, \quad \alpha(19)=162$$

$$\alpha(20)=10, \quad \alpha(21)=50, \quad \alpha(22)=120, \quad \alpha(23)=162$$

$$\alpha(24)=10, \quad \alpha(25)=50, \quad \alpha(26)=120, \quad \alpha(27)=162$$

若 $\boldsymbol{B}_i$ 与 $\boldsymbol{B}_j$ 能互开，记 $\boldsymbol{B}_i$ 所在箱与 $\boldsymbol{B}_j$ 所在箱在上述方案排序下的距离（编号差）为 S_{ij}

并令 $M(S_{ij}) = \min\{S_{ij}\} - 1$，则 $M(S_{ij})$ 表示从任意箱处连续拿取一定不会出现互开锁的最大箱数。

采用 FOXBASE 进行统计，可得

$$\{S_{ij}\} = \{50,49,48,47,46,45,44,43,42,41,40,39,38,37,36\}$$

显然 $M(S_{ij}) = 35$。

进一步得到如下结论：

① 若购买箱数为 $N \leqslant 35$，则可以从任一箱开始连续售出，保证不会出现互开锁。

② 若购买箱数为 $35 \leqslant N < 49$，则可以找到相应的标号，并从该标号开始连续拿取均能保证不会出现互开锁。

2）模型Ⅱ（1）只考虑了不同 $|\boldsymbol{B}_i|$ 之间的排序，没有考虑相同 $|\boldsymbol{B}_i|$ 的锁具之间的顺序，因此装箱较为方便。为了增加团体顾客的满意程度，我们又在模型Ⅱ（1）的基础上建立模型Ⅱ（2），对相同 $|\boldsymbol{B}_i|$ 的锁具间进行字典排序，并将此字典排序后所组成的有序向量集定义为向量集空间 ZK，即

$$ZK = (\{20\},\{120\},\{251\},\{405\},\{539\},\{563\},\{208\},\{322\},\{162\},\{50\},\{50\},\{162\},$$
$$\{322\},\{508\},\{563\},\{539\},\{405\},\{251\},\{120\},\{20\})$$

其中，$\{n\}$ 表示含有 n 个有序向量的子向量集。

显然 $|ZK| = 5\,880$。

与 ZK 对应的，由 $|\boldsymbol{B}_i|$ 组成的有序向量记为 $\boldsymbol{T}$，则

$$\boldsymbol{T} = (8,10,12,14,16,18,20,22,24,26,9,11,13,15,17,19,21,23,25,27)$$

将字典排序后的 ZK 向量集空间中的 $5\,880$ 个向量依次从 $1,2,\cdots,5\,880$ 予以标码。记 $\boldsymbol{B}_i$ 中元素组成的 m 位数值为 M_i，则

$$M_i = b_1^{(i)} b_2^{(i)} \cdots b_m^{(i)}$$

结论 2　$M(S_{ij})$ 必然出现在 $|\boldsymbol{B}_1^{(i)} - b_1^i| = 1$ 的情形中。利用计算机对字典排序后的一批锁具对应向量进行统计分析，结果如下：最小距离对应向量标码之差为 $2\,562$，相应的互开锁数为 128 把，即 56 对。

上述结果表明：字典排序后，距离最近的两互开锁间有 $2\,562$ 把锁，即可装 $\dfrac{2\,562}{60} = 42.7$ 箱，取整为 42 箱。于是 $M(S_{ij}) = 42$（箱）。

按模型Ⅱ（1）的方式进行顺次装箱，连续编号后可得如下结论：

① 如果购买箱数 $N \leqslant 42$，则可以从任一箱开始连续售出，保证不会出现互开锁。

② 如果购买箱数 $42 < N \leqslant 49$，则可以找到相应的标号，从该箱开始连续售出，一定不会买到互开锁。

3. 抱怨程度评估模型

（1）笔者用概率和图论的知识建立模型Ⅲ

本模型用团体顾客购买箱锁具中包含的互开锁的绝对数量来表示团体顾客的抱怨程度。由于采用随机装箱，所以互开锁在 Y 箱中是等可能分布的。

本文中把所有锁具都视为一些离散点 $V(G)$，能互开的锁具间用边 $E(G)$ 相连，则模型Ⅲ为

$$
\begin{cases}
F(N) = \dfrac{\mid E(G) \mid}{\mathrm{C}_X^2} \cdot \mathrm{C}_{N \cdot w}^2 \\[4mm]
\mid E(G) \mid = \dfrac{\displaystyle\sum_{v \in V(G)} \deg(v)}{2}
\end{cases}
$$

式中, $F(N)$——N 箱中互开锁的对数;

$\mid E(G) \mid$——边数;

$\deg(v)$——结点 v 的度数。

记最多可与 n 把锁互开的锁数为 $P(n)$。

用计算机统计不同 n 值对应的 $P(n)$,结果如下:

$$P(4) = 90, \quad P(5) = 210, \quad P(6) = 592, \quad P(7) = 1\,398$$
$$P(8) = 1\,802, \quad P(9) = 1\,488, \quad P(10) = 300$$

则有

$$\sum_{v \in V(G)} \deg(v) = 45\,556$$

将 $X = 5\,880, W = 60$ 代入模型Ⅲ,得 $F(N) = 3.95 \times 10^{-2} N(60N - 1)$,曲线见图 $16 - 2 - 2$(a)。

显然,$N = 1, F(N) = 2.330\,3$;$N = 2, F(N) = 9.401$。

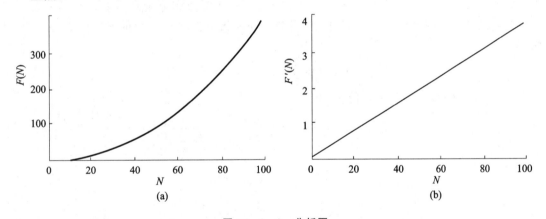

|(a)|(b)|

图 16 - 2 - 2 分析图

(2) 相对评估模型

由 $F(N)$ 的表达式可以看出,随着 N 增大,$F(N)$ 呈抛物线变化,当 N 增大到一定程度时,抱怨程度线几乎竖直增长。这一点与实际不太相符,因此对模型Ⅲ加以改进。采用购买锁具中互开锁的相对数量来表示团体顾客的抱怨程度,建立模型Ⅳ:

$$
\begin{cases}
F'(N) = \dfrac{\mid E(G) \mid}{\mathrm{C}_X^2} \cdot \mathrm{C}_{N \cdot w}^2 \Big/ N \cdot W \\[4mm]
\mid E(G) \mid = \dfrac{\displaystyle\sum_{v \in V(G)} \deg(v)}{2}
\end{cases}
$$

式中, $F'(N)$ 表示 N 箱中互开锁的相对数。

将模型Ⅲ的相应数据代入,得 $F'(N) = 6.59 \times 10^{-4}(60N - 1)$,曲线见图 $16 - 2 - 2$(b)。

显然，$N=1$，$F'(N)=0.038\,9$；$N=2$，$F'(N)=0.078\,4$。

由 $F'(N)$ 的表达式可知，随着购买量 N 增加，团体顾客的抱怨程度呈线性增加，较为实际地反映了团体顾客的抱怨程度。

(3) 根据数学期望的原始意义建立模型 Ⅴ

设团体顾客购买锁数为 n 把，记 W_n 为 $V(G)$ 的所有 n 元子集。

引理

$$\sum_{V\in W_n} |E(G(V))| = |E(G)| \cdot C_{X-2}^{n-2}$$

假设顾客购买锁时，所购锁为从 $V(G)$ 中随机抽取，从而可假定这种选取为 $V(G)$ 上的等可能概型。

由假设可得，对于团体顾客，购 n 把锁时，为 W_n 上的一个等可能随机试验，记为 F，令 x_n 表示 n 把锁中可互开锁的对数。

$$\begin{cases} P(F=V)=\dfrac{1}{C_X^n}, & V\in W_n & (16.2) \\[2mm] P(x_n=K)=\displaystyle\sum_{v\in W_n,\,|E(G(V))|=K} P(F=V) & & (16.3) \end{cases}$$

式中，$G(V)$ 表示 G 由 V 导出的子图。

要求出式(16.3)的值是比较困难的，但在实际上并不需要完全知道其分布函数，只要知道随机变量的某些特征就可以了。本问题仅计算随机出现互开锁的对数的期望值 $E(X_n)$ 模型如下：

$$E(X_n)=\sum_{K>0} K\cdot P(x_n=K)$$

将 $X=5\,800$，$|E(G)|=22\,778$ 代入，得

$$\begin{aligned} E(x_n) &= \sum_{K>0} K\left(\sum_{v\in W_n,\,|E(G[V])|=K} \frac{1}{C_{5\,880}^N}\right) \\ &= \frac{1}{C_{5\,880}^n}\sum_{K>0}\sum_{v\in W_n,\,|E(G[V])|=K} 1 \\ &= C_{5\,878}^{n-2}\,|(E(G))|\cdot \frac{1}{C_{5\,880}^N} \\ &= 6.59\times10^{-4}\,n(n-1) \end{aligned}$$

由于 $n=60N$，故本模型变形后得到与模型 Ⅰ 相同的结果。

16.2.4　模型分析

① 建立的 7 个模型中，模型 Ⅱ(1)所得结果虽然未达到最优，但装箱方便；模型 Ⅱ(2)结果较优，但增加了装箱的复杂性，二者各有优点，且均考虑了生产的连续和销售的方便。

② 模型 Ⅲ、Ⅳ 采用不同方法对团体顾客的抱怨程度进行了定量评估，在模型 Ⅲ 中，当 $N=35$ 箱时，$F(35)=2\,904$ 对；当 $N=42$ 箱时，$F(42)=4\,183$ 对。在采用优化装箱方案后，模型 Ⅱ(1) 保证 35 箱中无互开锁，即 $F(35)=0$。模型 Ⅱ(2)保证 42 箱中无互开锁，即 $F(42)=0$。可见采用优化模型，对于工厂生产的改善，销售额的提高以及信任度的提高都有显著的作用。

③ 模型 Ⅳ 中利用互开锁的相对含量表示团体顾客的抱怨程度，具有一定的现实性和可

行性。

16.2.5　结　语

① 由模型得到的装箱销售方案具有循环性,保证了生产销售的连续性。

② 使用连续数字作为箱的标志,使销售部门可据不同需要很方便地满足顾客的需求。

③ 模型灵活机动,适用性较广,可推广到 n 种槽高,m 个槽数的情况,也可对每箱装锁数 W 进行改变。

④ 模型的主要特点是求解过程大都运用计算机配合进行,从而对计算手段要求较高。

参考文献

[1] 吴文沇. 图论基础及应用[M]. 北京:中国铁道出版社,1984:1-31,105-127,130-138.

[2] PAPADIMITRIOU C H, STEIGLITZ K. 组合最优化算法和复杂性[M]. 北京:清华大学出版社,1988:22-27.

[3] 周概容. 概率论与数理统计[M]. 北京:高等教育出版社,1984:14-22.

[4] 梁之舜,等. 概率论及数理统计[M]. 北京:高等教育出版社,1988:11-19.

16.3　优秀论文二

编者:选文(作者:中国人民解放军理工大学的李云锋、王勇、杨林,指导教师:沈锦仁)用差分方程和回归分析的方法对问题做了正确、恰当的分析处理,结果合理,具有一定的创造性。

长江水质的评价和预测

摘要　本文利用近几年长江流域主要城市水质检测报告,通过对原始数据进行归一化综合处理,确定了水质新的综合评判指标函数 Ψ。在对整个长江流域所有观测站的位置关系作一定的简化假设后,得到长江综合评定函数值 $\Psi = 0.4331$,水质为良好,主要污染物为氨氮。

通过建立污染浓度的反应扩散方程,本文用三种方法反演出未知的污染源强迫函数并对三种数据加以综合分析,分别给出了高锰酸钾盐和氨氮污染源的主要分布地区。

为了对长江未来水质污染发展趋势进行预测,本文建立了回归分析模型并对回归系数进行了 F 检验,结果是如果不采取有效的治理措施,长江可饮用水将逐年下降,且 10 年后可饮用水所占长江水总量的比例将不到 50%。根据这一预测结果,我们进而使用二元线性回归模型,通过对各种不可饮用水进行综合考虑,得到如下结果:要在未来 10 年内使长江干流的不可饮用水(Ⅳ类和Ⅴ类)的比例控制在 20% 以内,且没有劣Ⅴ类水,那么每年污水处理量至少为75.195 亿吨。

关键词　归一化、水质综合评判指标函数、反应扩散方程、回归分析。

16.3.1　问题分析

长江流域主要城市水质检测报告从多个方面反映了长江近几年的水质情况,因此对于长江流域水质的综合评价,主要是对水质检测报告原始数据的处理。

由于地表水环境质量标准四个主要项目指标(溶解氧、高锰酸盐指数、氨氮、pH 酸碱度)

的原始数据的量纲各不相同,所以首先对数据进行归一化和综合处理;又由于数据量较大,因此要对归一化后数据进行综合分析,在对数据进行处理的过程中,应考虑下面要求:

① 归一化后的数据能够反映可饮用水与不可饮用水的区别,为此将Ⅲ类与Ⅳ类水的分界点作为界值点,赋值为1。

② 对于任一项目指标值,数据越小,水质越好。

③ 四个项目指标综合后仍以 1 作为可饮用水与不可饮用水的分界点,且数据越小,水质越好。

16.3.2 理论分析与算法步骤

1. 数据的归一化和综合

按照上述要求,根据报告中提供的项目标准限值,对数据归一化处理:

以一个观测点某一时刻为例,记四个项目指标的实际测量值为 p_k,归一化的水质指标值为 $P_k(k=1,2,3,4)$。

对于溶解氧(DO),定义

$$P_1 = \frac{5}{p_1} \tag{16.4}$$

对于高锰酸钾指数(CODMn),定义

$$P_2 = \frac{p_2}{6} \tag{16.5}$$

对于氨氮(NH$_3$-N),定义

$$P_3 = \frac{p_3}{1.0} \tag{16.6}$$

对于 pH 来讲,由于 pH 在 6~9 之间均为可饮用水,假设当 pH=7 时,水质是最好的,作如下定义:

$$P_4 = \begin{cases} \frac{1}{2} \times (p_4 - 7), & p_4 \geqslant 7 \\ 7 - p_4, & p_4 < 7 \end{cases} \tag{16.7}$$

记 P_{ij} 为第 i 个观测点第 j 个月的水质综合指标值,$(p_k)_{ij}$ 为第 i 个观测点第 j 个月归一化后的水质指标值($i=1,2,\cdots,17;j=1,2,\cdots,28;k=1,2,3,4$),考虑不同项目指标对水质影响程度的不同,将四个项目指标的权重设为 $a_k(k=1,2,3,4)$,水质综合指标值 P_{ij} 的表达式为

$$P_{ij} = \begin{cases} \sum_{k=1}^{4} a_k \times (P_k)_{ij}, & (P_k)_{ij} \leqslant 1 \ (k=1,2,3,4) \\ \max_k (P_k)_{ij}, & \exists k, (P_k)_{ij} > 1 \end{cases} \quad (\sum_{k=1}^{4} a_k = 1) \tag{16.8}$$

2. 单个观测点水质的评估向量和长江全流域水质的综合评价

知道了一个观测点 28 个月的水质综合指标值,要求对该观测点水质的综合评价能够反映水质情况、是否可饮用和可饮用的程度等目标,由此构造各观测点水质综合指标向量 $Q_i =$

(Q_{i1}, Q_{i2})。其中 $Q_{i1} = \dfrac{1}{28} \sum\limits_{j=1}^{28} P_{ij}$，为第 i 个观测点水质的综合量值；Q_{i2} 表示第 i 个观测点水质为不可饮用水的月份数。

假设一个观测站代表一块水域，设该水域内水质均匀，水量为 R_i，17 个观测站代表的水域覆盖了整个长江流域且不重复覆盖，构造整个长江流域水质综合评价函数：

$$\Psi = \frac{\sum\limits_{i=1}^{17} Q_{i1} R_i}{\sum\limits_{i=1}^{17} R_i} \tag{16.9}$$

3. 水质等级标准的确定

根据式(16.4)～式(16.7)对数据的处理方法，计算报告中四个主要项目标准限值对应指标值，为了便于以后的讨论计算，不妨将 pH 值按照氨氮的指标值严格分类，取 $a_1 = 0.2$，$a_2 = a_3 = 0.35$，$a_4 = 0.1$，根据式(16.8)计算四个项目标准限值对应的综合指标值，同时考虑水质污染月份的个数，将其分别对应到水质为优质、良好、轻微污染、污染和严重污染，则得到水质等级的划分标准，见表 16-3-1。

表 16-3-1　水质综合指标分类限值

分　类	Ⅰ类	Ⅱ类	Ⅲ类	Ⅳ类	Ⅴ类	劣Ⅴ类
水质类别	良好	优质	轻微污染	污染	严重污染	强严重污染
综合指标值 $Q_{i1} \leqslant$	0.317 495	0.625 005	1	1.666 7	2.5	100
综合指标值 $Q_{i2} \leqslant$	0	1	7	13	19	28

4. 长江水质的综合评价

根据式(16.4)～式(16.8)对 28 个月的观测数据进行处理求得 P_{ij}，然后计算水质综合指标向量 $Q_i = (Q_{i1}, Q_{i2})$，结合表 16-3-1 的水质综合指标分类限值，即可对各观测点水质情况给出相应的评价：主要污染的为四川乐山岷江大桥和江西南昌滁槎，主要污染物为氨氮。对于整个长江流域的水质的综合评定，关键在于如何确定 R_i，已知主干流和各观测点的相对位置关系如图 16-3-1 所示(该相对距离关系图根据地图近似取得)。

设每一个观测点对应的水域长度为 D_i，对应水流横截面积为 S_i，则有

$$R_i = S_i \times D_i = \frac{L_i}{v_i} \times D_i \tag{16.10}$$

考虑支流的 D_i、S_i，有如下假设：

① 干流相邻两个观测站的水流横截面积之差，即为两观测站间所有支流水流横截面积之和；

② 两观测站之间所有支流水流的横截面积相等；

③ 支流汇入干流的水量在下一个观测点处瞬间与干流水质均匀混合，即在支流进入干流到下一个观测点水质不混合；

④ 对于支流对应水域的长度，考虑观测点与干流间的距离，根据观察适当赋值即可；

⑤ 当一个支流上有两个观测点时，认为两者对应的水流截面积相等；

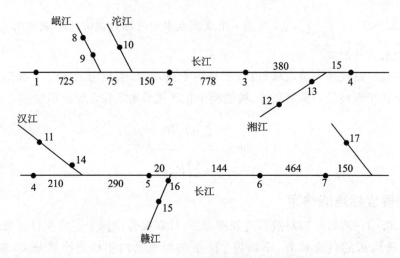

图 16 - 3 - 1 长江各观测站相对位置图

⑥ 任意观测站到下一个干流观测站之间水质均匀，与该观测站水质相同。

根据上述假设和处理结果，确定所有观测点的 D_i 和 S_i。

对于干流观测站对应的 D_i、S_i 可以根据长江干流主要观测站点的基本数据求得。假设第 i 个观测点第 j 个月的水流量为 L_{ij}，第 i 个观测点第 j 个月的水流速度为 v_{ij}，则第 i 个观测点的平均水流截面积为

$$S_i = \frac{1}{12} \sum_{j=1}^{12} \frac{L_{ij}}{v_{ij}} \tag{16.11}$$

对于观测站 7，其对应的 D_7 是该观测点到长江入海口的距离，从图 16 - 3 - 1 上仅能知道 $D_7 > 150$，不妨设 $D_7 = 350$，可以得到长江干流各站点间距离和水流横截面积。

对于支流上各观测点的 D_i 由观测站到干流距离和干流入口处到下一干流观测站距离共同决定，根据图 16 - 3 - 1 各观测点的相对位置关系确定。对于各支流观测点的 S_i，根据假设①、②、⑤，结合图示位置关系，则有

$$S_2 - S_1 = S_8 + S_9 + S_{10}, \quad S_4 - S_3 = S_{12} + S_{13}, \quad S_5 - S_4 = S_{11} + S_{14}$$

$$S_6 - S_5 = S_{15} + S_{16}, \qquad S_8 = S_9, \qquad\qquad S_{12} = S_{13}$$

$$S_{11} = S_{14}, \qquad\qquad S_{15} = S_{16}, \qquad\qquad S_{10} = S_8 + S_9$$

结合 $S_i (i = 1, 2, \cdots, 7)$ 的数值解得 $S_8 - S_{16}$，但 S_{17} 无法定量解得，考虑其他支流的水流横截面积情况，不妨令 $S_{17} = S_{10}$。

确定了所有观测点的 D_i 和 S_i，利用式（16.9）和式（16.10）可得 $\Psi = 0.433\ 1$，水质为良好。

5. 长江污染源的判定

考虑流体力学的一个基本理论——反应扩散方程，我们将从该方程展开讨论。其中，w 为污染物质在长江内的浓度；v 为该段河流水流速度；f 为外界输入的污染物浓度。根据现有数据资料，我们不妨假设，在任意一个分段内 f 为常数，即 f 整个是一个分段的常数函数；E 为扩散系数；λ 为降解系数，介于 $0.1 \sim 0.5$ 之间，则有

$$\frac{\partial w}{\partial t} + v \frac{\partial w}{\partial x} = E \frac{\partial^2 w}{\partial x^2} + f(x, t) - \lambda w \tag{16.12}$$

首先确定方程中速度 v，即每一小段的水流速度 $\overline{v_i^n}$。取

$$\overline{v_i^n}=\bar{v}+\theta_i(v_i^n-\bar{v})+(1-\theta_i)(v_{i+1}^n-\bar{v})\quad(n=1,2,\cdots,13;\ i=1,2,\cdots,6)\quad(16.13)$$

式中，$\bar{v}$ 为整个长江流域的平均流速，$\bar{v}=\dfrac{1}{7}\sum\limits_{i=1}^{7}v_i$；$\theta_i(x)$ 为权重且 $0\leqslant\theta_i(x)\leqslant1$。由于沿长江往下，水流速度逐渐减小，在上游速度比较大时可以用后一个点的流速决定该流水段的水流速度，到下游时可以将权重逐渐转移到 v_i 上，由此我们取 $\theta_i(x)=x_{i+1}/3\,251$，其中 3 251 是干流上观测点之间的总间隔。依据式(16.13)可以解出 $\overline{v_i^n}$。

(1) 差分方程反演模型的建立与求解

基于本节参考文献[3]，扩散系数取 13 km^2/d。

对微分方程(16.12)两边积分，积分区间为 (x_{i-1},x_i)，$i=2,3,4,5,6,7$，可得到

$$\frac{\partial}{\partial t}\int_{x_{i-1}}^{x_i}w\mathrm{d}x+v(w_i-w_{i-1})=E\left(\left.\frac{\partial w}{\partial x}\right|_{x_i}-\left.\frac{\partial w}{\partial x}\right|_{x_{i-1}}\right)-\lambda\int_{x_{i-1}}^{x_i}w\mathrm{d}x+f_{i-1}^n\Delta x_{i-1}$$

式中 $\Delta x_{i-1}=x_i-x_{i-1}$。对上式进行处理，含积分项利用梯形公式，含偏导数项利用一阶向前差商，$n=13$ 时对时间偏导的差分用向后差商，$i=7$ 时对距离偏导的差分用向后差商，得到 f_i^n 的反演式：

$$f_{i-1}^n=\frac{(w_i^{n+1}+w_{i-1}^{n+1})-(w_i^n+w_{i-1}^n)}{2\Delta t_n}+\frac{v}{\Delta x_{i-1}}(w_i^n-w_{i-1}^n)-$$

$$\frac{E}{\Delta x_{i-1}}\left(\frac{w_{i+1}^n-w_i^n}{\Delta x_i}-\frac{w_i^n-w_{i-1}^n}{\Delta x_{i-1}}\right)+\frac{\lambda}{2}(w_i^n-w_{n-1}^n)\quad(16.14)$$

其中 $n=1,2,\cdots,12;i=1,2,\cdots,6$。

根据表达式(16.14)，利用 MATLAB 编程代入数据分别求解出污染物在各段流域的 f 值，进行比较后我们可以得到，在一年多时间里，主要受高锰酸钾盐污染的河段有第三段(即湖北宜昌南津关到湖南岳阳城陵矶)，主要受氨氮污染的河段有第一段(即四川攀枝花到重庆朱沱)和第三段。

(2) 微分方程反演模型对污染源的判定

对差分方程中的扩散项 $E\dfrac{\partial^2 w}{\partial x^2}$ 及浓度随时间变化率 $\dfrac{\partial w}{\partial t}$ 进行数据分析及定性分析，容易发现，这两项对整个等式影响很小，可以忽略不计。因此可将式(16.12)简化为常微分方程：

$$v\frac{\mathrm{d}w}{\mathrm{d}x}=f(x)-\lambda w\quad(16.15)$$

根据 17 个观测点在长江流域的分布情况，把支流也看作是污染源，即我们反演出的将浓度随时间的变化率项 f 中会有支流的影响，将干流的 7 个观测点相邻两点之间作为一小段。假设 C、D 两点之间的距离为 A，以某一种污染物质为例，该物质在两点的浓度分别为 w_0、w_A，以这三个数为初始条件解出 $w(x)$ 以及该段的污染源排出的污染物浓度 f，其数学模型为

$$\begin{cases}v\dfrac{\mathrm{d}w}{\mathrm{d}x}=f(x)-\lambda w\\ w\mid_0=w_0\\ w\mid_A=w_A\end{cases}\quad(16.16)$$

由该微分方程积分可得到长江各段的 f 反演公式如下：

$$f = \frac{\lambda}{1 - e^{-\frac{\lambda}{v}A}} \left(w_A - w_0 e^{-\frac{\lambda}{v}A} \right)$$

利用 MATLAB 编程代入数据分别求解污染物在各段流域的 f 值,进行比较后我们可以得到,在一年多时间里,主要受高锰酸钾盐污染的河段为湖北宜昌南津关到湖南岳阳城陵矶段,主要受氨氮污染的河段为四川攀枝花到重庆朱沱段和湖北宜昌南津关到湖南岳阳城陵矶段。

(3) 含支流的微分方程反演模型

考虑两站点之间出现支流的情况,根据地图描述,相邻干流站点间出现的支流数量,将这类情况分为两种,并可以依据地图近似得出支流入口处距相邻两干流站点的距离(参考原题问题 I):

1) 两站点间只有一个支流情况

当支流汇入长江时,支流入口处干流上 E 点的浓度发生突变。假设在 E 点处突变后三处的单位时间水流量分别为 p_1、p_2、p_3,则有

$$w_{21} = \frac{w_{11}p_1 + w_3 p_3}{p_1 + p_3} \tag{16.17}$$

由 C 点到 E 点和 C 点到 D 点,两段距离可以依据地图近似测量,分别记为 E、D,根据两点间无支流情况的微分方程式(16.16)和式(16.17)得出含一个支流的 f 反演公式。

2) 两站点间有两个支流情况

若干流上点 E、F、D 与段始点 C 的距离分别用 E、F、D 表示,则可以将两支流情况转化为两个单支流的组合。根据微分方程式(16.16)和式(16.17),与单支流相比,仅增加一个未知数和一个方程式,得出两个支流的 f 反演公式。

综合上述三种情况,可得到整个长江流域 6 段的 f 反演公式如下:

① 没有支流的情况,有

$$f = \frac{\lambda}{1 - e^{-\frac{\lambda}{v}A}} \left(w_A - w_0 e^{-\frac{\lambda}{v}A} \right) \tag{16.18}$$

② 有一个支流的情况,有

$$f = \frac{\lambda \left[w_1 p_1 e^{-\frac{\lambda}{v}E} - w_2(p_1 + p_3) e^{\frac{\lambda}{v}(D-E)} + w_3 p_3 \right]}{p_1 e^{-\frac{\lambda}{v}E} - (p_1 + p_3) e^{\frac{\lambda}{v}(D-E)} + p_3} \tag{16.19}$$

③ 有两个支流的情况,有

$$f = \lambda \frac{w_1 p_1 + w_3 p_3 e^{\frac{\lambda}{v}E} + w_4 p_4 e^{\frac{\lambda}{v}F} - w_2(p_1 + p_3 + p_4) e^{\frac{\lambda}{v}D}}{p_1 + p_3 e^{\frac{\lambda}{v}E} + p_4 e^{\frac{\lambda}{v}F} - (p_1 + p_3 + p_4) e^{\frac{\lambda}{v}D}} \tag{16.20}$$

根据地图描述的 17 个站点的相对位置,可以确定任意两干流站点间需要哪一类计算,即确定该段水域使用的 f 表达式;然后分别根据 f 表达式,利用 MATLAB 编程求出各污染物浓度 f 的结果。综合这 6 段水域在近一年多内受两种污染物污染的情况,可以得出主要受高锰酸钾盐污染的河段为湖北宜昌南津关到湖南岳阳城陵矶段,主要受氨氮污染的河段为四川攀枝花到重庆朱沱段和湖北宜昌南津关到湖南岳阳城陵矶段。

单独从三个模型的数据反映的结果进行分析,这三个模型得出的结论是基本一致的。现

综合三个模型得出的结果,将每一段中三个模型的各种污染物的浓度和求和进行分析,可以得到在这 6 段流域中高锰酸钾盐污染源主要分布在湖北宜昌南津关到湖南岳阳城陵矶段;氨氮污染源主要分布在四川攀枝花到重庆朱沱段和湖北宜昌南津关到湖南岳阳城陵矶段,两者 f 值的差距比较小,但与其他 4 段相比差距较大。

16.3.3　回归模型对水质的预测分析

1. 回归模型对问题的求解[1]

可以通过回归模型对水质进行预测分析。考虑到水文年长江流域水质的变化,记近 10 年的观测数据为 $(t_i, y_{ij})(i=1,2,\cdots,10, j=1,2,\cdots,6)$,其中 y_{ij} 表示第 i 年第 j 类水所占百分比,可以根据建模原题附件 4 的观测数据找到,设六类水百分比 y_j 随年份 t 变化的线性方程为

$$y_i = A_j t + B_j \tag{16.21}$$

式中,A_j、B_j 是参数。

求解步骤如下:

① 利用最小二乘法进行参数估计,确定 A_j 和 B_j,得到线性回归方程。

② 给定显著性水平 $\alpha=0.05$,对回归系数进行 F 检验,确定回归分析的效果。效果好,回归方程确定;效果不好,转向步骤③。

③ 剔除数据中的偶然因素,为保持长远趋势,利用三项移动平均法对数据进行平滑处理。令

$$y_i = \frac{y_{i-1} + y_i + y_{i+1}}{3} \quad (i=1,2,\cdots,n-1)$$

可得到一组新的数据,转向步骤①。

经过三次循环后,$j=4$ 时的回归效果仍然很差,因此认为没有理想的线性回归方程来描述Ⅳ类水的变化趋势。由于六类水的总百分比之和为 100,故定义 $y_4 = 100 - y_1 - y_2 - y_3 - y_5 - y_6$。考虑到各类水质百分比是正值,最终得到的线性回归方程为

$$y_j = \max(0, y_j) \quad (j=1,2,\cdots,6)$$

令 $t=11,12,\cdots,20$,利用 y_j 的表达式即可预测未来 10 年水质情况;但是,为了保证六类水质的总的百分比之和为 100,需要对预测值进行标准化处理,即将预测值乘以系数 $\lambda = 100/\sum_{j=1}^{6} y_j$。

2. 模型的改进和预测结果

上述回归分析中,Ⅱ、Ⅲ、Ⅳ类水质在首次回归分析中不满足对回归系数的假设检验,而且在预测中出现了较多的 0 值,这是不符合实际情况的。对水质污染发展趋势的预测分析,我们主要考虑的是Ⅳ、Ⅴ、劣Ⅴ类水质百分比的变化趋势,为此,对模型作如下改进:

① 将可饮用水,即Ⅰ、Ⅱ、Ⅲ类水综合考虑;

② 由于Ⅳ类水没有符合要求的线性回归方程,同样用取余的方法求得。

将观测数据 (t_i, y_{ij}) 的可饮用水百分比进行合并,记新的数据为 $(t_i, z_{ij})(j=1,4,5,6)$,依次表示第 i 年可饮用水、Ⅳ类水、Ⅴ类水、劣Ⅴ类水所占百分比。首先对 $(t_i, z_{ij})(j=1,4,5,6)$

进行平滑处理,然后用最小二乘法求出回归方程并进行 F 检验,得到

$$z_1 = 1.905\ 6t + 88.067, \quad z_5 = 0.416\ 27t + 2.089\ 37$$
$$z_6 = 1.249\ 6t - 0.135\ 71, \quad z_4 = 100 - z_1 - z_5 - z_6$$

令 $t = 11, 12, \cdots, 20$,根据前 10 年数据回归得到的 z_j 表达式,对未来 10 年水质污染发展进行预测,有以下结果:可饮用水呈逐年递减的趋势,10 年以后将低于 50 亿吨而且劣 V 类水递增的速率较快。长江流域水质呈整体下降的趋势,需要及时治理。

16.3.4　基于回归模型的预测控制

1. 理论分析

考虑影响污水处理量的因素:

$$污水处理量 = 污水排放量 - 长江允许排污量$$

其中,污水排放量可以由预测得到;长江允许排污量与干流 IV + V 类水百分比和劣 V 类水百分比有关。

记长江总流量为 L(亿米^3),污水排放总量为 M(亿吨),相对排污量为 $H = \dfrac{M}{L}$(吨/米^3),IV + V 类水百分比为 N_1,劣 V 类水百分比为 N_2。从建模原题附件 4 中可以得到近 10 年的 L、M、N_1 和 N_2 的观测数据。

① 设相对排污量随时间的变化关系式为 $H = g(t)$。

② 同时还要考虑 L 和 M 对 N_1、N_2 的影响,设 IV + V 类水百分比为 N_1 随相对排污量 H 的变化关系式为 $N_1 = f_1(H)$,劣 V 类水百分比为 N_2 随相对排污量 H 的变化关系式为 $N_2 = f_2(H)$。

③ 根据对近 10 年观测数据进行的回归分析,得到 g、f_1 和 f_2 的线性表达式。

④ 如果 $f_1(H)$ 和 $f_2(H)$ 已知,同时又满足 $N_1 \leqslant 20$ 和 $N_2 = 0$ 的取值要求,给定 t 值,那么需要处理的相对污水量为

$$\Delta H_t = \max\{g(t) - f_1^{-1}(20), g(t) - f_2^{-1}(0), 0\} \tag{16.22}$$

污水处理量为

$$\Delta M_t = \Delta H_t \times \bar{L} \tag{16.23}$$

式中,$\bar{L} = \dfrac{1}{10}\sum\limits_{k=1}^{10} L_k$ 为近 10 年长江总流量的平均值。

2. 回归模型对污水处理的预测

根据理论分析预测排污量。首先按照前文第三部分的回归分析模型求解 $H = g(t)$、$N_1 = f_1(H)$、$N_2 = f_2(H)$ 并进行 F 检验。在求解回归方程的过程中,为了使结果更符合普遍情况,适当剔除了一些点,比如在求 $N_1 = f_1(H)$ 时,剔除了 2003 年的点(该点是一个突变量),比如在求 $N_2 = f_2(H)$ 时,剔除了 1998 年的点(该点的自变量太小),得到了回归效果较好的方程,如下:

$$H = g(t) = 0.001\ 4t + 0.015$$
$$N_1 = f_1(H) = 1\ 891.9H - 26.6$$
$$N_2 = f_2(H) = 702.722\ 2H - 13.817$$

令 $t=11,12,\cdots,20$，由式（16.22）和式（16.23）可以得到未来 10 年每年要处理的污水量 ΔM_t。

3. 二元线性回归模型的建立与求解[2]

前面对 $N_1=f_1(H)$ 和 $N_2=f_2(H)$ 进行回归分析的过程中，都剔除了特殊点，而且在对回归方程 $N_2=f_2(H)=702.722\,2H-13.817$ 进行 F 检验时发现，F 检验刚好满足要求，说明回归的效果并不是太好。对原始数据进行观察，由于劣 V 类所占百分比出现了大量的 0 值，仅有三个非零点，所以考虑将 IV、V 类和劣 V 类综合考虑，建立二元线性回归模型，这样可以减少 0 值的影响。

① 设相对排污量 H 随 N_1 和 N_2 的变化关系式为 $H=f(N_1,N_2)=AN_1+BN_2+C$，利用最小二乘法求得回归方程

$$f(N_1,N_2)=0.002N_1+0.005N_2+0.018\,7 \tag{16.24}$$

② 对回归模型进行 F 检验：给定 $\alpha=0.05$，查表有 $F_{1-\alpha}(2,7)=4.74$，计算得 $F=8.016\,8$，满足 $F>F_{1-\alpha}(2,7)$，回归效果较好。

③ 考虑 $N_1\leqslant20$，$N_2=0$，得到允许相对排污量的临界值为 $H_0=f^{-1}(20,0)=0.022\,7$，给定 t 值，则需要处理的相对污水量为

$$\Delta H_t=\max\{h(t)-0.022\,7,0\} \tag{16.25}$$

④ 令 $t=11,12,\cdots,20$，结合式（16.23）得到未来 10 年需要处理的污水量，见表 16-3-2。

表 16-3-2　未来 10 年每年需要处理的污水量

年　份	2005	2006	2007	2008	2009	2010	2011	2012	2013	2014
ΔM/亿吨	75.195	89.047	102.9	116.75	130.6	143.46	157.32	171.17	185.02	198.87

对于两种方法对污水处理量的预测，结合已知的原始数据进行分析：

① 对于方法一，有 $H_0=\min\{f_1^{-1}(20),f_2^{-1}(0)\}=0.019\,7$，然而对于 1997 年和 1999 年来讲，虽然相对排污量大于 0.019 7，但是 IV、V 类百分比小于 20，劣 V 类百分比为 0，不需要进行污水处理。

② 对于方法二，$H_0=0.022\,7$，观察已知数据，当相对排污量大于 0.022 7 时，IV、V 类百分比均大于 20；当相对排污量小于 0.022 7 时，IV、V 类百分比均小于 20；对于劣 V 类百分比，临界值 $H_0=0.022\,7$ 恰好出现在百分比不为 0 的附近，这是符合实际情况的。

因此认为用二元线性回归对污水处理量的预测结果更优，最终预测结果如表 16-3-2 所列。

参考文献

[1] 傅鹏,刘琼茹,何中市. 数学实验[M]. 北京:科学出版社,2003.

[2] 梁之舜,邓集贤,杨维权,等. 概率论与数理统计[M]. 北京:高等教育出版社,2003.

[3] 徐祖信,廖振良,张锦平. 基于数学模型的苏州河上游和支流水质对干流水质的影响分析[J]. 水动力学研究与发展(A 辑),2004,19(6):738.

16.4　优秀论文三

编者：选文（作者：重庆大学的邵伟华、杨余鸿、肖春明；指导教师：肖剑）综合运用了多元

统计各种方法,是一篇优秀的统计应用案例模型。

基于数理分析的葡萄及葡萄酒评价体系

摘要   葡萄酒的质量评价是研究葡萄酒的一个重要领域,目前葡萄酒的质量主要由评酒师感官评定。但感官评定存在人为因素,业界一直在尝试用葡萄的理化指标或者葡萄酒的理化指标定量评价葡萄酒的质量。本题要求我们根据葡萄以及葡萄酒的相关数据建模,并研究基于理化指标的葡萄酒评价体系的建立。

对于问题一,我们首先用配对样品 t 检验方法研究两组评酒员评价差异的显著性,将红葡萄酒与白葡萄酒进行分类处理,用 SPSS 软件对两组评酒员的评分的各个指标以及总评分进行了配对样本 t 检验。得到的部分结果显示:红葡萄酒外观色调、香气质量的评价存在显著性差异,其他单指标的评价不存在显著差异,白葡萄、红葡萄以及整体的评价存在显著性差异。

接着我们建立了数据可信度评价模型来比较两组数据的可信性,将数据的可信度评价转化成对两组评酒员评分的稳定性评价。首先,我们对单个评酒员评分与该组所有评酒员评分的均值偏差进行了分析,偏差不稳定的点就成为噪声点,表明此次评分不稳定。然后,我们用两组评酒员评分的偏差的方差衡量评酒员的稳定性,得到第二组的方差 10.6 明显小于第一组的方差 33.3,从而得出了第二组评价数据的可信度更高的结论。

对于问题二,我们根据酿酒葡萄的理化指标和葡萄酒质量对葡萄进行了分级。一方面,我们对酿酒葡萄的一级理化指标的数据进行标准化,基于主成分分析法对其进行了因子分析,并且得到了 27 种葡萄理化指标的综合得分及其排序。另一方面,我们又对附录给出的各单指标百分制评分的权重进行评价,并用信息熵法重新确定了权重,用新的权重计算出 27 种葡萄酒质量的综合得分并排序。最后,我们对两个排名次序用基于模糊数学评价方法将葡萄的等级划分为 1~5 级。

对于问题三,首先我们将众多的葡萄理化指标用主成分分析法综合成 6 个主因子,并将葡萄等级也列为主因子之一。对葡萄的 6 个主因子以及葡萄酒的 10 个指标用 SPSS 软件进行偏相关分析,得到酒黄酮与葡萄的等级正相关性较强等结论。之后对相关性较强的主因子和指标作多元线性回归,得到了葡萄酒 10 个单指标与主因子之间的多元回归方程。该回归方程定量表示两者之间的联系。

对于问题四,我们首先将葡萄酒的理化指标做标准化处理,对葡萄酒的质量与葡萄的 6 个主因子、葡萄酒的 10 个单指标作偏相关分析,并求出多元线性回归方程。该方程就表示了葡萄和葡萄酒理化指标对葡萄酒质量的影响。之后,我们采用通径分析方法中的逐步回归分析得到葡萄与葡萄酒的理化指标只确定了葡萄酒质量信息的 47%,从而得出了不能用葡萄和葡萄酒的理化指标评价葡萄酒的质量的结论。接着,我们还采用通径分析方法中的间接通径系数分析求出各自变量之间通过传递作用对因变量的影响,得到单宁与总酚传递性影响较强等结论。

最后,我们对模型的改进方向以及优缺点进行了讨论。

关键词   配对样本 t 检验、数据可信度评价、主成分分析、模糊数学评价综合评分、信息熵、偏相关分析、多元线性回归。

16.4.1　问题重述

确定葡萄酒质量时一般是通过聘请一批有资质的评酒员进行品评。每位评酒员对葡萄酒进行品尝后对其分类指标打分,然后求和得到其总分,从而确定葡萄酒的质量。酿酒葡萄的好坏与所酿葡萄酒的质量有直接的关系,葡萄酒和酿酒葡萄检测的理化指标会在一定程度上反映葡萄酒和葡萄的质量。建模原题附件中给出了某一年份一些葡萄酒的评价结果,并分别给出了该年份这些葡萄酒和酿酒葡萄的建模原题附件数据。我们需要建立数学模型并且讨论下列问题:

问题一　分析建模原题附件 1 中两组评酒员的评价结果有无显著性差异,并确定哪一组的评价结果更可信。

问题二　根据酿酒葡萄的理化指标和葡萄酒的质量对这些酿酒葡萄进行分级。

问题三　分析酿酒葡萄与葡萄酒的理化指标之间的联系。

问题四　分析酿酒葡萄和葡萄酒的理化指标对葡萄酒质量的影响,并论证能否用葡萄和葡萄酒的理化指标来评价葡萄酒的质量。

16.4.2　模型假设与符号约定

模型假设与说明

① 评酒员的打分采用加分制(不采用扣分制);

② 假设 20 位评酒员的评价尺度在同一区间(数据合理,不需要标准化);

③ 每位评酒员的系统误差较小,在本问题中可以忽略不计;

④ 假设附件中给出的葡萄和葡萄酒理化指标都准确可靠。

引入符号变量

H_0——原假设;

P——显著性概率;

x_{1n}——第一组评酒员对第 n 号品种葡萄酒评分的平均值,$n=1,2,\cdots,27$;

x_{2n}——第二组评酒员对第 n 号品种葡萄酒评分的平均值,$n=1,2,\cdots,27$;

s_{ij}^2——第一组评酒员 i 对指标 j 评分的偏差的方差,$i=1,2,\cdots,10$;

y_{ij}^n——第二组评酒员 i 对指标 j 评分的偏差的方差,$i=1,2,\cdots,10$;

x_{ij}^n——第一组 10 位评酒员对 n 号葡萄酒样品第 j 项指标评分的平均分;

δ——第一组第 i 号评酒员对 n 号葡萄酒样品第 j 项指标评分与平均值的偏差;

δ——第一组第 i 号评酒员对其 j 项指标评分与平均值的偏差的平均;

$s_i^{'2}$——第二组第 i 号评酒员的总体指标偏差的方差;

w_j——重新确立的第 j 项指标的权重;

$s^{'2}$——第二组 10 位评酒员的总体指标偏差的方差;

y_j^n——评酒员指标 j 的平均评分,$j=1,2,\cdots,10$;

x_i——葡萄的第 i 项指标,$i=1,2,\cdots,27$;

F_i——葡萄的第 i 项因子,$i=1,2,\cdots,10$;

M_j——葡萄酒的第 j 项理化指标,$j=1,2,\cdots,10$;

16.4.3 问题一的分析与求解

1. 问题一的分析

题目要求我们根据两组评酒员对 27 种红葡萄酒和 28 种白葡萄酒的 10 个指标相应的打分情况进行分析,并确定两组评酒员对葡萄酒的评价结果是否有显著性差异,然后判断哪组评酒员的评价结果更可信。

初步分析可知,由于评酒员对颜色、气味等感官指标的衡量尺度不同,因此两组评酒员评价结果是否具有显著性差异应该与评价指标的类型有关,不同的评价指标的显著性差异可能会不同。同时,由于红葡萄酒和白葡萄酒的外观、口味等指标差异性较大,处理时需要将白葡萄酒和红葡萄酒的评价结果的显著性差异分开讨论。

基于以上分析,我们可以分别将两组品尝同一种类酒样品的评酒员的评价结果进行两两配对,分析配对的数据是否满足配对样品 t 检验的前提条件;而且根据常识可知,评酒员对同一种酒的同一指标的评价在实际中是符合 t 检验的条件的。

接着我们就可以对数据进行多组配对样品的 t 检验,从而对两组评酒员评价结果的显著性差异进行检验。

由于对同一酒样品的评价数据只有两组,所以我们只能通过评价结果的稳定性来判定结果的可靠性。而每组结果的可靠性又最终取决于每个评酒员的稳定性,因此问题转化为对评酒员品酒稳定性的评价。

2. 配对样品的 t 检验

统计知识指出,配对样本是指对同一样本进行两次测试所获得的两组数据,或对两个完全相同的样本在不同条件下进行测试所得的两组数据。在本问题中我们可以把配对样品理解为有 27 组两个完全相同的酒样品在两组不同评酒员的检测下得到的两组数据,两组中各个指标的数据为每组评酒员对该指标打分的平均值。

配对样品的 t 检验可检测配对双方的结果是否具有显著性差异,因此就可以检验出配对的双方(第一组与第二组)对葡萄酒的评价结果是否有差异性。

配对样品 t 检验具有的前提条件:
① 两样品必须配对;
② 两样品来源的总体应该满足正态分布。

配对样品 t 检验的基本原理:求出每对的差值,如果两种处理实际上没有差异,则差值的总体均值应为 0,从该总体中抽出的样本其均值也应当在 0 附近波动;反之,如果两种处理有差异,差值的总体均值就应当远离 0,其样本均值也应当远离 0。这样一来,通过检验该差值总体均值是否为 0,就可以得知两种处理有无差异。该检验相应的假设如下:

H_0: $\mu_d = 0$,两种处理没有差别;
H_1: $\mu_d \neq 0$,两种处理存在差别。

3. 葡萄酒配对样品的 t 检验

问题一中配对样品为 27 组两个完全相同的酒样品在两组不同评酒员的检测下得到的两组数据,其中两组中各个指标的数据为各组 10 位评酒员对该指标打分的平均值。该问题中的 10 个指标分别为外观澄清度、外观色调、香气纯正度、香气浓度、香气质量、口感纯正度、口感浓度、口感持久性、口感质量、平衡/整体评价。

　　根据 t 检验的原理,对葡萄酒配对样品进行 t 检验之前,我们要对样品进行正态性检验。首先我们根据建模原题附件一并处理表格中的数据,得到配对样品的两组数据,如表 16 - 4 - 1、表 16 - 4 - 2 所列。

表 16 - 4 - 1　红葡萄酒配对样品数据表

配对样品编号	澄清度（一组均值）	澄清度（二组均值）	…	平衡/整体评价（一组均值）	平衡/整体评价（二组均值）
红 1	2.3	3.1	…	7.7	8.4
红 2	2.9	3.1	…	9.6	9.1
⋮	⋮	⋮	…	⋮	⋮
红 26	3.6	3.7	…	8.9	8.8
红 27	3.7	3.7	…	9	8.8

表 16 - 4 - 2　白葡萄酒配对样品数据表

配对样品编号	澄清度（一组均值）	澄清度（二组均值）	…	平衡/整体评价（一组均值）	平衡/整体评价（二组均值）
白 1	2.3	3.1	…	7.7	8.4
白 2	2.9	3.1	…	9.6	9.1
⋮	⋮	⋮	…	⋮	⋮
白 26	3.6	3.7	…	8.9	8.8
白 27	3.7	3.7	…	9	8.8

　　从两个表中我们可以看出,将白葡萄酒和红葡萄酒中的每个指标分别进行样品的配对后,每一个指标的配对结果有 27 对,每一对的双方分别是一组和二组的评酒员对该指标的评分的平均值。

(1) 样本总体的 K - S 正态性检验

　　配对样品的 t 检验要求两对应样品的总体满足正态分布,则总体中的样品应该满足正态性或者近似正态性。样本的正态性检验如下:

　　以红葡萄酒的澄清度的 27 组数据为例进行分析,利用 SPSS 软件绘制两样品的直方图和趋势图,如图 16 - 4 - 1 所示。

　　我们假设两组总体数据都服从正态分布,利用 SPSS 软件进行 K - S 正态性检验的具体结果见附录 2.3。两组数据的近似相伴概率值 P 分别为 0.239 和 0.329,大于我们一般的显著水平 0.05,则接受原来假设,即两组红葡萄酒的澄清度数据符合近似正态分布。

　　同理,可用 SPSS 软件对其他指标的正态性进行检验,得到结果符合实际猜想,都服从近似正态分布。

(2) 葡萄酒配对样品 t 检验步骤

　　两种葡萄酒的处理过程类似,这里我们以对红葡萄酒评价结果的差异的显著性分析为例。

　　① 我们以第一组对葡萄酒的评价结果总体 X_1 服从正态分布 $N(\mu_1, \sigma^2)$,以第二组对葡萄酒的评价结果总体 X_2 服从正态分布 $N(\mu_1, \sigma^2)$。已分别从两总体中获得了抽样样本($\bar{x}_{11}$,

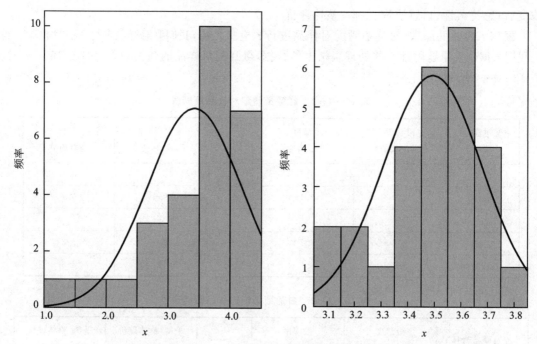

图 16 - 4 - 1　红葡萄酒澄清度两组数据直方图

$\bar{x}_{12},\cdots,\bar{x}_{127}$)和($\bar{x}_{21},\bar{x}_{22},\cdots,\bar{x}_{227}$),并分别进行两样品相互配对。(具体数据见附录 2.1)

② 引进一个新的随机变量 $Y=X_1-X_2$,对应的样本为($y_1,y_2,\cdots,y_{27}$),将配对样本的 t 检验转化为单样本 t 检验。

③ 建立零假设 $H_0:\mu=0$,构造 t 统计量。

④ 利用 SPSS 软件进行配对样品 t 检验分析,并对结果做出推断。

4. 显著性差异结果分析

(1) 红葡萄酒各指标差异显著性分析

由 SPSS 软件对红葡萄酒各指标的配对样品 t 检验后,得到各指标的显著性概率 P 分布表,如表 16 - 4 - 3 所列。

表 16 - 4 - 3　红葡萄酒各指标显著性概率 P 分布表

指　标	外观澄清度	外观色调	香气纯正度	香气浓度	香气质量
P	0.614	0.002	0.151	0.100	0.010
指　标	口感纯正度	口感浓度	口感持久性	口感质量	平衡/整体
P	0.437	0.158	0.251	0.055	0.674

由统计学知识,如果显著性概率 $P<$ 显著性水平 $\alpha(\alpha=0.5)$,则拒绝零假设,即认为两总体样本的均值存在显著性差异。若显著性概率 $P>$ 显著性水平 α,则不能拒绝零假设,即认为两总体样本的均值不存在显著性差异。

根据表 16 - 4 - 3 可知,两组评酒员对红葡萄酒各项指标的评价中除外观色调、香气质量存在显著性差异以外,其他 8 项指标都无显著性差异。

(2) 白葡萄酒各指标差异显著性分析

代入白葡萄酒的评价数据,重复以上步骤,得到白葡萄酒各指标的显著性概率 P 分布表,如表 16 - 4 - 4 所列。

表 16 - 4 - 4　白葡萄酒各指标显著性概率 P 分布表

指　标	外观澄清度	外观色调	香气纯正度	香气浓度	香气质量
P	0.299	0.089	0.937	0.238	0.714
指标	口感纯正度	口感浓度	口感持久性	口感质量	平衡/整体
P	0.000	0.005	0.863	0.000	0.001

分析表 16 - 4 - 4 可知,两组评酒员对白葡萄酒各项指标的评价,只有口感纯正度、口感浓度、口感质量、平衡/整体评价存在显著性差异,其他 6 项指标都无显著性差异。

(3) 葡萄酒总体差异显著性分析

① 红葡萄酒总体差异显著性分析

该问题的附件中已经给出了 10 项指标的权重,因此将 10 项指标利用加权合并成总体评价。对红葡萄酒两组评价结果构造两组配对 t 检验,得到显著性概率 $P=0.030<0.05$,即红葡萄酒整体评价结果有显著性差异。

② 白葡萄酒总体差异显著性分析

同理,对白葡萄酒两组评价结果构造两组配对 t 检验,得到显著性概率 $P=0.02<0.05$,即白葡萄酒整体评价结果有显著性差异。

③ 葡萄酒总体差异显著性分析

对白葡萄酒和红葡萄酒总体评价结果配对 t 检验,得到显著性概率 $P=0.002<0.05$,即两组评酒员对整体葡萄酒的评价有显著性差异。

5. 评分数据可信度评价

(1) 数据可信度评价分析

前面我们已经对两组评酒员评价结果的差异显著性进行了分析,部分指标存在显著性差异,但两组评酒员对葡萄酒总体评价并无显著性差异。也就是说,我们不能通过显著性差异指标明显地看出哪一组评酒员的数据可信,因此比较两组评酒员所评数据的可信度要建立更贴切的数据可信度指标。

(2) 数据可信度评价指标建立

由于整体评价数据无显著性差异,我们可以认为 20 位名评酒员的水平在一个区间内。因此评酒员的评价结果的稳定性将决定该评酒员评价的数据的可信度。若某一评酒员的评价数据不稳定,则其所评数据可信度较低,其所在组别的数据评价可信度也将相应降低。

因此,我们将数据的可信度比较转化为两组评酒员评论水平的稳定性比较。

查阅相关资料获知,评酒员的评价尺度是有一定的系统误差的。比如不同评酒员对色调的敏感度或许是不同的,如果某一评酒员评价的色调稍高于标准色调,那么他每次评价的色调都稍高,而且一直很稳定。虽然与均值间始终存在误差,但由于其稳定性,这样的评酒员的评价数据仍然是可信的。

所以,我们建立的数据可信度评价指标为评酒员评价的稳定性。评酒员的评价数据越稳定,数据越可信。

(3) 数据可信度评价模型的建立与求解

我们已分析了将数据可信度的评价转化为对评酒员评价稳定性的评价。通过对数据的初步观察处理,发现每位评酒员的系统偏差都较小,20 位评酒员的评价尺度近似处在同一区间,因此我们不对建模原题附件中的数据进行标准化处理,认为附件中的数据的系统偏差可以忽略。

1) 噪声点分析

首先作出观察评酒员稳定性的偏差图,其中偏差为评酒员对同一个单指标的评分值与该组评酒员评分的平均值之差。下面利用 MATLAB 软件作出二组中 1 号和 2 号评酒员对 27 种红葡萄酒的澄清度评分与组内平均值的偏差,如图 16-4-2 所示。(程序见附录 1.1)

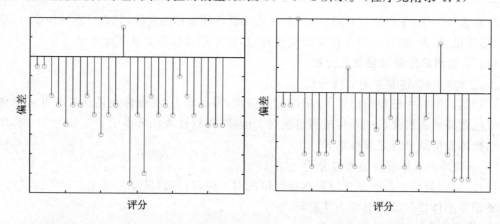

图 16-4-2 二组中 1 号(左)、2 号(右)评酒员对澄清度评分与组内平均值偏差图

分析图 16-4-2 可以看出,1 号评酒员在对 27 种酒的澄清度评分时,出现了 3 个噪声点(即偏离自己的平均水平较大的点);2 号评酒员在评分时,只出现了 1 个噪声点。因此可以初步判定,2 号评酒员的稳定性比 1 号评酒员的稳定性好。

2) 各指标偏差的方差计算

基于以上分析:要评价一个评酒员评价的稳定性,我们可以观察该评酒员在评价时具有的噪声点的个数。噪声点的个数也可用评酒员的评价数据与该组所评数据平均值的偏差的方差 s^2 进行计算衡量。

在此问题中,我们仍然选择两组红葡萄酒的评分求解偏差的方差。评酒员评价数据中包含 10 个评价指标,分别为外观澄清度、外观色调平衡、整体评价等。我们给它们分别标号为 $1,2,\cdots,10$。其中符号含义如下:

i 号评论员对 j 项单指标评分的偏差的方差 $s_{ij}^2 (i=1,2,\cdots,10; j=1,2,\cdots,10)$。

x_{ij}^n 表示一组中 i 号评酒员对 n 号酒样品 j 项单指标的评分,其中 $i=1,2,\cdots,10; j=1,2,\cdots,10; n=1,2,\cdots,27$。

y_{ij}^n 表示二组中 i 号评酒员对 n 号酒样品 j 项单指标的评分,其中 $i=1,2,\cdots,10; j=1,2,\cdots,10; n=1,2,\cdots,27$。

一组中 10 位评酒员对 n 号酒样品的 j 项指标评分的平均分为

$$\bar{x}_{ij}^n = \frac{\sum_{i=1}^{10} x_{ij}^n}{10} \tag{16.26}$$

一组第 i 号评酒员对 n 号酒样品第 j 项指标评分与平均值的偏差为

$$\delta = \frac{\sum\limits_{i=1}^{10} x_{ij}^n}{10} - x_{ij}^n \qquad (16.27)$$

一组第 i 号评酒员对酒样品的 j 项指标评分与平均值的偏差的平均值为

$$\bar{\delta} = \frac{1}{27} \sum_{n=1}^{27} \left(\frac{1}{10} \sum_{i=1}^{10} x_{ij}^n - x_{ij}^n \right) \qquad (16.28)$$

一组第 i 号评酒员对酒样品的 j 项指标评分与平均值的偏差的方差为

$$s_{ij}^2 = \frac{1}{27} \left[\frac{1}{27} \sum_{n=1}^{27} \left(\frac{1}{10} \sum_{i=1}^{10} x_{ij}^n - x_{in}^n \right) - \left(\frac{1}{10} \sum_{i=1}^{10} x_{ij}^n - x_{ij}^n \right) \right]^{27} \qquad (16.29)$$

同理,二组中第 i 号评酒员对酒样品 j 项指标评分与平均值的偏差的方差为

$$s_{ij}^{'2} = \frac{1}{27} \left[\frac{1}{27} \sum_{n=1}^{27} \left(\frac{1}{10} \sum_{i=1}^{10} y_{ij}^n - y_{ij}^n \right) - \left(\frac{1}{10} \sum_{i=1}^{10} y_{ij}^n - y_{ij}^n \right) \right]^{27} \qquad (16.30)$$

3）总体的偏差的方差计算

问题一的附件中已经给出了 10 项单指标的权重 ω_j（每项指标的满分值），利用该权重可得到二组总体指标偏差的方差:

$$s_i^{'2} = \omega_i \cdot \sum_{j=1}^{10} \left\{ \frac{1}{27} \left[\sum_{n=1}^{27} \left(\frac{1}{10} \sum_{i=1}^{10} y_{ij}^n - y_{ij}^n \right) - \left(\frac{1}{10} \sum_{i=1}^{10} y_{ij}^n - y_{ij}^n \right) \right]^{27} \right\} \qquad (16.31)$$

二组 10 位评酒员对 27 个酒样品的 10 项单指标的总体的偏差的方差为

$$s^{'2} = \sum_{i=1}^{10} \sum_{j=1}^{10} \left\{ \frac{\omega_{2j}}{27} \left[\frac{1}{27} \sum_{n=1}^{27} \left(\frac{1}{10} \sum_{i=1}^{10} y_{ij}^n - y_{ij}^n \right) - \left(\frac{1}{10} \sum_{i=1}^{10} y_{ij}^n - y_{ij}^n \right) \right]^{27} \right\} \qquad (16.32)$$

一组 10 位评酒员对 27 个酒样品的 10 项单指标的总体的偏差的方差为

$$s^2 = \sum_{i=1}^{10} \sum_{j=1}^{10} \left\{ \frac{\omega_{1j}}{27} \left[\frac{1}{27} \sum_{n=1}^{27} \left(\frac{1}{10} \sum_{i=1}^{10} x_{ij}^n - x_{ij}^n \right) - \left(\frac{1}{10} \sum_{i=1}^{10} x_{ij}^n - x_{ij}^n \right) \right]^{27} \right\} \qquad (16.33)$$

4）数据可信度评价结果分析

由建模题附件中的数据求得:一组的 10 位评酒员对 27 个酒样品的 10 项单指标的总体的偏差的方差 $s^2 = 33.343\ 294\ 92$;二组的 10 位评酒员对 27 个酒样品的 10 项单指标的总体的偏差的方差 $s^{'2} = 10.639\ 802\ 5$。

因此,我们认定两组评酒员评价的稳定性较高,且第二组的数据更可信。

6. 问题一的结果分析

在本问题中,我们通过对两组评酒员的品酒打分情况统计数据按照指标进行配对 t 检验,发现有部分指标存在显著性差异。接着,我们又对样本总体做了一次 t 检验,发现两组评酒员之间的评分已经不存在显著性差异。随后,我们把对每组数据可靠性的评价转化为对每组各位评酒员稳定性的评价,最后得出了第二组数据更加可靠的结论。

16.4.4　问题二模型的建立与求解

1. 问题二的分析

题目要求我们根据酿酒葡萄的理化指标和葡萄酒的质量对酿酒葡萄进行分级。经验告诉我们,葡萄的理化指标越合理,葡萄酒的质量越好,该酿酒葡萄的质量也就越好。这就要求我

们分析葡萄的具体理化指标对葡萄的综合得分的贡献,并结合所酿葡萄酒的得分去评价葡萄的等级。

在葡萄品质的评价过程中,如果将葡萄所具备的每个理化指标不分主次进行评判,不仅会增加工作量,也极有可能对评判结果产生比较大的影响。因此,必须对所考虑的众多变量用数学统计方法,经过正交化处理,变成一些相互独立、为数较少的综合指标(即主导因子)。利用主成分分析法确定出建模原题附件 2 给出的各个一级指标的主成分,在贡献率达到统计要求的情况下,进行必要的因子剔除,保留产生主导因素的因子,把原来较多的评价指标用较少的几个综合指标来代替。由此,综合指标既保留了原有指标的绝大多数信息,又把复杂问题简单化了。

此外,由于原葡萄酒评分体系的建立并不一定准确,我们考虑用熵值法重新确立在葡萄酒得分中各个指标的权重系数(即百分制的重新划分),最后和问题一中确定的评判标准比较,采用更准确一组的打分情况重新得到各品种葡萄酒的评价总分。

最后,根据理化指标的综合得分和葡萄酒质量的综合得分确定一个等级划分表,以该表为依据划分葡萄的等级。

2. 基于主成分分析的酿酒葡萄理化指标的综合评分

在问题二的分析中,我们已经打算利用主成分分析将众多葡萄理化指标归纳到几个主成分中,并且利用主成分分析去求葡萄酒理化指标的综合得分。考虑到问题的复杂性和指标的实际意义,在此我们只选取葡萄的一级指标进行具体的数据分析。基于主成分分析方法的主要步骤如下:

(1) 标准化数据

主成分计算是从协方差矩阵出发的,它的结果会受变量单位的影响。不同的变量往往有不同的单位,对同一变量单位的改变会产生不同的主成分。主成分倾向于归纳方差大的变量的信息,对于方差小的变量可能体现得不够,且存在"大数吃小数"的问题。因此,为了使主成分分析能够均等地对待每一个原始变量,消除由于单位的不同可能带来的影响,我们常常将各原始变量做标准化处理。用 MATLAB 软件的 zscore 函数即可得到一个矩阵的标准化矩阵。(具体程序见附录 1.2)

(2) 计算标准化理化指标相关矩阵

考虑到本题数据的复杂性,人工进行相关矩阵的计算显然不合理,我们借助 MATLAB 软件 corrcoef 函数求解标准化矩阵的相关矩阵。(具体程序见附录 1.2)

处理后的相关矩阵部分数据如表 16 - 4 - 5 所列。

表 16 - 4 - 5　酿酒葡萄理化指标相关数据表

理化指标	氨基酸总量	蛋白质	⋯	出汁率	果皮质量
氨基酸总量	1.000 0	0.023 5	⋯	0.007 5	−0.315 1
蛋白质	0.023 5	1.000 0	⋯	0.401 8	−0.099 1
⋮	⋮	⋮	⋮	⋮	⋮
出汁率	0.007 5	0.401 8	⋯	1.000 0	−0.018 5
果皮质量	−0.315 1	−0.099 1	⋯	−0.018 5	1.000 0

（3）相关矩阵的特征向量和特征值统计

数学上我们可以证明,每个因子关于原来所有因子的线性函数系数的组合就是相关矩阵的特征向量矩阵,而综合得分中每个因子的权重就是与该因子系数相对应的特征值。这里我们需要借助 MATLAB 软件的 eig 函数来求解相关矩阵的特征值和特征向量。（具体程序见附录 1.2）

处理后的相关矩阵的特征向量、特征值及其累计贡献率统计的部分数据如表 16－4－6、表 16－4－7 所列。

表 16－4－6　酿酒葡萄理化指标特征向量

理化指标	因子 1	因子 2	因子 3	因子 4	…	因子 26	因子 27
氨基酸总量	−0.138	−0.263	−0.030	0.281 1	…	−0.065	0.010 9
蛋白质	−0.248	0.230 5	−0.001	0.163 4	…	−0.199	−0.185
⋮	⋮	⋮	⋮	⋮	⋮	⋮	⋮
出汁率	−0.197	0.063 6	0.243 9	0.061 2	…	0.157 7	0.077 9
果皮质量	0.117 2	0.072 7	0.393 9	−0.126		0.053 6	0.034 3

表 16－4－7　酿酒葡萄理化指标特征值和累计贡献率

因　子	特征值	百分率/%	累计贡献率/%
1	6.611 4	47.26	47.26
2	4.643 7	23.31	70.57
3	2.902 0	9.10	79.67
4	2.834 5	8.69	88.36
5	1.967 6	4.19	92.55
⋮	⋮	⋮	⋮
26	0	0	100
27	0.000 6	0	100

（4）计算各品种葡萄在主成分下的综合得分

从表 16－4－7 可以看出,前 4 个因子的累计贡献率已经达到 88.36%,基本信息已经包含在前 4 个因子中,符合统计学的标准。所以,我们把它们作为主成分来分析是完全可行的。

所以在基于主成分分析的评价体系下,由累计贡献率可得到贡献率,即作为因子的综合评分的权重,不同品种葡萄的总评价得分为

$$W = 0.472\ 6 F_1 + 0.233\ 1 F_2 + 0.091\ 0 F_3 + 0.086\ 9 F_4 \tag{16.34}$$

部分葡萄的得分和排名如表 16－4－8 所列。（完整的数据见附录 2.7）

表 16 - 4 - 8   不同品种酿酒葡萄品质预测评价

	因子 1	因子 2	因子 3	因子 4	总评分	排 名
红 1	−4.392 6	−0.689 2	−0.051 4	−3.246 8		2
红 2	−4.459 1	0.543 0	0.169 5	1.070 1	−1.791 6	4
红 3	−4.188 1	−3.654 8	0.423 1	3.048 7		1
红 4	2.457 9	−0.366 1	−0.851 2	−0.251 8	0.954 4	23
⋮	⋮	⋮	⋮	⋮	⋮	⋮
红 26	2.390 9	3.609 4	−0.299 7	0.330 8	2.117 6	26
红 27	2.019 0	0.232 2	−0.690 8	−0.781 9	0.866 2	22

3. 葡萄酒质量得分

建模原题附件 1 已经给出评酒员的具体打分情况,但是百分制各单项指标的分数分配不一定合理。也就是说,各单项指标的权重分配不一定合理。因此,我们以第二组可信度较高的评分数据对各指标的权重进行重新分配。

(1) 基于信息熵对权重的重新分配

1) 检测权重的合理性

在问题一中,通过数据可信度的评价,我们已经得到第二组的数据更可信。在此,我们以第二组的可信数据,对已知权重的合理性进行检验,若权重不合理,将重新确定权重。这里为了避免客观给定权重,我们可以根据基于信息熵的确定权重的方法重新计算信息熵并进行比较。

2) 基于信息熵的确定权重方法分析

信息熵法是偏于客观的确定权重的方法。它借用了信息论中熵的概念,适用于多属性决策和评价。本问题中,各属性是葡萄酒的 10 项单指标(外观澄清度、气味浓度等),决策方案就是对 27 种红葡萄酒和 27 种白葡萄酒进行分级。也就是说,对各属性确定权重,然后计算每种葡萄酒的总得分,最后进行排序分类。

3) 用信息熵确定各属性权重的具体步骤

① 以第二组评酒员对红葡萄酒各项指标的评分的平均值为信息构造决策矩阵 $\boldsymbol{X}$,决策变量 $\boldsymbol{X}_1,\cdots,\boldsymbol{X}_{27}$ 为 27 种红葡萄酒,决策的属性为 $\boldsymbol{\mu}_1,\cdots,\boldsymbol{\mu}_{10}$,则决策矩阵 $\boldsymbol{X}$ 为 27 行 10 列矩阵:

$$\boldsymbol{X} = \begin{array}{c} \\ \boldsymbol{X}_1 \\ \boldsymbol{X}_2 \\ \vdots \\ \boldsymbol{X}_{27} \end{array} \begin{array}{ccc} \boldsymbol{\mu}_1 & \boldsymbol{\mu}_2 & \cdots & \boldsymbol{\mu}_{10} \\ \left[\begin{array}{cccc} 3.1 & 7.6 & \cdots & 8.4 \\ 3.1 & 7 & \cdots & 9.1 \\ \vdots & \vdots & & \vdots \\ 3.7 & 6.2 & \cdots & 8.8 \end{array}\right] \end{array}$$

② 上述 10 个指标属性都是效应型指标,利用公式 $r_{ij} = \dfrac{x_{ij}}{\max\limits_{i} x_{ij}}$ 对决策矩阵进行规范化处理,其中 $\max\limits_{i} x_{ij}$ 分别为 10 个属性得分的最高值,得到规范化决策矩阵 $\boldsymbol{R}$,即

$$
\boldsymbol{R}=\begin{array}{c} \\ \boldsymbol{X}_1 \\ \boldsymbol{X}_2 \\ \vdots \\ \boldsymbol{X}_{27} \end{array}
\begin{array}{cccc} \boldsymbol{\mu}_1 & \boldsymbol{\mu}_2 & \cdots & \boldsymbol{\mu}_{10} \\ \left[\begin{matrix} 0.062 & 0.76 & \cdots & 0.38 \\ 0.62 & 0.7 & \cdots & 0.41 \\ \vdots & \vdots & \vdots & \vdots \\ 0.74 & 0.62 & \cdots & 0.4 \end{matrix}\right] \end{array}
$$

③ 利用公式 $\&_{ij}=\dfrac{x_{ij}}{\sum\limits_{j=1}^{27} x_{ij}}$ 对规范化矩阵进行归一化处理后,得到归一化决策矩阵(具体

数据见附录 2.7):

$$
\boldsymbol{R}=\begin{array}{c} \\ \boldsymbol{X}_1 \\ \boldsymbol{X}_2 \\ \vdots \\ \boldsymbol{X}_{27} \end{array}
\begin{array}{cccc} \boldsymbol{\mu}_1 & \boldsymbol{\mu}_2 & \cdots & \boldsymbol{\mu}_{10} \\ \left[\begin{matrix} 0.033 & 0.045 & \cdots & 0.036 \\ 0.033 & 0.041 & \cdots & 0.038 \\ \vdots & \vdots & \vdots & \vdots \\ 0.039 & 0.036 & \cdots & 0.037 \end{matrix}\right] \end{array}
$$

④ 通过公式 $E_j=\dfrac{1}{\ln n}\sum\limits_{i=1}^{n}\&_{ij}\ln\&_{ij}(n_{17}=27)$ 计算 10 个属性的信息熵,如下:

E_1	E_2	E_3	E_4	E_5	E_6	E_7	E_8	E_9	E_{10}
0.997 5	0.994 6	0.997 4	0.999 1	0.993 4	0.994 7	1.000 4	0.999 8	0.992 5	0.999 8

⑤ 通过公式 $\omega_j=\dfrac{1-E_j}{\sum\limits_{k=1}^{10}1-E_K}$ 计算我们确定的各单项指标的新的权重,如下:

ω_1	ω_2	ω_3	ω_4	ω_5	ω_6	ω_7	ω_8	ω_9	ω_{10}
0.014 5	0.205 0	0.075 0	0.061 9	0.251 9	0.018 1	0.039 5	0.008 5	0.317 6	0.007 9

(2) 葡萄酒质量综合得分

根据以上信息熵重新确定的各个评价指标的权重分配,得到每种葡萄酒指标的权重向量:

$$\boldsymbol{\omega}=(\omega_1,\omega_2,\omega_3,\omega_4,\omega_5,\omega_6,\omega_7,\omega_8,\omega_9,\omega_{10})$$

$$=(0.014\,5,0.205\,0,0.075\,0,0.061\,9,0.251\,9,0.018\,1,0.039\,5,0.008\,5,0.317\,6,0.007\,9)$$

再根据权重和评酒员的评分就可以计算出每种葡萄酒质量的总得分:

$$G=\boldsymbol{\omega}\cdot(\boldsymbol{y}^n)^{\mathrm{T}}=\omega_1 y_1^n+\omega_2 y_2^n+\omega_3 y_3^n+\omega_4 y_4^n+\omega_5 y_5^n+$$

$$\omega_6 y_6^n+\omega_7 y_7^n+\omega_8 y_8^n+\omega_9 y_9^n+\omega_{10} y_{10}^n$$

使用 MATLAB 软件进行计算(具体程序见附录 1.3)得到每种红葡萄酒质量得分和排名如表 16 - 4 - 9 所列。

表 16 - 4 - 9　红葡萄酒得分及排名表

品　种	红 1	红 2	红 3	红 4	红 5	红 6	红 7	红 8	红 9
得　分	9.664	10.89	10.83	10.32	10.44	9.441	9.291	9.460	11.39
排　名	19	4	5	12	10	21	24	20	1

品　种	红 10	红 11	红 12	红 13	红 14	红 15	红 16	红 17	红 18
得　分	9.943	8.461	9.836	6.589	10.60	9.404	10.21	4.904	9.321
排　名	16	25	17	26	7	22	15	27	23
品　种	红 19	红 20	红 21	红 22	红 23	红 24	红 25	红 26	红 27
得　分	10.64	10.95	10.50	10.39	11.13	10.31	9.763	10.29	10.47
排　名	6	3	8	11	2	13	18	14	9

4. 基于模糊数学对酿酒葡萄等级的划分

利用上述模型我们计算得到了酿酒葡萄理化指标的综合得分和葡萄酒质量的综合得分。若把两个综合得分处理成一个综合得分,则需要用层次分析法等确定两者的权重。但层次分析过于主观,而且在本问题中,酿酒葡萄的理化指标和葡萄酒的质量对葡萄等级的影响是比较模糊和复杂的。因此我们对得分进行排序,利用模糊数学知识进行葡萄等级的划分,如表 16 - 4 - 10 所列。

表 16 - 4 - 10　得分排名模糊划分标准

葡萄模糊等级标准	葡萄理化指标排名	葡萄酒质量排名
1 级(最高等级)	1～9	1～9
2 级	1～9	10～18
3 级	10～18	10～18
4 级	10～18	19～27
5 级(最低等级)	19～27	19～27

5. 酿酒葡萄的等级评价结果

根据上述提出的酿酒葡萄等级指标的划分,结合葡萄理化指标排名和葡萄酒质量排名,得到酿酒葡萄的等级划分,如表 16 - 4 - 11、表 16 - 4 - 12 所列。

表 16 - 4 - 11　红葡萄等级划分表

等　级	葡萄种类
1 级	2,3,9,14,21,23
2 级	1,19,22
3 级	5,8,20,27
4 级	4,6,7,9,10,11,12,13,14,15,16,24,25,26
5 级	17,18

白葡萄的等级划分方法与红葡萄的划分方法相同。(程序见附录 1.3)

表 16 - 4 - 12　白葡萄等级划分表

等　级	葡萄种类
1 级	5,9,22,25,28
2 级	3,10,17,20,21,23,24,26
3 级	2,4,12,14,15,19,
4 级	1,12,18
5 级	6,7,8,11,13,16,27

6. 酿酒葡萄等级划分标准的评价

本问题中,为了最终得到酿酒葡萄的等级划分标准,分别从酿酒葡萄的理化指标和与酿酒葡萄对应的葡萄酒的质量出发。首先,我们基于主成分分析法逐步得到了酿酒葡萄的理化指标的综合得分,并对其排名。应用主成分分析法既避免了大量数据处理的复杂,同时也尽可能地获得了最大的信息量。接着,考虑到原有的葡萄酒评分标准不一定能够完全反映各项指标在葡萄酒质量中所起作用的重要性,我们又利用熵值法重新确定了各项指标的权重系数,得到了各品种葡萄酒在新的权重下的得分,并对其排名。最后,综合两个排名,我们提出了基于模糊数学对酿酒葡萄等级的划分,这种划分方法充分尊重了两组数据;但是,当两组数据对结果的影响因素相差很大时,评价结果将产生较大的误差。

16.4.5　问题三模型的建立与求解

1. 问题三的分析

题目要求我们分析酿酒葡萄与葡萄酒理化指标之间的联系。初步分析得到,两者之间的联系应该体现在酿酒葡萄的理化指标和葡萄酒理化指标之间的联系。由于我们在问题二的模型中已经对酿酒葡萄进行了分级,不同等级的酿酒葡萄和葡萄酒的理化指标的联系在理论上应该是不同的。由于葡萄的理化指标数量过多,处理较复杂,因此我们可以用问题二模型中提出的葡萄理化指标的主成分替代众多的葡萄理化指标。

因此,本问题就简化成葡萄的主成分与葡萄酒的理化指标的联系。基于此,我们就可以对各指标进行统计分析,如相关性分析、偏相关分析,并尝试建立多元回归模型。

2. 模型的建立

(1) 葡萄理化指标主成分分析

在问题二的主成分分析中,我们已经得到红葡萄的 27 个指标可以由 4 个主因子 F_1、F_2、F_3、F_4 衡量,并且 $F_i = a_i x_i$ 表达式中的 a_i 在主成分分析中已经给出(附录 1.2 的 MATLAB 程序的输出结果),x_i 为主成分法标准化后的各葡萄理化指标的数据,编号遵循建模原题附件 1 中一级指标的排序方式。

因子 1 和所有理化指标的关系表达式为

$$F_1 = -0.138\ 1x_1 - 0.248\ 9x_2 + 0.048\ 7x_3 + \cdots - 0.197\ 3x_{26} + 0.117\ 2x_{27} \qquad (16.35)$$

同理,$F_2 \sim F_4$ 的表达式也可以表示成一次多项式的形式。每一个因子是 27 个理化指标交互的结果,问题要求我们建立起酿酒葡萄和葡萄酒理化指标的联系,指标过多将导致联系的复杂性。所以选取贡献率最高的 4 个因子中显著性指标的交互作用代替主成分,使模型更易求解,又不致影响分析的结果。

我们得到的红葡萄的 4 个因子可以用理化指标线性表示。主要表现花色苷和总酚的因子 1:

$$F_1 = -0.321\ 8x_4 - 0.300\ 1x_{10} - 0.328\ 2x_{11} - 0.281\ 1x_{12} - 0.274\ 1x_{13} \tag{16.36}$$

主要表现干物质含量和总糖的因子 2:

$$F_2 = -0.380\ 7x_{16} - 0.301\ 4x_{17} - 0.382\ 1x_{18} - 0.429x_{22} \tag{16.37}$$

主要表现百粒重量白藜芦醇的因子 3:

$$F_3 = -0.248\ 4x_7 + 0.247\ 8x_{12} + 0.259\ 3x_{13} - 0.351\ 2x_{14} -$$
$$0.303\ 7x_{20} + 0.330\ 1x_{24} + 0.243\ 9x_{26} \tag{16.38}$$

主要表现褐变度、蛋白质和多酚氧化酶活力 E 的因子 4:

$$F_4 = 0.281\ 1x_1 - 0.382x_2 - 0.362\ 5x_8 - 0.414\ 5x_9 \tag{16.39}$$

同理,白葡萄 4 个主因子与理化指标的关系可表示为

$$F_1' = -0.328\ 4x_{16} - 0.310\ 1x_{17} - 0.365\ 6x_{18} - 0.369\ 2x_{22} + 0.269\ 1x_{23} + 0.279\ 1x_{26} \tag{16.40}$$

$$F_2' = -0.330\ 7x_2 - 0.207\ 9x_4 + 0.396\ 1x_{11} + 0.245\ 9x_{12} + 0.393x_{13} - 0.252\ 1x_{25} \tag{16.41}$$

$$F_3' = -0.252\ 3x_3 + 0.224\ 1x_4 + 0.232\ 4x_{15} + 0.240\ 1x_{19} - 0.449\ 1x_{20} + 0.430\ 3x_{21} \tag{16.42}$$

$$F_4' = -0.370\ 5x_1 + 0.433\ 4x_6 + 0.403\ 6x_9 + 0.276\ 5x_{14} \tag{16.43}$$

我们知道,芳香物质在葡萄以及葡萄酒中的决定因素都是比较明显的,因此葡萄的第五个主要影响因素 F_5 用葡萄的芳香物质的总量来表示。

(2) 葡萄等级数据处理

在问题二中,我们对红葡萄和白葡萄划分了等级,根据实际情况葡萄的不同等级会影响葡萄和葡萄酒理化指标之间的联系,且不同等级的葡萄会使联系不同。所以将葡萄的等级作为葡萄理化指标的第 6 个主因子 F_6。

葡萄等级的量化就用问题二中已经划分的级别,1 级(优质葡萄)就量化成数字 1,以此类推,量化全部品种葡萄。

因此葡萄的理化指标就可用 6 个主因子 $F_1 \sim F_6$ 表示。

(3) 偏相关分析

我们将葡萄的理化指标决定因素用 5 个主成分表示,葡萄酒的理化指标直接用建模原题附件 1 中的 10 个指标(单宁、总酚、芳香物质等)表示,分别用符号表示成 M_1、M_2、M_3、M_4、M_5、M_6、M_7、M_8、M_9、M_{10}。首先,我们对葡萄和葡萄酒理化指标两组指标之间同时进行相关分析,但 SPSS 软件给出的结果表示相关性很小或者没有,而实际上有些指标相关性很强,例如葡萄酒中的总酚和葡萄中的总酚。可见数据之间存在相互干扰。所以我们采用偏相关分析,得到相关系数,如表 16 - 4 - 13(弱相关未列出数据)所列。

表 16 - 4 - 13　红葡萄酒和葡萄理化指标相关系数

葡萄酒 ╲ 葡萄	F_1	F_2	F_3	F_4	F_5	F_6
M_1(单宁)	—	-0.217	-0.241	—	—	—
M_2(总酚)	—	-0.261	0.246	0.256	—	—
M_3(酒总黄酮)	—	0.563	—	-0.351	—	0.316
M_4(白藜芦醇)	—	—	—	—	—	—
M_5(DPPH)	—	—	—	—	—	—
$M_6[L*(D65)]$	—	0.40	—	-0.228	—	0.243
$M_7[a*(D65)]$	—	—	—	—	—	0.414
$M_8[b*(D65)]$	—	0.327	-0.208	-0.231	0.216	—
M_9(花色苷)	—	0.454	—	-0.292	—	—
M_{10}(芳香物质)	—	-0.311	0.253	0.278	—	—

从表 16 - 4 - 13 中可以得到葡萄和葡萄酒理化指标相关性的关系。例如:葡萄酒理化指标中的酒黄酮与葡萄的等级正相关性较强,即等级数越高(葡萄越差)酿出的葡萄酒中的酒黄酮含量就越高;葡萄酒理化指标白藜芦醇和 DPPH 的含量与葡萄 6 个主成分都不相关,说明白藜芦醇和 DPPH 可能是由酿造发酵产生的。

3. 多元线性回归

通过偏相关分析已经得到了葡萄和葡萄酒理化指标的相关关系,正相关性或者负相关性较强时,对两指标可以进行线性回归。葡萄酒 10 个理化指标除白藜芦醇和 DPPH 与葡萄的 6 个主成分无相关性外,其余 8 个指标都与其中若干个主成分有较强的相关性,因此对葡萄酒的 8 个理化指标可以进行多元线性回归。

例如,葡萄酒中理化指标 M_3(酒总黄酮)与葡萄理化指标主成分 F_2、F_4、F_6 具有较强的相关性。根据附录 1.2 数据处理得到的主因子数据如表 16 - 4 - 14 所列。

表 16 - 4 - 14　M_3 与主因子 F_2、F_4、F_6 的数据表

酒 品	F_2	F_4	F_6	M_3
红 1	$-0.621\,4$	$-1.345\,3$	2	8.020
红 2	$-0.552\,1$	$-1.400\,4$	1	13.300
⋮	⋮	⋮	⋮	⋮
红 26	$1.988\,4$	$-0.506\,3$	4	2.154
红 27	$0.622\,2$	$-0.256\,1$	3	3.284

将数据录入 SPSS 软件中,进行多元线性回归得到酒总黄酮与 F_2、F_4、F_6 的关系如下:

$$M_3 = 9.793 - 0.990F_2 - 0.340F_4 - 1.555F_6 \tag{16.44}$$

依次将葡萄酒的各项指标以及与其相关的葡萄的理化指标主因子录入 SPSS 软件,可得到红葡萄酒的各项指标与葡萄的理化指标的主因子之间的关系式。

① 红葡萄酒中单宁含量与葡萄各因子间的线性关系：
$$M_1 = 7.266 - 0.107F_2 - 0.485F_3 \tag{16.45}$$

② 红葡萄酒中总酚含量与葡萄各因子间的线性关系：
$$M_2 = 6.265 - 0.114F_2 - 0.070F_3 \tag{16.46}$$

③ 红葡萄酒中酒总黄酮含量与葡萄各因子间的线性关系：
$$M_3 = 9.793 - 0.990F_2 - 0.340F_4 - 1.555F_6 \tag{16.47}$$

④ 红葡萄酒中色泽度表示光泽度的指标与葡萄各因子间的线性关系：
$$M_6 = 48.050 + 2.387F_2 - 0.290F_4 - 2.212F_6 \tag{16.48}$$

⑤ 红葡萄酒中色泽度表示红/绿色的指标与葡萄各因子间的线性关系：
$$M_7 = 43.579 + 2.158F_6 \tag{16.49}$$

⑥ 红葡萄酒中色泽度表示黄/蓝色的指标与葡萄各因子间的线性关系：
$$M_8 = 21.211 + 0.088F_2 - 0.1455F_3 + 0.803F_4 + 7.196F_5 \tag{16.50}$$

⑦ 红葡萄酒中花色苷含量与葡萄各因子间的线性关系：
$$M_9 = 263.899 - 1.648F_2 - 20.282F_4 \tag{16.51}$$

⑧ 红葡萄酒中芳香物质含量与葡萄各因子间的线性关系：
$$M_{10} = 0.691 - 0.029F_2 - 0.057F_4 - 0.019F_6 \tag{16.52}$$

由红葡萄的联系模型，先进行偏相关分析，再进行多元线性回归，同理得到白葡萄酒各理化指标与白葡萄的 6 个主因子之间的关系式：

$$M_1' = -0.328F_5' + 1.929 \tag{16.53}$$

$$M_2' = 0.415F_2' + 0.039F_3' - 0.021F_4' - 0.108F_5' \tag{16.54}$$

$$M_3' = 0.734 + 0.925F_2' + 0.292F_3' - 0.419F_4' + 0.289F_6' \tag{16.55}$$

$$M_4' = 0.282 + 0.352F_5' \tag{16.56}$$

$$M_5' = 0.055 - 0.001F_4' - 0.004F_5' \tag{16.57}$$

$$M_6' = 0.689 - 0.15F_2' - 0.072F_4' - 0.059F_6' \tag{16.58}$$

$$M_7' = 101.422 - 0.066F_2' - 0.044F_4' - 1.28F_6' \tag{16.59}$$

$$M_8' = -0.641 - 0.052F_4' \tag{16.60}$$

$$M_9' = 3.456 - 0.09F_2' - 0.17F_4' \tag{16.61}$$

4. 模型的结果分析

由以上多元线性回归的结果，我们得到了葡萄酒 10 个指标关于 6 个主因子的多元线性回归方程。这些方程定量地反映了葡萄酒理化指标与葡萄理化指标的主因子之间的关系。例如 $M_{10} = 0.691 - 0.029F_2 - 0.057F_4 - 0.019F_6$，就表明红葡萄酒中的芳香物质与 2 号主因子之间呈负相关关系。$F_2 = -0.3807x_{16} - 0.3014x_{17} - 0.3821x_{18} - 0.429x_{22}$ 中已经给出 2 号主因子的主成分为葡萄中 16、17、18、22 号指标，分别是可溶性固形物、pH 值、可滴定酸、百粒质量指标，也就是说，葡萄酒中的芳香物质与酿酒葡萄的可溶性固形物、pH 值、可滴定酸、百粒质量 4 个指标都呈负相关关系。其他的结果分析同理。

16.4.6　问题四模型的建立与求解

1. 问题四的分析

问题四要求我们分析酿酒葡萄和葡萄酒的理化指标对葡萄酒质量的影响,同时论证能否用葡萄和葡萄酒的理化指标来评价葡萄酒的质量。

初步分析可知,酿酒葡萄质量较好以及葡萄酒理化指标合理会使酿出的葡萄酒质量较好。此处,葡萄酒的质量由两组评酒员的评分以及我们重新确定的权重计算得出;具体影响关系我们可以首先对葡萄酒的质量、葡萄和葡萄酒的理化指标进行相关性分析;相关性强的指标可以作为自变量,与葡萄的质量进行多元线性回归。回归的结果就能定量地反映葡萄和葡萄酒的理化指标对葡萄酒质量的影响。

但回归的方程只能说明现在考虑的指标可以用该方程解释,当加入新指标,该回归方程就不一定能解释了。因此我们要论证葡萄和葡萄酒的理化指标是否能唯一衡量葡萄的质量。

2. 模型的建立与求解

红葡萄酒和红葡萄的理化指标与白葡萄酒和白葡萄的理化指标对葡萄酒质量的影响是不同的,因此需分别进行分析。此处以红葡萄酒和红葡萄为例分析。

在问题三的模型中,我们通过基于主成分分析的方法将红葡萄的理化指标归纳到 6 个主因子之中,6 个主因子都作为自变量;红葡萄酒的理化指标共 10 个,也全部为自变量。因变量为葡萄酒的质量,即量化为问题二模型中的葡萄酒质量的综合得分。两者之间的影响就转化成因变量与 16 个自变量之间的关系分析。

3. 数据标准化

问题三中 6 个主因子的数据是规范化处理后的数据,因此彼此间不会出现大数吃小数的问题。当变量扩展到 16 个时,红葡萄的各理化指标 $M_1 \sim M_{10}$ 的数据相差比较大,会出现大数吃小数的现象,因此首先对 $M_1 \sim M_{10}$ 的数据标准化处理,处理方法同问题二中数据标准化。

4. 偏相关分析

在问题三中,我们为了避免相关性分析时各数据之间产生干扰采用了偏相关分析,在问题四中我们继续采用偏相关分析方法,用 SPSS 软件得到各个自变量与因变量的相关关系如表 16-4-15 所列。

表 16-4-15　各自变量与因变量之间的相关系数表

自变量	F_1	F_2	F_3	F_4	F_5	F_6	M_1	M_2
r	0	0	0	0	-0.222	$-0.781\,1$	-0.258	-0.292

自变量	M_3	M_4	M_5	M_6	M_7	M_8	M_9	M_{10}
r	0	0.017	0.305	0.691	0.555	0.433	0.731	0.442

分析表 16-4-15 可知,因变量红葡萄的质量与红葡萄主因子 $F_1 \sim F_4$、酒总黄酮几乎无相关,与白藜芦醇弱相关,与其他指标都是强相关。相关性强即说明线性关系比较明显。

5. 多元线性回归

因变量葡萄的质量与 10 个自变量有较强的线性关系,分别将 27 个葡萄样品数据处理成 10 个自变量与 1 个因变量的关系,可进行多元线性回归。利用 SPSS 软件得到回归的表达式为(葡萄酒的质量用 y 表示):

$$y = 2.412 - 0.494M_2 - 0.188M_3 + 8.769M_5 + 0.110M_6 + 0.064M_7 + 0.045M_8 +$$
$$0.009M_9 - 1.32M_{10} + 0.101F_1 - 0.805F_2$$

由线性回归方程,我们得到了红葡萄和葡萄酒的理化指标对红葡萄酒质量的影响关系式。分析关系式,我们可以得到葡萄酒的综合质量得分(y)与葡萄等级(F_2)是负相关的,即红葡萄等级越高(质量越差),葡萄所酿出的葡萄酒的质量综合评分越低,这是符合实际情况的;葡萄酒的质量综合得分(y)中决定系数最大的是 DPPH(M_5)和芳香物质(M_{10})。

多元线性回归的结果用函数能表示出来,能反映固定指标之间的联系和影响。该问题的解决也是在其他未考虑因素不变的情况下分析的。

但回归的方程只能说明现在考虑的指标可以用该方程解释,当加入指标,该回归方程就不能解释了。因此,我们有必要论证葡萄和葡萄酒的理化指标是否已经能完全评价葡萄酒的质量。

6. 通径分析

(1) 通径分析简介

通径分析是用来研究自变量对因变量的直接重要性和间接重要性,同时能定量给出未考虑因子的量,从而为统计决策提供可靠的依据,也可对我们的问题进行论证。

通径分析在多元回归的基础上将相关系数 r_{iy} 分解为直接通径系数(某一自变量对因变量的直接作用)和间接通径系数(该自变量通过其他自变量对因变量的间接作用)。通径分析的理论已证明,

任一自变量 x_i 与因变量 y 之间的简单相关系数(r_{iy})= x_i 与 y 之间的直接通径系数(P_{iy})+

所有 x_i 与 y 的间接通径系数

任一自变量 x_i 的间接通径系数=相关系数 r_{ij}×通径系数 P_{jy}

(2) 通径分析实现步骤

① 对因变量 y 实施正态性检验:通径分析要求对因变量进行正态性检验。本问题中因变量综合得分 y 样本容量为 27,样本容量较大采用 K-S 检验,由 SPSS 软件检验后得到显著性概率 $P=0.101>0.05$,则认定因变量服从正态性分布。

② 逐步回归分析:是指从所有可供选择的自变量中逐步地选择加入或剔除某个自变量,直到建立最优的回归方程为止。SPSS 逐步回归分析的部分结果如表 16-4-16 所列。

表 16-4-16　SPSS 模型汇总表

模 型	R	R^2	调整 R^2	标准估计的误差
1	0.848	0.719	0.543	0.927 029

随着自变量被逐步引入回归方程,回归方程的相关系数 R 和决定系数 R^2 在逐渐增大,说明引入的自变量对总产量的作用在增大。最后得到决定系数 $R^2 = 0.719$,则剩余因子 $e = \sqrt{1-R^2} = 0.530\,1$。该值较大,说明对因变量有影响的自变量不仅有以上逐步回归的 10 个方面,还有一些影响较大的因素没有考虑到。

因此,再次论证了葡萄和葡萄酒的理化指标是不能评价葡萄酒的。

因变量与自变量的关系,由上面 SPSS 软件逐步回归分析,得到剩余因子为 $0.530\,1$,即在确定因变量(质量综合得分)与葡萄和葡萄酒的理化指标等自变量的函数关系时,我们只用到了 47% 的指标,只确定了葡萄酒质量信息的 47%,其余 53% 的指标可能与酿造工艺等有关。

由通径分析中的逐步回归分析我们知道不能用葡萄和葡萄酒的理化指标来评价葡萄酒。

在此我们继续计算直接通径系数和间接通径系数。直接通径系数反映的是多元线性的系数,也就是直接对葡萄酒质量综合得分的影响,在以上多元线性回归结果中可以直接分析影响的强弱。间接通径系数反映的是自变量通过影响其他自变量,再去影响因变量。因此分析间接通径系数是有意义的。

逐步回归的标准回归系数,由 SPSS 给出,见附录 2.8。通过标准回归系数计算得到直接通径系数,见表 16-4-17。

表 16-4-17 直接通径系数表

总 酚	酒总黄酮	DPPH	L*(D65)	a*(D65)	b*(D65)	花色苷	芳香物质	F_5	葡萄等级 F_6
-0.910	0.409	0.815	1.709	0.621	0.251	1.477	-0.147	0.016	-0.758

由表 16-4-17 分析可知:

① 总酚对因变量产生较强的负相关。

② F_5 对因变量的作用很小。

16.4.7 模型的优缺点及改进方向

1. 模型的优缺点

模型的优点:

① 问题一模型中,配对样品的 t 检验方法利用数据配对的方法将多组数据一起进行处理,SPSS 软件操作简单。

② 问题一的数据可信度评价中,将数据的可信度比较转化为两组评酒员评价稳定性分析,模型得以简化。

③ 问题二模型中,用模糊数学划分等级简单合理,用信息熵充分利用了数据信息。

模型的缺点:

① 各模型的数据使用前基本上都需要进行标准化处理。

② 在处理芳香物质时,由于芳香物质二级指标众多,我们只对该一级指标进行了处理,部分数据被丢失。

2. 模型的改进方向

① 在建模时可以考虑将红葡萄和白葡萄用相关指标统一成变量葡萄,避免分类处理的烦琐。

② 在建模时我们可以将芳香物质中的小指标先进行分析,将模型更具体化、实际化一点。

参考文献

[1] 张文彤. SPSS 统计分析高级教程[M]. 北京:高等教育出版社,2004.

[2] 张波,商豪. 应用随机过程[M]. 2 版. 北京:中国人民大学出版社,2009.

[3] 马莉. MATLAB 数学实验与建模[M]. 北京:清华大学出版社,2010.

[4] 姜启源,谢金星,叶俊. 数学模型[M]. 3 版. 北京:高等教育出版社,2003.

[5] 李运,李计明,姜忠军. 统计分析在葡萄酒质量评价中的应用[J]. 酿酒科技,2009,4:79-82.

[6] 张丽芝. 贺兰山东麓红葡萄酒等级划分客观标准的初步研究[J]. 中国食物与营养,2012,18(3):29-32.

[7] 王庆华,王庆斌. 应用数理统计方法评酒提高汾酒质量[J]. 酿酒,2010,37(1):47-48.

[8] 刘保东,等. 葡萄酒原汁含量的多元回归分析[J]. 山东大学学报,1998,33(2):236-240.

附录 1

附录 1.1 偏差图绘制程序

```
(1) a = [-0.1 -0.1 0.6 -0.5 -0.6 -0.5 -0.5 -0.4 -0.6 0.2 -0.6 -0.5
 -0.7 -0.3 -0.6 -0.2 -0.4 -0.6 -0.5 -0.6 -0.2 -0.4 0.4 -0.5 -0.7  -0.7 -0.7];
stem(a)
(2) a = [-0.1 -0.1 -0.4 -0.5 -0.7 -0.5 -0.5 -0.4 -0.6 -0.8 -0.6 -0.5
0.3 -1.3 -0.6 -1.2 -0.4 -0.6 -0.5 -0.6 -0.2 -0.4 -0.6 -0.5 -0.7
 -0.7 -0.7];
stem(a)
```

附录 1.2 红葡萄酒基于主成分分析计算总得分总程序和数据

```
clear all clc
X = [2027.96     2027.957    2027.957    2027.957    2.060    18.210
     1.830       7.367       9.136       6.1107      7.538    7.595
     7.081       3.195       17.6780     9.318       237.668  226.5
     3.56        38.66       38.66       25.918      182.93   123.6
     4.51        78.4        0.110       2128.82     2128.823 2128.823
     2128.823    9.930       4.750       0.770       5.150    3.557
     3.1589      3.955       3.557       3.557       4.889    27.4550
     11.967      229.136     228.8       3.95        44.05    44.05
     25.986      81.62       98.3        3.83        77.5     0.163
     8397.28     8397.284    8397.284    8397.284    8.080    2.960
     1.050       4.030       2.680       2.5867      3.099    2.789
     2.825       4.764       164.9927    57.527      273.758  257.6
     3.91        35.99       35.99       28.997      83.13    105.4
     5.60        71.8        0.170       2144.68     2144.685 2144.685
     2144.685    3.770       5.230       0.550       3.183    2.988
```

2.2404	2.804	2.677	2.574	3.412	26.9679
10.985	237.766	203.3	3.29	28.61	28.61
23.721	137.97	174.7	3.26	53.0	0.174
1844.00	1843.996	1843.996	1843.996	9.490	3.770
1.440	4.900	3.370	3.2367	3.836	3.481
3.518	0.637	6.6502	3.602	195.460	212.9
3.64	32.00	32.00	24.084	515.46	254.2
2.99	65.6	0.270	3434.17	3434.168	3434.168
3434.168	2.830	2.210	0	1.680	1.297
0.9922	1.323	1.204	1.173	2.203	7.7272
3.701	223.817	246.1	3.29	26.43	26.43
27.376	202.24	172.0	2.64	71.9	0.193
2391.16	2391.155	2391.155	2391.155	5.820	7.740
0.540	4.700	4.327	3.1889	4.072	3.862
3.708	0.623	9.8648	4.732	303.950	211.4
3.18	25.98	25.98	26.438	63.61	168.8
4.78	71.5	0.141	1950.76	1950.760	1950.760
1950.760	5.710	13.550	2.510	7.257	7.772
5.8463	6.958	6.859	6.555	5.949	115.5546
42.686	196.990	226.5	2.92	34.99	34.99
25.620	213.09	181.1	6.41	59.6	0.260
2262.72	2262.724	2262.724	2262.724	13.230	4.120
1.100	6.150	3.790	3.6800	4.540	4.003
4.074	4.907	58.5407	22.507	194.925	203.4
3.74	34.58	34.58	23.761	186.62	138.1
5.31	78.0	0.130	1364.14	1364.139	1364.139
1364.139	2.450	2.300	0.240	1.663	1.401
1.1015	1.389	1.297	1.262	12.307	28.7475
14.106	161.421	181.2	3.65	27.16	27.16
19.676	255.44	200.8	4.59	71.7	0.200
2355.69	2355.695	2355.695	2355.695	9.290	8.610
1.900	6.600	5.703	4.7344	5.679	5.372
5.262	26.851	25.5751	19.229	237.891	210.2
3.53	38.24	38.24	24.527	177.83	118.8
3.41	58.4	0.102	2556.79	2556.788	2556.788
2556.788	6.080	5.330	1.130	4.180	3.547
2.9522	3.560	3.353	3.288	0.696	2.4802
2.155	262.155	261.1	3.43	30.58	30.58
27.614	191.95	187.7	2.40	63.3	0.243
1416.11	1416.111	1416.111	1416.111	4.300	0.830
1.150	2.093	1.358	1.5337	1.662	1.518
1.571	10.863	40.7586	17.731	212.237	203.4
3.86	23.75	23.75	23.353	159.97	148.0
4.67	68.1	0.160	1237.81	1237.808	1237.808
1237.808	5.730	4.120	1.630	3.827	3.192
2.8830	3.301	3.125	3.103	6.313	134.6375
48.018	255.335	193.9	3.39	35.90	35.90
24.060	209.11	136.3	4.60	66.2	0.255
2177.91	2177.913	2177.913	2177.913	6.230	3.630
2.060	3.973	3.221	3.0848	3.426	3.244
3.252	0.211	9.7179	4.393	208.933	214.9

3.19	25.09	25.09	25.012	159.31	174.5
2.90	67.7	0.213	1553.50	1553.503	1553.503
1553.503	9.030	7.280	2.380	6.230	5.297
4.6356	5.387	5.107	5.043	4.556	8.1900
5.930	189.275	205.6	3.30	41.76	41.76
22.346	119.17	109.3	3.79	71.8	0.135
1713.65	1713.652	1713.652	1713.652	5.880	5.110
0.880	3.957	3.316	2.7174	3.330	3.121
3.056	0.711	43.8121	15.860	271.504	238.2
3.43	27.51	27.51	26.276	446.64	264.1
2.80	71.5	0.330	2398.38	2398.382	2398.382
2398.382	3.60	5.590	0.520	3.237	3.116
2.2907	2.881	2.762	2.645	0.416	6.5161
3.192	265.773	226.6	3.27	28.21	28.21
26.338	196.01	208.4	2.60	63.1	0.160
2463.60	2463.603	2463.603	2463.603	5.560	4.270
0.130	3.320	2.573	2.0078	2.634	2.405
2.349	3.821	31.2649	12.478	220.333	214.9
3.57	31.54	31.54	23.441	173.09	168.8
6.32	67.4	0.162	2273.63	2273.627	2273.627
2273.627	3.510	0.920	0.440	1.623	0.994
1.0193	1.212	1.075	1.102	1.545	9.6262
4.091	227.338	209.1	3.81	40.48	40.48
22.933	307.14	334.3	3.15	59.5	0.232
6346.83	6346.831	6346.831	6346.831	15.510	2.930
2.380	6.940	4.083	4.4678	5.164	4.572
4.734	7.847	47.2196	19.934	259.110	216.9
3.56	31.99	31.99	26.948	147.66	106.1
4.74	60.4	0.108	2566.61	2566.609	2566.609
2566.609	6.490	7.730	0.770	4.997	4.499
3.4219	4.306	4.076	3.934	4.289	13.8003
7.341	226.399	234.7	3.65	39.36	39.36
25.674	106.61	115.8	3.32	57.4	0.147
2380.81	2380.811	2380.811	2380.811	4.080	5.200
0.390	3.223	2.938	2.1837	2.782	2.634
2.533	9.968	44.7476	19.083	212.564	208.8
3.39	30.23	30.23	23.383	278.75	219.1
3.84	77.5	0.233	1638.83	1638.827	1638.827
1638.827	8.360	4.600	1.700	4.887	3.729
3.4385	4.018	3.728	3.728	2.935	14.3803
7.014	244.512	203.3	3.61	27.98	27.98
25.815	517.45	237.4	2.99	76.7	0.247
1409.70	1409.703	1409.703	1409.703	2.870	2.480
0.160	1.837	1.492	1.1630	1.497	1.384
1.348	2.129	30.2112	11.229	156.038	194.6
3.38	22.81	22.81	18.515	288.69	251.3
4.10	58.5	0.220	851.17	851.169	851.169
851.169	7.150	1.400	0.820	3.123	1.781
1.9081	2.271	1.987	2.055	2.086	13.9166
6.019	197.377	195.7	3.68	42.74	42.74

```
     19.758          793.47        245.5         3.35         68.3       0.230
     1116.61         1116.612      1116.612      1116.612     6.230      1.390
     1.260           2.960         1.870         2.0300       2.287      2.062
     2.126           1.569         15.9809       6.559        213.216    206.9
     3.37            29.67         29.67         23.329       282.09     148.7
     3.51            59.5          0.200];
% 标准化处理
[a,b] = size(X);
sigmaY = corrcoef(X);
[T,lambda] = eig(sigmaY);
disp('特征根(由小到大):');
disp(lambda);
disp('特征向量:');
disp(T);
fai = [];
% 方差贡献率;累计方差贡献率
Xsum = sum(sum(lambda,2),1);
fai = lambda/sum(lambda);disp('方差贡献率:');disp(fai);
c = []; c = X * T(1:27,24:27)
d = [0.0338   0.0543   0.2150   0.6383];
g = zeros(27,1);
for i = 1:27
    for j = 1:4
        g(i) = g(i) + c(i,j) * d(j);
    end
end
l = 1:27;
l = l'; m = [g,l];
sortrows(m,1)
```

附录 1.3　重新确立指标权重后的葡萄酒感官得分及其排序程序

```
clear all clc
a = [3.5  6.6  4.6  6.1  12.8  4.8  6.3  6.6  17.2  9.4
     3.5  7.4  4.3  6.2  12.2  4.7  5.7  6    16.6  9.2
     3.1  6.6  4.4  6    12.6  4.4  5.8  6.5  16.9  9.3
     3.4  7    4.5  5.6  12    4.7  6.7  6.6  17.5  9.3
     3.4  7.2  5.1  7    13.6  4.6  6.6  6.6  17.8  9.6
     3.4  5.6  4.6  6.3  12.8  4.5  6.2  6.3  16.6  9.2
     3.3  6.6  4.6  6.3  12.4  4.4  6.2  6.1  15.7  8.6
     3.4  6.6  4.4  5.6  12    4.5  5.5  5.8  15.4  9.1
     3.6  7.4  5    7.1  14.2  4.7  6.7  6.1  16.6  9.4
     3.3  5.8  4.9  7.2  13.4  4.7  6.7  6.5  17.8  9.5
     3.3  5.8  4.1  5.7  11.8  4.2  5.6  6.2  15.4  9.3
     3.2  7.2  4.4  6.3  12.5  3.7  5.3  5.8  15.4  8.6
     3.5  5.8  4.2  6.2  12.4  4.4  5.6  6.4  16.6  8.8
     3.6  6.6  4.5  6.5  12.4  4.6  6.2  6.4  16.9  9.4
     3.3  6.8  4.9  6.9  13    4.7  6.1  6.5  16.9  9.3
     3    5    3.6  4.9  10.6  4.2  5.8  6.1  15.4  8.7
     3.5  6.8  4.6  6.4  13.2  4.8  6.6  6.6  18.1  9.7
     3.6  6.6  4.3  6    12.2  4.7  6.5  6.1  17.5  9.2
     3.3  6.4  4.8  6.1  12.6  4.4  6.3  6.5  16.9  9.1
```

```
    3.5    7     4.4    6.1    13     4.4    6.4    6.4    16.3   9.1
    3.4    7.2   4.4    6.4    13     4.7    6.8    6.3    17.5   9.5
    3.5    7.4   5.1    7.1    13.4   4.6    5.7    6.5    16.9   9.2
    3.5    7.4   4.6    6.4    12.2   4.5    6.6    6.3    16.3   9.6
    3.3    7.2   4      6.1    11.8   4.5    6.5    6.3    17.2   9.2
    3.4    7.2   4.7    6.7    12.8   4.6    6.2    6.5    17.8   9.6
    3.5    7.6   4.4    5.6    12     4      5.9    6.1    16     9.2
    3.5    7.4   4.5    6.7    12.6   4.3    6.1    6.6    16     9.3
    3.6    7.4   4.4    6.7    13     4.8    6.5    6.5    17.2   9.5];
b = [0.0145  0.2050  0.0750  0.0619  0.2519  0.0181  0.0395  0.0085  0.3176  0.0079]'
c = a * b
l = 1:28;
l = l'; d = [c,l];
u = sortrows(d,1)
g = 28: -1:1;
g = g';
v = [u,g]
```

附录 2

附录 2.1　红葡萄酒配对样品数据表

样　品	外观澄清度 1	外观澄清度 2	外观色调 1	外观色调 2	香气纯正度 1	香气纯正度 2	香气浓度 1	香气浓度 2	香气质量 1	香气质量 2
红 1	2.3	3.1	6.4	7.6	4.3	3.6	5.4	5.5	12.2	10.8
红 2	2.9	3.1	7.2	7	4.5	4.5	6.5	5.6	13	12
红 3	3.4	3.4	8.6	6.8	4.7	4.2	6.2	6.2	13.2	12.2
红 4	4	3.5	8	6.4	3.4	4.2	4.7	6.1	11.2	12.2
红 5	4.3	3.6	8.4	7.2	4.5	4.1	5.9	5.4	12.6	11.4
红 6	3.9	3.5	7	5.2	4.5	3.9	6	5	12.2	11.2
红 7	4	3.5	5.8	4	4.2	3.7	5.7	5.2	11.6	11.2
红 8	2.7	3.4	7	6.8	4.7	4	6.4	5	13.6	10.4
红 9	3.1	3.6	7.4	7.4	5.5	5	7.3	6.9	14.4	13.9
红 10	4	3.8	6.8	6.8	4.7	4.4	6.2	4.8	12.6	11.8
红 11	4	3.6	4.6	3.4	4.4	3.8	6.4	5.9	12.6	11
红 12	1.1	3.5	4	5.2	2.7	3.7	4.2	4.9	9	11.2
红 13	2.6	3.7	7.6	5.8	4.6	4.8	5.8	5.5	12.8	12
红 14	3.7	3.3	8.2	7.4	4	4.2	4.8	5.8	11.6	11.8
红 15	3.9	3.6	7.6	6.4	2.4	3.1	4	5.6	9	10.2
红 16	3.1	3.2	7.4	6.8	4.7	3.8	6	5.1	12.6	11.8
红 17	1.9	3.4	5	6.8	2.9	4.8	5.1	6.3	10	2.2
红 18	3.9	3.6	7.8	4.2	4.8	3.3	5.9	4.8	12.8	10.6
红 19	3.9	3.5	8	7	4.6	4.4	6.4	5.9	13	12.2

样 品	外观澄清度 1	外观澄清度 2	外观色调 1	外观色调 2	香气纯正度 1	香气纯正度 2	香气浓度 1	香气浓度 2	香气质量 1	香气质量 2
红 20	3.7	3.6	5.6	4.8	5.2	4.9	7.3	6.8	14	13.2
红 21	3.5	3.2	8	7	4.4	3.7	6.4	5.9	12.2	11.8
红 22	3.9	3.4	8	6	4.5	4.3	6.7	6.2	12.8	11.6
红 23	3.2	3.6	8.2	7.8	5.3	4.6	7.4	6.7	14.6	13.8
红 24	4.1	3.5	8	6.6	4.5	4.2	6.6	5.8	12.6	12
红 25	4	3.7	6.4	6.6	4.4	4.3	5.3	5.2	12	11.6
红 26	3.6	3.7	7.8	7.4	4.7	4.5	6	5.6	12.8	12
红 27	3.7	3.7	6.2	6.2	4.2	4.1	5.6	5.4	11.8	12

样 品	外观澄清度 1	外观澄清度 2	外观色调 1	外观色调 2	香气纯正度 1	香气纯正度 2	香气浓度 1	香气浓度 2	香气质量 1	香气质量 2
红 1	2.9	3.8	3.9	5.1	5	5.5	12.4	14.2	7.6	8.2
红 2	4.2	4	6.1	5.5	6	5.8	15.7	15.1	9.1	8.8
红 3	3.3	4.2	5	6.1	5.4	6.3	13.6	5.4	7.9	9
红 4	4.7	3.8	6.6	5.3	6.4	5.9	17.2	15.1	9.2	8.8
红 5	4.2	3.9	6.5	5.3	6.5	6	16.3	15.7	9.2	8.7
红 6	4.4	4.2	6.4	6.1	6.2	6	16.6	16.9	9.2	9.3
红 7	4.2	4	6.3	5.8	6	6.1	16.9	15.7	9.2	9
红 8	4.6	3.9	6.2	5.6	5.8	5.7	15.7	16	9	8.9
红 9	4.8	4.4	7	6.4	7	5.8	18.1	15.1	10	8.9
红 10	4.3	3.9	6.2	5.7	5.9	5.9	16.6	15.1	9.1	8.8
红 11	4.1	3.9	4.9	4.8	5.6	5.6	14.2	13.9	8.3	8.6
红 12	4.1	4.1	5.4	5.5	5.7	5.9	14.8	14.5	8.9	8.8
红 13	4.4	4.2	6	5.2	6.1	5.9	16	16	9	8.8
红 14	2.9	3.8	3.9	5.1	5	5.5	12.4	14.2	7.6	8.2
红 15	4.2	4	6.1	5.5	6	5.8	15.7	15.1	9.1	8.8
红 16	3.3	4.2	5	6.1	5.4	6.3	13.6	5.4	7.9	9
红 17	4.7	3.8	6.6	5.3	6.4	5.9	17.2	15.1	9.2	8.8
红 18	4.2	3.9	6.5	5.3	6.5	6	16.3	15.7	9.2	8.7
红 19	4.4	4.2	6.4	6.1	6.2	6	16.6	16.9	9.2	9.3
红 20	4.2	4	6.3	5.8	6	6.1	16.9	15.7	9.2	9
红 21	4.6	3.9	6.2	5.6	5.8	5.7	15.7	16	9	8.9
红 22	4.8	4.4	7	6.4	7	5.8	18.1	15.1	10	8.9

样　品	外观澄清度 1	外观澄清度 2	外观色调 1	外观色调 2	香气纯正度 1	香气纯正度 2	香气浓度 1	香气浓度 2	香气质量 1	香气质量 2
红 23	4.3	3.9	6.2	5.7	5.9	5.9	16.6	15.1	9.1	8.8
红 24	4.1	3.9	4.9	4.8	5.6	5.6	14.2	13.9	8.3	8.6
红 25	4.1	4.1	5.4	5.5	5.7	5.9	14.8	14.5	8.9	8.8
红 26	4.4	4.2	6	5.2	6.1	5.9	16	16	9	8.8
红 27	2.9	3.8	3.9	5.1	5	5.5	12.4	14.2	7.6	8.2

附录 2.2　白葡萄酒配对样品数据表

样　品	外观澄清度 1	外观澄清度 2	外观色调 1	外观色调 2	香气纯正度 1	香气纯正度 2	香气浓度 1	香气浓度 2	香气质量 1	香气质量 2
白 1	3.8	3.5	3.4	6.6	5	4.6	7	6.1	13.4	12.8
白 2	3.3	3.5	7.6	7.4	4.8	4.3	6.5	6.2	12.6	12.2
白 3	3.7	3.1	7.5	6.6	4.2	4.4	6.4	6	12.5	12.6
白 4	4	3.4	5.4	7	4.7	4.5	6.4	5.6	12.8	12
白 5	2	3.4	5.4	7.2	4.7	5.1	6.4	7	12.8	13.6
白 6	3.2	3.4	6.4	5.6	3.8	4.6	5.5	6.3	11.4	12.8
白 7	3.6	3.3	6.2	6.6	4.9	4.6	6.5	6.3	13.2	12.4
白 8	3	3.4	6.6	6.6	4	4.4	5.8	5.6	11.8	12
白 9	4.1	3.6	8	7.4	4.3	5	16.5	7.1	12.6	14.2
白 10	2.2	3.3	5.4	5.8	5.1	4.9	7.1	7.2	13.6	13.4
白 11	3.6	3.3	6	5.8	4.5	4.1	6	5.7	12.2	11.8
白 12	2.1	3.2	5	7.2	4.2	4.4	5.2	6.3	11.6	12.5
白 13	2.2	3.5	5.2	5.8	3.7	4.2	5.4	6.2	11.2	12.4
白 14	3	3.6	5.4	6.6	4.4	4.5	6.3	6.5	12.8	12.4
白 15	3	3.3	6	6.8	4.5	4.9	6.6	6.9	12.6	13
白 16	2.5	3	6.8	5	4.5	3.6	6.2	4.9	12.2	10.6
白 17	3.9	3.5	7.6	6.8	4.9	4.6	7.1	6.4	13.6	13.2
白 18	3.9	3.6	5.8	6.6	4.7	4.3	6.1	6	12.4	12.2
白 19	2.9	3.3	6.4	6.4	4.1	4.8	6.3	6.1	12.2	12.6
白 20	3.8	3.5	3.2	7	4.7	4.4	6.6	6.1	13.2	13
白 21	2.6	3.4	5.6	7.2	5	4.4	7	6.4	13.6	13
白 22	3.4	3.5	7.6	7.4	4.9	5.1	6.7	7.1	13.6	13.4
白 23	3.1	3.5	6.6	7.4	4.5	4.6	6.6	6.4	12.4	12.2
白 24	3.6	3.3	7.6	7.2	3.9	4	5.8	6.1	12.2	11.8

样　品	外观澄清度1	外观澄清度2	外观色调1	外观色调2	香气纯正度1	香气纯正度2	香气浓度1	香气浓度2	香气质量1	香气质量2
白25	4.4	3.4	7.8	7.2	4.9	4.7	7.1	6.7	13.6	12.8
白26	4.1	3.5	8.2	7.6	5.1	4.4	7.3	5.6	13.4	12
白27	2.3	3.5	6.2	7.4	3.7	4.5	5.1	6.7	11.2	12.6
白28	4.3	3.6	8.4	7.4	4.8	4.4	6.8	6.7	13.4	13

样　品	口感纯正度1	口感纯正度2	口感浓度1	口感浓度2	口感持久性1	口感持久性2	口感质量1	口感质量2	整体评价1	整体评价2
白1	4.7	4.8	6.7	6.3	6.5	6.6	17.8	17.2	9.7	9.4
白2	3.8	4.7	5.8	5.7	5.9	6	14.8	16.6	9.1	9.2
白3	4.5	4.4	6.2	5.8	13.2	6.5	17.5	16.9	9.6	9.3
白4	3.8	4.7	5.9	6.7	5.7	6.6	15.4	17.5	8.9	9.3
白5	3.8	4.6	5.9	6.6	5.7	6.6	15.4	17.8	8.9	9.6
白6	3.5	4.5	5.7	6.2	5.5	6.3	14.8	16.6	8.6	9.2
白7	4.5	4.4	6.4	6.2	6.2	6.1	16.6	15.7	9.4	8.6
白8	3.9	4.5	5.7	5.5	6.7	5.8	15.1	15.4	8.8	9.1
白9	3.5	4.7	5.4	6.7	5.9	6.1	13.9	16.6	8.7	9.4
白10	4.1	4.7	6.1	6.7	6.1	6.5	15.4	17.8	9.1	9.5
白11	4.3	4.2	5.3	5.6	5.7	6.2	16	15.4	8.7	9.3
白12	3.3	3.7	4.8	5.3	5.8	5.8	13.3	15.4	8.2	8.6
白13	3.9	4.4	5.6	5.6	5.4	6.4	14.8	16.6	8.5	8.8
白14	4.1	4.6	5.8	6.2	6.1	6.4	15.1	16.9	8.8	9.4
白15	4	4.7	5.8	6.1	5.8	6.5	15.4	16.9	8.7	9.3
白16	4.3	4.2	6.1	5.8	6.1	6.1	16	15.4	9.3	8.7
白17	4.2	4.8	5.9	6.6	5.9	6.6	16.3	18.1	9.4	9.7
白18	4.2	4.7	5.7	6.5	6.6	6.1	15.4	17.5	8.9	9.2
白19	4.2	4.4	6.1	6.3	6.3	6.5	15.1	16.9	8.6	9.1
白20	4.5	4.4	6.1	6.4	6.1	6.4	16.6	16.3	9	9.1
白21	4.2	4.7	6.2	6.8	6.4	6.3	16.6	17.5	9.2	9.5
白22	3.2	4.6	4.9	5.7	5.4	6.5	13	16.9	8.3	9.2
白23	4.5	4.5	6.6	6.6	6.4	6.3	16	16.3	9.2	9.6
白24	3.5	4.5	6.2	6.5	5.9	6.3	15.7	17.2	8.9	9.2
白25	3.5	4.6	5.9	6.2	6	6.5	15.1	17.8	8.8	9.6
白26	4.4	4	6.8	5.9	6.6	6.1	16	16	9.4	9.2
白27	3.2	4.3	5.1	6.1	5.5	6.6	14.2	16	8.3	9.3

附录 2.3　K－S 正态性检验软件输出结果

		外观澄清度 1
N		27
Normal Parameters(a,b)	Mean	3.422
	Std. Deviation	0.7597
Most Extreme Differences	Absolute	0.198
	Positive	0.149
	Negative	−0.198
Kolmogorov-Smirnov Z		1.030
Asymp. Sig. (2-tailed)		0.239

a　Test distribution is Normal；b　Calculated from data。

One-Sample Kolmogorov-Smirnov Test

		外观澄清度 2
N		27
Normal Parameters(a,b)	Mean	3.493
	Std. Deviation	0.1859
Most Extreme Differences	Absolute	0.183
	Positive	0.097
Negative		−0.183
Kolmogorov-Smirnov Z		0.949
Asymp. Sig. (2-tailed)		0.329

a　Test distribution is Normal；b　Calculated from data。

附录 2.4　t 检验显著性概率 P 统计表结果

① 接收两组评酒员对白葡萄酒评价无显著性的概率：

指标	外观澄清度	外观色调	香气纯正度	香气浓度	香气质量	口感纯正度	口感浓度	口感持久性	口感质量	整体评价
P	0.299	0.089	0.937	0.238	0.714	0	0.005	0.863	0	0.001

② 接收两组评酒员对红葡萄酒评价无显著性的概率：

指标	外观澄清度	外观色调	香气纯正度	香气浓度	香气质量	口感纯正度	口感浓度	口感持久性	口感质量	整体评价
P	0.614	0.002	0.151	0.100	0.010	0.437	0.158	0.251	0.055	0.674

附录 2.5　葡萄酒总体配对样品数据表

酒样号	第一组红酒	第一组白酒	第二组红酒	第二组白酒
1	62.7	82	68.1	73.9
2	80.3	74.2	74	77.1
3	80.4	85.3	74.6	76.5
4	68.6	79.4	71.2	76.9
5	73.3	71	72.1	81.5
6	72.2	68.4	66.3	77
7	71.5	77.5	65.3	74.2
8	72.3	71.4	66	72.3
9	81.5	72.9	78.2	80.4
10	74.2	74.3	68.8	79.8
11	70.1	72.3	61.6	71.4
12	53.9	63.3	68.3	72.4
13	74.6	65.9	68.8	80.3
14	73	72	72.6	75.5
15	58.7	72.4	65.7	77.9
16	74.9	74	69.9	67.3
17	79.3	78.8	74.5	79.6
18	60.1	73.1	65.4	78.4
19	78.6	72.2	72.6	76.4
20	78.6	77.8	75.8	76.6
21	77.1	76.4	72.2	79.2
22	85.6	71	71.6	79.4
23	78	75.9	77.1	82.1
24	69.2	73.3	71.5	76.1
25	73.8	77.1	68.2	79.5
26	73	81.3	72	74.3
27	77.2	64.8	71.5	76.7
28		81.3		79.4

附录 2.6　归一化后的决策矩阵

酒样号	外观澄清度 2	外观色调 2	香气纯正度 2	香气浓度 2	香气质量 2	口感纯正度 2	口感浓度 2	口感持久性 2	口感质量 2	整体评价 2
1	0.032 87	0.044 55	0.032 11	0.035 92	0.035 05	0.035 48	0.038 26	0.038 19	0.035 21	0.035 50
2	0.032 87	0.041 03	0.040 14	0.036 58	0.038 95	0.038 28	0.040 27	0.038 19	0.042 98	0.038 46

酒样号	外观澄清度2	外观色调2	香气纯正度2	香气浓度2	香气质量2	口感纯正度2	口感浓度2	口感持久性2	口感质量2	整体评价2
3	0.036 06	0.039 86	0.037 47	0.040 50	0.039 60	0.041 08	0.040 94	0.038 83	0.042 21	0.037 62
4	0.037 12	0.037 51	0.037 47	0.039 84	0.039 60	0.036 41	0.035 57	0.036 28	0.039 10	0.037 19
5	0.038 18	0.042 20	0.036 57	0.035 27	0.037 00	0.038 28	0.037 58	0.038 83	0.040 65	0.037 62
6	0.037 12	0.030 48	0.034 79	0.032 66	0.036 35	0.036 41	0.034 90	0.035 65	0.036 77	0.036 35
7	0.037 12	0.023 45	0.033 01	0.033 96	0.036 35	0.034 55	0.036 24	0.036 28	0.037 55	0.035 50
8	0.036 06	0.039 86	0.035 68	0.032 66	0.033 76	0.034 55	0.032 89	0.035 01	0.035 99	0.035 50
9	0.038 18	0.043 38	0.044 60	0.045 07	0.045 12	0.039 22	0.040 94	0.038 19	0.041 43	0.039 73
10	0.040 30	0.039 86	0.039 25	0.031 35	0.038 30	0.035 48	0.034 23	0.036 28	0.036 77	0.035 50
11	0.038 18	0.019 93	0.033 90	0.038 54	0.035 70	0.031 75	0.030 87	0.034 37	0.032 11	0.034 23
12	0.037 12	0.030 48	0.033 01	0.032 01	0.036 35	0.037 35	0.040 27	0.036 28	0.039 88	0.036 77
13	0.039 24	0.034 00	0.042 82	0.035 92	0.038 95	0.037 35	0.033 56	0.035 01	0.010 10	0.036 35
14	0.034 99	0.043 38	0.037 47	0.037 88	0.038 30	0.035 48	0.037 58	0.036 28	0.040 65	0.039 31
15	0.038 18	0.037 51	0.027 65	0.036 58	0.033 11	0.035 48	0.034 23	0.035 01	0.036 77	0.034 66
16	0.033 93	0.039 86	0.033 90	0.033 31	0.038 30	0.037 35	0.036 91	0.036 92	0.039 10	0.037 19
17	0.036 06	0.039 86	0.042 82	0.041 15	0.007 14	0.039 22	0.040 94	0.040 10	0.013 98	0.038 04
18	0.038 18	0.024 62	0.029 44	0.031 35	0.034 40	0.035 48	0.035 57	0.037 56	0.039 10	0.037 19
19	0.037 12	0.041 03	0.039 25	0.038 54	0.039 60	0.036 41	0.035 57	0.038 19	0.040 65	0.036 77
20	0.038 18	0.028 14	0.043 71	0.044 42	0.042 84	0.039 22	0.040 94	0.038 19	0.043 76	0.039 31
21	0.033 93	0.041 03	0.033 01	0.038 54	0.038 30	0.037 35	0.038 93	0.038 83	0.040 65	0.038 04
22	0.036 06	0.035 17	0.038 36	0.040 50	0.037 65	0.036 41	0.037 58	0.036 28	0.041 43	0.037 62
23	0.038 18	0.045 72	0.041 03	0.043 76	0.044 79	0.041 08	0.042 95	0.036 92	0.039 10	0.037 62
24	0.037 12	0.038 69	0.037 47	0.037 88	0.038 95	0.036 41	0.038 26	0.037 56	0.039 10	0.037 19
25	0.039 24	0.038 69	0.038 36	0.033 96	0.037 65	0.036 41	0.032 21	0.035 65	0.035 99	0.036 35
26	0.039 24	0.043 38	0.040 14	0.036 58	0.038 95	0.038 28	0.036 91	0.037 56	0.037 55	0.037 19
27	0.039 24	0.036 34	0.036 57	0.035 27	0.038 95	0.039 22	0.034 90	0.037 56	0.041 43	0.037 19

附录 2.7　重新确定指标权重后红葡萄的得分和排名

	因子1	因子2	因子3	因子4	总评分	排名
红1	−4.392 6	−0.689 2	−0.051 4	−3.246 8	−2.427 8	2
红2	−4.459 1	0.543 0	0.169 5	1.070 1	−1.791 6	4
红3	−4.188 1	−3.654 8	0.423 1	3.048 7	−2.619 8	1
红4	2.457 9	−0.366 1	−0.851 2	−0.251 8	0.954 4	23
红5	0.385 4	1.255 2	1.787 8	0.451 8	0.744 5	18

续表

	因子 1	因子 2	因子 3	因子 4	总评分	排　名
红 6	1.556 3	−2.857 8	2.083 0	0.222 9	0.263 1	14
红 7	1.786 0	−2.807 4	−0.575 0	−1.149 8	0.002 6	13
红 8	−3.144 3	−0.386 3	−0.151 3	−5.334 7	−2.096 3	3
红 9	−5.458 5	2.939 2	0.814 5	2.085 4	−1.664 7	5
红 10	1.961 8	4.390 0	−0.683 2	−0.080 6	1.703 2	24
红 11	0.943 5	−0.541 9	−4.846 6	1.044 1	−0.000 4	12
红 12	2.362 9	−3.852 2	0.896 1	0.425 0	0.374 9	16
红 13	−0.263 6	1.756 9	−1.160 6	1.233 9	0.288 5	15
红 14	−1.743 8	0.827 7	−0.705 0	−2.153 3	−0.887 3	7
红 15	1.529 7	−0.678 8	0.808 8	−1.176 2	0.449 2	17
红 16	−0.427 4	0.780 9	−2.707 0	−0.377 5	−0.259 4	10
红 17	1.446 4	−1.082 8	3.308 8	0.319 3	0.770 3	20
红 18	2.748 5	−2.505 4	0.292 6	−0.266 1	0.746 0	19
红 19	−0.581 6	0.302 5	0.160 3	0.152 5	−0.199 4	11
红 20	2.416 1	1.528 8	0.495 2	1.646 6	1.782 6	25
红 21	−1.643 2	−1.834 1	−2.403 0	2.196 8	−1.315 9	6
红 22	0.079 8	−1.725 1	−1.348 0	0.296 7	−0.401 1	9
红 23	−2.499 4	1.668 4	3.080 1	0.525 9	−0.482 4	8
红 24	1.347 6	0.199 0	1.312 1	0.363 3	0.860 3	21
红 25	3.369 5	2.948 5	0.840 8	−0.595 2	2.222 7	27
红 26	2.390 9	3.609 4	−0.299 7	0.330 8	2.117 6	26
红 27	2.019 0	0.232 2	−0.690 8	−0.781 9	0.866 2	22

附录 2.8　直接通径系数表

总　酚	酒总黄酮	DPPH	L*(D65)	a*(D65)	b*(D65)	花色苷	芳香物质	F_5	葡萄等级 F_6
P_{1y}	P_{2y}	P_{3y}	P_{4y}	P_{5y}	P_{6y}	P_{7y}	P_{8y}	P_{9y}	P_{10y}
−0.910	0.409	0.815	1.709	0.621	0.251	1.477	−0.147	0.016	−0.758

16.5　优秀论文四

编者:建模竞赛的题目可以来自各种环境,如管理、工程或生活实际,选文(作者:华北科技学院孙选超,指导教师:王清)来自实际生活中浴缸水温问题。

浴缸水温变化控制的数学模型

摘要 浴缸是现代人生活中必不可少的一项生活用品,劳累一天之后能够洗个热水澡是一件很美妙的事情,而现实中浴缸通常没有保温与加热功能,只能通过不断地向浴缸中注入热水才能保持洗澡水的恒温。那么以何种速度注入热水才能在保证水温恒定的条件下节约用水量,热水的注入速度是否受到浴缸体积、形状的影响,洗浴过程中加入泡沫剂以及人的运动又会引起什么效果,这将是本文模型所要解决的问题。

本文模型的建立以物理学为背景,考虑到模型的复杂程度与实际情况,做出一系列基本假设,依据傅里叶定律与能量守恒定律建立动态平衡方程,考虑间歇加水与持续加水两种策略,得到基本的浴缸水温控制模型。分别对两种策略求解并进行综合比较,得到最优注水速率。考虑到浴缸水温的分布不均,模型误差较大,所以需要对模型做出改进。建立三维坐标系下的微分方程,通过差分法与高斯迭代法进行求解,得到浴缸内水温的具体分布情况,据此改进模型。当然由于实际情况,在模型改进方面也只是进行了定性的分析,没有做出定量的计算。

接下来,就浴缸形状、体积、人的运动、加入泡沫剂等方面对模型进行敏感性分析,以增强模型的说服力。最后对模型作出综合评价,总结模型的优缺点。

关键词 傅里叶定律、能量守恒定律、微分方程、高斯迭代法、差分法。

16.5.1 绪 论

1. 研究的背景与意义

随着人们生活水平的提高,劳累一天后能够舒服地洗个热水澡是一件很美妙的事情,人们熟知的洗澡方式无非有两种:淋浴冲澡与浴缸泡澡。综合两种洗澡方式,我们知道温水泡澡无疑是更加惬意的享受,同时,从医学的角度来讲,泡澡还具有诸多的医疗效果。例如,泡澡可以缓解肌肉酸痛、增强肌腱组织的伸展性、减轻疼痛、增加内分泌、强化免疫系统、消耗热量等;患有骨关节疾病的患者,泡澡可以帮助其康复、减轻关节疼痛等;有焦虑、忧郁或者长期失眠的患者,泡澡具有辅助其消除身心疲劳、促进血液循环的效果。

然而,在洗浴过程中我们发现了一个最重要的问题:浴缸只是一个简单的储水装置,不存在保温与加热的效果,因此浴缸内的水温就不能持续地保持在一个恒定的温度范围内,洗浴时间一长,浴缸内水的温度将会下降,从而影响人们洗浴过程中的舒适度。因此,研究如何控制浴缸内水的恒温,以保证人们在洗浴过程中的舒适度就具有重要的现实意义。

2. 国内外研究现状

据资料显示,目前国内外对浴缸的研究主要集中在浴缸的美学设计、浴缸制作材料以及用户对浴缸的功能要求等方面,在浴缸的恒温控制方面,研究还处于起步阶段。对浴缸的恒温控制,国内外的许多学者大都采用传感器、温控器等先进设备,成本造价都比较高。

如杜会敏[1]等使用集成温度传感器设计的数字温度计,具有测量范围宽、分辨率高的优点;柴利松[2]研制出一套自动恒温供水装置,该系统基于嵌入式控制器研发,优化了稳定性和响应速度,具有受环境影响小、节能等优点;ANGER[3]发明了一种浴缸热水控制系统,该系统带有智能控制面板,通过多个传感器和多条供水线路的连接来控制水流量;WILLIAMS[4]发明了一种用于浴缸或淋浴的温度-流量综合控制器,通过控制热水和冷水的流量来控制水温。

以上学者的研究都采用了较为先进的设备与技术,由于设备与技术成本价格的原因,他们所得出的研究结论仅仅适用于小范围的科学研究,很难做到在实际生产生活中普及。因此,我们现在有必要研究在不使用先进设备前提下的浴缸水温控制策略。本文就是基于这个前提,提出了一种浴缸水温控制的数学模型,在避免采用先进技术设备的基础上,得出浴缸恒温的控制策略。

3. 论文的研究内容

由于浴缸没有保温与加热装置,因此,若想要浴缸水温持续达到恒定的状态,唯一的方法就是在洗浴者洗浴过程中注入热水,那么浴缸的热源就是持续或者间歇地注入的热水。本文主要研究在不使用先进温控设备的基础上,将物理学与数学知识相结合,综合运用数学建模、数值分析理论,采用从简单到复杂、从特殊到一般的数学思想,综合思考实际生活中的各项影响要素,建立浴池水温变化控制的数学模型,最后根据模型求解,从而得到最优的注水速率。其主要研究内容如下:

① 浴缸水温控制模型:首先以物理背景进行热力学分析,根据热传导规律与能量守恒定律,建立浴缸水温控制模型;然后结合实际情况对相关变量给出模拟数据,求解模型,得到最佳的注水速率。

② 进一步考虑浴缸内的水温分布情况,对浴缸水温控制模型进行改进,建立浴缸内水温分布的三维微分方程,通过求解并得出相对具体的水温分布图,然后再对模型加以定性分析。

③ 对浴缸水温控制模型进行灵敏度分析,就相关情况的变化进行讨论,主要包括浴缸形状的变化、人的运动、加入泡沫剂等相关情况变化对模型产生的影响。

④ 总结本文模型的优缺点。

4. 论文的研究思路

本文首先阐述了模型所涉及的物理学背景以及一维坐标系下微分方程的相关知识,并结合实例介绍微分方程的建立与求解;然后根据实际情况给出模型的基本假设,依据傅里叶定律与能量守恒定律等热力学定律建立浴缸水温控制模型。在这里,模型给出了两种加水策略:持续加水与间歇加水,分别化简得到热水的注入速率与洗浴时间、注水时间、温度之间的关系。其次,在求解模型时,针对两种加水策略,分别求解最优注水速率,并以表格形式就两种加水策略做出比较。

接下来,本文对浴缸水温控制模型做出改进,以达到减小误差的目的。在前文一维坐标系微分方程研究的基础上,分析研究二维坐标系下的微分方程并拓展到三维坐标系,并建立浴缸内水温分布的三维偏微分方程,根据方程求解结果,分析浴缸内水温的分布情况。鉴于实际研究情况,对改进模型只做出了定性分析,没有做出定量计算。

最后,本文对浴缸水温控制模型做出敏感性分析,分别讨论了浴缸尺寸与形状的变化、人的运动、加入泡沫剂等情况对最终结果产生的一系列影响。

16.5.2　相关理论

1. 热力学分析

热力学定律是本文研究所依赖的主要物理背景,通过热力学分析可以建立热量得失的动态平衡方程。

（1）热传导与傅里叶定律

传热[5]现象是指热量由某个系统传到另一个系统或者从系统的某一部分传到另外一部分。在现代物理学的研究中，热传导、热辐射和热对流是传热的三种主要形式。热传导作为传热模式之一，它可以解释为一种传热现象，条件是介质内无宏观运动。热传导在气体、液体和固体中都能够发生，但从严格意义上来讲，单纯的热传导只能够在固体中发生，而在处于静止状态的液体中，也会因为存在密度差产生自然对流。因此，在液体中热传导和热对流将会同时发生。

简单来说，热传导就是热能从温度高的部分向温度低的部分传递的过程。基于此，物理学对热传导给出了具体的定义：热传导指的是热量的传递方式，其传递方向是从物体高温部分沿着物体传到低温部分。热传导的必要条件是物体或系统内存在温度差，换言之，只要当物体内或者物体之间存在一定的温度差时，传热现象就一定会发生。因此，热传导的速率主要取决于物体内温度场的分布情况。本文正是基于热传导的必要条件来分析浴缸的传热过程的。

下面我们来分析热传导的实质。热传导的实质就是当物体中的分子存在热运动时，分子与分子就会相互撞击，从而导致物体内的能量从温度高的部分传递到温度低的部分，或者由温度高的物体传递给温度低的物体的过程。接着我们来看热传导的微观解释：在固体中温度较高的部分，微粒振动的动能就会比较大，而温度低的那部分，微粒振动的动能就会比较小。因为微粒的振动会相互产生作用，所以在固体内部，能量就会由振动动能大的部分传递到振动动能小的部分。由此可知，热传导存在于固体中时，体现的就是物体内部能量的转移。

热传导的数学表达即为傅里叶定律。

傅里叶定律是由法国著名的科学家傅里叶于 1822 年提出的，它是热力学中的一个基本定律。傅里叶定律是热传导的重要基础，它有自己的数学表达式，但傅里叶定律并不是由热力学第一定律导出的，而是基于大量实验结果的归纳和总结，是一个经验公式。同时，傅里叶定律也是定义材料属性的一个关键的物理性质。

傅里叶定律可以用文字表述为：在热传导现象中，单位时间内通过给定截面的热量，正比于给定的截面面积和垂直于该截面方向上的温度变化率，温度升高的反方向即为热量传递的方向。

傅里叶定律的数学表达式为

$$Q = -kA \frac{dT}{dx} \tag{16.62}$$

式中，T 为温度，单位为 K；x 为在导热面上的坐标，单位为 m；dT/dx 为导热速率；A 为接触面面积，单位为 m^2；k 为热导率，单位为 W/(m·K)；Q 为导热量，单位为 W；负号表示温度梯度的反方向，即传热方向。此时计算的导热量 Q 为单位时间内的导热量。

关于热导率，本文在此给予简介：热导率是一个物理量，用来衡量不同物体的导热能力，k 也称为导热系数，是一个运输特性，主要反映物质的热传导能力。按傅里叶定律，其定义为单位温度梯度在单位时间内经单位导热面所传递的热量。

另外，由定义可知，傅里叶定律是一个向量表达式，其热流密度是沿着温度降低的方向且垂直于等温面的，并且任何物质无论是固态、液态，还是气态，傅里叶定律均适用。

（2）能量守恒定律

能量是自然界物质运动的量度，是所有物质所具有的基本物理属性。能量既不会凭空消失,也不会凭空产生,它只会从一个物体传递到另一个物体,或者从一种形式转化为另一种形式,而总的能量会保持不变。简单来说,能量守恒存在于任何的自然系统中,能量守恒定律[6]是自然界中的基本定律之一,也是本文模型建立的基本依据。

能量守恒定律就是物理学中的热力学第一定律,是指在一个封闭、孤立的自然系统中,无论能量如何转化,系统的总能量都保持不变。系统的总能量包括系统的热能、机械能以及除热能以外的其他任何内能。

2. 一维坐标系下的常微分方程

本部分对一维坐标系下的常微分方程作简单分析,并结合具体实例分析微分方程的建立与求解。

(1) 微分方程的数学定义

从数学定义的角度来说,微分方程指含有未知函数及其导数的关系式,解微分方程就是找出未知函数。其定义式为

$$f(x,y,y',y'',\cdots,y^{(n)})=0 \tag{16.63}$$

微分方程能够解决许多与导数有关的问题,其应用可以说是十分广泛。物理中的许多问题都可以用微分方程来求解,例如涉及变力的运动学、动力学、热力学,以及空气的阻力为速度函数的落体运动等等一系列问题。除此之外,微分方程在经济学、化学、工程学和人口统计等相关领域也都有广泛的应用。下面就本文所研究的问题结合具体实例来分析一维坐标系下的常微分方程。

(2) 杆上温度分布问题

实例　一个粗细均匀的绝热杆长为 L(见图 16 - 5 - 1)左端温度保持恒定,右端散热,周围温度恒定为 T'。杆的热导率为 k,杆端面的热导系数为 H,求稳定状态时杆上各处温度以及边界处的导热速率。

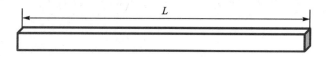

图 16 - 5 - 1　粗细均匀的绝热杆

解　①稳定状态时杆上各处温度。

杆上温度分布问题是一个典型的以物理学为背景的微分方程问题。首先,我们来分析杆内的温度分布。

假设温度是从杆一端向另一端传导,侧面绝热,并且已知热流的速度与横截面的面积 A、杆的热导率 k、温度的梯度 $\mathrm{d}T/\mathrm{d}x$ 成正比。那么根据傅里叶定律,在图 16 - 5 - 2 中,$\mathrm{d}x$ 这个小段:热量流入(左)为 $-kA\dfrac{\mathrm{d}T}{\mathrm{d}x}$,热量流出(右)为 $-kA\left[\dfrac{\mathrm{d}T}{\mathrm{d}x}+\dfrac{\mathrm{d}}{\mathrm{d}x}\left(\dfrac{\mathrm{d}T}{\mathrm{d}x}\right)\mathrm{d}x\right]$;达到稳定状

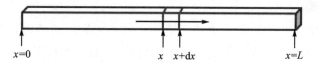

图 16 - 5 - 2　杆的模拟图

态,并且无热量流出时,有

$$-kA\,\frac{\mathrm{d}T}{\mathrm{d}x}=-kA\left[\frac{\mathrm{d}T}{\mathrm{d}x}+\frac{\mathrm{d}}{\mathrm{d}x}\left(\frac{\mathrm{d}T}{\mathrm{d}x}\right)\mathrm{d}x\right]$$

化简可得

$$\frac{\mathrm{d}^2 T}{\mathrm{d}x^2}=0$$

在固定的边界初值条件下,可以建立微分方程如下:

$$\begin{cases}\dfrac{\mathrm{d}^2 T}{\mathrm{d}x^2}=0\\ T(0)\\ T(L)\end{cases}$$

求解微分方程时,先采用差分法[7]将微分方程转化为线性方程组,然后采用高斯迭代法[8]、矩阵法等多种方法求解。由于差分之后方程个数较多,则可以通过 MATLAB 编程求解。

② 边界处的导热速率。

边界处的热量传递如图 16-5-3 所示。

图 16-5-3　边界处热量传递模拟图

根据傅里叶定律,杆内热量传递为 $-kA\,\dfrac{\mathrm{d}T}{\mathrm{d}x}$,热量传出为 $HA(T-T')$。达到稳定状态时有

$$-kA\,\frac{\mathrm{d}T}{\mathrm{d}x}=HA(T-T')$$

即得边界处的导热速率:

$$\frac{\mathrm{d}T}{\mathrm{d}x}-\frac{H}{k}(T-T')$$

至此,本章主要介绍了热力学、常微分方程的基本内容,为后文的模型建立提供了理论知识。

16.5.3　浴缸水温控制模型

1. 假设与参数

在数学模型的建立过程中,会存在诸多不确定的客观因素,这些因素往往不能作为变量在模型中出现,并且一般很难做到对其进行定量的计算。因此,在模型建立之前,我们需要进行一系列合理的模型假设,目的是排除诸多不确定因素对模型建立的干扰。合理地进行模型假设,也可以减少变量、简化模型,反映模型的本质问题。

（1）基本假设

本文模型基本假设主要有以下几点：

① 浴缸材料的假设。由于问题的研究与浴缸材料有密切关系，浴缸的材料又多种多样，因此，需要对其进行假设。在该问题的研究中，我们选用最普遍的亚克力材质浴缸作为研究对象。亚克力是现在市面上最常见的一种浴缸材料，具有较好的化学稳定性，其导热系数为 $0.19 \ \text{W}/(\text{m} \cdot \text{K})$。

② 浴缸内水温分布的假设。浴缸系统的热量来源是热水的注入，为点热源，并且浴缸内的水是流动的，为动态水，鉴于现在所掌握的知识深度有限以及动态水方程的复杂性，我们假设浴缸内的水为静态水。即在热水注入过程中，忽略浴缸内水的对流换热时间，浴缸内的水温可以很快达到一致，使得浴缸内的水温保持不变，达到整体的水温恒定。

③ 浴室室温的假设。我们假设浴室室温恒定不变，独立于洗浴过程，不会受到热水流、缸体、人体的影响，并且不会对我们所研究的问题产生影响。

④ 热平衡的假设。我们假设在洗浴过程中所涉及的导热均为稳态导热，包括热水流的流入、水与空气的接触、水与浴缸的接触、水与人体的接触等过程。在这些过程中，任何一个物质元都会满足热平衡，即流入和流出的热量是相等的。

⑤ 洗浴加水过程中，忽略浴缸溢出水的热量散失。

⑥ 假设在整个洗浴过程中，所涉及的所有物质元的物理性质均不会随着温度的变化而产生变化。

⑦ 在这个过程中，假设人体运动所引起的热量损失可以忽略不计。

（2）相关符号说明

在模型的建立过程中，不可避免地需要使用一系列的符号变量，本文模型所用的主要变量符号及含义如下：

T_0—— 浴缸内初始温度；

T_1—— 注入水的温度；

T_2—— 浴室内空气温度；

T_3—— 浴缸本身温度；

T_4—— 人体体温；

S_1—— 浴缸水面面积；

S_2—— 浴缸表面积；

S_3—— 人体表面积；

k —— 水的热导率；

k_1—— 空气的热导率；

k_2—— 浴缸的热导率；

k_3—— 人体的热导率；

k_4—— 起泡剂的热导率；

Q —— 总热量；

Q_1—— 浴缸中水面与空气接触散热量；

Q_2—— 浴缸壁散热量；

Q_3—— 浴缸中水与人体接触的散热量；

C —— 水的比热容；

v_0—— 注水速率；

t —— 洗浴时间；

t_0—— 每次注水时间；

m—— 注入水的质量；

p—— 间歇注水次数。

2. 模型的分析

浴缸水温控制模型的目标是调控浴缸内水温接近初始温度，即当某已知身高体重的人在某一特定形状体积的浴缸内进行洗浴时，能确定一个最佳的热水流注入速度，以保证浴缸内的水温恒定。

根据热力学的分析可知，浴缸中水温下降的原因是由于浴缸系统中的热量会通过热量交换传递到外界。在本模型中，热量交换主要考虑三个部分：一是浴缸表面的水与空气接触而散失的热量；二是浴缸中的水与浴缸壁的接触而散失的热量；三是浴缸中的水与人体皮肤接触而散失的热量。以上三个部分为系统的热量散失方面。当热水注入浴缸中，热水会快速与浴缸中的水结合，并发生热量交换使水温升高，从而保持水温恒定，因此注入热水即为系统的热源。为了形象描述浴缸系统的热量交换，本文给出形象的浴缸系统模拟图，如图 16-5-4 所示。

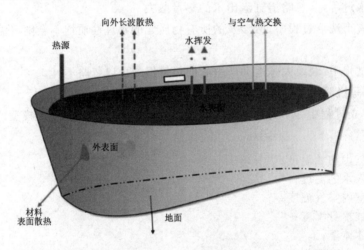

图 16-5-4　浴缸系统图

3. 模型的建立

在这部分，主要根据热力学定律建立浴缸水温控制模型，得到注水速率与洗浴时间、温度的数学关系式，最后通过模型的求解得到最佳的注水速率。

在浴缸水温控制模型中，模型的目标是保持浴缸内水温恒定（接近初始温度）。根据能量守恒定律，模型主要分析热源与散热两个方面。由前文假设，我们近似认为整个浴缸内各点水温相同，即各点水温均为 T_0。

首先，我们考虑热源方面。模型中热源即为热水流的注入，则热源热量的计算可以采用比热容计算热能的方法。公式如下：

$$热源热量＝注水质量×比热×温度变化$$

一般情况下，热容与比热容均为温度的函数，但在温度变化范围不太大时，可近似地视为

常量,于是有

$$Q = cm(T_0 - T_1) \tag{16.64}$$

这是我们用比热容来计算热量的基本公式。其中 m 为注入水的质量,c 为水的比热容,T_1 为注入热水的温度。

本模型中需要求解最佳的注水速率 v_0,所以采用公式:

$$\text{注水质量} = \text{注水速率} \times \text{注水时间}$$

即

$$m = v_0 t \tag{16.65}$$

在持续加水策略下,洗浴时间即为注水时间,则通过式(16.64)、式(16.65)可得到洗浴时间为 t 时,热源的最终热量方程:

$$Q = cv_0 t(T_0 - T_1) \tag{16.66}$$

接下来,我们考虑散热方面。根据上文的分析得知,热量主要通过浴缸水面、浴缸壁、人体三个方面散失,所以我们需要分别考虑其散热过程,计算单位时间内每部分的散热量。

第一部分是浴缸内水面与空气接触的散热量 Q_1,此时热量由浴缸水面向浴室传递。我们假设浴缸内水温处处相等并且浴室内温度恒定,则该问题可以视为一维状态下的热传导。热量传递过程模拟如图 16-5-5 所示。

根据一维坐标系下常微分方程的分析,首先可以得到浴缸水面与空气的导热速率:

$$\frac{\mathrm{d}T}{\mathrm{d}x} = -\frac{k_1}{k}(T_0 - T_2) \tag{16.67}$$

式中,k 与 k_1 分别为水与空气的热导率;T_2 为浴室内空气温度。

假设浴缸水面面积为 S_1,则

$$Q_1 = -k_1 S_1(T_0 - T_2) \tag{16.68}$$

第二部分是浴缸壁的散热量 Q_2。此时热量由浴缸内的水向浴缸壁传递,浴缸壁温度恒定,热量传递过程模拟如图 16-5-6 所示。

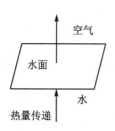

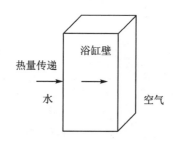

图 16-5-5　浴缸水面与空气热量传递模拟图　　　**图 16-5-6　水与浴缸壁热量传递模拟图**

同理,可以得到浴缸内的水与浴缸壁的导热速率:

$$\frac{\mathrm{d}T}{\mathrm{d}x} = -\frac{k_2}{k}(T_0 - T_3) \tag{16.69}$$

式中,k 与 k_2 分别为水与浴缸的热导率;T_3 为浴室本身温度。

假设浴缸表面积为 S_2,则

$$Q_2 = -k_2 S_2(T_0 - T_3) \tag{16.70}$$

第三部分是浴缸中的水与人体接触的散热量 Q_3。此时热量由浴缸内的水向人体传递,人体体温恒定,热量传递过程模拟如图 16-5-7 所示。

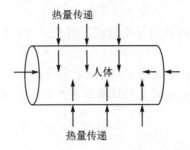

图 16-5-7　水与人体热量传递模拟图

同理,可得到浴缸内的水与人体的导热速率:

$$\frac{\mathrm{d}T}{\mathrm{d}x} = -\frac{k_3}{k}(T_0 - T_4) \tag{16.71}$$

式中,k 与 k_3 分别为水与人体的热导率;T_4 为人体体温。

假设人体表面积为 S_3,则

$$Q_3 = -k_3 S_3 (T_0 - T_4) \tag{16.72}$$

至此,浴缸系统的热量散失部分分析完成,综合式(16.68)、式(16.70)、式(16.72)可得洗浴时间为 t 时,散热总热量:

$$Q = [-k_1 S_1(T_0 - T_2) - k_2 S_2(T_0 - T_3) - k_3 S_3(T_0 - T_4)]t \tag{16.73}$$

根据模型目标与能量守恒定律,要保证热源热量与散热热量达到平衡,则有:

① 持续加水策略下:

$$cv_0 t(T_0 - T_1) = [-k_1 S_1(T_0 - T_2) - k_2 S_2(T_0 - T_3) - k_3 S_3(T_0 - T_4)]t \tag{16.74}$$

化简得最终模型:

$$v_0 = \frac{1}{c(T_0 - T_1)}[-k_1 S_1(T_0 - T_2) - k_2 S_2(T_0 - T_3) - k_3 S_3(T_0 - T_4)] \tag{16.75}$$

② 间歇加水策略下:

$$cv_0 t_1 p(T_0 - T_1) = [-k_1 S_1(T_0 - T_2) - k_2 S_2(T_0 - T_3) - k_3 S_3(T_0 - T_4)]t \tag{16.76}$$

化简得最终模型:

$$v_0 = \frac{t}{ct_1 p(T_0 - T_1)}[-k_1 S_1(T_0 - T_2) - k_2 S_2(T_0 - T_3) - k_3 S_3(T_0 - T_4)] \tag{16.77}$$

4. 模型的求解

根据问题需求,我们最终需要确定一个最佳的注水速率来调控浴缸内的温度达到稳定,当然在间歇加水策略中,还需要确定注水次数以及每次注水时间。那么,浴缸水温控制模型所求解的策略为先确定浴缸的形状、洗浴时间,进而求解最佳的注水速率。

(1) 持续注水策略

首先,我们考虑标准长方体浴缸,尺寸为 $1.7\ \mathrm{m} \times 0.8\ \mathrm{m} \times 0.7\ \mathrm{m}$,则可得出浴缸水面面积 $S_1 = 1.36\ \mathrm{m}^2$;忽略浴缸厚度,浴缸壁表面积 $S_2 = 4.86\ \mathrm{m}^2$。其次,我们采用一般成人的标准身

高体重作为人体表面积的固定数据,身高 175 cm,体重 65 kg。

这里提到人体的相关数据,那么先介绍一下正常人人体表面积与其身高体重的关系[9]。经查阅研究资料得知,人体表面积 S_3 与其身高体重存在如下关系:

$$S_3 = 0.006\ 1 \times 身高 + 0.012\ 4 \times 体重 - 0.009\ 9$$

将身高、体重数据代入式中得:$S_3 = 0.807\ \text{m}^2$。

下面是模型中涉及的几个热导率,经查阅资料得知,空气热导率 $k_1 = 0.024\ \text{W/(m·K)}$;浴缸热导率 $k_2 = 0.19\ \text{W/(m·K)}$;人体热导率 $k_3 = 0.432\ \text{W/(m·K)}$。

由于模型需求,求解过程中模型中诸多自变量都需要我们对其给出假设数据。因此,结合现实情况,我们假设浴缸内初始温度 $T_0 = 40\ ℃$,注入热水的温度 $T_1 = 50\ ℃$,浴室内空气温度 $T_2 = 20\ ℃$,浴缸本身温度 $T_3 = 10\ ℃$,人体体温 $T_4 = 36.5\ ℃$;水的比热容为 $c = 4.2\ \text{kJ/}$ (kg·K)。

在以上数据均确定的情况下,将其代入持续加水策略的最终模型中,求得最佳注水速率为 0.7 kg/min。

(2) 间歇注水策略

间歇注水要根据注水周期来分析计算。一个注水周期包括一次冷却与注水过程,那么求解此模型我们就要确定浴缸内水温随时间的变化过程以及每次注水时间,进而根据洗浴时间得出注水次数,最终求解注水速率。

首先分析浴缸内水的冷却过程。在整个热量传递过程中,浴缸系统三个主要的散热过程都属于自然的传热现象,因此可以将散热过程看作整体来分析。在水温与室内空气温度相差不大的情况下,整体的水温下降过程就可以用牛顿冷却定律[10]来分析。其微分方程如下:

$$\begin{cases} \dfrac{\mathrm{d}T}{\mathrm{d}t} = -\theta(T - T_2) \\ T(0) = T_0 \end{cases} \tag{16.78}$$

式中,T 为水温;θ 为冷却系数。

求解方程(16.78)得

$$T = T_2 + (T_0 - T_2)\mathrm{e}^{-\theta t} \tag{16.79}$$

基于现在科学的研究,冷却系数的取值只能通过实验来测定,此处我们不做过多研究,直接引用他人的测定结果:$\theta = 0.044\ 8$。将前文模拟数据代入方程(16.79),可得浴缸内水温随时间变化的关系:

$$T = 20 + 20\mathrm{e}^{-0.04\ 48t} \tag{16.80}$$

通过 MATLAB 作出方程(16.80)的图像,如图 16 - 5 - 8 所示。

由图 16 - 5 - 8 可以看出,洗浴开始 6 min 时,水温下降到 35 ℃,此时水温已经低于人体体温,应考虑注入热水,不妨假设一次注水时间 $t_1 = 2$ min,则一次注水周期为 8 min。根据实际情况,我们假设一次洗浴时间为 20 min,则一次洗浴过程中,注水次数应为 3 次,即 $p = 3$。其他数据假设均与前文相同,将以上数据代入间歇注水策略的最终模型中,求得最佳注水速率为 2.35 kg/min。

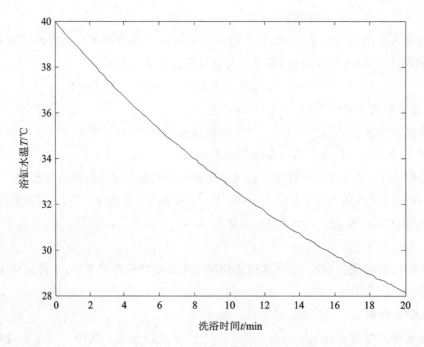

图 16 - 5 - 8　　浴缸内水温随时间变化曲线

(3) 综合比较两种注水策略

对于以上两种注水策略,我们进行简单的比较,如表 16 - 5 - 1 所列。

表 16 - 5 - 1　　两种注水策略的比较

注水方式	持续注水	间歇注水
洗浴时间/min	20	20
注水时间/min	20	6
浴缸内水温/℃	40	40
热水温度/℃	50	50
注水速率/(kg·min^{-1})	0.7	2.35
注水总量/kg	14.08	14.08

从表 16 - 5 - 1 可以看出,两种注水策略的注水速率因为注水时间的不同而产生差别,但最终的注水总量是一致的。在实际生活中,我们可以根据具体条件选择不同的注水策略。

16.5.4　偏微分方程与模型改进

1. 多维坐标系下的偏微分方程

第二部分结合具体实例分析了一维坐标系下的常微分方程,下面我们将其扩展到多维坐标系,分析多维坐标系下的偏微分方程,依然需要结合具体实例分析偏微分方程的建立与求解。

首先来看偏微分方程的数学定义:如果多元函数的偏导数出现在一个微分方程中,这个微分方程就是偏微分方程。换句话说,如果未知函数与几个变量有关,并且方程中出现未知函数对这几个变量的导数,那么这种微分方程就是偏微分方程。偏微分方程的通式如下:

$$F\left(x_1, x_2, \cdots, x_n, u, \frac{\partial u}{\partial x_1}, \cdots, \frac{\partial u}{\partial x_1^{a_1} \partial x_2^{a_2} \cdots \partial x_n^{a_n}}\right) = 0 \quad (16.81)$$

（1）二维坐标系下的偏微分方程

偏微分方程在热传学中有广泛的应用，下面的具体实例也是基于热传学来研究的。

实例　一块绝热的矩形板，厚度为 τ，求板上各处的恒定温度。

分析　如图 $16-5-9$ 所示，在二维坐标系下，板内热量的传递分为 x 方向与 y 方向两个方向，那么分析小矩形块热量的流入与流出则需要分别讨论两个方向的热量传递情况。

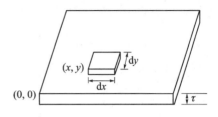

图 16 − 5 − 9　矩形板模拟图

x 方向上，热量流入为

$$-kA\,\frac{\partial T}{\partial x} = -k(\tau\mathrm{d}y)\,\frac{\partial T}{\partial x}$$

热量流出为

$$-k(\tau\mathrm{d}y)\left(\frac{\partial T}{\partial x} + \frac{\partial^2 T}{\partial x^2}\mathrm{d}x\right)$$

y 方向上，热量流入为

$$-kA\,\frac{\partial T}{\partial y} = -k(\tau\mathrm{d}x)\,\frac{\partial T}{\partial x}$$

热量流出为

$$-k(\tau\mathrm{d}x)\left(\frac{\partial T}{\partial y} + \frac{\partial^2 T}{\partial y^2}\mathrm{d}y\right)$$

达到稳定状态时，总流入＝总流出，即

$$-k(\tau\mathrm{d}y)\,\frac{\partial T}{\partial x} - k(\tau\mathrm{d}x)\,\frac{\partial T}{\partial y} = -k(\tau\mathrm{d}y)\left(\frac{\partial T}{\partial x} + \frac{\partial^2 T}{\partial x^2}\mathrm{d}x\right) - k$$

化简得

$$\frac{\partial^2 T}{\partial x^2} + \frac{\partial^2 T}{\partial y^2} = 0$$

结合边界初值条件，此时可建立微分方程：

$$\begin{cases} \dfrac{\partial^2 T}{\partial x^2} + \dfrac{\partial^2 T}{\partial y^2} = 0 \\ T(x,y) = T_0 \\ \vdots \end{cases} \quad (16.82)$$

此时微分方程的求解与常微分方程的求解方法相同。由于没有精确数据，此处也不作精确求解，仅说明二阶偏导的差分方法。

对于二阶偏导，可采用下面的离散化计算公式：

$$\begin{cases} \dfrac{\partial^2 T}{\partial x^2} = \dfrac{T_{\mathrm{L}} - 2T_0 + T_{\mathrm{R}}}{(\Delta x)^2} \\ \dfrac{\partial^2 T}{\partial y^2} = \dfrac{T_{\mathrm{A}} - 2T_0 + T_{\mathrm{B}}}{(\Delta y)^2} \end{cases} \quad (16.83)$$

式中，T_A、T_B、T_L、T_R 分别为某一点前、后、左、右的温度；T_0 为某一点的温度；Δx、Δy 分别为 x 方向、y 方向的变化量。

(2) 三维坐标系下的偏微分方程

之前我们分别研究了一维、二维坐标系下的微分方程，现在将二维坐标系下的偏微分方程扩展到三维，分析浴缸水温的分布情况。三维坐标系下模拟如图 16 – 5 – 10 所示。

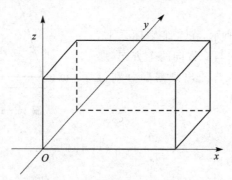

图 16 – 5 – 10　三维坐标系图

x 方向上，热量流入为

$$-kA\,\frac{\partial T}{\partial x} = -k\,(\mathrm{d}z\,\mathrm{d}y)\,\frac{\partial T}{\partial x}$$

热量流出为

$$-k\,(\mathrm{d}z\,\mathrm{d}y)\left(\frac{\partial T}{\partial x} + \frac{\partial^2 T}{\partial x^2}\mathrm{d}x\right)$$

y 方向上，热量流入为

$$-kA\,\frac{\partial T}{\partial y} = -\,(\mathrm{d}x\,\mathrm{d}z)\,\frac{\partial T}{\partial y}$$

热量流出为

$$-k\,(\mathrm{d}x\,\mathrm{d}z)\left(\frac{\partial T}{\partial y} + \frac{\partial^2 T}{\partial y^2}\mathrm{d}y\right)$$

z 方向上，热量流入为

$$-kA\,\frac{\partial T}{\partial z} = -k\,(\mathrm{d}x\,\mathrm{d}y)\,\frac{\partial T}{\partial z}$$

热量流出为

$$-k\,(\mathrm{d}x\,\mathrm{d}y)\left(\frac{\partial T}{\partial z} + \frac{\partial^2 T}{\partial z^2}\mathrm{d}z\right)$$

达到稳定状态时，总流入＝总流出，即得

$$\frac{\partial^2 T}{\partial x^2} + \frac{\partial^2 T}{\partial y^2} + \frac{\partial^2 T}{\partial z^2} = 0$$

建立水温分布的微分方程如下：

$$\begin{cases} \dfrac{\partial^2 T}{\partial x^2} + \dfrac{\partial^2 T}{\partial y^2} + \dfrac{\partial^2 T}{\partial z^2} = 0 \\[2mm] \text{边界条件} \end{cases} \tag{16.84}$$

根据上文模型数据,给出边界条件,假设热源为一个小正方体区域,建立微分方程如下:

$$
\begin{cases}
\dfrac{\partial^2 T}{\partial x^2} + \dfrac{\partial^2 T}{\partial y^2} + \dfrac{\partial^2 T}{\partial z^2} = 0 \\[4pt]
T(1,4,7) = 50 \\
T(1,4,6) = 50 \\
T(1,3,7) = 50 \\
T(1,5,7) = 50 \\
T(0,4,6) = 50 \\
T(2,4,6) = 50 \\
T(0,y,z) = 20 \\
T(17,y,z) = 20 \\
T(x,0,z) = 20 \\
T(x,8,z) = 20 \\
T(x,y,0) = 20 \\
T(x,y,7) = 20
\end{cases}
\tag{16.85}
$$

坐标系中 x、y、z 分别为浴缸的长、宽、高。下面求解该微分方程,首先运用差分法将方程离散化为线性方程,将 x、y、z 分别作 37、17、15 等分,此时有 $\Delta x = \Delta y = \Delta z = h$,这样可以便于离散化计算。结合边界条件,运用上文的离散化公式,可得线性方程组:

$$
\begin{cases}
T_{11} + T_{12} + T_{13} + T_{14} + T_{15} + T_{16} - 6T_1 \\
\quad\vdots
\end{cases}
\tag{16.86}
$$

方程组方程个数为 $37 \times 17 \times 15$ 个。由于未知数个数与方程个数较多,在此不做过多描述。

对于线性方程组(16.86),运用高斯迭代法通过 MATLAB 编程求解可得各点处的具体温度,进而画出温度分布图,这部分在下一节给出。

2. 模型的改进

数学建模在解决实际问题的过程中往往会因为一系列的实际情况而存在一定的局限性,不能使结果达到最优,除去一些不可抗拒的自然原因我们可以对其作出假设外,某些能够解决的问题最好还是能够通过改进模型而得到解决。因此模型的改进部分在数学建模的研究中有相当重要的作用。

在本文模型中,前面我们得出的浴缸水温控制模型虽然实现了预定的目标,解决了浴缸内水的控温问题,但是模型的结果依然存在较大的误差,所以必然需要对模型进行优化改进。

首先,我们来分析一下造成较大误差的原因。在上述模型建立过程中,我们假设注入的水能迅速与浴缸内的水相融合,假设浴缸内水温处处相同,忽略了热水注入后对流换热的时间,这是使模型存在较大误差的主要原因。上文微分方程的求解结果也验证了我们的观点。在实际注水过程中,热水注入后,并不会快速地与浴缸内的水融合,而是存在一定的热交换时间,所以浴缸内各点的水温是大不相同的。

根据上文微分方程的求解结果,我们运用 MATLAB(见附录 3)做出了浴缸水温分布的三维温度图来形象描述一下浴缸内各点的水温分布情况。

由图 16-5-11 可以清楚地看出,浴缸内的水温分布呈现渐变的规律性,图中 A 处为注水位置。所以之前的模型假设水温处处相同是不合理的。由于水流的不断注入以及人在浴缸中

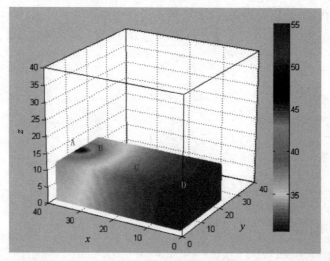

图 16 – 5 – 11　浴缸内各点水温分布图

的不断运动,浴缸中的水是动态水,而不是静态水,我们应该根据不同点的不同水温重新分析热量传递情况,建立新的水温控制模型,尽可能地去减小误差。

但是,由于动态水方程的复杂性,目前很难应用到模型中,即使通过微分方程的分析得出水温的不同分布,在模型中依然会存在较大误差,研究意义有限;所以在这里,对于改进模型只给出定性的分析,不做定量的模型建立与求解。

16.5.5　浴缸水温控制模型的敏感性分析

1. 浴缸形状变化的影响

在前面的模型求解过程中,我们考虑的是标准浴缸,而在现实生活中浴缸的形状大小并不绝对统一,并且由之前的分析可知,浴缸的形状大小对于模型的结果是存在影响的。基于这种情况,我们在此需要讨论,当浴缸的形状大小发生变化时对模型结果产生的影响。

由于浴缸数据多样化,所以采用梯度方法采集数据,分别对 $v_0 - S_1$、$v_0 - S_2$ 进行二次拟合运算,得到其关系图像,分析注水速率与浴缸形状变化的关系。

① 我们假设浴缸为长方体形状。根据实际生活中浴缸的尺寸模拟五种型号的浴缸,并将数据代入浴缸水温控制模型求出 v_0,如表 16 – 5 – 2 所列。

表 16 – 5 – 2　长方形浴缸模拟数据表

p	q	w	S_1	S_2	v_0
1.50	0.70	0.70	1.05	3.85	0.56
1.60	0.80	0.70	1.28	4.28	0.62
1.70	0.80	0.70	1.36	4.86	0.7
1.80	0.80	0.75	1.44	4.54	0.66
1.90	0.85	0.8	1.62	4.92	0.72

注:p、q、w 分别代表长方体浴缸的长、宽、高(单位:m)。

$v_0 - S_1$、$v_0 - S_2$ 拟合曲线分别如图 16 – 5 – 12、图 16 – 5 – 13 所示。

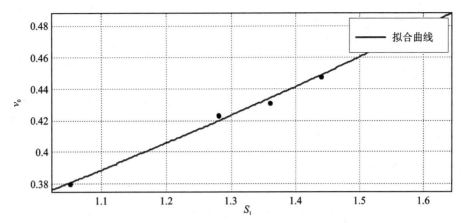

图 16 - 5 - 12　注水速率 v_0 随长方体浴缸水面面积 S_1 变化曲线

拟合多项式：

$$f(x) = 0.028\ 94x^2 + 0.102\ 8x + 0.240\ 8$$

由此可以看出，拟合度很好，注水速率随长方体浴缸水面面积的增大而增大。

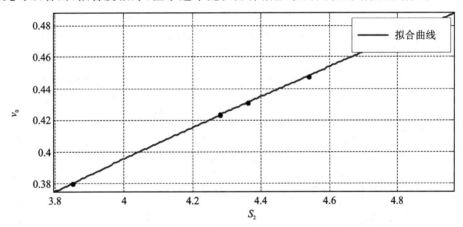

图 16 - 5 - 13　注水速率 v_0 随长方体浴缸表面面积 S_2 变化曲线

拟合多项式：

$$f(x) = -0.006\ 4x^2 + 0.152\ 7x - 0.112\ 8$$

由此可以看出，拟合度很好，注水速率随长方体浴缸表面面积的增大而增大。

② 我们假设浴缸为半圆柱体形状。根据实际生活中浴缸的尺寸模拟五种型号的浴缸，并将数据代入浴缸水温控制模型求出 v_0，如表 16 - 5 - 3 所列。

表 16 - 5 - 3　半圆柱形浴缸模拟数据表

a	r	S_1	S_2	v_0
1.50	0.40	1.20	1.88	0.3
1.60	0.45	1.44	2.26	0.35
1.70	0.50	1.70	2.67	0.41
1.80	0.55	1.98	3.11	0.47
1.90	1.65	2.47	3.88	0.58

注：a 代表浴缸长度，r 代表浴缸半圆柱的半径（单位：m）。

$v_0 - S_1$、$v_0 - S_2$ 拟合曲线分别如图 16-5-14、图 16-5-15 所示。

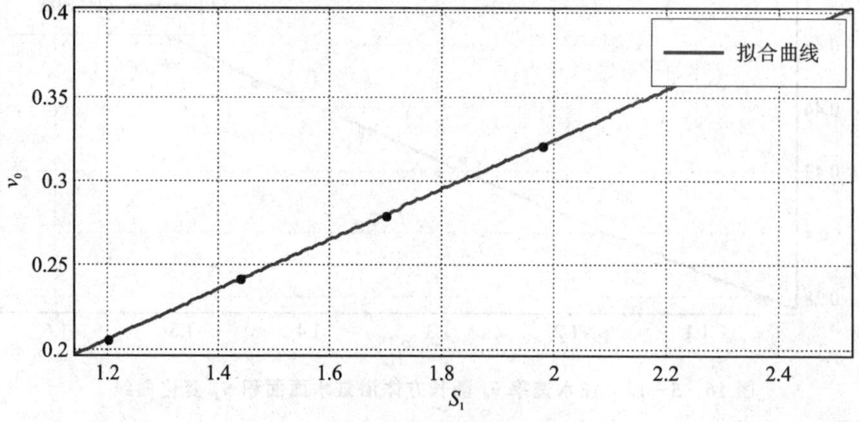

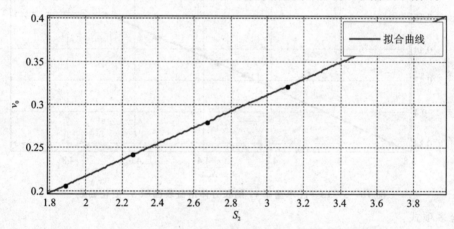

图 16-5-14　注水速率 v_0 随半圆柱体浴缸水面面积 S_1 变化曲线

拟合多项式：

$$f(x) = -0.000\,46x^2 + 0.149\,7x + 0.027\,13$$

由此可以看出，拟合度很好，注水速率随半圆柱体浴缸水面面积的增大而增大。

图 16-5-15　注水速率 v_0 随半圆柱体浴缸表面面积 S_2 变化曲线

拟合多项式：

$$f(x) = -0.000\,19x^2 + 0.095\,33x + 0.027\,13$$

由此可以看出，拟合度很好，注水速率随半圆柱体浴缸表面面积的增大而增大。

通过 4 个二次拟合曲线及其拟合多项式，我们可得出结论：无论浴缸形状如何，浴缸越大，注水速率就越大，那么相同时间内所消耗的水量就会越多。所以我们要在满足浴缸实用性的基础上，尽量减小浴缸大小，从而减小注水速率，最终达到目标要求。

通过查阅资料，再结合实际使用，半圆柱体浴缸不符合实际，浴缸形状应近似于长方体。通过查阅市场上现有的浴缸大小数据，再结合通过模型分析得出的拟合结果，我们给定了浴缸的一个最佳大小范围，浴缸长为 1.6～1.8 m，宽为 0.7～0.9 m，高为 0.6～0.8 m，如图 16-5-16 所示。

由持续注水策略下的浴缸水温控制模型，进而求得最佳注水速率范围为 0.57～0.85 kg/min，

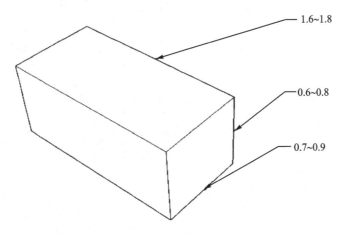

1.6~1.8

0.6~0.8

0.7~0.9

图 16 - 5 - 16　浴缸模型图

此时我们可以近似认为能够保证人在洗浴时浴缸内水的温度恒定。

2．人的运动影响

在洗浴过程中，人的运动不可避免，由于人在浴缸中的运动会增加浴缸中水的对流，如果洗浴者在浴缸中不停地运动，那么浴缸中的水就会不停地流动，从而导致散热。在这种情况下，浴缸系统散热增加。要保持能量守恒，系统则需要热源加入更多的热量，以保证系统热量的平衡，结果是注入热水量增加，在相同的时间里，注水速率将会增加。

由于人的运动无法定量计算，因此在这里我们也只是给出定性的分析，不做定量计算。在上文的模型假设中，我们也给出了相关假设。

3．泡沫剂的影响

当洗浴者加入泡沫剂之后，在浴缸水面会形成一层泡沫，从定性分析来看，泡沫会阻碍水面热量向空气中传递，从而热量散失减少，注入热水的量将会减少。但事实是否如此，我们还需要定量的分析。

常见起泡剂的主要成分是羟基化合物、醚及酮等化学物质，其导热系数范围大致为：$0.33 \leqslant k_4 \leqslant 0.54$。当水面形成一层泡沫之后，相当于在水与空气之间加入了一层介质进行传热。其传热途径可以分为两个过程：首先是浴缸内水的热量传递到泡沫层，然后由泡沫层传递到浴室空气中。由此可以得到它们的导热速率。浴缸水面与泡沫层的导热速率为

$$\frac{\mathrm{d}T}{\mathrm{d}x} = -\frac{k_4}{k}(T_0 - T_a) \tag{16.87}$$

泡沫层与浴室空气的导热速率为

$$\frac{\mathrm{d}T}{\mathrm{d}x} = -\frac{k_1}{k_4}(T_a - T_2) \tag{16.88}$$

上述两式中，T_a 为泡沫层的温度（在本文中，近似假设为 30 ℃）。

水在 40 ℃时，热导率 $k \approx 0.64$，其他数据均采用之前假设，分别代入式(16.87)、式(16.88)，得到浴缸水面与泡沫层的导热速率约为 6.25，泡沫层与浴室空气的导热速率约为 0.6。

由此可以看出，浴缸水面与泡沫层的传热速率远远大于泡沫层与浴室空气的传热速率。因此，当水面形成泡沫层时，热量会因为泡沫层的阻挡而减少热量散失，从而减少热水的注入

量。由此证明,泡沫层的保温效果很好,洗浴时加入泡沫剂可以减少用水量。

16.5.6 综合评价

1. 模型的优点

① 将题目中涉及的问题分析出来,确定热源与散热的途径,利用热传导的理论,使整个系统中的导入热量与损失热量相等,得出模型。模型很好地结合了物理学背景。

② 在模型的求解中,给出了两种注水策略进行求解,并对求解结果做出综合比较,增强了数据的说服力。

③ 在简单模型的基础上,考虑了实际因素,即浴缸中的水温并不是处处相等,于是建立微分方程求解浴缸内的各点水温,最终得出浴缸中各处的水温分布图,进一步改进模型。

④ 针对模型的结果,就几个主要方面对模型做了灵敏度分析,增强了模型研究的实际意义。

⑤ 进行实际市场调查,结合模型结论,给出以亚克力为材质的浴缸的体积范围,使该模型接近现实,具有实际应用的价值。

2. 模型的缺点

① 我们将浴室的室温设为恒定,而实际中,浴室室温受到很多因素的影响,为了模型的简便,我们没有考虑浴室室温对整个系统的影响。

② 在模型求解、浴缸形状的敏感性分析过程中,由于现实情况的限制,使用了一系列模拟数据,这样必然会使结果误差增大(是本文模型的不足之处)。

③ 本文模型是在特定环境、特定数据下进行建立与求解的,所以当环境改变时,结果可能与本文计算结果有一定差距(模型与实际情况很难做到一致)。

④ 模型建立时,我们没有考虑系统中的物质元随温度的变化。

⑤ 洗浴者在浴缸中的运动会加速热量的损失。由于所学知识有限,没有衡量这个损失的程度,故而模型中没有对这一部分说明(是本模型的缺憾)。

⑥ 在微分方程建立过程中,也仅仅考虑了最简单的情况,导致模型依旧存在误差。

⑦ 由于所掌握知识有限,在泡沫剂的使用问题上,仅根据公式做了定性的分析,并没有做定量的计算,可能在说服力上不足。

参考文献

[1] 杜会敏,曾荣.采用集成温度传感器的数字温度计设计[J]. 武汉理工大学学报(信息与管理工程版),2010,32(6):904-906.

[2] 柴利松.自动恒温供水装置研制[D].南京:南京航空航天大学,2009.

[3] ANGER A T. Bathtub/shower water control system:US,6925661 B1[P/OL]. (2005-08-09).

[4] WILLIAMS R A. Water flow and temperature controller for a bathtub faucet:US,5979776[P/OL].(1999-11-09).

[5] 李春凤.数学建模在传热学中的应用[D]. 石家庄:河北师范大学,2005.

[6] 尹学才.能量守恒定律的发现[J]. 河北理工大学学报(社会科学版),2008.

[7] 戴嘉尊,邱建贤.微分方程数值解法[M].南京:东南大学出版社,2002.

[8] 马昌凤.现代数值分析(MATLAB 版)[M].北京:国防工业出版社,2013.

[9] 胡咏梅,武晓洛.关于人体表面积公式的研究[J].生理学报,1999,51(1):45-48.

[10] 刘志华,刘瑞金.牛顿冷却定律的冷却规律研究[J].山东理工大学学报(自然科学版),
2005,19(6):23-27.

附录 3

```matlab
% 偏微分方程求解程序:
function y = wendu
eps = 0.001;aa = 0.4;bb = 0.024;
T = ones(37,17,15) * 40;T1 = ones(37,17,15);
T(17,8,7) = 10;
T(17 + 1,8,7) = 20;T(17,8 + 1,7) = 20;T(17 + 1,8 + 1,7) = 20;
T(17,8,7 + 1) = 20;T(17 + 1,8,7 + 1) = 20;T(17,8 + 1,7 + 1) = 20;T(17 + 1,8 + 1,7 + 1) = 20;
while(abs(max(max(max((T - T1)))))>eps)
    T1 = T;
    % 内部
    for i = 2:36
        for j = 2:16
            for k = 2:14
                    if(i~ = 17&j~ = 8&k~ = 7)
                    T(i,j,k) = 1/6 * (T(i + 1,j,k) + T(i,j + 1,k) + T(i,j,k + 1) + T(i - 1,j,k) + T(i,j - 1,
k) + T(i,j,k - 1));
                    end
                end
            end
        end
    %面左右
        for j = 2:16
            for k = 2:14
                T(37,j,k) = 1/6 * (T(37 - 1,j,k) - aa + T(37,j + 1,k) + T(37,j,k + 1) + T(37 - 1,j,k) +
T(37,j - 1,k) + T(37,j,k - 1));
                T(1,j,k) = 1/6 * (T(1 + 1,j,k) + T(1,j + 1,k) + T(1,j,k + 1) + T(1 + 1,j,k) - aa + T(1,j
- 1,k) + T(1,j,k - 1));
            end
        end
    %面前后
        for i = 2:36
        for k = 2:14
            T(i,17,k) = 1/6 * (T(i + 1,17,k) + T(i,17 - 1,k) - aa + T(i,17,k + 1) + T(i - 1,17,k) + T(i,17
- 1,k) + T(i,17,k - 1));
            T(i,1,k) = 1/6 * (T(i - 1,1,k) + T(i,1 + 1,k) - aa + T(i,1,k - 1) + T(i + 1,1,k) + T(i,1 + 1,k)
+ T(i,1,k + 1));
            end
        end
    %上下面
```

```
        for i = 2:36
            for j = 2:16
                T(i,j,1) = 1/6 * (T(i-1,j,1) + T(i,j-1,1) + T(i,j,1+1) - aa + T(i+1,j,1) + T(i,j+
1,1) + T(i,j,1+1));
                T(i,j,7) = 1/6 * (T(i+1,j,7) + T(i,j+1,7) + T(i,j,7-1) - bb + T(i-1,j,7) + T(i,j-
1,7) + T(i,j,7-1));
            end
        end
        % 上下边
        for k = 1:15
            T(1,1,k) = T(2,2,k);
            T(37,1,k) = T(36,2,k);
            T(1,17,k) =  T(2,16,k);
            T(37,17,k) = T(36,16,k);
        end
        % 左右边
        for i = 1:37
            T(i,1,1) =  T(i,2,2);
            T(i,17,1) = T(i,16,2);
            T(i,1,15) =  T(i,2,14);
            T(i,17,15) = T(i,16,14);
        end
          % 前后边
        for j = 1:17
            T(1,j,1) =  T(2,j,2);
            T(37,j,1) = T(36,j,2);
            T(1,j,15) =  T(2,j,14);
            T(37,j,15) = T(36,j,14);
        end

    end
    y = T1
```

参考文献

[1] 姜启源. 数学模型[M]. 2版. 北京:高等教育出版社,1993.

[2] 叶其孝. 大学生数学建模竞赛辅导教材(一)[M]. 长沙:湖南教育出版社,1993.

[3] 叶其孝. 大学生数学建模竞赛辅导教材(二)[M]. 长沙:湖南教育出版社,1997.

[4] 叶其孝. 大学生数学建模竞赛辅导教材(三)[M]. 长沙:湖南教育出版社,1998.

[5] 叶其孝. 大学生数学建模竞赛辅导教材(四)[M]. 长沙:湖南教育出版社,2001.

[6] 谭永基,俞文鱼. 数学模型[M]. 上海:复旦大学出版社,1997.

[7] 刘来福,曾文艺. 数学模型与数学建模[M]. 北京:北京师范大学出版社,1998.

[8] 李大潜. 中国大学生数学建模竞赛[M]. 2版. 北京:高等教育出版社,2001.

[9] 刘承平. 数学建模方法[M]. 北京:高等教育出版社,2002.

[10] 赵静,但琦. 数学建模与数学实验[M]. 北京:高等教育出版社,2000.

[11] 刘来福,曾文艺. 问题解决的数学模型方法[M]. 北京:北京师范大学出版社,1999.

[12] 王树禾. 图论及其算法[M]. 合肥:中国科学技术大学出版社,1990.

[13] 徐全智. 数学建模[M]. 北京:高等教育出版社,2004.

[14] 司守奎,孙玺菁. 数学建模算法与应用[M]. 北京:国防工业出版社,2011.

[15] 王涛,刘瑞芹. 数学建模[M]. 北京:煤炭工业出版社,2015.